本书得到以下项目资助：

◆ 国家自然科学基金项目“东海区大陆海岸带城市与生态韧性演化关系及协同优化研究”（项目编号：42276234）、“东海区大陆海岸带高强度开发约束下的陆海统筹水平演化及冲突空间协同优化”（项目编号：41976209）、“治理网络对海湾环境治理绩效的影响机制及制度重构：以美国坦帕湾和中国象山港为例”（项目编号：71874091）

◆ 浙江省哲学社会科学规划对策类课题重点项目“打通浙江海湾治理‘两山’转换通道的对策建议”（项目编号：21NDYD088Z）、“加强浙江省海岸带国土空间管控的对策建议”（项目编号：20ZK15Z）

浙江省海洋发展智库联盟

海岸带资源环境与东海可持续发展丛书

丛书主编　李加林　马仁锋

东海区大陆海岸带陆海统筹水平及海岸带复合系统演化

李加林　龚虹波　刘永超　田　鹏　等　著

ZHEJIANG UNIVERSITY PRESS
浙江大学出版社
·杭州·

图书在版编目（CIP）数据

东海区大陆海岸带陆海统筹水平及海岸带复合系统演化 / 李加林等著. -- 杭州：浙江大学出版社，2024.8
ISBN 978-7-308-23233-3

Ⅰ.①东… Ⅱ.①李… Ⅲ.①东海—海岸带—自然资源—研究—浙江 Ⅳ.①P722.6

中国版本图书馆CIP数据核字（2022）第205029号

东海区大陆海岸带陆海统筹水平及海岸带复合系统演化
李加林　龚虹波　刘永超　田　鹏　等　著

责任编辑　伍秀芳
责任校对　林汉枫
封面设计　十木米
出版发行　浙江大学出版社
（杭州天目山路148号　邮政编码 310007）
（网址：http://www.zjupress.com）
排　　版　浙江大千时代文化传媒有限公司
印　　刷　杭州宏雅印刷有限公司
开　　本　710mm × 1000mm　1/16
印　　张　24.25
字　　数　410千
版 印 次　2024年8月第1版　2024年8月第1次印刷
书　　号　ISBN 978-7-308-23233-3
定　　价　148.00元

地图审核号：浙S（2023）56号

浙江大学出版社市场运营中心联系方式：（0571）88925591；http://zjdxcbs.tmall.com

丛书序

海岸带是地球系统中陆地、大气、海洋系统的界面，是物质、能量、信息交换最频繁、最集中的区域之一，同时又是人口与经济活动的密集带、生态环境的脆弱带，区域内资源环境问题特别尖锐。国际地圈生物圈计划（IGBP）和国际全球环境变化人文因素计划（IHDP）都把海岸带的陆海相互作用（LOICZ）列为核心计划之一。

作为人类活动最为活跃的地带之一，海岸带因其独特的地理位置深受大陆和海洋各种物质、能量、结构和功能体系的多重影响。一直以来，海岸带研究是一个备受各国家学术界关注的话题。人类对海岸带不合理的开发和利用使其成了一个生态脆弱区。2001 年，IGBP、IHDP 和世界气候研究计划（WCRP）联合召开的全球变化国际大会，把海岸带的人地相互作用列为重要议题。进入 21 世纪后，地理信息系统（GIS）、遥感（RS）和全球定位系统（GPS）等技术被广泛运用于海岸带研究。和传统的技术相比，这些技术能更快、更准确、更及时地获取海岸带资源环境状况的实时信息，更能及时地反映海岸带土地利用、景观格局变化，甚至海洋污染程度的最新变化，在海岸带资源演化监测和海洋社会经济研究中发挥着巨大的作用。

随着海岸带利用的深入，农牧渔业的发展、盐田的围垦、城市围海造地、码头工程和海岸建设、港内水产养殖等人类活动都将影响原有流场状况，改变自然岸线，影响景观生态资源环境。一旦流场或风浪条件发生变化，岸线地形、地貌及沉积特征就将会发生改变，岸线功能、空间及景观资源也将发生相应变化，使海岸带地区的生态功能发生不可逆的变化。鉴于海岸带地区在人类生存和发展中的重要地位，各国政府对海岸带地区的研究均相当重视，在世界范围内开展的海岸带调查工作为沿海地区的景观格局演变研究积累了大量的科学资料，陆海相互作用研究已成为地球系统研究中的重要方向。因此，加强海岸带地区资源环境演变及其与沿海社会经济发展的关系研究，对我国海岸带资源环境的持续利用具有十分重要的意义。

东海是由中国大陆、台湾岛、琉球群岛和朝鲜半岛围绕的西北太平洋边缘海，它与太平洋及邻近海域间有许多海峡相通，东以琉球诸水道与太平洋沟相通，东北经朝鲜海峡、对马海峡与日本海相通，南以台湾海峡与南海相接。东海地理位置为21°54'N—33°17'N，117°05'E—131°03'E，东北至西南长度1300km，东西宽740km，总面积$7.7\times10^5km^2$；平均水深370m，多为水深200m以内的大陆架。东海濒临我国东部的江苏、上海、浙江、福建和台湾1市4省。东海区域具有包括上海港和宁波舟山港在内的丰富而又相对集中的港口航道资源，位于全国前列的海洋渔业资源，丰富的滨海及海岛旅游资源，开发前景良好的东海陆架盆地油气资源，广阔的滩涂资源，理论储量丰富的海洋能资源。东海区海岸带开发有着悠久的历史，发展海洋经济具有得天独厚的条件。

改革开放以来，东海区的海岸带资源不断得到开发，包括江苏、上海、浙江、福建和台湾在内的东海区海洋经济综合实力不断增强。进入21世纪，东海区各省市海岸带开发与海洋经济发展面临新的机遇，同时具备建设海洋经济强省的良好基础。2011年，浙江海洋经济建设示范区规划获得国务院批复。同年，浙江舟山群岛新区建设规划获得国家批复。2012年，国务院正式批准《福建海峡蓝色经济试验区发展规划》，福建海洋经济发展上升为国家战略，面临新的重大历史机遇。2013年，中国（上海）自由贸易试验区正式成立。可见，无论是国家层面还是各省市政府，都十分重视和关注东海区的海洋经济发展与资源环境保护，东海区的海洋经济发展也取得了很多成就。在东海区海洋经济快速发展同时，东海海岸带海洋资源环境与社会经济发展研究也取得了大量的成果，有力地支撑着东海区可持续发展。尽管如此，现有研究还缺少东海海岸海洋资源环境与海洋经济发展态势的系统成果，对于海岸海洋资源环境与海洋经济发展研究还缺乏公认的理论解析框架，存在不系统、不规范、数据不统一等问题，远不能适应东海区海洋经济持续发展的需要。因此，加强海岸海洋资源环境与陆海社会经济统筹发展研究对东海可持续发展具有十分重要的意义。

基于海洋生态文明建设的重要性和现实紧迫性以及“浙江样本”的示范价值，作为浙江省海洋发展智库联盟牵头单位的宁波大学东海研究院的资源管理与海洋生态保护方向课题组立足浙江现实问题和实践经验，以海岸带资源环境管理为切口，针对陆海交错带生态文明建设中的若干核心主题和前沿领域，专门编撰了本套“海岸带资源环境与东海可持续发展丛书”。

本丛书包括十本专著，分成总论、分论和政策策论三部分。本丛书遵循陆海统筹理念—模式—实践的基本逻辑，围绕“海岸带资源演化与陆海统筹适应”“海岸带经济活动的环境效应陆海统筹管控”“海岸灾害适应性与陆海统筹调控”三个维度，系统开展了陆海交错带的海洋生态文明建设的陆海统筹理论分析、资源演化特性分析、人类活动的环境影响机制分析和海岸灾害适应政策探讨，总结了浙江省在海洋生态文明建设关键领域中的典型模式和成功经验。

“海岸带资源环境与东海可持续发展丛书”按照浙江省海洋发展智库联盟章程和宁波大学东海研究院（2024—2028年）新一轮发展规划要求，聚焦海岸带资源环境管理与海洋生态保护，力争通过有组织科研产出东海海岸带资源与生态环境研究的并能体现宁波大学学科发展特色的精品著作。

本丛书的总论系国家社科基金重大招标项目首席专家李加林教授撰写的《东海区大陆海岸带陆海统筹水平及海岸带复合系统演化》。该书以人海关系地域系统为理论基础，基于长时序遥感影像数据以及历史时期的东海区大陆海岸线数据和土地利用数据，分析揭示了东海区海岸线时空变化规律和东海区大陆海岸带开发活动的时空特征；进而分析东海区沿海城市陆海统筹水平的时空变化特征，并甄别东海区大陆海岸带陆海统筹水平及其主要影响因素。总论的相关观点、结论与建议指引本套丛书分论与政策策论研究。

分论围绕海岸带资源演化及其环境效应与灾害应对展开递进式研究，形成分论Ⅰ海岸带资源演化与陆海统筹适应、分论Ⅱ海岸带经济与陆海统筹管控、分论Ⅲ海岸灾害适应性与陆海统筹调控。

（1）分论Ⅰ海岸带资源演化与陆海统筹适应：聚焦海岸带关键海洋资源的利用与保护，选择大河三角洲湿地资源、海岸带地区可再生能源进行系统研究，形成《海岸带资源演化与陆海统筹适应：大河三角洲湿地管理》（刘永超等著）、《海岸带资源演化与陆海统筹适应：可再生能源配置管理》（孙艳伟等著）、《海岸带资源演化与陆海统筹适应：太阳能光伏潜力利用》（贺晶等著）三部著作。

（2）分论Ⅱ海岸带经济与陆海统筹管控：聚焦海岸带人类资源利用及其环境效应阐释，围绕海岸带经济的环境胁迫强度、碳减排与碳中和、人居环境响应展开系统研究，形成《海岸带经济与陆海统筹管控：环境胁迫过程与机理》（陈好凡等著）、《海岸带经济与陆海统筹管控：碳减排与用地优化》（任丽燕等著）、《海岸带经济与陆海统筹管控：海岛产业演替与人居响应》（马仁锋等著）三部著作。

（3）分论Ⅲ海岸灾害适应性与陆海统筹调控：聚焦海岸带资源利用与人类活动面临的关键自然灾害探索其陆海统筹调控路径与规划方法，形成《海岸灾害适应性与陆海统筹调控：城市热韧性规划策略》（蒋少晶等著）和《海岸灾害适应性与陆海统筹调控：城市社区韧性建设》（乔观民等著）两部著作。

政策策论研究集成海岸带资源演化特性、海岸带经济活动的环境扰动、海岸灾害适应性三方面的陆海统筹适应、管控与规划策略，理清浙江统筹管理海岸带的经验、示范价值与应用趋势，形成专著《陆海统筹管理海岸带的理论与政策》（王建庆等著）。

本套丛书既是以李加林教授为首席专家、马仁锋教授为海洋生态保护方向负责人的系统策划与高效组织的产出，更是基于宁波大学地理与空间信息技术系 2013 年以来有组织研究浙江、东海海洋资源环境与海洋经济可持续发展产出“海洋资源环境与浙江海洋经济丛书”（四卷，浙江大学出版社）、“海洋资源环境演化与东海海洋经济丛书”（四卷，海洋出版社）、“中国东海可持续发展研究报告”（五卷，海洋出版社）基础上，潜心研究海岸海洋可持续发展的阶段性成果。本套丛书不仅对促进“人类活动对近海生态系统与环境的影响”的深入研究具有重要的理论意义，而且对促进东海区海岸带资源环境的可持续利用与体系化保护具有重要的现实意义。

是为序。

李加林

2024 年 6 月 6 日于宁波大学载物楼

前　言

作为洋—海—陆—气交互作用的特殊地带，海岸带是流域—河流—河口—陆架—大洋—大气连通的复杂系统，更是人类社会由陆地向海洋发展的关键地带。该地带具有界面过程复杂、自然资源丰富、生态环境脆弱、人类活动频繁的特点，也受到多界面、跨圈层、多尺度的过程及多重营力的调制。海岸带是近代以来全球社会经济快速发展的引擎带，全球有半数以上人口生活在沿海 60km 以内，超过 1000 万人口的大城市有 70% 位于海岸带河口附近。因此，海岸带区域对维护国家安全、促进区域经济社会可持续和高质量发展具有重要意义。

随着人类活动对陆域资源的不断消耗，向资源丰富的海洋进军成为世界沿海国家寻求可持续发展的重要途径。尤其是工业革命以来，人类活动大幅增强了海岸带区域的反应速度和强度，而气候变化及其复合营力也加速驱动着海岸带内在和外在状态的转变，集中表现为海岸带生态环境、地貌形态、岸线与土地利用等发生剧烈变化，日趋威胁海岸带生态系统健康及其可持续发展。而随着人口在海岸带的聚集及社会经济的飞速发展，高强度海岸带开发对区域可持续发展的影响所带来的陆海协同与冲突关系逐渐成为地理学、海洋学、生态学、经济学等学科的研究热点。

陆海系统演变是全球变化的重要研究内容，陆海系统演变的主导因素逐渐由环境变化的自然影响转为人类影响。随着全球经济的快速发展，陆域经济所面临的环境污染、生态破坏、资源枯竭等问题日益突出，成为全球经济发展的一大“瓶颈”。而海洋以其独特的资源能源优势、地理区位、生态环境效益等，已成为全球重要的要素聚集区和产业空间发展的重要载体。但海洋开发强度日益增大，传统的粗放型海洋经济发展模式致使陆域与海洋经济发展之间的矛盾日益凸显，如何在国家经济转型中挖掘新的经济增长点、推动陆域和海域的绿色经济发展、实现海洋和陆域双向互动、促进陆海可持续发展，是当下亟待解决的问题。因此，研究陆海社会经济关系对促进我国陆海统筹建设和陆海社会经济的可持续发展具有重要的作用。

为实现海岸带资源的科学管理和陆海社会经济的高质量发展，人类迫切需要获取高强度开发下海岸带的开发利用强度，探讨开发强度与陆海统筹的相关性，以进一步明晰海岸带高强度开发对陆海统筹水平变化的影响机制，提出基于陆海统筹战略的空间规划优化方案，为海岸带地区陆海统筹水平测度及海岸带空间规划制订与实施提供技术手段和科学基础。

东海是我国东部的大型边缘海，位于中国大陆与日本列岛、琉球群岛之间，是西太平洋边缘海之一，海域广阔，略呈扇形，凸向太平洋。本书所指的东海区大陆海岸带是建立在上海市、浙江省与福建省沿海地级市的基础上的，确定其北起上海市与江苏省交界的浏河河口，南至福建省与广东省的分界线，主要包含上海市、嘉兴市、杭州市（不包括桐庐县、建德市、淳安县）、绍兴市、宁波市、台州市、温州市、宁德市、福州市、莆田市、泉州市、厦门市、漳州市共计 13 个研究小单元。根据地形、行政区划、海岸带面积等因素，将东海区大陆海岸带划分成北部区域与南部区域，北部区域以上海市、浙江省大陆海岸带为主，南部区域以福建省大陆海岸带为主。改革开放以来，东海区的上海市、浙江省和福建省海洋经济快速发展，成为中国经济发展的前沿区域，同时也是高强度开发的典型区域。其中，上海市和浙江省作为“长三角”的重要组成部分，承担着新时期改革开放前沿阵地的责任，在此背景下，两省（市）协同参与的“环杭州湾大湾区”建设也备受关注。湾区经济是滨海经济的重要形态。粤港澳大湾区已经上升至国家战略层面。同样在三角洲区域高度一体化发展基础上建立起来的环杭州湾大湾区虽具备外向型经济优势，但还不具备世界竞争力。海峡西岸经济区以福建省为主体，面向台湾地区，临近港澳地区，自 2011 年已上升至国家战略层面，承担着促进完善全国区域经济布局、形成东南沿海对外开放新格局、推进国家和平统一大业等责任。在这些国家重大战略依托之下，推进东海沿岸地区陆海统筹协调发展具有重要意义。

本书以人海关系地域系统为理论基础，基于 1990—2020 年 7 期遥感影像数据以及历史时期的东海区大陆海岸线数据和土地利用数据，定量分析各期海岸线长度、形态及变化过程，揭示东海区海岸线时空变化规律；通过分析土地利用现状、土地利用多样性、土地利用重心移动、土地利用强度指数、多重缓冲带和海陆垂线，揭示东海区大陆海岸带开发活动的时空特征。选取经济、资源、环境、社会等方面的社会经济指标，建立陆海统筹水平指标体系，运用熵权 –TOPSIS 法（优劣解距离法）和核密度方法分析东海区沿海城市陆海统筹水平的时空变化特征，并运用障碍度模型分析东海区大陆海岸带陆海统筹水平的主要影响因素，还分析了东海区陆海统筹水平的演变特征及海岸带开发对陆海统筹水平的影响机制，并以台州市和温州市为具体案例进行研究。

本书由宁波大学东海战略研究院李加林、龚虹波、刘永超、田鹏负责提纲拟定、组织研讨，并负责全书的汇总与写作工作。另外，应超参与了第 1 章的写作，王中义参与了第 3、4、5 章的写作，汪海峰、辛欣参与了第 6、7、8、9 章的写作，高扬参与了第 10、11、12 章的写作。最后由李加林、田鹏完成全书的统稿工作。书稿在撰写过程中参考、引用了大量的国内外文献资料，但限于篇幅未能在书中一一列出，在此谨向这些文献的作者表示敬意与感谢。

本书得到国家自然科学基金“东海区大陆海岸带城市与生态韧性演化关系及协同优化研究”（项目编号：42276234）、“东海区大陆海岸带高强度开发约束下的陆海统筹水平演化及冲突空间协同优化”（项目编号：41976209）、“治理网络对海湾环境治理绩效的影响机制及制度重构：以美国坦帕湾和中国象山港为例”（项目编号：71874091）的资助。同时，也得到浙江省哲学社会科学规划对策类课题重点项目“打通浙江海湾治理‘两山’转换通道的对策建议”（项目编号：21NDYD088Z）和“加强浙江省海岸带国土空间管控的对策建议”（项目编号：20ZK15Z）的资助。全书由宁波大学陆海国土空间利用与治理浙江省协同创新中心 / 东海院浙江省新型智库首席专家李加林负责提纲拟定及写作，龚虹波、刘永超、田鹏参与提纲讨论及写作，应超、王中义、汪海峰、辛欣、高扬等参与了资料收集、分析及相关章节的写作，最后由李加林完成全书的统稿工作。书稿在撰写过程中参考、引用了大量的国内外文献资料，但限于篇幅未能在书中一一列出，在此谨向这些文献的作者表示敬意与感谢。

目　录

1　绪　论 …………………………………………………………… 001

1.1　研究背景 ………………………………………………………… 001

1.2　研究意义 ………………………………………………………… 004

1.3　国内外研究进展 ………………………………………………… 007

1.4　研究内容 ………………………………………………………… 028

2　研究区域与数据处理 …………………………………………… 031

2.1　东海区海岸带概况 ……………………………………………… 031

2.2　研究典型区海岸带概况 ………………………………………… 039

2.3　研究数据与预处理 ……………………………………………… 042

3　基于数字岸线分析系统的东海区大陆海岸线时空变化分析 ………… 049

3.1　研究区划分 ……………………………………………………… 049

3.2　海岸线变化分析方法介绍 ……………………………………… 050

3.3　东海区大陆海岸线时空变化特征 ……………………………… 052

3.4　海岸线移动速率总体时空特征 ………………………………… 071

3.5　小　结 …………………………………………………………… 072

4　东海区大陆海岸带土地利用时空分析 …………………………… 075

4.1　土地开发利用强度评估方法 …………………………………… 075

4.2　东海区大陆海岸带土地开发利用总体特征 …………………… 078

4.3　东海区海岸带土地开发时空演变分析 ………………………… 086

4.4　小　结 …………………………………………………………… 093

5 东海区大陆海岸带典型区海陆梯度时空变化分析 ······ 095
5.1 数据处理与研究方法 ······ 095
5.2 景观格局总体特征 ······ 101
5.3 典型区海陆梯度时空变化特征 ······ 106
5.4 典型区水平方向时空格局 ······ 114
5.5 小　结 ······ 126

6 东海区大陆海岸带陆海统筹水平及其演化分析 ······ 129
6.1 研究方法与研究区范围 ······ 129
6.2 东海区大陆海岸带陆海统筹水平 ······ 135
6.3 东海区大陆海岸带地级市陆海统筹水平测度 ······ 141
6.4 东海区大陆海岸带开发强度与陆海统筹的响应关系 ······ 151
6.5 陆海统筹视角下的海岸带空间规划策略优化 ······ 155
6.6 小　结 ······ 162

7 东海区大陆海岸带开发强度时空演变——以台州为例 ······ 165
7.1 海岸线开发强度时空演变研究方法 ······ 165
7.2 海岸线开发强度时空演变 ······ 170
7.3 海岸带土地利用开发强度时空演变 ······ 176
7.4 海岸带开发强度时空演变 ······ 193
7.5 小　结 ······ 201

8 东海区大陆海岸带陆海统筹水平综合评价——以台州为例 ······ 203
8.1 陆海统筹水平综合评价理论基础 ······ 203
8.2 陆海统筹水平综合评价方法 ······ 206
8.3 陆海统筹水平时空演变分析 ······ 210
8.4 小　结 ······ 221

9 东海区大陆海岸带开发对陆海统筹水平的影响 ······ 223
9.1 海岸带开发对陆海统筹水平的多种影响路径 ······ 223
9.2 海岸带开发与陆海统筹水平的统计学分析 ······ 230
9.3 海岸带开发对陆海统筹水平的影响机制 ······ 232

9.4 陆海统筹水平提升对策 …… 238
9.5 小 结 …… 242

10 东海区大陆海岸带复合系统景观演变特征——以温州为例 …… 243
10.1 景观类型划分 …… 243
10.2 景观面积变化特征 …… 245
10.3 景观转移特征 …… 250
10.4 地貌特征对景观演变的影响 …… 254
10.5 景观空间格局特征 …… 267
10.6 小 结 …… 277

11 东海区大陆海岸带复合系统开发利用特征——以温州为例 …… 279
11.1 陆域土地开发利用强度 …… 279
11.2 海域使用结构特征 …… 287
11.3 海岸线变迁及开发强度 …… 300
11.4 小 结 …… 306

12 东海区大陆海岸带复合系统协调发展水平评价——以温州为例 …… 309
12.1 海岸带复合系统综合发展水平评价方法 …… 309
12.2 海岸带复合系统发展水平综合评价 …… 317
12.3 海岸带复合系统协调发展水平分析 …… 339
12.4 海岸带复合系统演化方向分析 …… 346
12.5 小 结 …… 350

参考文献 …… 353

1
绪　论

1.1　研究背景

1.1.1　高强度开发背景下的海岸带人地矛盾日益突出

海岸带作为陆地与海洋的过渡地带，拥有丰富的自然资源与生产力。海岸带更是人类生产、生活的重要地带，占地球面积约 8% 的区域提供了超过 90% 的海洋能源资源，全球超过一半人类活动集中在沿海 60km 以内的带状区域。人类在海岸带的活动痕迹最早可追溯至 15 万年前。早期人类活动以采集贝类、捕鱼和狩猎为主（Rick，2009），主要影响海岸带生物群落演替。随着人类进入农耕文明，农牧业的出现与推广，使海岸带地表的景观、生态环境不断改变。工业革命至今，人类活动使海岸带的生态环境、地貌形态、景观格局等发生了剧烈变化。

20 世纪 90 年代以来，全球范围内海洋资源开发与海洋经济的快速发展在开拓与补充陆地资源短缺、应对与缓解陆地资源环境压力、引领与维持区域经济增长以及促进世界经济社会可持续发展方面发挥着重要作用。然而，在当前世界经济加速转型及我国推进绿色发展过程中，如何合理利用与保护海洋资源，协调陆域开发与海洋开发的关系，突破经济发展的瓶颈，挖掘新的经济增长动力，是当前与今后相当长的一段时间内我国经济发展需要解决的问题。根据《中国海洋经济统计公报》公布的数据，2018 年全国海洋生产总值达 8.3 万亿元，2019 年则达到 8.9 万亿元，连续两年占 GDP 比重均超过 9%，海洋经济的发展地位越发重要。开发利用海岸带及海洋资源已成为沿海国家与地区拓展生存、发展空间以及培育新经济增长点的重要方式，使得海岸带成为世界各国人民生产与生活最密集的地带。

然而，受海陆双重作用的海岸带生态系统非常敏感和脆弱，在极大的人口密度、高强度的开发利用以及生态环境保护意识与政策未能完全到位的影响下，海岸带地区人地矛盾突出，主要体现在：①围填海工程、滩涂侵占等行为降低了生态系统的自我恢复力，加大了海岸带生态风险；②海岸线人工化程度快速增加，降低了生态系统抵御自然灾害的能力；③过度海水养殖引发赤潮，影响了近海水质（崔文君，2018）。为了协调海岸带开发与保护，实现海岸带可持续发展，“海岸带综合管理”（Integrated Coastal Zone Management，ICZM）在 1993 年的世界海岸大会上被正式提出，并得到了沿海各国的广泛重视。1994 年，厦门海岸带综合管理实验区的建立，标志着海岸带综合管理在中国实施的开始。在国外提出海岸带综合管理的同时，张海峰（2005）提出了陆海统筹的概念，并在政府的推动下逐渐成为国家战略，旨在解决陆海经济关系不协调、海岸带与海域开发布局不合理、陆海生态环境冲突严重、规划管理和体制改革不到位等问题，以促进海岸带地区的协调发展。

1.1.2　陆海统筹是解决海陆协调发展问题的国家战略

我国作为海洋大国，拥有约 300 万 km^2 的管辖海域面积。我国政府对海洋的关注，始于新中国成立初期对国家海洋权益的维护。党中央和政府在各时期从海洋经济发展、海洋资源利用、建设海洋强国等方面关注着海洋发展。2010 年，第十七届中央委员会第五次全体会议通过了《中共中央关于制定国民经济和社会发展第十二个五年规划的建议》，明确指出“坚持陆海统筹，制定和实施海洋发展战略，提高海洋开发、控制、综合管理能力”。这是党中央提出“五个统筹”方针以来，明确将陆海统筹纳入国家战略范畴，确立了海洋在国家经济社会发展全局中的地位和作用，标志着我国由陆向海拓展的战略性转变。国家“十三五”规划纲要的第 41 章“拓展蓝色经济空间”，强调“坚持陆海统筹，发展海洋经济，科学开发海洋资源，保护海洋生态环境，维护海洋权益，建设海洋强国”。2017 年 10 月 27 日，党的十九大报告明确提出“坚持陆海统筹，加快建设海洋强国”的战略部署，使得陆海统筹上升为国家战略，凸显了海洋在新时代中国特色社会主义事业发展全局中的突出地位和作用。2020 年发布的国家“十四五”规划再次强调“坚持陆海统筹，发展海洋经济，建设海洋强国”的海洋发展目标，充分体现陆海统筹发展的战略地位。在全国国土规划工作中，国家充分关注海岸带和海岛的综合整治，提出到2030年完成海岸带整治和修复长度2000km，同时推进海岛的保护整治，特别是规范无居民海岛的开发利用，从而保护和修复生态环境，为实现“海陆一张图”打下重要基础。上海市、福建省、浙江省、山东省、广西壮族自治区等沿海省份，在落实《全国海岸带综合保护利用规划》的基础上，根据《省级海岸带综合保护与利用规划编制指南（试行）》积极推进编制地方的海岸带综合保护与利用规划，突出体现“陆海统筹”“保护优先”的要求，形成陆域和海域紧密融合、协调发展的新态势。

坚持陆海统筹，是新时代我国加快建设海洋强国的基本原则和重要内容。陆海统筹战略强调海洋是国家高质量发展战略要地和生态文明建设的重要领域，是支撑中国开放型经济发展和资源供给的接续空间，需在国家宏观调控体系中加强统一筹划我国陆域与海域的资源、生态、产业与城乡发展问题。在管理层面，陆海统筹贯穿于整个陆域与海洋的土地、水、能源等各类资源供给的量化调控和用途管制中，它强调海岸或者海洋工程与一定范围内陆海生态环境关系的正确处理，以减轻海洋工程对陆海景观的影响。

1.1.3 东海区大陆海岸带是陆海统筹及海岸带复合系统演化的典型区

东海是中国四大海域之一，沿海海岸曲折、类型多样，沿海地区经济发达，是中国海洋经济发展的重要基地，也是中国守卫国防安全的重要战略空间。东海区海岸线绵长，北起长江口启东嘴，南至福建、广东交界的诏安详林的铁炉岗，南北跨越8个纬度，包括上海、浙江、福建三省市。区域内大陆岸线和岛屿岸线绵长，入海河流众多，海岸类型多种多样，海港资源优越。在东海区大陆海岸带范围内，大型港口主要有以上海港、宁波—舟山港为中心的港口群，以厦门港和福州港为中心的港口群。作为陆海统筹发展的前沿区域，东海区大陆海岸带地区经济活动强度大，土地利用程度高，景观变化复杂（叶梦姚，2018）。但与世界主要发达国家相比，东海区海岸带仍存在海洋经济总体水平低、主导产业低层次雷同明显、科技支撑能力弱、海洋陆地经济相互支撑不足、海洋产业结构性和区域性过剩明显等问题。同时，陆海矛盾与冲突的加剧、岸线及海域开发利用布局的不合理以及海洋生态功能的退化，使得海洋开发的潜在风险不断增大。而海岸带区域各种陆海空间规划之间缺乏衔接，使得空间布局存在交叉与冲突，严重制约着东海区大陆海岸带地区经济社会的可持续发展。因此，研究东海区大陆海岸带高强度开发引起的陆海经济系统响应，进行陆海统筹水平测度及演化分析，可为研究区陆海统筹战略的实施与经济社会的协调发展提供科学依据。

浙江省作为我国沿海发达地区，较早就开始关注海洋经济发展，是东海区大陆海岸带内研究陆海统筹的典型省份。1993年，《浙江省海洋开发规划纲要（1993—2010年）》便提出积极发展海洋经济目标；2005年，《浙江海洋经济强省建设规划纲要》提出“陆海联动发展”战略；2011年，国务院正式批复《浙江海洋经济发展示范区规划》，标志着浙江海洋经济发展示范区建设上升为国家战略。2020年上半年，习近平总书记考察浙江时，提出打造“重要窗口”的殷切期盼，赋予浙江省新的历史使命。陆海统筹发展为实现浙江省高质量发展指明发展方向，即以海洋经济强省建设为核心，统筹陆海生态、资源、经济、社会有序发展。

在浙江省的沿海城市中，台州市具有独特区位优势、优越能源资源条件、巨大的海洋产业发展潜力，是浙江省建设海洋经济强省的重要阵地。在2019年公布的《浙江海洋经济发展重大建设项目实施计划》中，共有59个项目落户台州市，涉及港口码头建设、海洋科技研究、海洋服务业、海洋能源开发等内容，这将有效促进台州市海洋产业发展，为建设海洋经济强省发挥重要作用。综合当前政策支持及自身资源禀赋，台州市具有实现陆海统筹发展的内外部条件。

温州市是浙江省三大中心城市之一，处于海峡西岸经济区的北部及长江三角洲和珠江三角洲经济圈之间，具有“承东启西、连结南北”的区位条件，同时也是中国最早对外开放的14个沿海城市之一，具有灵活的民营经济，2021年地区生产总值达到7585亿元，位居全国城市30强。在2018年由国家发展和改革委员会、自然资源部联合印发《关于建设海洋经济发展示范区的通知》，支持包括温州在内的全国沿海14个海洋经济发展示范区建设。这将有效探索温州民营经济参与海洋经济发展的新模式，开展海岛生态文明建设示范，有利于温州市通过完备的综合交通、市政设施、公共服务等，不断提升群众的获得感、幸福感、安全感和满意度，努力打造陆海统筹发展的共富样板。

1.2　研究意义

作为海陆过渡带，海岸带是实施陆海统筹战略的重要空间载体。陆地与海洋系统在资源条件、产业基础等方面的差异，是实现陆海统筹发展的先决条件。海岸带开发活动是实现人类社会向海洋发展的关键步骤，海岸带快速开发可促进陆海系统的交互，加速系统关联和融合进程；但不合理开发海岸带会加剧陆海系统差距，不利于区域可持续发展和海岸带空间开发。海岸带开发与陆海系统发展存在复杂的相互作用，以海岸带开发为陆海统筹研究的切入点，可为我国陆海系统关系研究做出积极尝试，促进区域陆海统筹实践工作的开展。

1.2.1 理论意义

海岸带开发相关研究主要包括海岸线开发、海岸带土地利用等，在理论体系、研究方法、数据提取等方面积累了丰硕的研究成果。海岸线及海岸带土地利用变化可反映海岸带“线状”及“面状”开发演变过程。本书对海岸线及海岸带土地利用进行综合分析，更全面揭示海岸带开发过程及海岸线和海岸带土地利用变化间的联系，为丰富海岸带开发相关研究做出尝试。

陆海统筹作为我国重大国家战略，是一项复杂而又庞大的系统工程。实际上，2004 年张海峰在北京大学“郑和下西洋 600 周年”报告会上提出“海陆统筹兴海强国”之前，就有海洋经济、区域经济、海洋管理、经济地理、海洋科学等领域的不少学者在陆海协同发展及海陆一体化发展等方面开展了大量的研究工作，为陆海统筹发展研究奠定了坚实的基础。海陆一体化原则是于 20 世纪 90 年代初开展全国海洋开发保护规划编制时提出的，后来在陆海经济互动、海陆经济一体化发展、陆海生态环境的统筹治理等方面不断取得研究成果。直到陆海统筹上升为国家战略，其内容才拓展至经济、政治、产业、生态、社会等各个领域（鲍捷和吴殿廷，2016）。我国学者对陆海系统关系进行了大量研究。陆海系统关系的定性研究主要包含海岸带综合管理、海陆一体化、陆海联动等方面，为陆海统筹定量分析提供重要的理论基础。但是目前陆海统筹发展研究更多的是从比较宏观的角度对陆海统筹的内涵、发展思路、目标和对策等进行研究，是陆海统筹名义下的海洋发展问题研究（曹忠祥和高国力，2015）。而真正陆海统筹的理论支撑研究相对薄弱，对陆海统筹发展的认识仍不够系统，特别是对陆海统筹发展水平如何测度、陆海统筹发展战略实施过程中的规划空间冲突如何解决等问题均缺乏深入研究。另外，已有关于陆海统筹定量分析的研究成果多以沿海经济带或各沿海省份为研究对象，基于系统演化理论、可持续发展理论等构建陆海统筹水平综合评价模型，揭示沿海地区陆海统筹水平或陆海复合系统演变过程。陆海统筹定量分析的研究多注重陆海系统发展状态评价，对陆海系统演变机制探讨较少，尤其缺乏对我国沿海典型区域陆海统筹的实际案例研究。从海岸带开发的视角展开研究，有助于揭示人类活动对陆海系统演变的影响机制，有利于更好实现陆海统筹发展。本书以东海区大陆海岸带为研究区，并选取其中具有典型性和代表性的台州市和温州市作为案例，综合分析东海区大陆海岸带开发强度和景观格局，探究海岸带开发演变规律；构建陆海统筹水平综合评价模型，揭示东海区陆海统筹水平演变特征；基于理论梳理和统计学分析，探究海岸带开发对陆海统筹的影响机制，为完善陆海统筹相关研究作出适当补充。

1.2.2 现实意义

东海区作为我国四大海域的重要组成部分，是我国海洋及海岸带开发的前沿阵地。随着人口及经济的快速发展，东海区大规模的围垦种植、围海养殖及各种临港工业的建设，使得东海区海岸带资源与景观格局发生重大变化。围填海工程拓展了沿海各县（市、区）城市发展空间，促进了滩涂养殖、临港产业园的快速发展。养殖岸线及港口码头岸线长度增加、滩涂养殖用地和建设用地规模扩张等海岸带开发活动，有效推动了以海洋渔业、海洋旅游业、海上运输业为主的海洋经济发展。当前，东海区的上海市、浙江省和福建省海洋经济快速发展，成为中国经济发展的前沿区域，但同时也是高强度开发的典型区域。其中，上海市和浙江省作为“长三角”的重要部分，承担着新时期改革开放前沿阵地的责任，在此背景下，两省（市）协同参与的“环杭州湾大湾区”建设也备受关注。湾区经济是滨海经济的重要形态。粤港澳大湾区已经上升至国家战略层面，同样由三角洲区域高度一体化发展基础上建立起来的环杭州湾大湾区虽具备外向型经济优势，但还不具备世界竞争力。海峡西岸经济区以福建省为主体，面向台湾，临近港澳，自 2011 年已上升至国家战略层面，承担着促进完善全国区域经济布局、形成东南沿海对外开放新格局、推进国家和平统一大业等责任。以这些国家重大战略为依托，推进东海沿岸地区陆海统筹协调发展具有重要意义。本书通过分析东海区土地开发强度、景观格局、陆海统筹水平等的时空变化特征、影响因素和区域差异，探讨开发强度与陆海统筹的相关关系，明晰海岸带高强度开发对陆海统筹水平变化的影响机制，提出基于陆海统筹战略的空间规划优化方案，为东海区大陆海岸带地区陆海统筹水平测度及海岸带空间规划制定与实施提供技术手段与科学基础，从而更好地服务于海岸带地区社会经济系统的持续发展。另外，选取温州市和台州市作为案例开展海岸带开发现状及陆海统筹水平演变特征研究，为合理优化海岸带开发活动和推动陆海统筹发展提供科学依据，有助于科学推进海岸带开发，把握海洋经济发展的机遇，更好地实现陆海系统的统筹发展。

1.3 国内外研究进展

1.3.1 海岸线研究进展

海岸线两侧是人类最早开始认识海洋的区域。海岸线是海面与陆地接触的分界线，随潮水的涨落起伏而具有不稳定性，故学术界至今未对海岸线作出具体的定义。但这丝毫不能阻挡人类对海岸线的研究进程，越来越多的学者加入了对海岸线的研究。

（1）海岸线的定义、分类与信息提取

明确海岸线定义是海岸带研究的重要基础，海岸线的定义目前在学术界并未达成统一。我国《中国海图图式》（GB 12319—1998）指出，海岸线是平均高潮形成的分界线，可根据实地海蚀坎部、海滩堆积物或植被来划定；“我国近海海洋综合调查与评价”专项（“908 专项”）的《海岛海岸带卫星遥感调查技术》，将平均高潮线定义为海岸线；美国国家大气海洋局（NOAA）则利用平均低潮面和平均高潮面来确定潮汐基准面，进而划定海岸线；《海洋法公约》为考虑航海安全，规定平均低潮线为海岸线。国内外关于海岸线定义的共性体现在海岸线是陆海分界线的自然属性，但主要差异体现在海岸线具体空间位置的界定。近年来，我国陆续开展“海岸带和海涂资源综合调查”“908 专项”，使得越来越多的学者开始关注海岸线的定义，推动海岸线界定标准逐步实现统一化、科学化。由于研究目的、地理位置、岸线所在位置和周边环境等因素的不同，对海岸线具体位置的界定也有多种说法，主要有以平均高潮位（赵明才和章大初，1990）、最高潮位（王义刚等，2013）、最低潮位（李炳亚等，1987）、带状线（王长海等，2009）等条件界定海岸线位置。我国对海岸线的界定大多以多年大潮平均高潮时海陆分界线作为海岸线，同时利用沿海地区的地形测绘数据以及历史文献数据加以确定（唐硕，2020）。

海岸线分类研究是海岸线保护与开发利用的参考依据（索安宁等，2015）。目前，海岸线分类研究主要依据是否受人类活动影响，将海岸线划分为自然岸线与人工岸线两个一级分类（李加林等，2016；孙晓宇等，2014），再根据海岸的物质构成、形态特征、岸线利用方式等划分二级分类，将自然岸线分为基岩岸线、沙砾质岸线、淤泥质岸线、河口岸线四类，人工岸线则分为养殖岸线、港口码头岸线、建设岸线、防护岸线四类（高义等，2011a；姚晓静等，2013）。

依据海岸线分类体系，综合运用遥感（Remote Sensing，RS）、地理信息系统（Geographic Information System，GIS）等空间技术提取海岸线信息，共同构成海岸线相关研究的基础。当前海岸线信息提取方法主要有目视解译和计算机解译两种（何金宝，2020；董晓冬，2020）。目视解译是指基于遥感影像不同波段组合，建立海岸线解译标志，并结合野外采样数据进行海岸线信息提取（孙伟富等，2011；殷飞等，2018；刘洪洋等，2016）；计算机解译是指针对不同类型海岸线，综合遥感影像灰度、海岸线形态、地物类别等特征，运用水体归一化、边缘检测等方法自动提取海岸线信息（Esmail et al., 2019; Purkis et al., 2016; Sagar et al., 2017）。上述两种方法得到的海岸线信息仍存在误差，需通过构建潮汐模型、结合海洋地形数据等方式（张旭凯等，2013）对海岸线信息进行校正。

（2）海岸线的研究尺度

我国拥有海岸线的省份主要有14个，当前学者对我国海岸线研究在空间角度上主要以全国（许宁，2016；肖锐，2017；刘百桥等，2015；张云等，2015）、省（李宗梅等，2017；廖甜等2016；李梦等，2021；唐硕，2020）、海湾（唐江浪等，2020；彭小家等，2020；盘玉玲和梁勤欧，2017）、海域（盘玉玲和梁勤欧，2017；李加林等，2019a；王诗洋等，2016）、岛屿（张丽等，2020；胡亚斌，2016）等展开研究。总体上，由于海岸线曲折漫长，遥感数据处理量巨大，研究主要集中在一些小而典型的区域，且各个研究区较为分散，但随着信息技术手段等的进步，近年来越来越多大空间尺度研究开始出现。

在全国尺度上，主要有许宁（2016）、肖锐（2017）、刘百桥等（2015）、张云（2015）等对全国海岸线展开分析。由于对海岸线的定义不同、解译方法不同，各研究者所测度的同时期、同区域的海岸线长度有所不同，但整体的变化趋势仍然一致。2000年以后，海岸线长度进入快速增长时期，北方区域对海岸区域开发强度比南方强（许宁，2016），大量的自然岸线转变为人工岸线（刘百桥等，2015）。另外，河口地区作为海陆相互作用的集中地带，其海岸线的变迁研究具有一定代表性。邢婧等（2021）对我国河口地区海岸线从长度变化、围填海面积变化、变迁速率等角度展开分析后发现，1987 年、1997 年、2007 年、2017 年四个时期珠江河口、长江河口、黄河河口、辽河河口的海岸线变化均较剧烈，并逐年向海洋方向扩展。

在省一级的尺度上，研究主要集中在人口密集、经济活动强的省份，如福建（李亮等，2017）、浙江（廖甜等，2016）、江苏（闫秋双，2014；李行等，2014）、辽宁（唐硕，2020）、广西（李梦等，2021）。从各个地级市、县市区的角度系统分析海岸线的变化特征，我们可以得出结论，总体上经济发展较好的地级市往往海岸线开发强度较大。此外，多数的海岸线变动与政策存在一定关系，以行政区划（省级）进行分析，能够很好地体现政策的影响。

在海湾的尺度上，分别有研究针对东海区各海湾（李加林和王丽佳，2020），浙江省各海湾（边华菁，2016），泉州湾（唐江浪等，2020），杭州湾（彭小家等，2020），象山湾（盘玉玲和梁勤欧，2017），海州湾（沈昆明等，2020），烟台地区典型海湾（宫立新等，2008），广东的汕头湾、大亚湾和湛江湾（于杰等，2014）等区域，可以发现这些海湾大多集中于南方区域，这主要是因为南方区域以基岩海岸为主，海湾分布较为密集，且该区域人口活动较为频繁，具有一定的典型性。另外，各海湾海岸线变动的主导因素是人为因素，主要与工业填海、围海养殖存在一定关系。

在海域尺度上，当前以整个海域作为研究对象的相对较少，尤其对黄海整体进行分析的更少，仅有部分学者对我国主要的海域进行了研究，如渤海（魏帆等，2019）、黄海（崔红星，2019）、东海（叶梦姚，2018）、南海（朱国强，2015；柏叶辉，2019），这主要与研究区跨越范围较大、研究范围确定较为困难有关。对比各个海域的研究结果可以看出，在自然因素与人为因素双重影响下，北方海域（渤海、黄海）海岸线开发强度较南方海域（东海、南海）要强。

在岛屿尺度上，当前研究主要集中于较大岛屿的海岸线研究与分析，如台湾岛、海南岛等。海岛区域相比大陆区域更加封闭，人类土地利用扩展方向以海洋方向为主（张丽等，2020）。杨超（2020）通过对福建、台湾海岸线对比分析，发现台湾岛 1995—2017 年海岸线主要呈现向海推进的趋势，同时部分海岸线由于海浪侵蚀出现倒退，全岛海岸线总体上呈现复杂化。

（3）海岸线的分析方法

在分析方法上，目前分析海岸线主要是利用数学统计法、分形维数，对不同时期、不同区域、不同类型的海岸线长度、类型结构、岸线摆动变化面积等进行统计，并制作统计图表对不同时期海岸线的变化状况进行直观分析。现有的研究主要体现在对海岸线类型的识别，根据海岸线类别分析海岸线的转变特征以及驱动机制。分形维数用于分析海岸线的形态变化特征，尤其在海岸线较为弯曲的区域应用更为普遍。如夏涵韬等（2020）通过变迁强度、分形维数、人工化指数等方法对1973—2018年珠江三角洲海岸线展开分析。除了以上方法，基于基线海岸线进行变迁速率分析也越来越多。国内外学者利用美国DSAS插件，分析、对比世界上多个区域不同时期海岸线的移动速率，进而分析海岸线移动状况以及影响因素（Isha和Adib，2020；刘鹏等，2015；丁小松等，2018），同时通过图表方式展示不同断面号的移动速率，能够更加直观地比较海岸线变化状况。国内外众多学者结合以上两种方法，对海岸线进行更加全面的分析，如崔红星等（2020）通过海岸线类型结构分析、海岸线变化速率等方法对1978—2018年苏北海岸线展开分析。

（4）海岸线演变与驱动机制

海岸线演变研究大致集中于海岸线规模变化、形态变化和开发强度三个方面。由于海岸线规模变化能够反映出海岸线随时间变化的特征，学者们经常运用动态度模型、端点速率法（Isha和Adib，2020）、平均速率法（马宇伟等，2020；丁小松等，2018）等方法计算海岸线规模变化速率，运用分形维数、海岸线曲折度等方法探究海岸线的空间形态变化（边华菁，2016；魏帆等，2019；马小峰等，2015）。另外，针对不同类型海岸线，运用海岸线人工干扰度、开发利用强度指数等方法（张云等，2019；宋文杰等，2017），研究海岸线结构变化及开发利用程度变化。如刘百桥等（2015）基于遥感影像数据分析1990—2013年我国海岸线的变化，并综合运用开发利用负荷度和易损度等指标，评估我国大陆海岸线资源开发利用特征。

当前关于海岸线变迁的驱动机制探索大致包括自然环境影响与人类影响两方面。在进行自然环境影响分析时，常基于空间分析方法，探究海洋地形、海水侵蚀对海岸线变迁的影响（杨伟，2012；孟尔君，2000）；针对人类活动影响进行分析时，常基于海岸线形态、规模、结构变化计算结果，结合社会经济面板数据进行相关分析，探究海岸线变迁与人类活动的联系（闫秋双，2014）。另外，针对自然环境和人类影响的综合驱动机制分析，主要通过综合考虑河口演变、海水侵蚀等自然因素与养殖、港口建设、海滩采砂等人文因素，运用灰色关联模型等方法，探究海岸线变迁的驱动机制（孙伟富，2010；李丽等，2019），如孙才志和李明昱（2010）通过分析辽宁省海岸线时空演变特征，构建海岸线变迁与自然、社会和经济因素的灰色关联模型，探究海岸线变迁机制。

1.3.2 海岸带开发利用研究进展

广义的海岸带是指介于陆地与海洋之间的带状区域，由陆地与海洋共同构成。人类对海岸带的开发活动大致分为海岸线和海岸带土地利用开发，通过对自然岸线的裁弯取直、近岸滩涂的围填海工程，改变海岸线的自然属性与空间形态，使得由海岸线变迁所构成的围填海区域成为人类向海洋发展的新空间。加强海岸带的开发利用程度，有利于促进陆海系统快速发展，但也会扩大陆海系统内部差异。海岸带是人类生产、生活的重要地理空间，但高强度的海岸带开发会严重影响地区可持续发展，因而海岸带的开发利用逐渐成为地理学、海洋学、经济学等学科的研究主题，并已积累大量研究成果。

（1）海岸带的定义

当前对海岸带具体定义以及划分宽度还没有一致的标准，但人们一致认为海岸带是海岸线向陆地、海洋两侧延伸一定宽度的带状区域。人们往往依据海岸地貌和研究区域的不同来划分不同宽度。根据王东宇（2014）整理的国内外海岸带范围划定标准，世界各国对海岸带划分仍没有统一的标准，大多根据自然状况、行政边界、特定距离等进行定性描述，给出大致的边界线。国际地圈－生物圈计划（IGBP）将海岸带定义为：从近海岸平原延伸到大陆架边缘，反映陆地－海洋交互作用的地带，即向陆地到200m等高线，向海到大陆架边缘，大致与200m等深线相一致。“我国近海海洋综合调查与评价专项”（908专项）的海岸带卫星遥感调查与研究工作将海岸带范围规定为“以海岸线为基线，向陆延伸5km（在不同的地方可以适当调整），向海延伸至平均大潮线外1km”。根据赵锐和赵鹏（2014）的研究，海岸带范围划分可以分为三级，分别是一级海岸带（沿海地区）、二级海岸带（沿海城市）和三级海岸带（沿海地带），其范围分别按沿海的省级、地级市和县市区依次减少，其中沿海的县市区海岸带具有典型的海洋属性。

从国内外对海岸带的定义来看，到目前为止并未给出有效的界定标准。

本书根据相关研究对海岸带划分标准进行了整理（具体划分标准见表 1.1），发现现阶段国内对海岸带研究多以行政单位为基础展开，少部分海岸带界定的范围以自然条件、特定距离为划分的依据。

表 1.1 文献中海岸带划分标准

研究区域	研究内容	划分标准	划分类型	出处
山东省海岸带	地下水有机污染特征	研究区以山东半岛蓝色经济区规划为范围，包括青岛市、烟台市、威海市、潍坊市、日照市、东营市和滨州市的无棣县、沾化区	按照行政区划划分	周洋等，2020
浙江省海岸带	生态系统服务价值变化	研究区向陆侧边界为沿海乡镇内侧边界，向海侧为研究期陆海岸线叠加后最外沿边界	按照行政区划划分与自然界线结合	叶梦姚等，2017b
莱州湾南岸海岸带	湿地时空变化特征及其驱动力	研究区以寿光市、寒亭区和昌邑市的县级行政界线为陆缘边界，沿海以瞬时水边线为边界	按照行政区划划分与自然界线结合	朱继前，2020
中国海岸带	盐沼植被分类研究	沿海区域及沿海行政区域	按照行政区划划分与自然界线结合	赵欣怡，2020
上海市海岸带	土地利用变化分析与建模预测	以 2015 年海岸线为基准，陆地侧距海岸线 15km，海域侧距海岸线 2km，南北位置分别以沪浙界碑、沪苏界碑为边界	按照自定义距离划分	孙品，2017

（2）海岸带的时空特征

国内外学者对海岸带时空特征研究主要是以多时相卫星遥感数据、地形图、航空照片等作为基础数据源，并在此基础上进行相关信息提取，从而分析海岸带时空演变特征。由于资料收集困难，时间维数上基本在近几十年内，极少见到百年以上尺度的分析。

针对海岸带的空间演变特征，当前研究在空间尺度上以区域尺度为主，对于较大尺度的研究较少。区域空间尺度上以经济区、省份、地级市为主要研究对象，其中较多以省为研究对象，如许艳等（2012）对江苏省海岸带进行研究，宗玮（2012）对上海海岸带演变特征进行了深入探索，武桂贞（2008）对河北省海岸带展开分析，徐谅慧（2015）对浙江省海岸带展开研究。从上述学者选择以省为研究对象可以发现，以省为研究对象的空间尺度便于各市之间的对比，有利于分析政策对海岸带开发强度的影响。以市为研究对象，主要集中在经济发展较好的区域，如天津市、青岛市、唐山市、广西北部湾。

选择以城市为研究对象往往在数据尺度上更为精密，对区域内城市建设、工程建设等对海岸带影响的考虑更加细致。

对于海岸带时空特征，主要从土地利用、土壤条件、植被分布状况等角度来进行评价。近几年来随着人类经济的发展，海岸带的土地资源利用强度增强，土地利用转变速度加快，转变类型趋于多样。基于土地利用数据，采用多种研究手段和方法展开分析的学者越来越多，研究领域日益扩大，并且逐步完善和成熟，已经取得大量的研究成果。在土地利用类型、数量、结构上，红树林、滩涂等自然用地的面积随着海岸带土地利用强度的增加而不断减少（高祥伟等，2014；高义等，2011b；王丽萍等，2014），城镇建设、码头、工业用地面积在逐渐增加的同时不断侵占海洋用地（徐谅慧，2015）。在土地利用分析上，主要运用空间统计分析、转移矩阵分析、景观格局指数分析、土地利用模拟分析等方法。如林融等（2017）、徐谅慧等（2015）运用景观类型变化表征模型与景观格局指数方法；张学儒（2013）、韩磊等（2010）、武桂贞（2008）使用土地利用动态度、土地利用变化区域差异指数、土地利用程度综合指数等指标评价时空特征。从分析的角度来看，主要是分析不同区域的海岸带地域差异、沿海到陆地的梯度分异特征、大堤坝内外土地利用的变化等。

（3）海岸带的开发利用

国外土地利用研究始于 1930 年由英国伦敦大学地理系主任斯坦普主持的英国土地利用调查。1992 年，国际地圈—生物圈计划正式成立海岸带海洋陆地交互作用项目，区域土地利用变化成为全球变化的重要研究内容。2015 年，海岸带海洋陆地交互作用项目转变为未来海岸计划，侧重研究海岸带资源可持续发展。国外学者对海岸带土地利用的研究，源自海岸带综合管理和土地利用研究，前者注重缓解海岸带经济发展与资源环境利用的冲突（黄伟彬，2016），后者关注土地利用模型构建及应用等方面，包括土地利用变化模型、马尔可夫预测模型、最优化模型等研究（杨雯，2014；李志等，2010；Kaliraj et al.，2017；Aliani et al.，2019）。

我国对海岸带土地利用的研究始于 1958 年辽宁省海岸带资源调查；随后，1980—1985 年进行的全国海岸带和海涂资源综合调查，为后续海岸带土地利用研究提供了宝贵的研究数据。随着 RS、GIS 等各类技术快速发展，研究数据数量和质量得到大幅提升，推动了研究的快速发展。我国海岸带土地利用研究主要运用土地利用动态度、土地利用转移矩阵、土地利用结构信息熵、景观格局指数等方法，揭示海岸带土地利用时空演变（李加林，

2004；冯佰香等，2017）。在此基础上，深入探究海岸带土地利用演变机制（任安乐，2020；刘纪远等，2014）、遥感动态监测（李清泉等，2016）、土地利用模拟（许鑫，2018）、土地适宜性评价（何韵，2019）、生态安全评价、生态承载力（龙鑫玲，2019）等。

土地开发利用强度是区域土地开发利用现状的综合反映（刘述锡等，2015），是指人类活动对土地资源开发和利用的程度。最早针对土地利用开发强度的研究，可追溯至杜能农业区位论的研究，通过分析用地集约程度，研究农业用地利用强度。随后对土地利用开发强度的研究扩展至其他类型用地，逐渐出现工业区位论、中心地理论等早期土地利用强度的相关理论（王宏亮，2017）。在此基础上，国外学者通过完善土地利用分类、建立土地利用数据库、构建土地利用强度研究模型等方式，积极开展土地利用强度的应用研究（Kuemmerle et al.，2013；Ellis 和 Ramankutty，2008），并综合考虑土地利用开发强度变化的生态环境效应（Simons et al.，2015）。

国内海岸带土地利用开发强度研究主要有两种评价思路，即基于统计数据构建指标体系综合评价（尧德明等，2008），以及基于 RS 与 GIS 技术、通过不同模型和指数综合评价。

第一种思路构建指标体系，主要是运用统计学方法进行土地开发利用强度的评估。指标原始数据主要通过查阅统计年鉴、统计公报、专著论文或通过问卷调查获取。通过构建指标体系进行评估的关键点是如何选取指标，目前对此尚无公认的统一标准。各学者基于不同的侧重点，从不同维度出发构建相应的指标体系，力求客观全面、科学实用。土地开发强度综合评价指标体系可归纳为以下几类：①从区域土地开发本身技术条件和开发利用引发的资源环境响应维度出发构建的综合评价指标体系（周炳中等，2000；尧德明等，2008）。比如 21 世纪初期，国内有学者从土地开发技术、开发程度、开发效益、资源反馈、生态环境治理等角度，将土地开发利用强度评价指标划分为五大类，涵盖人均资源储备、耕地垦殖率、开发带来的城乡收入增长率、自然灾害频率及生态环境损害处理率等 19 项指标，并以长江三角洲为案例，通过定量分析方法比较长江三角洲开发利用水平在国内和国外两个层面上的强度等级。②从资源（R）—生态环境（EE）—社会经济（SE）维度出发构建的土地开发利用强度评价指标体系（刘述锡等，2015）。比如国内学者采用 R–EE–SE 指标体系法构建了包含有陆域资源、海域资源、陆域生态环境、海域生态环境、社会发展和经济发展六大方面共 19 项指标的评价体系，并应用于温州海岸带土地开发强度的研究中，研究结果证明采用R-EE-SE指标体系法进行海岸带开发强度评价的效果较好。③从土地开发利用的影响因素出发构建的指标体系（柯楠，2019；吴晓超，2020）。例如国内有学者从影响小城市区域土地开发利用的因素出发，基于交通因素、基础设施服务因素和环境因素三个维度构建了包含9项指标的评价体系，并采用AHP法和熵权法展开市域土地开发强度的定量研究。④根据联合国经济合作开发署关于环境评价的“压力—状态—响应”模型（PSR模型），构建土地开发强度评价的指标体系。如国内学者肖劲奔（2012）基于PSR模型构建了包含陆域压力、海域压力、自然资源状态、生态环境状态、经济社会状态、综合管理等六大方面的评价模型，并应用到温州海岸带开发强度的定量研究中，结果表明温州海岸带总体处于较高强度的开发水平，评价结果较为合理可信。

第二种思路是在RS和GIS空间信息处理技术的支持下，基于区域土地利用数据，采用评价土地开发强度的多种模型与指数，综合测度研究区的土地开发利用强度。与查阅统计资料获取数据的研究方法不同，运用该方法进行土地开发利用强度评价时的基础数据多为研究者对卫星遥感影像的解译数据。前人研究中常见的评价模型和指数包括土地利用程度指数、土地利用动态度、土地利用程度变化度、马尔可夫土地利用类型转移矩阵、土地利用结构模型等（冯佰香等，2017；史作琦等，2017），在当前遥感与地理空间信息技术快速发展的大背景以及基于大数据开展研究的主流趋势下，利用RS和GIS技术土地利用动态监测和土地开发利用强度评价，在海岸带地区的应用十分广泛。基于RS和GIS技术往往能够实现较长时间尺度的研究，但也会受到早期卫星遥感影像来源有限、精度不高、获取较困难等因素的限制。利用RS和GIS技术，通过构建相关模型和指数来进行土地开发利用强度评价的研究主要集中在1980年之后（张小珲等，2019；王曼曼等，2020）。另外，我国还有部分学者从海岸带主体功能区划（王光振，2012）、资源承载力（董健，2006）、产业布局（张效莉，2008）等方面拓展海岸带土地利用开发强度的研究体系。

综上，基于统计数据，从不同维度出发构建指标体系定量评估区域土地开发利用强度的方法已产出较多研究成果，具有一定的科学性，对于短期内土地开发利用强度的定量分析具有重要意义。该方法也存在一些局限性，如早年统计年鉴资料不易获取或部分年份统计数据有缺失等，对于长时间范围内土地开发利用强度如何变化的测度比较困难。而借助RS和GIS技术，基于实际遥感影像解译数据，通过构建多种模型与指数进行评价的方法更适用于长时间序列下土地开发利用强度的测度和比较，对于定量分析土地开发强度的具体演变过程具有突出价值，且该方法在海岸带地区相关研究中的应用更加广泛，技术相对成熟，实证意义更突出，数据可靠性更强，更能体现当前空间信息技术和大数据研究在地理学领域的应用，符合当前的研究热点和趋势。

1.3.3 海岸带景观演变研究进展

景观是指由不同土地单元镶嵌组成，具有明显视觉特征的地理实体。以景观为研究对象，探究景观空间分布格局、动态变化过程，以及二者之间耦合关系的学科，称为景观生态学（邬建国，2007）。景观生态学是一门新兴交叉学科，最初由德国地理学家 Carl Troll 提出（Turner et al., 2001），20 世纪 80 年代后得到蓬勃发展。景观演化分析是当前景观生态学研究的重点和热点之一。景观格局是指大小或形状不同的景观镶嵌体在一定区域内的排列情况（伍业钢和李哈滨，1992），景观空间格局特征的分析是当前景观演化分析中的一项重要内容，有着广泛的应用。

国外关于景观演化研究的时间尺度较长，空间尺度也相对较大，例如 Olsen et al.（2007）对美国佐治亚州本宁堡景观格局进行的时空演变研究；Parcerisas et al.（2012）对 1850—2005 年地中海沿岸地区景观变化展开的研究。随着当前 RS 与 GIS 技术的快速发展，景观类型数据的获取更为便捷迅速，ArcGIS 等地理信息处理软件的运用也使得景观演变研究的可操作性增强，利用 3S 技术进行景观演化分析逐渐成为研究重心。如 21 世纪初有学者充分利用新兴的地理空间信息技术，结合遥感影像，探讨了欧洲西部某城市三个时期的景观动态演变特征并分析其驱动力因素。对于海岸带这一特殊地理单元，关于其景观格局演变的研究可追溯到二十世纪七八十年代，Paine 和 Levin（1981）以及 Steele（1989）先后提出海洋景观生态学概念，开始研究人类活动对海岸带景观格局的影响。此后，不少学者相继开展海岸带景观变化研究，包括人为活动对海岸带景观破碎化发展的影响机制（Hepcan et al., 2013）、海岸带景观格局动态变化对近岸水环境的影响机制（Correll 和 Weller, 1992），以及卫星遥感技术在景观动态演化分析方面的相关应用（Tzanopoulos 和 Vogiatzakis，2011）等方面。

国内关于景观演变的研究起步较晚，且时间尺度和空间尺度与国外相比较小，主要是运用遥感影像数据，对区域数十年景观动态变化特征及驱动力因素进行分析，研究对象较为广泛，包含对城市（满文君，2015；逯萍，2011）、湿地（樊彦丽和田淑芳，2018；庄海东，2013）、森林（乔志和，2012）等区域景观演变的研究。国内早期开展关于海岸带景观格局动态研究的学者有赵羿等（1990）、肖笃宁（2001）等。随着 RS 及 GIS 技术的发展与广泛应用，关于海岸带景观变化的研究开始大量涌现，具体包括对大陆海岸带（田鹏等，2018；童晨等，2020；徐谅慧，2015）、海湾港口海岸带（钱瑛瑛和李加林，2018；徐谅慧等，2015）以及范围较小的单个滨海城市海岸带的研究（夏成琪和毋语菲，2021；徐文阳等，2017）。在具体的研究方法上，前人对景观演变特征的分析主要运用马尔柯夫转移矩阵模型、景观动态模型以及计算景观格局指数等（徐谅慧，2015）。随着科技的不断进步，在景观演变研究中也出现了不少新兴技术，如景观分类软件 eCognition Developer、景观格局指数计算软件 Fragstats、Apack、Parch Analysis 等。

1.3.4 海岸带复合系统协调发展研究进展

复合系统是由彼此相对独立但又密切联系的 2 个或 2 个以上的子系统及其内在要素按照一定规律结合而形成的复杂系统，具有特定的结构和功能。复合系统的复杂程度与其内部各子系统间众多元素的耦合关联程度有密切关系。因此，探究复合系统中各子系统之间的协调性关系对于从整体上研究复合系统的演化情况具有重要意义。复合系统协调发展研究涵盖内容广泛，涉及产业经济学、旅游学、地理学、生态学等领域。

目前，有关区域复合系统协调发展的研究主要集中于分析区域内部经济、社会、资源、环境等子系统间的协调关系。在高强度开发与社会经济高速发展的时代背景下，自然资源短缺、生态环境退化、生态服务功能价值衰减、自然灾害频发成为全球面临的共同难题，威胁着区域整体的协调、可持续发展。国外学者关于经济、资源、环境子系统间协调发展的研究偏重于经济学理论方面。Solow（1974）、Stiglitz（1974）等学者基于新古典增长模型，探讨了资本、技术、人口、资源开采、经济增长之间的变化关系。此后，也有以 Romer（1986）为代表的学者基于内生增长理论，探究经济资源环境等子系统间的协调问题。在后期的研究中，随着人们对社会发展因素关注度的不断上升，社会子系统也逐渐加入区域复合系统协调发展的研究中，如 Hanley（2000）就将社会因素融入系统协调性的研究中，其构建的协调性评估模型中包含人口、社会、经济、资源环境等子系统。国内关于复合系统协调发展的研究不仅涉及经济学理论，还包含环境科学、社会学等方面的理论，研究方法主要是构建系统综合发展水平评价指标体系，运用灰色动态协调模型（张晓东和朱德海，2003）、变异系数协调发展模型（王赟潇，2018）、序参量功效函数协调发展模型（寇晓东和薛惠锋，2007）等方法对复合系统内部各子系统间的协调性程度进行测度；研究的区域尺度大小不一，包含乡村聚落（谢依娜等，2018）、城市（刘长安，2013；康玲芬等，2017）、城市群（李杰，2010；余瑞林等，2012）、省域（李威等，2013）、地理单元区（柴春梅等，2017）等；复合系统的类型也较多元，包含旅游地复合系统（向宏桥和郭婷，2018）、城市复合系统（李严鹏，2017）、海洋复合系统（钟利达，2019；陈婉婷，2015）、山地复合系统（李高洁，2013）等。

当前对海岸带复合系统发展演变的研究，大多局限于对沿海地区陆地或海洋的经济社会环境复合系统发展状况的研究，而基于陆域和海域两个子系统，分别从社会经济、资源利用、生态环境等方面构建陆域子系统评价指标体系和海域子系统评价指标体系，再将海陆两大子系统联系起来，探究两个子系统之间综合发展水平是否协调的研究还相对欠缺。已有的相关研究也主要集中在大尺度区域，如全国范围的海岸带地区（张坤领，2016），对中小尺度区域的研究还比较少，尤其缺乏针对东海区海岸带陆海复合系统协调发展水平演变的研究。已有的相关研究以构建评价指标体系进行定量分析的方法为主，即从经济发展、社会发展、资源利用、生态环境等不同维度，分别构建陆域子系统和海域子系统综合发展水平评价指标体系，采取综合指数法对陆海发展水平进行测度，并运用耦合协调度模型联系两者，从而探究两者间的协调发展状况（张坤领，2016）。

1.3.5 海陆梯度时空特征研究进展

海岸带在地球系统中起着关键作用，它是一个被海洋、大气圈和陆地所包围的独特区域（李伟芳等，2016）。受陆地因素和海洋因素以及陆地—海洋相互作用的影响，海岸带沿海陆方向表现出规则的空间特征，包括地貌梯度、理化梯度和生物成因梯度。在地貌和水文方面，从沿海到陆地呈现不同的特征，土壤盐分和含水量随着与海岸距离的增加而减少（Rath et al., 2017）。此外，受生物因素、生理因素的影响，沿海土地利用也表现出规则的空间分布格局，并且与海洋的距离有关（Feng et al., 2018; Li et al., 2016）。例如，水域和城镇用地是众多学者关注的用地类型（Hou 和 Yong，2011）。由于气候差异、地形差异和不同的人为干扰，土地利用可能会随着不同海岸带而发生变化。实际上，气候变化和人为干扰对沿海景观有着很大的影响。由于气候变化引起的海平面上升，低洼的沿海区域，特别是靠近海岸带地区，有着遭受海岸侵蚀的风险，将来甚至可能消失（崔利芳等，2014）。因强烈的人为干扰，海岸带地区的湿地和农田大面积被排干并转化为其他人类用地（Cooper et al., 2001）。

通过野外调查的方式可获取土地利用沿海陆方向的空间分布。根据从沿海陆方向的连续位置获取的样本，发现由于海陆相互作用，耐盐碱类植被分布在一定的区域内可判断土壤中盐分与水分梯度分布（Xin et al., 2010）。从某种意义上来讲，海岸带土地利用空间格局可以反映沿海环境梯度因素。但是因为时间和人力成本等因素，实地调查很难运用到大面积的环境下，因此，基于遥感的土地利用梯度格局研究变得流行，并在沿海地区得到广泛运用。

将研究区域划分为预定分区的缓冲方式是提取海岸带海陆方向的土地利用空间格局的最流行方式之一（许艳等，2012）。侯西勇和徐新良（2011）基于沿海到陆地建立缓冲区，发现随着海岸线距离的变化，土地利用的海陆梯度特征显著。许艳等（2012）对江苏省沿海地区进行分析，发现土地利用多样性从沿海到陆地呈现低—高—低模式，但是土地利用强度呈现高—中—高的格局。Di et al.（2015）发现，土地利用强度存在明显的海陆梯度，在岛屿和近岸地区较低，而在距离海岸线 4km~30km 的地区较高。巫丽芸（2020）对福建东山岛进行分析，得到该岛各梯度上的景观破碎化程度总体随时间的推移而不断增强，不同区域存在差异。

1.3.6 陆海系统关系研究进展

陆海系统演变是全球变化的重要研究内容，陆海系统演变主导因素逐渐由环境变化的自然影响转为人类影响（Messerli et al.，2000）。因此，需加强对人类活动影响下地球系统演化与驱动机制的多学科综合研究（刘燕华等，2013），为合理应对环境变化和协调人类活动对地球环境影响提供科学依据。国外学者对陆海系统关系的研究较早，侧重海岸带综合管理、海岸带环境保护、海岸带可持续发展等方面的研究。我国学者虽然对陆海关系研究起步较晚，但在海岸带综合管理研究的基础上，创造性地提出“陆海统筹”的概念，并在海岸带综合管理、海陆一体化、陆海统筹等方面积累了丰硕的研究成果。基于当前国内外研究现状，我们分别从海岸带综合管理、海陆一体化、陆海统筹研究三个角度展开探讨。

（1）海岸带综合管理的概念内涵和研究内容

海岸带综合管理思想的萌芽起源于20世纪30年代。阿姆斯特朗等提出对延伸至大陆架外缘的海洋资源区应当采取综合管理的方法。随着科技的进步，人们粗放式开发利用海洋资源的能力越来越强，这虽然推动了全球沿海地区经济飞速发展，但不合理的海洋经济发展方式和海洋产业结构加剧了陆海系统内部矛盾。如何协调海洋资源利用和海岸带发展成为世界各国关注的重点。1965年，美国旧金山湾自然保护与发展委员会的成立，标志着地区政府层面对海岸带综合管理的开始。1972年，美国通过并实施了《海岸带管理法》，提出要对海岸带实施“综合开发、合理保护、最佳决策”的管理方针。1975年，由17个地中海国家构成的政府间组织通过了“地中海行动计划”，标志着国家政府层面海岸带综合管理的开始。1982年，第三次联合国海洋法会议（UNCLOS Ⅲ）提出并通过海洋法公约，指出需要立足于生态系统的整体性和综合性来对海洋环境进行管理。1992年，联合国环境与发展大会通过了《关于环境与发展的里约热内卢宣言》，正式提出海岸带综合管理，并将其概念具体解释为“一种政府行为，各利益集团在国家或政府公权力的引导下参与海岸带综合管理规划及实施中，寻求各方平衡的最佳利益方案，协调海岸带开发与保护之间的矛盾，获得海岸带区域的总体发展”。1993年，世界海岸大会制定了《世界海岸2000年——迎接21世纪海岸带的挑战》，并明确提出实施海岸带综合管理与督促各国加强海岸带的管理；随后，在联合国可持续发展委员会等相关国际组织的推动下，发布了《海岸带综合管理指南》等重要文件，使海岸带综合管理在全球沿海国家推广（杨义勇，2013）。此外，国外学者以海岸带综合管理为核心，从海岸带环境保护、海岸带开发规划、海岸带可持续发展等视角（Gogoberidze，2012），完善海岸带综合管理相关理论、数学模型等研究（Newton和Weichselgartner，2012），积累了丰富的海岸带综合管理实践经验（国艳，2019）。

海岸带经济高速发展对生态环境的负面影响不断削弱着区域综合承载力，如何有效实施海岸带综合管理措施来推动海岸带区域社会、经济和环境可持续发展逐渐成为各国政府与社会各界关注的热点，基于生态系统的管理（Ecosystem-based management，EBM）逐步融入海岸带综合管理中。

1995 年，美国生态学会在前人研究的基础上，将 EBM 定义为“基于相关的政策、协议和实践开展有针对性的管理活动，理解生态系统之间必要的相互作用和过程，通过监测和研究进行适应性管理，以维护生态系统的结构和功能”。海洋渔业资源的过度捕捞、日益衰减、生境破坏等问题不断显现，使得基于生态系统的渔业管理最早成为被世界各国采纳的 EBM。美国国家调查中心则将 EBM 视为以生态系统的组成要素和功能为基础的一种渔业管理方式，以期实现生态系统的可持续发展。此后，EBM 逐渐从渔业延伸至其他领域。大海洋生态系统概念的融入使得基于生态系统的海岸带综合管理被重新定义为“关注整个大海洋生态系统的海岸带管理策略，将整个海岸带空间作为管理对象，承认各生态系统之间的联系，维持海岸带生态系统从产生到再生过程的流动性，实现系统中各物种需求与人类需求的平衡”。

我国对海岸带综合管理的研究起步较晚，最早由任美锷于 1984 年提出，其认为海岸带综合管理需要遵循“多单位、多系统、多方面”3 项原则，依据自然条件和经济规律制定相应的最佳开发利用方案，以期获得最合理利用，并需要用法律将管理原则和方法固定下来。范志杰和薛丽沙（1995）在综合国内外研究的基础上，将海岸带综合管理定义为“国家政府通过制定和实施海岸带地区开发、利用和管理的发展战略，协调分配自然环境、生态和社会、经济、文化资源，对海岸带地区进行全时段和全方位的动态管理，实现海洋资源保护前提下持续稳定的海岸带开发利用”。有学者提出海岸带综合管理是“海洋综合管理在海岸带区域的细化，是一种高层次的政府职能行为和管理方式，通过制定法律规划和执法监督等手段，协调管理海岸带的资源环境和开发利用行为，达到海岸带开发利用的可持续发展”，该定义涉及海岸带综合管理的实施主体、手段、目的等多个方面，也是我国目前最受认可的海岸带综合管理内涵。其后，国内学者的看法基本与之相似，将海岸带综合管理理解为通过政府行为对海岸带开发进行调控管理，最终实现海岸带的可持续发展利用（陈阳等，2017）。我国真正意义上的海岸带综合管理始于 1994 年中国与联合国开发计划署在厦门合作建立的海岸带综合管理试验区；随后，我国又在广东阳江市的海陵湾、广西防城港市的防城港、海南文昌市的清澜湾、渤海湾等地对海岸带综合管理进行了初步探索并取得了较为显著的成果（范学忠，2010）。虽然海岸带综合管理研究才开始几十年，但研究成果较为丰硕，可为我国海岸带综合管理实践工作提供充分的理论指导。

当前海岸带综合管理研究的主要方向有三个。①海岸带综合管理的比较研究。通过积极探讨和总结澳大利亚、美国、日本等发达国家海岸带综合管理经验，为我国海岸带综合管理制度建设、政策执行和效果评估等实践工作的开展提供指导（韩茹，2020；黄惠冰等，2021）。②海岸带管理的理论研究。分别从管治核心论和生态系统核心论（林燕鸿，2018；明利等，2006）展开海岸带综合管理的理论探讨，前者注重解决海岸带管理中的多头管理的问题，均衡各方利益主体，推动海岸带管理的有序开展；后者关注海洋生态环境与海洋经济发展的协同发展（范学忠，2011）。我国海岸带综合管理在国际经验总结以及理论研究方面的积累，促进了我国海岸带空间规划、海岸带可持续发展、海岸带管理过程中新技术方法应用等研究。③海岸带综合管理效果的评价研究。其内容涵盖经济发展、环境保护、政策实施效果等多个方面。评价方法分为两类：一是以 Billé 为代表的以过程为导向的评价方法，即对某一地区的海岸带综合管理，从其法律、法规和政策的制定、实施，以及现存问题等方面进行全面而详细的梳理和评价，涉及污染治理、公众参与、部门分工、不同管理层级之间的矛盾等问题；二是以 Gallagher 为代表的以结果为导向的评价方法，即对所要达成的目标进行评分的定量评价方法（Reda et al., 2019; Doruk et al., 2017; Peter et al., 1997）。

（2）海陆一体化的概念内涵、内在机制和研究内容

由于自然资源环境的不用，陆地与海洋之间进行着复杂的物质、能量的交换和相互依赖（栾维新和王海英，1998）。如何在全球快速发展的新时期将两者有效结合以促进经济、社会、环境协调发展已成为我们当前所面临的重要问题，尤其是人口集中与经济发达的海岸带地区。因此，全国海洋开发保护规划于 20 世纪 90 年代提出了海陆一体化的概念（卢宁等，2008）。由于该概念涉及不同学科的知识体系，其具体的概念内涵尚未统一。狭义的海陆一体化主要是由海陆经济协同一体化发展而成的，通过海陆经济产业间生产要素的相互需求来不断加强彼此关联，依托临海产业，合理安排海陆产业的功能，实现海陆功能区的协调发展（栾维新和王海英，1998）。广义的海陆一体化概念内涵更加丰富，不仅包括海陆经济的互动与协调，还包括社会、文化、交通、管理、环境等各个领域间的统一与协调（卢宁和韩立民，2008）。总体而言，海陆一体化是以陆域与海域系统为基础，在技术、产业等方面形成紧密联系，依靠临海产业的纽带作用，促使海洋和陆域经济在功能分区上协调共进，并且不断加强陆海系统间的内在联系，推动海洋和陆域产业相互交叉和融合，将相对分散的海陆系统有机整合，在产业发展上相互协调，促进陆海经济、资源、空间一体化发展，从而提升

陆海发展的综合效益（卢宁，2009；高扬，2013）。同时，海陆一体化是沿海地区协调海陆两大系统关系的一种新时代战略考量，通过发挥海洋资源、环境、空间等要素优势促进沿海地区经济快速发展（徐质斌，2010）。

陆域和海洋经济在资源禀赋、产业经济基础、科技水平、陆海生态环境、社会发展历史等方面都存在一定的差异，这些差异最终使得各要素之间形成能量梯度，从而促进这两大经济系统的发展（卢宁和韩立民，2008）。其中，资源禀赋是海陆一体化的基础，资源禀赋优势在一定程度上决定了经济发展的深度和广度，也决定了海洋经济向陆域或者陆域经济向海洋延伸的程度（高扬，2013）。产业经济是海陆一体化建设的核心，对陆域与海域社会经济发展具有反哺作用。科技是海陆一体化发展的有效保障和陆海产业经济发展的推动力，在一定程度上决定了陆海资源的开发利用强度，特别是海洋区域新能源的探测和开发，同时也是社会经济发展增长点的助力器，有利于规模经济的形成（王敏，2017）。陆海生态环境是海陆一体化的重要因素，对陆域社会经济和海域社会经济的资源有效化、最大化利用和生态环境红利建设具有重要作用。此外，这两大系统的社会经济历史发展水平和发展程度也是导致海陆一体化建设区域分异性的重要因素（徐志斌，2010）。

由于研究起步较晚，已有的海陆一体化研究主要集中于实践的观察和总结，从理论到实践的应用型研究并未突出，尚未形成完整的学科理论体系。当前研究主要集中于两个方面。①利用耦合协调度模型、变异系数模型等对不同地区的海陆一体化进行阶段性特征讨论。常将其发展历程分为初期平稳阶段、成长期无序阶段、中期有序阶段和后期反弹阶段四个阶段。在初期平稳阶段中，海洋经济效益和结构较为落后，但由于海洋环境未被破坏或破坏较少而较好；在成长期无序阶段，海洋经济开发突出，海洋环境趋于恶化；在中期有序阶段，陆海系统的有序度增强，海洋环境得到明显改善；在后期反弹阶段，陆海系统与环境矛盾突出，并逐渐发展混乱。不同区域的资源环境、产业基础不同，导致海陆一体化发展也存在较大差异。如我国环渤海地区长期以来存在产业趋同、对外开放程度较低、生境质量较低等问题，使其海陆一体化水平受到较大影响；广西北部湾因人口激增而导致海域环境污染、海洋产业发展受限和竞争力较低，从而拉低了海陆一体化水平。②对区域海陆一体化水平进行综合评价。海陆一体化评价是全面衡量沿海地区陆海社会经济协调发展程度的重要手段，能为沿海地区发展提供科学指导。通过构建对海陆系统的资源基础、产业特征、科技水平与环境治理等能力结构关系模型，定量评价海陆一体化水平，并利用海陆一体化耦合度进行海陆一体化获益分析及一体化程度评价。我国海陆一体化程度总体来说处于不断上升的趋势，但存在显著的区域分异，因此需要实施分区调控，通过先行区、重点区及后发区的示范、带动、承接，形成梯度发展模式。同时，充分发挥区域陆域产业和经济发展的示范带动作用，以陆域经济系统中的资金、人才、先进技术、科学管理经验、通常信息流等生产要素有效融入海洋经济系统，且不断挖掘海洋经济系统中的资源、空间、环境、能源等自身的突出优势，从而达成陆海经济系统资源的最优配置，实现两者的帕累托最优状态（徐质斌，2010）。

（3）陆海统筹的概念内涵、思想渊源和理论支撑

陆海统筹概念来源于“海陆一体化”思想，最早由我国学者张海峰于2004年提出，旨在协调陆海发展，推动海陆经济一体化建设，形成海域开发的“全国一盘棋”局面（张海峰等，2018）。2005年，张海峰认为应将“陆海统筹”上升至国家战略高度，与其他五个方面的统筹发展互惠共利，并认为其是全面建设和实施可持续发展的题中之义（徐质斌，2010）。陆域系统和海域系统并非孤立存在，我们要将其视为一个有机的复合体系，改变长期以来“重陆轻海”的理念，把陆海两个系统放置于平等地位，有效发挥海洋系统的优势，形成区域经济发展的新增长点（孙吉亭和赵玉杰，2011）。因此，陆海统筹自提出以来就被我国政府高度重视，并最终上升为国家海陆发展战略，写入国家“十二五”规划纲要，使其成为具有中国特色的陆海关系研究热点和重点（朱宇等，2020）。一般来说，陆海统筹中的“陆”主要包括我国拥有主权的陆域区域，“海”则主要包括我国的内海和领海区域；从范围上讲，不仅涉及我国海岸带地区，而且是我国主权范围内的整个陆域和海域区域，它涉及整个陆域与海域的生态、经济、社会、区位等多方面内容（曹忠祥和高国力，2015）。另外，陆海统筹作为国家战略，更代表着一种战略思维，即统一、综合指导我国沿海陆域及海洋系统的经济发展和资源开发利用、生态环境治理和保护、生态安全和评价等政策的制定。陆海统筹在维护国家利益和安全的同时，还能够综合区域内海洋系统和陆域系统的经济、资源、生态环境等各方面的特点，从而充分发挥陆海互动作用，有效推动区域社会经济的持续、高效、稳定发展。在陆海统筹上升为国家战略后，其概念内涵又迅速延伸至其他领域，如经济、产业、生态、社会等，通过陆域的先进技术与产业链来推动海洋产业的高速发展，从而又带动和辐射陆域相关产业，实现陆海产业、经济的相互促进和共同发展。

总而言之，尽管海洋与陆域之间存在地理上的分异，但陆海统筹模糊了陆海的自然界限，以陆地和海洋这两个既相互独立又彼此交织联系的系统为统筹对象，形成一个兼具陆、海特点的经济与产业结构、功能的区域复合系统。在该系统中，海洋与陆地的地位与价值是相互依存的，海洋子系统价值的实现需要陆域空间及基础设施的支持，而陆地子系统作用的发挥更离不开海洋子系统所供给的资源环境，表明新时代下的海洋经济已经成为区域发展的关键要素。我国学者综合地理学、经济学、生态学等学科思想，从国土空间开发规划、涉海政策制度、陆海复合系统等方面，拓宽陆海统筹研究的维度与尺度，推动陆海统筹研究不断深入，加深陆海统筹与海陆一体化、陆海产业联动的研究差异（表 1.2）。主要体现为：陆海统筹是对海陆一体化、陆海产业联动研究的整合和创新，具有涵盖内容更多元、关注视角更广及研究层次更宏观的特点，极大地拓展了陆海系统关系的研究体系。

表 1.2　陆海统筹、海陆一体化、陆海产业联动的区别

类别	陆海统筹	海陆一体化	陆海产业联动
涵盖内容	陆海系统经济、社会、文化、生态等多方位协调发展	将海洋作为区域社会经济发展的支持系统，实现海陆经济一体化发展	陆地与海洋经济子系统间联动发展
关注视角	将陆地与海洋系统视为整体，两者构成沿海区域，彼此相辅相成	通过陆海经济系统间的物质、信息、能量交换，实现海陆产业的整体平衡	通过海陆产业关联作用，实现海陆经济系统的共同发展
研究层次	开发利用海洋资源和海洋经济发展指导思想	海陆一体化是海陆统筹理念在经济发展中的过程体现	陆海产业联动是实现海陆一体化的重要途径

陆海统筹思想源远流长，从古至今在社会不同发展阶段，人类在社会生产过程中形成的人与自然关系认知在不断发展和变化。“先王之法，不涸泽而渔，不焚林而猎”是中国古代人民对人与自然和谐共处之道的凝练。20 世纪 50 年代，为了处理社会发展过程中的各种矛盾和关系，毛泽东在《论十大关系》中提出统筹兼顾的思想，也为科学发展观中的“五个统筹”战略打下了基础。1987 年，布伦特兰在《我们共享的未来》中第一次正式使用“可持续发展”概念并明确其定义。1997 年，党的十五大正式将可持续发展列为国家战略。党的十七大报告中提出科学发展观，既是对已有发展经验的总结，也是对未来发展道路的探索。悠久的农耕文明使中国一直“重陆轻海”。20 世纪 80 年代，人文地理学家吴传钧院士在中国地理学会上提出地理研究要面向海洋，要将人地关系研究延伸到人海关系研究。20 世纪

末，人们开始关注海洋利用与保护，提出了海陆一体化发展原则。2004 年，张海峰提出“陆海统筹”概念。2006 年，张登义和王曙光在全国政协会议提案中指出“陆海统筹”应列入国家“十一五”规划。2007 年，中央经济工作会议将海洋发展提升到国家战略层面。

随着社会科技的进步与生产力水平的提高，人类对自然环境的开发与干预能力逐渐加强，人类活动逐渐由人地区域向人海区域扩张，人海关系由单一的经济关系向社会、生态等各方面转化，进一步将陆域与海域结合为有机整体。首先，陆海社会经济在产业生产和发展过程中有前向、后向及旁向的密切联系，这些联系从地域上可划分为海域上的联系、陆域上的联系、陆海区域之间的联系。不同地域的联系对产业经济的发展效益、产业链的延伸以及区域地理环境具有不同的影响，产业联系方式的差异最终使得陆域和海域的社会经济发展、生态环境具有不同的效益（高扬，2013）。陆域与海域并非孤立存在的单元，两者相互依赖、相互联系，但陆域与海域社会经济与生态环境也存在互斥性，因而这种相互依赖和联系既能向积极的方向发展，也能向消极的方向演变（卢宁，2009）。当两者向积极的方向发展时，并非仅是陆域与海域各要素的简单相加，而是结合各要素禀赋优势，将系统内经济、技术、资源、生态等各方面内容有机整合，充分发挥整体的功能和效益，最大化促进陆域与海域的良性互动与可持续发展；若向消极方向演变，往往产生一系列连带和扩张效应（孙吉亭和赵玉杰，2011）。因此，结合产业布局、二元经济一元化、相互依赖、系统论、可持续发展等相关理论，对陆海统筹进行实证研究受到众多学者的青睐。

1.3.7 陆海统筹研究进展

（1）陆海统筹的研究内容

当前我国针对陆海统筹的研究主要集中于内涵、概念等定性方面，在定量测度等方面的研究还较为匮乏。有学者利用 GML 指数分解方法，将我国沿海区域分解为陆域效率驱动型、海洋效率驱动型、陆海效率复合型三类（韩增林等，2017），并根据不同区域的特点，从顶层设计、长期以来的发展格局、安全环境、产业结构等方面提出自己的建议。因此，在加强陆海经济统筹建设中，需要在国家战略层面上进一步规划与统筹，充分挖掘陆海经济发展的合力，强化科技对陆海产业的支撑作用，从思想意识、生态环境建设、国际合作与融资渠道等多方面加强陆海经济发展动力建设（王倩，2014），将决定机制、作用机制和调节机制落到实处（孙吉亭和赵玉杰，2011），协调陆域与海域社会经济的建设与发展。由于研究的起步时间较晚，目前仍处于发展初始阶段，大多数研究侧重于结合已有的陆海社会经济状况进行实证分析，对多学科理论、多领域思维的交叉运用不足，同时与3S技术的结合有待提升。

（2）陆海统筹的定量测度

陆海统筹的理论研究成果对我国陆海统筹实践工作有着重要的指导意义，可促进陆海统筹定量研究。目前，陆海统筹定量研究大致可分为两种。①陆海系统发展的定量评价。基于复合系统、协同演化和可持续发展等理论，通过生态、资源、经济与社会四个维度测度地区陆海统筹发展水平，运用耦合协调度模型、Global-Malmquist-Luenberger指数等数理方法，探究陆海统筹水平时空分异。陆海系统发展的定量评价多以我国沿海省份、城市群为研究对象，探究陆海统筹水平的区域差异及驱动机制（杨羽頔，2015；夏康，2018）。陆海系统发展的定量评价综合陆海各子系统的发展水平，揭示陆海系统内部结构差异，促进陆海系统在生态、资源、经济与社会间的优势互补，以提升区域陆海统筹水平。此外，我国学者从敏感性和应对性角度，构建陆海统筹绩效体系，探究我国陆海统筹水平演变特征（徐静和王泽宇，2019）。②陆海子系统的定量评价，依据经济学、地理学、生态学等学科的理论和方法，以陆海生态、资源、经济与社会子系统中某一对或多对组合为研究对象，探究陆海子系统协调发展程度（丁冬冬，2019；陈慧霖等，2020；马玉芳等，2020）。有学者以陆海经济子系统的定量评价为主，通过建立陆海经济合作模型耦合陆海经济合作强度，分析陆海经济合作存在的困难并提出相应对策建议，促进陆海经济协同发展。基于陆海产业协同耦合发展，从不同时空角度对其进行耦合研究，也是当前陆海产业协同发展研究的新热点和新立场。还有部分学者采用数据包络分析法对陆海经济生产效率进行评价与分析，包括陆域经济发展对海洋资源的需求，以及海洋经济对陆域各种资金、技术、人才等要素的利用效率。

国内外学者在海岸带开发和陆海系统关系方面进行了多角度研究，从数据源、理论基础、研究方法等方面积累了大量研究成果。综合现有研究，总结出以下特点：①当前海岸带开发研究大多基于GIS空间分析、景观格局等技术方法来探讨海岸线开发、海岸带土地利用的时空演变、驱动机制、环境影响、情景模拟、政策研究等内容，但对海岸线开发及海岸带土地利用综合分析的研究成果较少；②海岸带土地利用相关研究多关注陆域一侧土地利用开发，应当关注陆地土地利用与海洋空间开发的整体分析；③陆海系统关系的定量研究成果较少，基于定性分析的理论基础构建评价模型多以沿海经济带、城市群等为研究对象，研究空间尺度较大；④已有研究成果在陆海系统关系的理论与研究方法上提供了较丰富的经验，侧重对陆海系统发展状态评价，而对陆海系统演变机制的研究较少。

1.4　研究内容

本研究以人海关系地域系统为理论基础，以 1990—2020 年为时间尺度，综合分析东海区大陆海岸线及海岸带土地利用开发强度，揭示东海区大陆海岸带开发活动的时空特征，构建陆海统筹综合水平评价模型，分析东海区陆海统筹水平的演变特征及海岸带开发对陆海统筹水平的影响机制，并以台州市和温州市为具体案例进行研究。研究内容主要包括以下几方面。

（1）基于数字岸线分析系统的东海区大陆海岸线时空变化特征

基于 1990—2020 年 7 期遥感影像数据以及历史时期的东海区大陆海岸线数据，借助 ArcGIS、ENVI 软件对研究区遥感影像进行人机交互解译，提取出研究所需的大陆海岸线数据。采用美国地质调查局研发的数字化海岸线分析系统（DSAS），以不同年份测量的 7 期遥感影像解译为数据源，对 1990—2020 年东海区大陆海岸线长度、形态及变化过程进行定量分析，分析东海区海岸线时空变化规律。

（2）东海区大陆海岸带土地利用时空变化特征

基于东海区大陆海岸带 1990—2020 年 7 期土地利用数据，利用 ArcGIS 软件对土地利用数据进行分析，包括土地利用现状、土地利用多样性、重心移动以及土地利用强度指数等方面，分析 1990 年以来东海区大陆海岸带土地利用时空变化特征，揭示东海区大陆海岸带省区市、南北开发强度的差异。

（3）东海区大陆海岸带典型区域时空变化特征

运用景观格局指数、多重缓冲区分析与海陆垂线分析相结合的方法，对东海区大陆海岸带典型区从沿海到内陆梯度变化进行分析，同时通过海陆垂线探讨海岸带沿海岸线方向上的变化，寻求典型区近 30 年受人工影响的演变规律，并分析不同区域的围填海状况。

（4）东海区大陆海岸带陆海统筹水平测度及演化

在现有技术和数据支持下，陆海统筹水平只能通过陆海复合系统协调度来体现。参照脆弱性分析框架，分别从敏感性和适应性两方面选取经济、资源、环境、社会等方面社会经济指标，建立陆海统筹水平指标体系，运用熵权 -TOPSIS 法和核密度方法，分析东海区沿海城市陆海统筹水平的时空变化特征，并运用障碍度模型分析东海区大陆海岸带陆海统筹水平的主要影响因素。结合地理探测器探测东海区海岸带开发强度与陆海统筹水平相关关系，运用脱钩模型分别分析陆海关键资源与陆海经济发展水平的脱钩关系。梳理现有国土空间规划体系，基于陆海统筹视角分析其不足之处，并由此提出陆海统筹视角下海岸带空间规划优化策略。

（5）台州市大陆海岸带开发强度时空演变

综合利用海岸线变化程度、分形维数、海岸线开发强度等参数，借助 ArcGIS 软件，探究海岸线动态变化；基于海岸线专题信息，与已有土地利用数据结合，补充和完善海岸带陆域及海域土地利用信息；基于海岸带土地利用矢量数据，综合利用土地利用变化程度、开发强度等参数，揭示海岸带土地利用规模、结构的时空演变特征。

（6）台州市大陆海岸带陆海统筹水平综合评价

以耦合协调理论、共生理论等为基础，从生态环境、能源资源、经济水平、社会发展四个维度构建陆海统筹水平综合评价模型；测度台州市陆海系统综合发展水平，并借助耦合协调度分析台州市陆海统筹水平，探究台州市陆海系统演化进程及各阶段演化特征。

（7）台州市大陆海岸带开发对陆海统筹水平的影响

基于海岸带开发与陆海统筹相关研究成果，梳理海岸带开发对陆海统筹的影响机制；利用统计学分析方法，揭示海岸带开发活动对陆海统筹影响路径；基于当前台州市海岸带开发及陆海统筹水平现状，为优化台州市海岸带开发、更好实施陆海统筹战略提出对策建议。

（8）温州市大陆海岸带复合系统景观演变特征

运用统计学方法，在 ArcGIS 软件支持下，对研究区的景观面积变化特征进行分析；通过构建景观类型转移矩阵，对研究区不同时段景观的转移特征进行分析；利用研究区数字高程数据，通过窗口递增分析法与均值变点分析法提取地势起伏度，并划分研究区地貌类型，再将景观数据与地貌数据的叠加，定量分析地貌因素在景观演变过程中的影响；选取具有代表性的景观指数，在 Fragstats 景观指数计算软件的支持下，对研究区的景观空间格局的变化特征进行综合分析。

（9）温州市大陆海岸带复合系统开发利用特征

针对陆域土地开发利用强度进行分析，综合运用土地开发利用动态度模型、土地利用结构信息熵与均衡度模型、土地开发利用程度指数评价法等多种研究方法，对温州市海岸带陆域部分土地利用类型的变化规模、结构特征、开发利用强度时空分异等方面进行深入分析；针对海域使用的结构特征进行分析，综合运用海域使用多样性指数法、比较分析法等研究方法，对温州市海岸带复合系统海域使用类型结构特征、海域空间利用特征及与浙江省东海区海岸带其他地级市间的差异比较等方面进行深入分析；针对海岸线变迁及开发强度进行分析，提取历年温州市海岸线数据来划分岸线类型，并采用岸线变迁强度指数、岸线多样性指数、岸线人工化指数、岸线开发利用主体度评价法等多种研究方法，对温州市大陆岸线变迁特征和开发利用特征进行深入分析。

（10）温州市大陆海岸带复合系统协调发展水平评价

基于复合系统理论、可持续发展理论、陆海统筹理论，从经济维度、社会维度和生态环境维度出发，分别构建陆域子系统与海域子系统综合发展水平评价指标体系，运用熵权法确定各项指标权重，采取综合评价指数模型分别对陆域子系统和海域子系统的综合发展水平进行评估，并对其时间变化规律及空间分异特征进行分析；运用耦合协调度模型分析海岸带复合系统陆域子系统与海域子系统间的协调发展程度，并结合系统信息熵与有序度理论，运用灰色模型 GM（1,1）对温州海岸带复合系统未来演化方向进行预测。

2

研究区域与数据处理

2.1 东海区海岸带概况

东海是我国东部的大型边缘海。地理上，东海北界以长江入海口北岸的启东嘴至韩国济州岛西南角的连线与黄海相连，东北以济州岛东南端至日本福江岛及长崎半岛野母犄角的连线为界，并经朝鲜海峡、对马海峡与日本海相通；东及东南以日本九州岛、琉球群岛及我国台湾岛的连线与太平洋相接；西接上海市、浙江省、福建省；西南以广东和福建海岸线交界处至台湾猫鼻头的连线与南海相通（李家彪，2008）。

结合我国行政区划管理的特点以及研究需要，本书所指的东海区大陆海岸带建立在二级海岸带（即上海市、浙江省与福建省沿海地级市）的基础上（赵锐和赵鹏，2014），北起上海市与江苏省交界浏河河口，南至福建省与广东省的分界线。另外需要说明的是，由于海洋对距离海洋较远的县市区影响较小以及研究对象为大陆海岸带，本研究区域剔除沿海地级市中某些距离海洋较远的县市区以及海岛，但通过2020年遥感影像判断认为后期围填海工程将岛屿与大陆架连接，这些区域可划入本研究区域。在研究区域中，对于钱塘江（杭州钱塘江沿岸区）、长江（上海市长江沿岸）等入海口区域如何界定大陆海岸带研究区域，前人研究并没有给出具体的界定范围，故本研究以河口距离海洋方向较近的桥梁作为区分点，将大桥作为海岸线的一部分。其具体的矢量边界向海洋一侧为2020年大陆海岸线，向陆地一侧为沿海地级市、直辖市与县市区的行政区划边界，以此结合的矢量边界形成的区域即为研究区域。

东海区大陆海岸带主要包含上海市、嘉兴市、杭州市（不包括桐庐县、建德市、淳安县）、绍兴市、宁波市、台州市、温州市、宁德市、福州市、莆田市、泉州市、厦门市、漳州市共计 13 个研究小单元，其中上海市、浙江省和福建省的海岸带面积分别为 5486.34km²、50770.2km²、53137.2km²。根据地形、行政区划、海岸带面积等因素，将东海区大陆海岸带划分为北部区域与南部区域，北部区域以上海市、浙江省大陆海岸带为主，南部区域以福建省大陆海岸带为主。根据以上描述绘制出东海区大陆海岸带研究区域（图 2.1），本书中的东海区大陆海岸带皆为上述划定的区域。

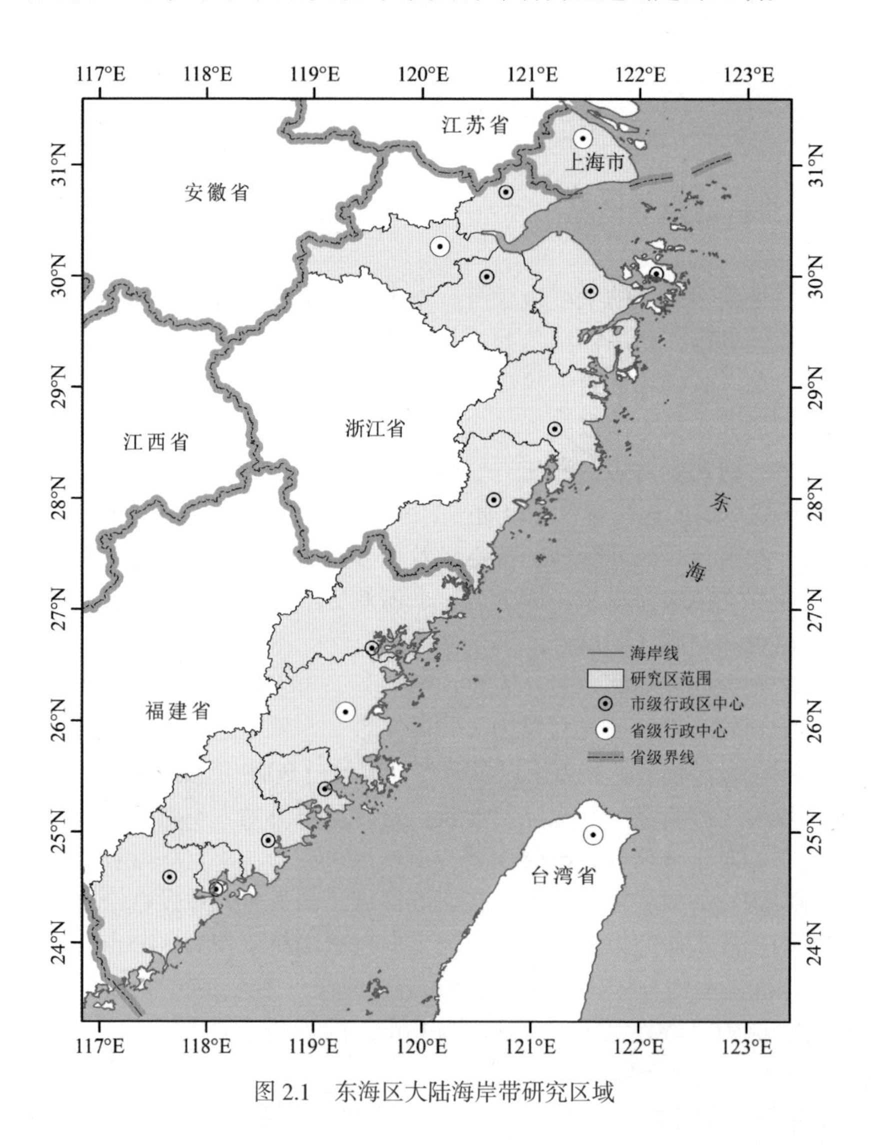

图 2.1 东海区大陆海岸带研究区域

2.1.1 自然环境状况

东海区大陆海岸带跨越纬度较大，区域内复杂的地形造就了该区域自然条件的多样性。本研究根据《上海市海洋环境资源基本现状》（徐韧，2013）、《浙江省海洋资源与环境基本现状》（张海生，2013）、《福建省海洋资源与环境基本现状》（吴耀建，2012），分别从地形与地貌特征、气候特征、水文特征、资源特征、自然灾害五个方面介绍东海区自然环境状况。

（1）地形与地貌特征

东海海区的海底地形与我国大陆地形有相似之处，即西北高、东南低，由西北向东南倾斜（孙湘平，2006）。其海底具有“三隆两盆”的构造格局，这是由于不同时期、不同地区受到地质应力场差异及边界条件的限制，加上不同地质运动的作用，因而自西向东形成浙闽隆起、东海陆架盆地、钓鱼岛隆起带、冲绳海槽和琉球岛弧（叶梦姚，2018）。

东海区海岸带地区丘陵面积最大，其次是小起伏山地和平原。以浙江省宁波市镇海区金塘大桥为界，东海区北部区域以平原为主，南部以低山丘陵为主。小起伏山地分布范围较广，一般分布于海岸带内侧地带，主要分布在东海区大陆海岸带中南部区域，行政区主要分布在福建省与浙江省南部，区域内较为有名的山峰有括苍山、雁荡山、太姥山、山峰山、戴云山、博平岭等。而平原大量分布在上海市、杭州湾南北两侧区域，其中零星分布一些较为平坦江河冲积、滨海沉积平原，主要有台州温黄平原、温州平原、漳州平原、泉州平原等。

（2）气候特征

东海区海岸带位于亚热带季风气候区，受东亚季风影响强烈，区域四季分明，夏热冬暖，光照充足，热量丰富，雨水充沛，空气湿润。同时由于地形的影响，该区域的小气候类型丰富，具有山地气候、盆谷地气候等。根据上海市、浙江省、福建省沿海地级市气象局多年观测数据，全年温度基本在0℃以上，年平均温度15~20℃。冬季较为寒冷，其中1月份温度最低，均温3~13℃。夏季炎热，其中7月份最为炎热，平均温度大于26℃。东海区各省（市）全年太阳辐射量为4200~5300MJ/m^2，全年日照时数为1100~2100h，全年7、8月日照时长最多，2月最少，福建省太阳辐射量和日照时数为三省（市）最高，上海市太阳辐射量和日照时数为三省（市）最低。

东海区大陆海岸带水汽来源丰富，主要由海洋随季风带来，导致该区域降水丰富，是全国降雨量较丰富的地区之一，降雨主要集中在夏季，且季节分配不均匀。根据福建省、浙江省、上海市气象资料，东海区各省市多年平均年降雨量 1000~2100mm，由梅雨导致的雨季出现在 3 月至 6 月，由台风导致的雨季出现在 8 月至 9 月，雨季由北向南随纬度升高而变长。根据赵秀兰（2019）对我国热带气旋时空特征分析，可以看出东海区各省市受热带气旋影响较为频繁，近 50 年内浙江省、福建省年平均热带气旋登陆次数分别为 1.82 次、0.68 次。受到热带气旋的影响，该区域常发生暴雨、流域洪水等气象灾害。

（3）水文特征

东海区大陆海岸带包括上海市、浙江省和福建省沿海区域，该区域地势以丘陵为主，同时受到西高东低的地势影响，区域内河流众多，河网密布，淡水资源丰富，河网密度为 $0.22km/km^2$。其中上海、浙江、福建的河网密度分别为 1.19、0.25、$0.13km/km^2$。主要入海河流按照入海口自北向南的顺序，为上海的长江、黄浦江，浙江省的钱塘江、甬江、椒江、瓯江、飞云江、鳌江，福建省的交溪、霍童溪、闽江、木兰溪、晋江、九龙江、漳江。其中流域面积大于 10^4km^2 的有长江、闽江、钱塘江、瓯江、鳌江和九龙江，流域面积分别为 $1.8\times10^6km^2$、$6.1\times10^4km^2$、$4.99\times10^4km^2$、$1.79\times10^4km^2$、$1.54\times10^4km^2$、$1.47\times10^4km^2$。东海区河流以降水补给为主，因此汛期多集中在多雨的 4 月至 10 月，其间流量和挟沙能力明显增大，大多数河流汛期内的流量和挟沙量占全年总量的 70% 以上。河流入海的输沙量与径流量对海岸的生态环境与侵蚀、淤积影响较大。根据相关的数据与资料统计，流量和挟沙能力较大的河流为长江、闽江、钱塘江和九龙江，四条河流的多年平均入海流量均大于 $2\times10^{10}m^3/a$、多年平均入海悬沙量大于 $5\times10^6t/a$。

潮汐与人类涉海活动紧密联系，许多沿海的生产、生活活动都受到潮汐的影响。东海区作为我国生产生活活跃区，为了方便观察潮汐现象，沿海地区设立多个潮汐观测站。如上海有绿华山、长兴、佘山等地，浙江有岱山、普陀、洞头、龙湾等地，福建有厦门、东山、三沙、沙埕等地。东海区潮汐主要由太平洋潮波引起。根据主要分潮平均振幅的比值来划分潮汐类型，东海区共有不规则半日潮和规则半日潮两种潮汐类型，从东山岛往东至高雄以北的永安附近连线，以台湾西北角与五岛列岛连线为界，该界线以东皆为不规则半日潮，而以西的陆架区中，除镇海、舟山群岛附近为不规则半日潮类型外，其余皆为规则半日潮。潮差是潮汐强弱的重要标志。根据相关资料（徐韧，2013；张海生，2013；吴耀建，2012），东海区属于强潮海区之一，其潮差普遍较大，大部分站点平均潮差为 4~5m。

东海区的环流由黑潮和沿岸流系统两大流系组成。其中，黑潮具有高温高盐特性，源自台湾东南海域；沿岸流系统具有低盐特性，分为沿岸流和风生海流，发育于本地，与外来洋流系统共同构成东海环流。东海环流具有开阔性，环流结构和成分复杂。黑潮流向稳定，从低纬向高纬，而沿岸流的方向则随季节变动。

（4）资源特征

东海区海岛资源丰富，根据“908 专项”海岛调查统计，全东海区共计 6059 座海岛，其中上海市有 25 座，浙江省有 3820 座，福建省有 2214 座（居民海岛有 357 座）。东海区内较大的海岛有崇明岛、长兴岛、横沙岛、舟山岛、东山岛等，主要集中在舟山群岛、福建兴化湾湾口南岸南日群岛以北区域。东海区港口航运资源丰富，研究区域从北到南依次有长江口南岸港区、杭州湾北岸港区、崇明三岛港区、洋山港区和黄浦江港区，以及嘉兴港、宁波—舟山港、台州港、温州港、福州港、湄洲港、厦门港等港口。东海区沿岸港口与国际主航道距离近，具有良好的区位优势。在众多的港口中，上海洋山港、宁波—舟山港为长三角区域优良的深水港口，这两处港口货物吞吐量居我国前列，为区域发展发挥着重要作用。福州港和厦门港属于河口港、海湾港，为闽台之间交流建立纽带，并在福建省对外经济发展中发挥着重要的作用。

东海区滨海旅游资源丰富，类型多样，自然旅游资源与人文旅游资源兼容并蓄，呈现出大分散、小集中的格局。上海市的旅游资源主要有西沙湿地、临港新城滴水湖景区、海湾国家森林公园、党的一大纪念馆等。浙江省滨海旅游资源主要集中在杭州湾北岸、中街山列岛、台州列岛、洞头列岛等区域，拥有西湖风景名胜区、宁波镇海招宝山旅游风景区、温州雁荡山风景名胜区、舟山普陀山风景名胜区、天台山风景名胜区等国家级风景名胜区，同时也拥有众多省级文化名胜区、文物保护单位以及国家历史文化名城。福建省滨海旅游资源集陆地与海洋于一体，众多旅游资源融自然与人文景观于一体，集中分布于福州、漳州和厦门。福建省的世界级旅游资源有鼓浪屿、海岛滨海火山国家地质公园、厦门大学、开元寺、南普陀寺等，国家级旅游资源主要有太姥山、清源山、湄洲岛国家旅游度假区、郑成功纪念馆、梵天寺等。

（5）自然灾害

东海区整体位于沿海中低纬度，同时受到中纬西风带和低纬东风带两个天气系统的影响。东海区又位于世界最大陆地（欧亚大陆）和最大水体

（太平洋）的交界面，全区季风气候特征明显，冷、暖、干、湿季节变化大，冬季寒潮和强冷空气影响强烈，夏季台风影响频繁，气温、降水年际变化较大，旱涝、台风等灾害性天气频繁，是全国气象灾害高发地区之一。区域内气象灾害种类较多，包括台风、伏秋干旱、梅季洪涝、低温霜冻、寒潮大雪以及冰雹大风等，其中以台风、洪涝、干旱危害最重。

东海区主要地质灾害有滑坡、崩塌、泥石流和沿海平原地区地面沉降等类型。其中，上海市地处长江三角洲冲积平原前缘，地势平坦，地下多为厚达200~320m的松散沉积物，全市主要地质灾害类型为地面沉降。浙江省和福建省突发性地质灾害和地面沉降均有发生，具有灾害范围广、受灾频繁、经济损失大等特点，而地面沉降主要发生在沿海平原地区。除地质灾害外，福建省地处中国东南沿海地震带，为地质灾害的防治增加了难度。

东海区海岸带作为陆海交界区域，同时遭受来自陆地和海洋两大地理系统的自然灾害侵袭，是风暴潮、灾害性海浪、海雾、海岸侵蚀、赤潮等多种海洋灾害的频发区域。其中，风暴潮是东海区大陆海岸带主要的自然灾害，风暴潮带来强风和暴雨，严重时甚至可能引起海水倒灌，造成巨大的经济损失；海岸侵蚀则受到自然因素和人为因素共同影响，对沿岸海堤或码头造成潜在威胁；赤潮是影响东海区近海生态系统最严重的海洋生态灾害之一。

2.1.2 社会经济发展现状

改革开放40多年来，东部沿海地区的经济取得快速发展。濒临东海的上海市、浙江省、福建省三个省市经济发展更是瞩目，相比濒临南海、黄海、渤海的其他省份，该区域发展更为均衡。1978—2021年，东海区三省市地区生产总值从462.93亿元增加到165541.11亿元，经济飞速发展。

从各省份经济发展来看，上海市1978年国民生产总值272.81亿元，人均国民生产总值2498元，到2021年分别增至43214.85亿元和17.36万元，分别增加了42942.04亿元和171102元。浙江省1978年国民生产总值123.72亿元，人均国民生产总值331元，到2021年分别增至73515.82亿元和113032元，分别增加了73392.10亿元和112701元。福建省1978年国民生产总值66.40亿元，人均国民生产总值273元，到2021年分别增至48810.45亿元和116939元，分别增加了48744.05亿元和116666元。可以看出，上海市、浙江省、福建省44年间国民生产总值增长约357倍，经济发展取得突出的进步。从沿海地级市经济发展来看（图 2.2 和表 2.1），经济发展状况较好的地级市分别是上海市、杭州市、宁波市、福州市、泉州市，北部区域（上海市、浙江省）的沿海地级市经济发展整体上较南部区域（福建省）好。另外对比两省一市沿海地级市与内陆地级市的经济发展状况，2021 年沿海地级市（本书所涉及的地级市）国民生产总值 143671.36 亿元，内陆地级市国民生产总值均值仅有 22379.67 亿元，可以看出经济发展更好的主要集中在沿海地级市，海洋为沿海地级市提供充足的生物与矿产资源、生产空间资源，海洋航运的发展为沿海地级市的货物贸易提供便利，极大地促进了沿海地级市的经济发展。

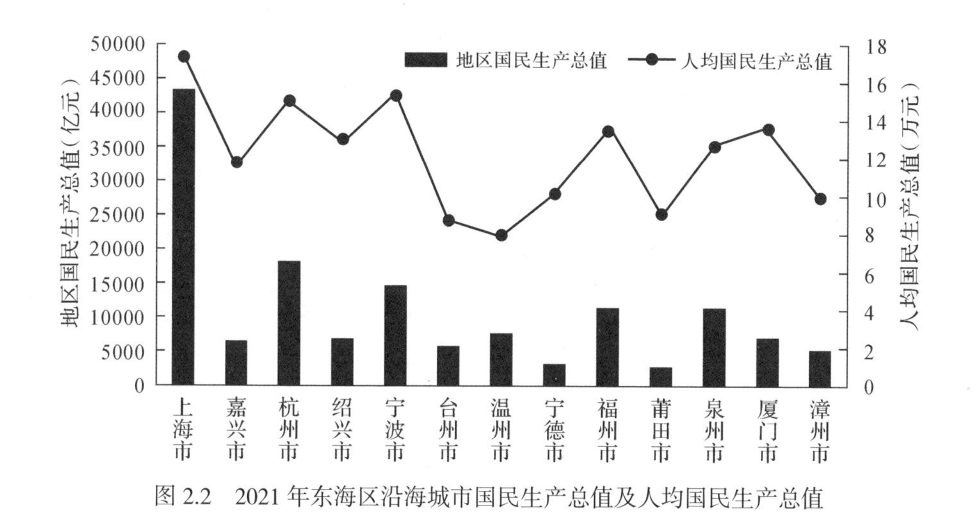

图 2.2　2021 年东海区沿海城市国民生产总值及人均国民生产总值

表 2.1　1990—2021 年东海区沿海地级市国民生产总值（单位：亿元）

地区	1990 年	1995 年	2000 年	2005 年	2010 年	2015 年	2021 年
上海市	781.66	2499.43	4812.15	9247.66	17915.41	25123.45	43214.85
杭州市	189.62	762.01	1395.67	2973.74	6049.56	10495.28	18109.21
宁波市	141.40	602.65	1144.57	2449.31	5181.00	8003.61	14594.90
温州市	77.90	401.66	822.02	1590.82	2918.82	4618.08	7585.02
台州市	78.91	380.84	613.31	1249.41	2433.27	3553.85	6355.28
嘉兴市	81.33	311.24	541.02	1158.38	2315.46	3517.81	6355.28
绍兴市	82.38	404.70	716.85	1449.81	2800.40	4465.97	6795.13
福州市	102.40	464.14	876.39	1491.40	3123.41	5618.08	11324.23

续表

地区	1990年	1995年	2000年	2005年	2010年	2015年	2021年
厦门市	57.09	250.55	501.87	1006.58	2060.07	3466.03	7033.89
莆田市	28.06	124.68	183.86	360.04	850.33	1655.60	2822.96
宁德市	28.23	119.85	202.67	335.09	738.61	1487.36	3151.03
漳州市	53.06	191.71	353.56	661.04	1430.71	2767.35	5025.41
泉州市	61.88	496.39	931.08	1641.10	3564.97	6137.71	11304.17
总计	1763.92	7009.85	13095.02	25614.38	51382.02	80910.18	143671.36

在经济高速发展的同时，上海市、浙江省和福建省也是我国人口较为密集的区域。2021年各省市的国民经济和社会发展统计公报数据显示（表2.2），沪浙闽常住人口共计13216.43万人，其中沿海地级市常住人口有9225.67万人，占整体的69.80%，可以看出该区域人口主要集中于沿海区域。沿海区域经济的高速发展与人口的聚集直接导致用地需求猛增，向海要地成为沿海省份及地级市的首选，导致该区域海岸线与土地利用发生巨变。

表2.2 1990—2021年东海区沿海地级市人口数量（单位：万人）

地区	1990年	1995年	2000年	2005年	2010年	2015年	2021年
上海市	1337.00	1415.00	1674.00	1890.00	2303.00	2415.00	2489.43
杭州市	574.80	598.00	621.58	660.50	689.12	723.55	834.50
宁波市	510.76	526.20	540.94	556.70	574.08	586.60	618.30
温州市	666.98	697.89	736.32	750.28	786.80	811.21	832.81
嘉兴市	316.19	326.39	331.26	334.33	341.60	349.48	371.85
绍兴市	412.67	424.70	432.69	435.10	438.91	443.10	446.85
台州市	515.49	529.56	546.62	559.90	583.14	597.50	605.94
福州市	534.09	562.27	589.23	614.80	645.90	678.37	723.36
厦门市	117.56	121.36	131.27	153.22	180.21	211.20	282.81
莆田市	263.00	265.00	273.00	305.00	323.54	344.30	366.69
泉州市	582.33	625.92	654.62	667.70	685.30	722.50	771.27
漳州市	416.70	423.23	458.25	457.40	476.36	502.10	526.20
宁德市	290.09	309.34	300.00	291.00	282.00	348.90	355.66
总计	6537.66	6824.86	7289.78	7675.93	8309.96	8733.81	9225.67

2.2 研究典型区海岸带概况

2.2.1 台州市海岸带概况

本书以台州市海岸带作为典型案例之一（图 2.3），由于本研究涉及多类社会经济数据，故将台州市沿海县（市、区）视为研究基本单元。本研究的台州市沿海地带包括椒江区、路桥区、三门县、临海市、温岭市、玉环市六个沿海县级行政单元[①]。由于椒江区及路桥区城市规模相对较小，将其视为台州沿海市区（以下简称“台州市区”），故研究区范围可整合为台州市沿海地带的五个县（市、区）。研究区由陆域、海岛及海域三部分构成，总面积为 11331.940km^2。

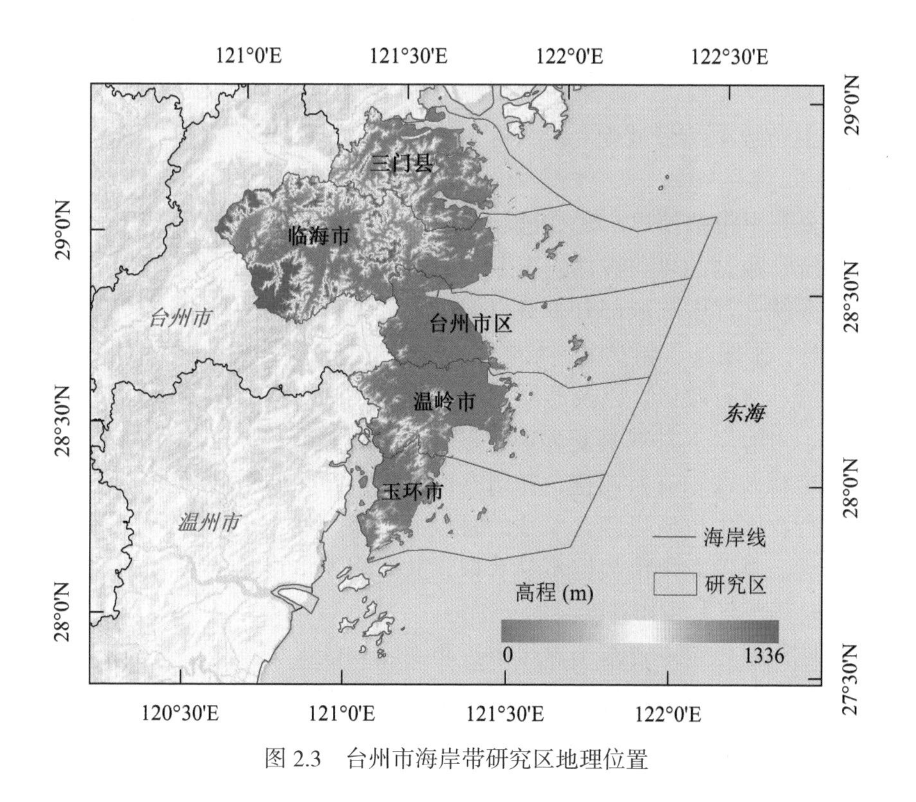

图 2.3 台州市海岸带研究区地理位置

① 台州市下辖椒江区、黄岩区、路桥区、临海市、仙居县、温岭市、玉环市、三门县、天台县。

台州市是浙江沿海的地级市，其海岸带位于我国东海中部，北接宁海县蛇盘山，南至乐清市横趾山，位于28°01′—29°20′N，120°17′—121°56′E。台州海岸带西面以山地为主，东面临海，地貌主要有山地、丘陵、平原、海洋、海岛等。台州市海岸带属亚热带季风气候，平均年降水量为1636mm，气候湿润，年均气温为16.6~17.5℃，易受台风、热带风暴等自然灾害影响。由于区域内平原与丘陵交错，拥有丰富的水系，流域面积超100km^2的河流达25条，主要水系为灵江水系与金清水系。

台州市海岸带曲折明显，拥有丰富的海岸线资源，海岸线总长度约1445km，占浙江省海岸线总长度30%，其中大陆岸线长度约660km，海岛岸线约655km（张海生，2013）。台州市海岛资源丰富，其中面积超过500m^2的海岛约690个，同时拥有丰富的渔业资源、盐业资源、生物资源，但平整的土地资源较为紧缺，因此近年来不断加强海岸带开发以得到更多的土地资源。

2.2.2 温州市海岸带概况

综合海岸带范围界定研究进展、前人对海岸带区域的研究经验以及社会经济统计数据的可获得性，本节将研究区陆海复合系统分为陆域和海域两大子系统，其中陆域部分主要以温州近海的县级行政区边界来确定，包括苍南县、平阳县、瑞安市、龙湾区、乐清市、洞头区连岛部分（灵昆岛）等沿海的县级行政区，以及鹿城、瓯海等虽不临海但距海较近且开发利用强度大、对海岸带景观演变影响较显著的县级行政区。需说明的是，2019年温州市行政区划有所调整，撤销苍南县龙港镇，转设县级龙港市，在沿海县级行政区中也应当包含单独的县级龙港市，但由于本研究涉及的时间尺度较大，早期龙港市数据不易获取，故未将龙港市单独列出，在数据收集统计时仍然将其视作苍南县的一部分。

海域范围界定主要基于温州市近年海洋功能区划，将受人类活动影响较大、开发利用程度较高的海岸基本功能区范围作为研究区陆海复合系统的海域范围，据2013—2020年温州市海洋功能区划文本，温州市海域共划分52个一级类海洋基本功能区，102个二级类海洋基本功能区（其中海岸基本功能区75个，近海基本功能区27个）。本研究将乐清湾海岸基本功能区、三江口海岸基本功能区和苍南中南海岸基本功能区确定为研究区的海域范围，利用ArcGIS 10.2软件将海岸基本功能区边界矢量化，结合陆域县级行政区边界线，可得到具体的研究区范围（图2.4）。

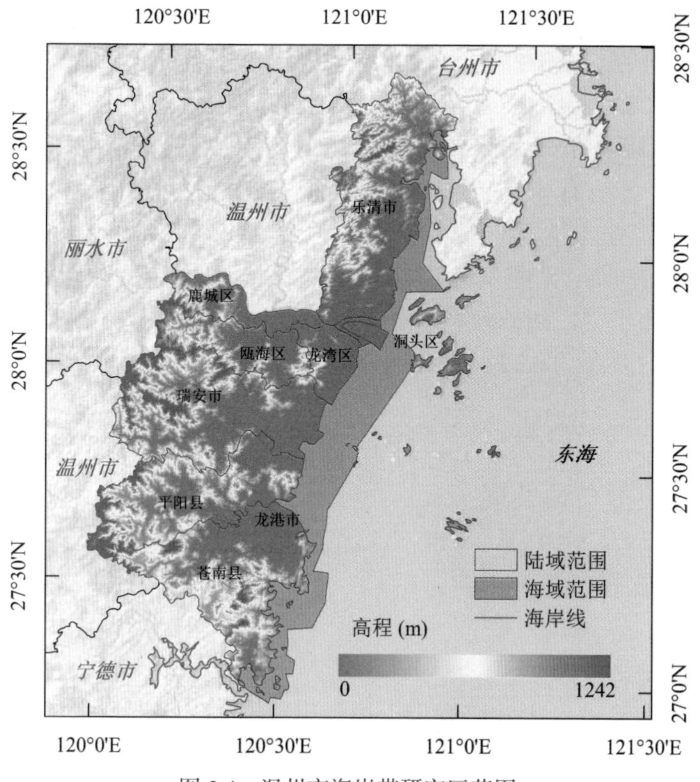

图 2.4　温州市海岸带研究区范围

温州市为浙江省下属地级市，位于27°03′—28°36′N，119°37′—121°18′E。东濒东海，南毗福建，西及西北部与丽水市相连，北部和东北部与台州市接壤，地势自西向东倾斜，全市陆地总面积约 11784km^2。温州沿海地貌可分为平原滩涂区和沿海岛屿区。平原滩涂区沉积物为粉砂、黏土质粉砂等细颗粒物质，沙砾质海岸在沿海基本不发育。沿海岛屿区是山脉入海的延续，均属大陆岛。温州市海岸带属亚热带季风气候，夏季高温多雨，冬季低温少雨，气温年较差较小，光照丰富，四季分明，年平均气温 17.3~19.4℃，年平均降水量约1746mm，年平均风速为2.0~7.9m/s。温州市陆上主要有瓯江、飞云江和鳌江三大水系，含蒲溪、清江、淡溪、赤溪、沿浦溪等山溪性河流，水短流急，平原地区人工河道交织密布、纵横交错。

温州市是我国东南沿海地区重要的商贸城市和港口城市，处于长三角和海峡西岸经济区的复合区，区位优势显著，海洋资源丰富，同时还具有灵活的民营经济，在我国陆海经济布局中具有“承东启西、联结南北”的重要战略作用。近年来温州市陆海经济发展迅速，其国民生产总值已迈入全国城市三十强，现代海洋产业体系的初步形成吸引着各地人口、技术和资本的集中，未来发展潜力巨大。

温州是海洋资源大市，拥有绵长的海岸线，总长1293km，面积超过500km^2的岛屿有436个，浅海大陆架范围近$7 \times 10^4 km^2$，海涂资源近$6 \times 10^4 hm^2$。温州市港湾与深水岸线众多，集河口型、海岸型和岛屿型为一体；近岸分布洞头、南麂、北麂与乐清湾四大渔场，素有“浙南渔仓”之誉；沿海滩涂分布十分广阔，理论基准面以上滩涂资源共有$6.36 \times 10^4 hm^2$，其中可围涂造地的资源约$4.32 \times 10^4 hm^2$，瓯飞工程为温州市海岸带中最大的围涂造地工程。

2.3 研究数据与预处理

2.3.1 研究数据来源

（1）遥感影像数据

为了提取东海区大陆海岸带土地利用数据与海岸线数据，我们收集了东海区大陆海岸带7期的遥感影像数据，分别是1990年、1995年、2000年、2005年、2010年、2015年与2020年的TM/OLI遥感影像数据，空间分辨率为30m，所采用的Landsat Thematic Mapper（TM）和Operational Land Imager（OLI）卫星影像均由美国地质调查局网站（http://glovis.usgs.gov）、对地观测数据共享计划网站（http://ids.ceode.ac.cn）、地理空间数据云平台（http://www.gscloud.cn）免费提供。用于提取东海区大陆海岸带地貌数据的DEM数字高程数据由日本经济产业省（METI）和美国国家航空航天局（NASA）联合研制并免费面向公众分发的ASTER GDEM V2数据，分辨率为30m（图2.5）。本研究DEM数据来源于地理空间数据云平台（http://www.gscloud.cn/）。

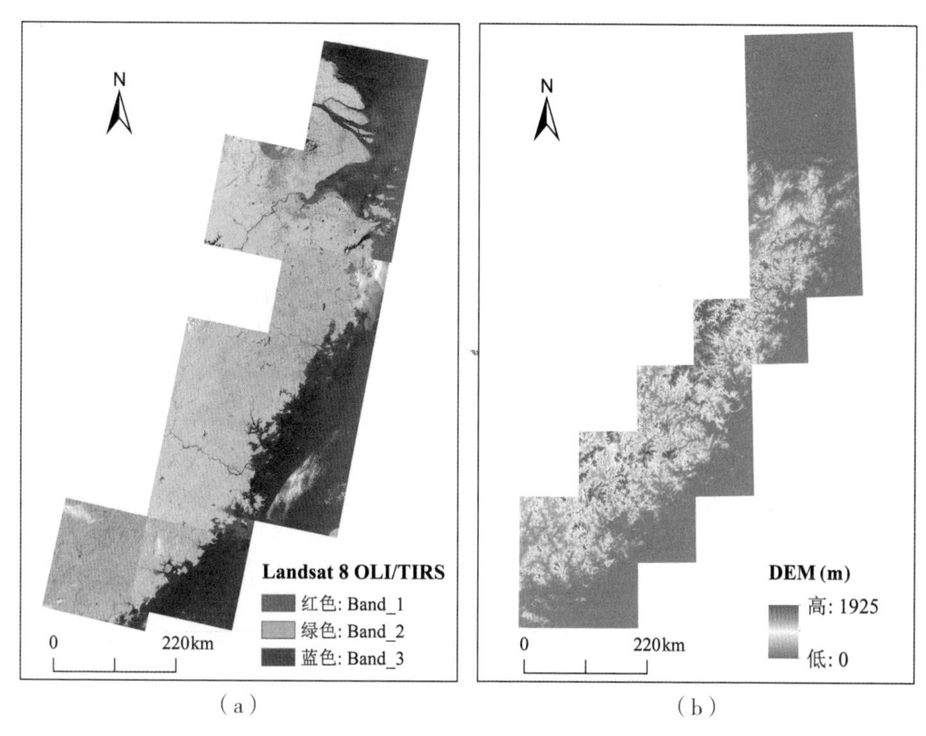

图 2.5 东海区大陆海岸带遥感影像（a）与高程图像（b）

（2）社会经济统计数据来源

社会经济统计数据用于测度陆海统筹水平，分为陆地与海洋数据，涉及能源资源、生态环境、经济水平、社会发展等各个方面。所需数据主要来源于《中国统计年鉴》（2000—2020 年）、《中国海洋统计年鉴》（2000—2018 年）、《中国环境统计年鉴》（2000—2020 年）、《中国城市统计年鉴》（2000—2020 年）、《中国港口年鉴》（2000—2020 年）、《中国交通年鉴》（2000—2020 年）、《浙江自然资源与环境统计年鉴》（2009—2020 年），以及东海沿海各省市 2000—2020 年统计年鉴等资料。台州和温州案例中的数据主要来自各县（市、区）统计年鉴、统计公报、环境状况公报、海洋环境质量公报等，获取方式为网上查阅、依申请公开等。对于部分缺失数据，采用平滑法和取中间值等方法进行完善补充。

（3）其他基础数据来源

本书所使用的相关地图以自然资源部标准地图服务系统（http://bzdt.ch.mnr.gov.cn）、上海市天地图（https://www.shanghai-map.net）、浙江省天地图（http://zhejiang.tianditu.gov.cn）、福建省天地图（http://www.fjmap.net）等网站提供标准地图作为参考。上海市、浙江省及福建省的行政区划边界矢量数据、道路数据、河流数据来源于全国地理信息资源目录服务系统（http://www.webmap.cn），同时也参考民政部中国·国家地名信息库（https://dmfw.mca.gov.cn）数据及边界。部分道路数据、水系等数据参考 OpenStreetMap（https://www.openstreetmap.org）提供的数据。所使用的 1990—2020 年土地利用数据参考中国科学院资源环境科学数据中心制作的上海市、浙江省、福建省土地利用分类数据，该数据以 Landsat 遥感数据为基础进行解译，分辨率为 30m。所使用的 1990—2015 年东海区大陆海岸带海岸线数据为李加林等（2019b）制作的中国东海区大陆海岸线数据集（1990—2015）。根据研究需要以及研究区的实际情况，在分析海岸线附近地物的不同类型时，先通过单波段（第 5 波段）的边缘检测获得水陆分界线，然后参考多年平均高潮线法对所需岸线的位置进行纠正。

研究中所需的基础数据大致分为以下两类。①海岸带开发强度及景观格局辅助数据，包括东海区各省市行政区划矢量图（全国地理信息资源目录服务系统，https://www.webmap.cn）、上海市行政区划标准地图（上海市天地图，https://www.shanghai-map.net）、浙江省行政区划标准地图（浙江省天地图，http://zhejiang.tianditu.gov.cn）、福建省行政区划标准地图（福建省天地图，http://www.fjmap.net）。行政区划矢量文件确定陆域各县（市、区）及海岛范围，对标准地图进行矢量化以确定各县（市、区）海域区划边界。②陆海统筹水平辅助数据，通过查阅相关研究文献及新闻报道等，补充陆地和海洋发展情况的相关数据。

2.3.2　遥感数据预处理

在遥感影像成像过程中，大气环境、太阳辐射、地球运动、卫星位置等因素会导致遥感影像在图像大小、位置、颜色等方面与实际状况存在一定差异。本研究需要使用遥感影像数据进行海岸线提取、土地利用数据校正，但在分析之前需要对网站下载的遥感影像数据进行图像预处理，包括几何纠正与配准、波段合成、影像镶嵌和裁剪。

（1）几何校正与配准

首先，使用 ENVI 遥感数据处理软件，通过 Basic Tools 模块中波段合成工具将网站下载的原遥感影像中多个单波段组合成多波段，形成初始多光谱遥感影像。然后将经过几何粗校正的遥感影像进行几何精校正。以上步骤主要采用 ENVI 遥感数据处理软件，选取具有明显且独特的空间标志的位置作为控制点，投影方式为 Krasovsky_1940_Albers。以经过地理配准的遥感图作为参考，分别对 1990—2020 年共 7 期遥感影像进行几何精校正。

（2）波段合成

为了方便后续海岸线、土地利用数据的人工交互解译，需要进一步增强遥感影像的特征显示能力，因此需要对遥感影像进行多波段彩色融合处理。我们对 1990—2010 年 TM 影像采用 4、3、2 波段标准假彩色组合，2013 年以后的 OLI 影像采用 5、4、3 波段进行标准假彩色组合。以上的组合方式有利于植被分类与水体的识别，图像更为丰富，更具层次感，有利于目视解译，也能较好地辨识出不同地物的差异。

（3）影像镶嵌与裁剪

由于传感器一次成像的幅度有限，再加上研究区域东海区大陆海岸带范围较大，涉及上海市、浙江省和福建省多个沿海的地级市，因此有必要将同一时期的多幅影像进行拼接，得到完整的研究区遥感影像图。本研究利用 ENVI 遥感处理软件对同一时期的多个影像数据进行无缝镶嵌。

当前学界对海岸带还没有确定统一标准，通过借鉴前人研究以及研究区实际状况，将东海区大陆海岸带的范围确定为沿东海区的地级市（其中杭州市的建德市和淳安县距离沿海区域过远，未列入东海区研究范围内，因此杭州市仅包括杭州市区区域）。同时研究区域为大陆海岸带区域，因此未考虑海岛区域。本研究裁剪范围以 2020 年海岸线作为裁剪的海岸线，并对 1990—2015 年 6 期沿海区域部分值为 Nodata 的数据重分类为海洋，以避免在使用 2020 年的研究区域进行裁剪时出现 Nodata 或各时期面积数值相差较大等问题。由于海岸线每年是进退不定的，2020 年的沿海界线不一定是研究区域的最外侧边界线。因此，以 2020 年海岸线确定的研究界线裁剪其他时期数据会出现“海洋”土地利用类型。我们以最新陆地行政边界与 2020 年海岸线确定范围的矢量边界作为东海区大陆海岸带掩膜，利用 ArcGIS 软件数据管理中栅格处理裁剪影像，同时为了防止栅格数据裁剪误差，将裁剪影像对其他 6 期栅格影像进行提取，最终得到研究区域影像数据。

2.3.3 海岸带专题信息处理

（1）海岸线识别与提取

海岸线在自然环境（海浪侵蚀、泥沙堆积等）和人类活动的双重影响下，始终处于动态变化过程中，成为一条不断移动的“线”，较难确定精准位置，因此在研究中通常运用海岸线指标或代理海岸线来代表真实海岸线的位置（Boak 和 Turner, 2005）。本书基于遥感影像与历史海岸线数据提取海岸线，首先对遥感影像利用单波段的边缘检测来区分出海陆之间的界线，然后结合 ArcGIS 和 ENVI 软件对比历史时期海岸线与现阶段遥感影像并对变化部分进行调整，实现人机交互解译，提取出所需海岸线的相关信息。

（2）海岸线类型划分

结合有关东海区、浙江省海岸线的相关研究（闫秋双，2014；李行等，2014），将东海区大陆海岸线划分为自然岸线与人工岸线两个一级分类，自然岸线包含淤泥质岸线、基岩岸线、河口岸线及沙砾质岸线四个二级分类，人工岸线包含养殖岸线、建设岸线、港口码头岸线三个二级分类。

（3）海岸带土地利用类型划分

本书将东海区海岸带划分为陆域和海域两部分，其中海域包含海岛及海洋范围。在已有历年土地利用数据的基础上，借助 ArcGIS 软件，将东海区海岸带土地利用数据与东海区各省市的行政区边界矢量数据进行叠加，提取出历年东海区海岸带陆域部分的土地利用数据，即上海市、浙江省和福建省三个省市的土地利用数据。最后根据 LUCC 分类体系，将土地利用类型划分为耕地、林地、草地、水域、城镇建设及工矿用地、其他用地和海洋七大类。

（4）海岸带高程数据预处理

本书从图新云 GIS 网站（www.tuxingis.com）下载浙江省 30m 分辨率 DEM 数据，在 ArcGIS 软件支持下，利用研究区边界矢量数据对 DEM 栅格数据进行裁剪，得到研究区数字高程数据。

（5）海陆梯度带划分

本书选取 1990—2020 年 7 个时期东海区大陆海岸带典型区土地利用数据，以 7 个时期的海岸线向海洋方向做 500m 缓冲区，将缓冲区的面转化为线数据，剔除无关线数据后，选取最外围线段通过概化与平滑获得较为平顺的线段作为基线，然后以该基线为起点由海洋向内陆地区每隔 1km 建立缓冲区，建立 1km~25km 缓冲区。最后用获取的各距离的缓冲区域裁剪各时期的土地利用数据，获得各缓冲区各时期的栅格数据。

（6）海陆垂线划分

海陆垂线是一条从海到陆地的直线，该垂线垂直于特定规则生成的基准线。首先将海陆梯度带确定的基准线作为海陆垂线的基准线，并根据研究区内土地利用类型斑块的大小与海湾形状特征，将海陆垂线之间的距离设置为 500m，样条线长度依据海陆梯度距离确定为 25km。然后基于 ArcGIS 软件的数字海岸线分析系统（DSAS）插件进行构建海陆垂线。部分区域出现垂线不在研究区域的情况，通过手动调整，保证线条能够准确体现海陆关系。最后，将生成的海陆垂线与 1990—2020 年 7 个时期的土地利用矢量化面数据相交，生成含有土地利用信息的海陆垂线。

3 基于数字岸线分析系统的东海区大陆海岸线时空变化分析

3.1 研究区划分

东海区大陆海岸带跨越上海市、浙江省、福建省二省一市，包含范围较大。已有的研究对东海区大陆海岸带整体分析较多，而针对区域内的细节分析仍然较少。为深入分析东海区各区域，本研究综合东海区大陆海岸带地质地貌特征、海湾类型、主要河流入海口、行政区划特征以及社会经济发展状况等因素，将东海区大陆海岸带拆分为7个局部区域并逐个进行研究分析。

（1）长江入海口南侧苏沪省界至钱塘江河口：该区域主要包括上海市、浙江省嘉兴市，海岸线的变化主要受长江、钱塘江的影响。由于该区域地势较为平坦，河流分布密集，该段海岸线的沿岸区域经济发展好，土地利用强度较大。

（2）钱塘江河口至宁波甬江河口：该区域以绍兴市、宁波市北部区域为主，地势较为平坦，主要的河流为曹娥江与甬江。该区域位于杭州湾南岸，受地转偏向力与人工围垦影响较大，因此发生了较大幅度变化。

（3）宁波甬江河口至乐清湾大荆溪河口：该区域以宁波南部与台州为主，区域内海湾众多，海岸线曲折，主要有象山湾、三门湾、浦坝港、台州湾、隘顽湾、漩门湾等海湾。

（4）乐清湾大荆溪入海口至沙埕港浙闽分界线：该区域以温州市为主，入海的较大河流主要有瓯江、飞云江、鳌江，其中的温州三江平原属于该区域人口活动最为活跃的区域。

（5）沙埕港浙闽分界线至闽江河口：该区域以福建省宁德市、福州市为主，主要河流有赛江、桐山溪等，区域内以基岩海岸为主，海岸线较为曲折。

（6）闽江河口至九龙江河口：该区域以福州、莆田、泉州、厦门为主，是福建省人口活动最为活跃的区域。主要河流有木兰溪、晋江。

（7）九龙江入海口至铁湖港闽粤省界：该区域以漳州为主，主要河流有东溪、漳江、鹿溪、九龙江等，主要岛屿有六鳌半岛、古雷半岛。

3.2 海岸线变化分析方法介绍

3.2.1 数字海岸线分析系统

数字海岸线分析系统（Digital Shoreline Analysis System）（Thieler 和 Danforth, 1994; Thieler et al., 2009）是由美国环境系统研究所公司（ESRI）开发的基于 ArcGIS 的免费扩展程序，可以利用历史海岸线数据计算海岸线的变化率。建立该模型的前提条件为：①假设淤泥质海岸线的坡度保持不变；②忽略海岸线提取过程中的随机误差；③忽略海面海浪影响；④忽略近海海域其他因素对海岸线的影响。

模型建立过程主要如下：如图 3.1 所示，将各时期的海岸线通过一定规则确定一条基准线，每间隔一定距离建立一条与基准线相互垂直的垂线，这些垂线能够最大程度地体现海陆关系。各个垂线与各时期海岸线的相交点可用于下一步的计算与分析。

东海区大陆海岸带基准线的建立是海岸线移动速率分析的关键。东海区大陆海岸线蜿蜒曲折，在部分区域存在半岛，如象山湾、三门湾、三沙湾、兴化湾等区域，由于依靠基准线建立的垂线在半岛区域会出现垂线相交、垂线与基准线相交多次、垂线过长而超出研究区域等状况，需要根据东海区大陆海岸带不同区域的实际情况调整基准线的位置，使得生成的基准线能够满足研究需要。具体步骤如下。

（1）建立基准线。利用 ArcGIS 10.5 软件，对东海区大陆海岸带 1990—2020 年 7 个时期的海岸线建立向陆地方向 200m 的缓冲区，并将所建缓冲区转化为线数据，然后选取缓冲区相互重叠且距离大陆最近的线，删除线数据中与基准线无关的数据。为避免出现相交的状况，部分区域采用手动修改。此外，对研究区海岸线比较平直的区域进行概化、平滑，对比较曲折区域的基准线进行调整，确保基于基准线建立的垂线能够相交到各时期海岸线。

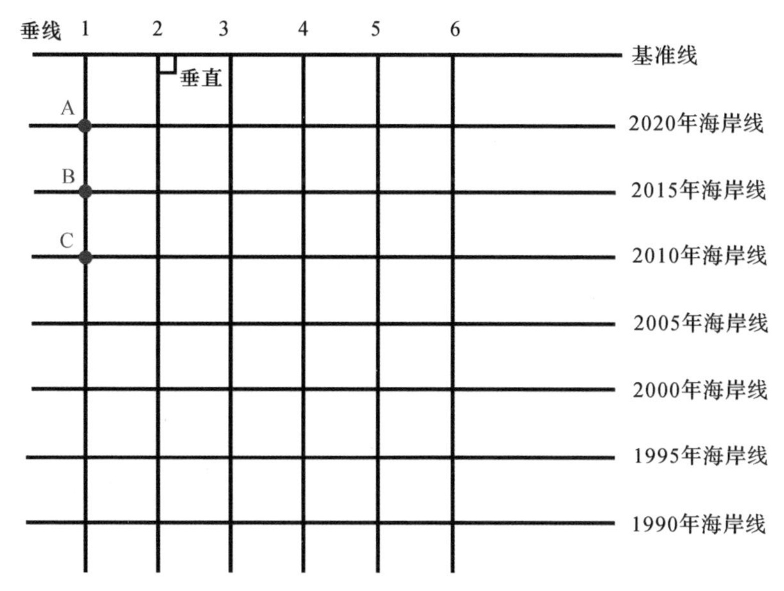

图 3.1 海岸线分析系统原理示意图

最后得出经修改后建立的基准线全长 3232.80km。

（2）确定垂线直线的长度与垂线之间的距离。本研究根据崔红星（2019）、唐硕（2020）、闫秋双（2014）、许宁（2016）等的相关研究，确定垂线直线长度为 10000m，垂线之间的距离为 200m。垂直于基线作与 7 期东海区大陆海岸带相交的垂线，对一些出现异常现象的垂线（如垂线与海岸线相交、垂线与其他区域海岸线相交等情况）进行修改。由于不同时期海岸线曲折程度不同，垂线相交海岸线具有差异，各时期生成垂线数量也有一定的差异，分别有 16213 条、16213 条、16198 条、15903 条、15668 条、15601 条，从侧面反映东海区大陆海岸线趋于不断变长。

（3）计算海岸线移动速率。此步骤基于上文定义的宽度和距离生成垂线。在研究中，通过 ArcGIS 10.5 软件中的数字海岸线分析系统（DSAS）插件来完成。根据该插件的规则建立海岸线、基准线与垂线，并完成计算与分析。

3.2.2 海岸线时空变化评估方法

端点变化速率（EPR）是指基于海岸线基准线对两个时期海岸线在垂线上距离的变化速率。EPR 指标在研究中多用来分析两条海岸线或多条海岸线的变化速率（刘鹏等，2015），又称为移动速率。计算公式如下：

$$E_{(i,j)}=\frac{d_j-d_i}{\Delta Y_{(i,j)}} \tag{3.1}$$

式中，$E_{(i,j)}$ 表示端点变化率或移动速率；d_j 和 d_i 分别表示两个时期的海岸线距离海岸线基准线的距离；$\Delta Y_{(i,j)}$ 表示两个时期的时间间隔。

3.3 东海区大陆海岸线时空变化特征

不同时期的海岸线 EPR 可以反映各时期海岸线的开发利用程度，本研究利用数字海岸线分析系统（DSAS）工具，采用端点变化速率计算公式，得到 1990—1995 年、1995—2000 年、2000—2005 年、2005—2010 年、2010—2015 年、2015—2020 年、1990—2020 年 7 个时期东海区大陆海岸线 EPR。

3.3.1 东海区大陆海岸线总体概况

利用 RS 和 GIS 技术，在 1990—2020 年间每 5 年根据东海区大陆海岸线的特征和解译标准提取到 7 个年份的东海区大陆海岸线信息，这 7 期东海区大陆海岸线叠加显示如图 2.1 所示。

由图 2.1 可知，1990—2020 年东海区大陆海岸线变化基本保持稳定，仅在小范围内发生较大波动，绝大部分只有小幅度变动。根据叶梦姚（2018）对东海区大陆海岸线进行的分析，东海区大陆海岸线长度由 1990 年的 5216.65km 到 2015 年的 4720.74km，减少了 495.91km。同时在人为因素与自然因素的共同影响下，东海区大陆海岸线呈现出由蜿蜒曲折的自然海岸线向平直的海岸线发展的趋势。

2020 年东海区大陆海岸线长度为 4731.61km，相较于 2015 年增加了 10.87km，海岸线平均增加速度为 2.17km/a。与叶梦姚（2018）对东海区大陆海岸线的分析数据进行比较后发现，2015—2020 年海岸线呈现十分少见的缓慢增长趋势，在 1990—2020 年间，仅 1995—2000 年出现略微增长。通过对比 2020 年与 2015 年海岸线变化的区域可以看出，海岸线向海洋方向扩张的原因有两个：①在原有人工岸线的基础上，人们继续向外开垦建设人工岸线，促使海岸线增加，典型区域如温州“瓯飞”工程、宁波杭州湾新城建设；②在原有海岸线基础上，由自然淤积而形成新的海岸线。这主要是因为该时期内国家颁布了限制围填海建设的相关政策，使得多处海岸线受人工化影响减少而出现自然淤积，由此形成的海岸线具有不规则性，促使海岸线增长。这类新增的海岸线主要出现在海湾、河口等区域。

3.3.2 1990—1995年海岸线变迁

1990—1995年东海区大陆海岸带岸线变迁状况如图3.2所示，该时期东海区大陆海岸带海岸线平均EPR为16.59m/a，有些局部区域平均EPR高于整个东海区大陆海岸带平均EPR，包括长江南岸及杭州湾北岸、杭州湾南岸、温州大陆海岸区，其他区域均低于平均水平。由此可以看出，研究区内北部海岸线移动速率较快的区域多于南部。

该时期研究区北部区域海岸线平均EPR为29.06m/a，向海扩张速度较快，主要以自然淤积与人工围垦而成的农业种植用地为主，变化集中区域主要位于曹娥江、瓯江等河口区域。①长江南岸及杭州湾北岸区域平均EPR为29.89m/a，每年向海域推进的最大距离为237.36m，向陆域推进的最大距离为59.87m，其中1990—1995年海岸线变化速度处于较高水平。从图3.2可以看出，该区域内海岸线移动速度较快的岸段主要位于上海市三甲港—漕泾岸段，该段由淤泥质岸线和人工岸线组成，主要扩张形式为淤泥堆积。②杭州湾南岸区域平均EPR为107.08m/a，每年向海域推进的最大距离为1082.72m，向陆域推进的最大距离为14.49m。该区域是同期海岸线移动速率最快的区域，海岸线主要变动区域位于曹娥江河口区域，其主要扩张形式为围垦形成农业用地。③象山—台州海岸带区域平均EPR为15.33m/a，每年向海域推进的最大距离为1764.35m，向陆域推进的最大距离为151.78m，主要增长岸线位于白溪河口、椒江河口等区域。④温州海岸带区域平均EPR为23.98m/a，每年向海域推进的最大距离为599.68m，向陆域推进的最大距离为21.86m。该区域较其他区域更为平直，同时具有浙江八大水系之一的瓯江河口，其主要扩张形式为淤涨堆积。此外1990年7月12日瓯江口南岸龙湾区温州永强机场（现温州龙湾机场）通航，使得海岸线快速向海推进。

该时期研究区南部区域海岸线平均EPR为5.69m/a，海岸线移动较快区域主要集中在海湾。①宁德—福州海岸带区域平均EPR为11.58m/a，每年向海域推进的最大距离为973.38m，向陆域推进的最大距离为677.29m，该区域主要增长岸线在三沙湾、罗源湾。②莆田—泉州海岸带区域平均EPR为14.95m/a，每年向海域推进的最大距离为1559.36m，向陆域推进的

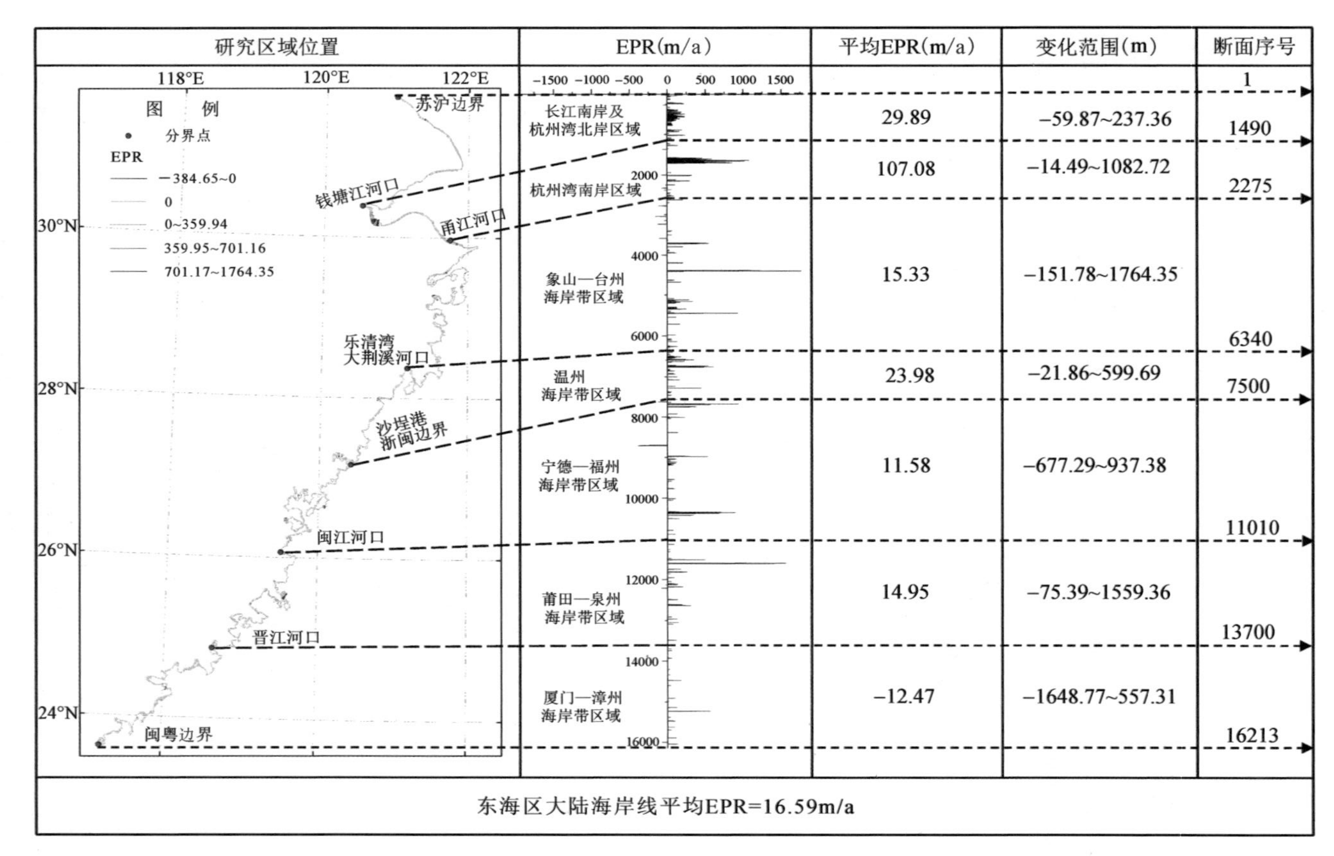

图 3.2 1990—1995 年东海区大陆海岸线移动速率和距离变化

最大距离为75.39m，该区域主要增长岸线位于福清市龙高半岛。③厦门—漳州海岸带区域平均EPR为–12.47m/a，每年向海域推进的最大距离为557.31m，向陆域推进的最大距离为1648.77m，海岸线保持较稳定状态，整体变化幅度不大。

总体而言，该时期东海区大陆海岸线EPR北部区域高于南部区域。北部区域以河口淤积为主，南部区域以海湾淤积为主，且部分地区由于海水冲刷、侵蚀而出现倒退现象。可以看出，该时期海岸线移动与人类活动关系较小，主要受到河口泥沙淤积、海水冲刷的影响，因此呈现出较小的变化幅度，而人类在沿海地区活动较强所造成的海岸线外移主要集中于自然淤积较快区域。

3.3.3 1995—2000年海岸线变迁

1995—2000年东海区大陆海岸带岸线变迁状况如图3.3所示，该时期东海区大陆海岸带岸线平均EPR为23.05m/a，比上期高6.46m/a。局部区域平均EPR高于全区域平均EPR的有长江南岸及杭州湾北岸、杭州湾南岸、象山—台州海岸带区域，向海洋扩张速度较快的区域集中在北部区域。

该时期研究区北部海岸线平均EPR为40.35m/a，整体发展速率较快，比整个东海区大陆海岸线平均EPR高17.30m/a。可以看出，该时期东海区大陆海岸线移动主要集中在该区域。海岸线移动速率较快的区域主要以人工促淤、建设农业、养殖等用地为目的，部分区域向海洋扩展以换取城市基础设施建设。①长江南岸及杭州湾北岸区域平均EPR为35.98m/a，每年向海域推进的最大距离为642.35m，向陆域推进的最大距离为127.94m，海岸线移动速率较快区域集中于吴淞口到上海浦东机场。该区域海岸线变动受到上海浦东国际机场建设影响较大。1997年10月15日，上海浦东国际机场第一期工程正式开工建设（扁舟，1999），该工程位于长江入海口南岸原浦东新区江镇乡、施湾乡和南汇区的祝桥乡、东海乡境内的濒海地带，1999年建成通航。上海浦东机场整个建设周期均在该研究期内。与上期比较可以看出，上海浦东机场的建设使得原本平直的海岸线向海洋方向露出“尖角”。南汇嘴、金山区部分区域海岸线出现较大移动，与该区域化工区建设存在一定关系。南汇石皮勒至大治河河口于1999年11月至2000年5月实施南汇东滩滩涂促淤圈围（一期）工程，促淤6万亩，造成该区域海岸线出现较大摆幅。②杭州湾南岸区域平均EPR为178.16m/a，每年向海域

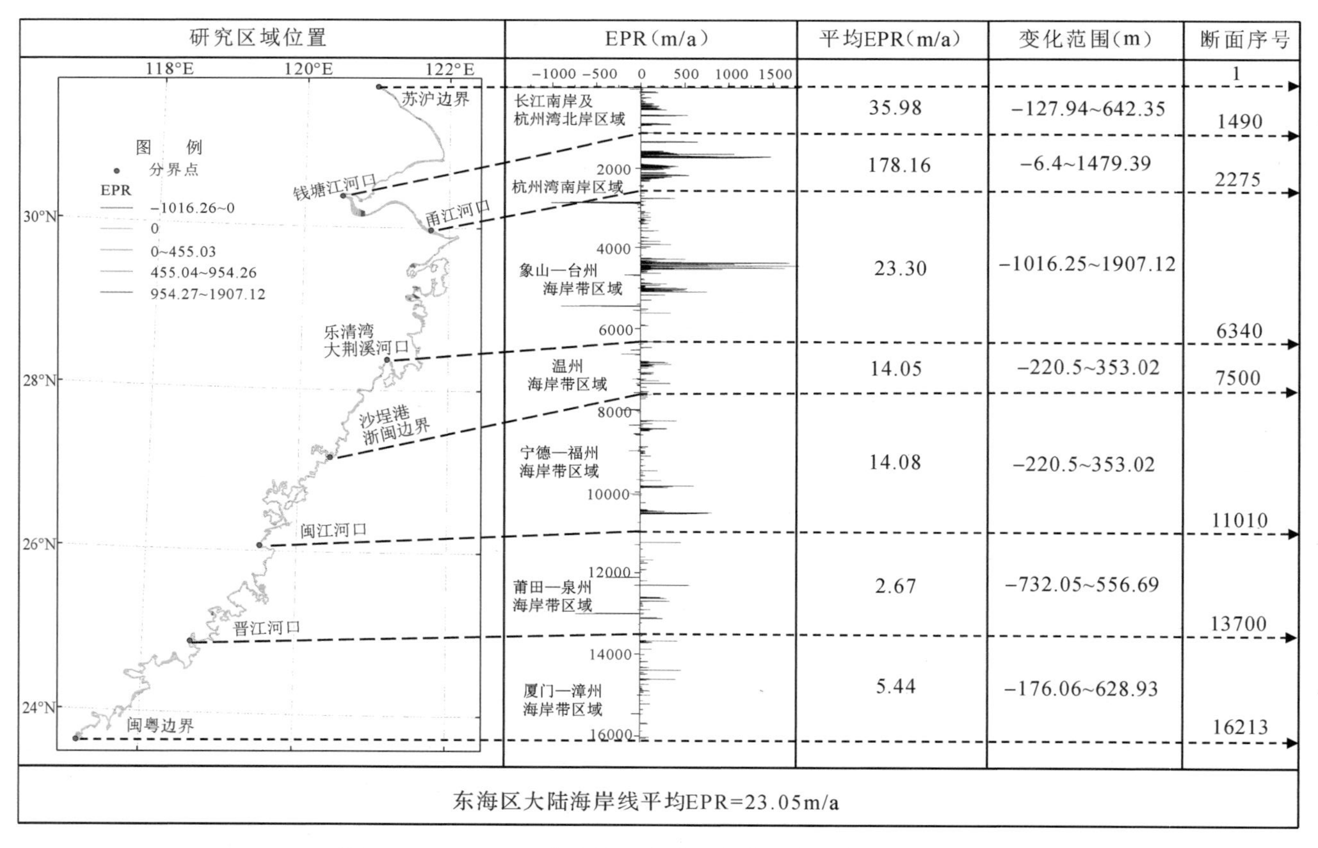

图 3.3 1995—2000 年东海区大陆海岸线移动速率和距离变化

推进的最大距离为1479.39m，向陆域推进的最大距离为6.4m，是研究的七个分区中海岸线移动速率最快的，主要集中在钱塘江河口与曹娥江河口区域、慈溪海岸段，海岸线扩张以人工将海岸淤积转化为农业、养殖用地为主。③象山—台州海岸带区域平均EPR为23.30m/a，每年向海域推进的最大距离为1907.12m，向陆域推进的最大距离为1016.25m，主要海岸线移动速率较快的区域位于力洋港、海游港等地，这是由于该地区位于海湾区域，流速较慢，有利于泥沙淤积。④温州海岸带区域平均EPR为14.05m/a，每年向海域推进的最大距离为353.02m，向陆域推进的最大距离为220.5m，海岸线向海洋扩张较快的区域主要集中在瓯江河口北部至鳌江河口之间，该段地貌多为海积平原、三角洲平原，岸线变迁较为均匀，其中几处较大规模的围堰主要用于养殖及种植等用途。

该时期研究区南部区域海岸线平均EPR为8.06m/a，海岸线移动处于低水平阶段，人工影响海岸线变动区域较少，主要以自然淤积为主。①宁德—福州海岸带区域平均EPR为14.08m/a，每年向海域推进的最大距离为353.02m，向陆域推进的最大距离为220.5m，该时期与上期海岸线移动速度相差不大，主要集中在三沙湾、罗源湾区域。②莆田—泉州海岸带区域平均EPR为2.67m/a，每年向海域推进的最大距离为556.69m，向陆域推进的最大距离为732.05m，该时期是该区域海岸线移动速度最缓慢的时间段，海岸线摆动的区域零星分布在区域内各处，但主要以自然淤积为主。③厦门—漳州海岸带区域平均EPR为5.44m/a，每年向海域推进的最大距离为628.93m，向陆域推进的最大距离为176.06m，该区域海岸线保持较为稳定的状态，整体变化幅度不大。相较上期的变化，该时间段海岸线移动幅度较小。

总体来看，该时期东海区大陆海岸线移动速率较大的区域主要集中在北部区域，南部区域零星出现移动较大的区域，主要原因在于该时期北部区域（上海市、浙江省沿海城市）经济发展较快，逐步加强城市基础设施建设以及工业区的开发建设，从而占用了大量耕地。1997年，我国明确提出耕地占补平衡的要求（夏纯青，2019），但沿海地区可开发的空间有限，向海要地成为该时期多数城市解决城市发展用地与耕地之间矛盾的重要手段。南部区域（以福建省为主）在该时期海岸线移动速率较北部区域慢，仅有少数城市开始以开发建设为目的进行围填海，以海湾、河口等泥沙较容易沉积的区域为主。

3.3.4　2000—2005年海岸线变迁

2000—2005年东海区大陆海岸带岸线变迁状况如图3.4所示，该时期东海区大陆海岸带岸线平均EPR为56.96m/a，比上期高33.91m/a，海岸线向海洋方向扩张程度加剧。各分区平均EPR高于全区平均EPR的区域有长江南岸及杭州湾北岸、杭州湾南岸、象山—台州海岸带区域、温州海岸带区域、莆田—泉州海岸带区域，原有海岸线向海扩张主要集中于北部，南部逐渐开始出现扩张较快的区域。

该时期研究区北部区域海岸线平均EPR为71.37m/a，较上期出现较大幅度的增长。上期海岸线移动速率较快的区域以杭州湾南岸为主，而该时期开始出现多个向海扩张速率较快的区域，正是围填海建设强度较大的区域，表明海岸线移动速率与重大围填海项目存在较大关系。①长江南岸及杭州湾北岸区域平均EPR为86.20m/a，每年向海域推进的最大距离为1134.98m，向陆域推进的最大距离为134.15m。该区域海岸线平均EPR在各时期内达到最大值，其中南汇岸段发生变动最大，这与上海市滩涂促淤圈围工程有很大关系。该区域围垦特点为先促淤、后圈围，上海市在2000—2005年相应启动南汇东滩涂促淤圈围工程三期、四期、五期工程，总共促淤约11.25万亩（何刚强，2014），另外在奉贤区、金山区、浦东新区也开展了滩涂促淤工程。浙江段海岸线EPR变化较大的区域为海宁市黄湾镇尖山脚下区域，与该区域实施尖山沿江围垦工程紧密相关。该工程在1997年开工建设，工程分为两期实施，一期工程于2001年11月25日成功围涂，二期工程于2005年4月完成。该围垦区主要用于农业与工业开发，总围垦面积达6.3万亩（王杰锋，2017），促使区域海岸线向海洋方向移动。②杭州湾南岸区域平均EPR为128.89m/a，每年向海域推进的最大距离为627.27m，向陆域推进的最大距离为1634.42m。该岸段区域相较前期发展，岸线向海洋扩张的区域有所变动，变动较大的区域主要有杭州湾上虞工业园区、杭州湾跨海大桥慈溪起点处，但总体变动幅度不大。杭州湾上虞工业园区于1998年批准成立，到2005年初具规模，位于曹娥江东南侧，紧邻杭州湾，工业园区的建立促使该区域海岸线向海洋方向推进。杭州湾跨海大桥于2003年6月8日奠基建设，并于2007年6月26日全线贯通，该大桥的建设影响了该区域原有的功能定位，使得慈溪工业园区由原慈溪城区迁移至杭州湾新区，工业与城市的发展促进该区域海岸线向海方向扩张。③象山—台州海岸带区域平均EPR为59.18m/a，每年向海域推进的最大距离为2042.39m，向陆

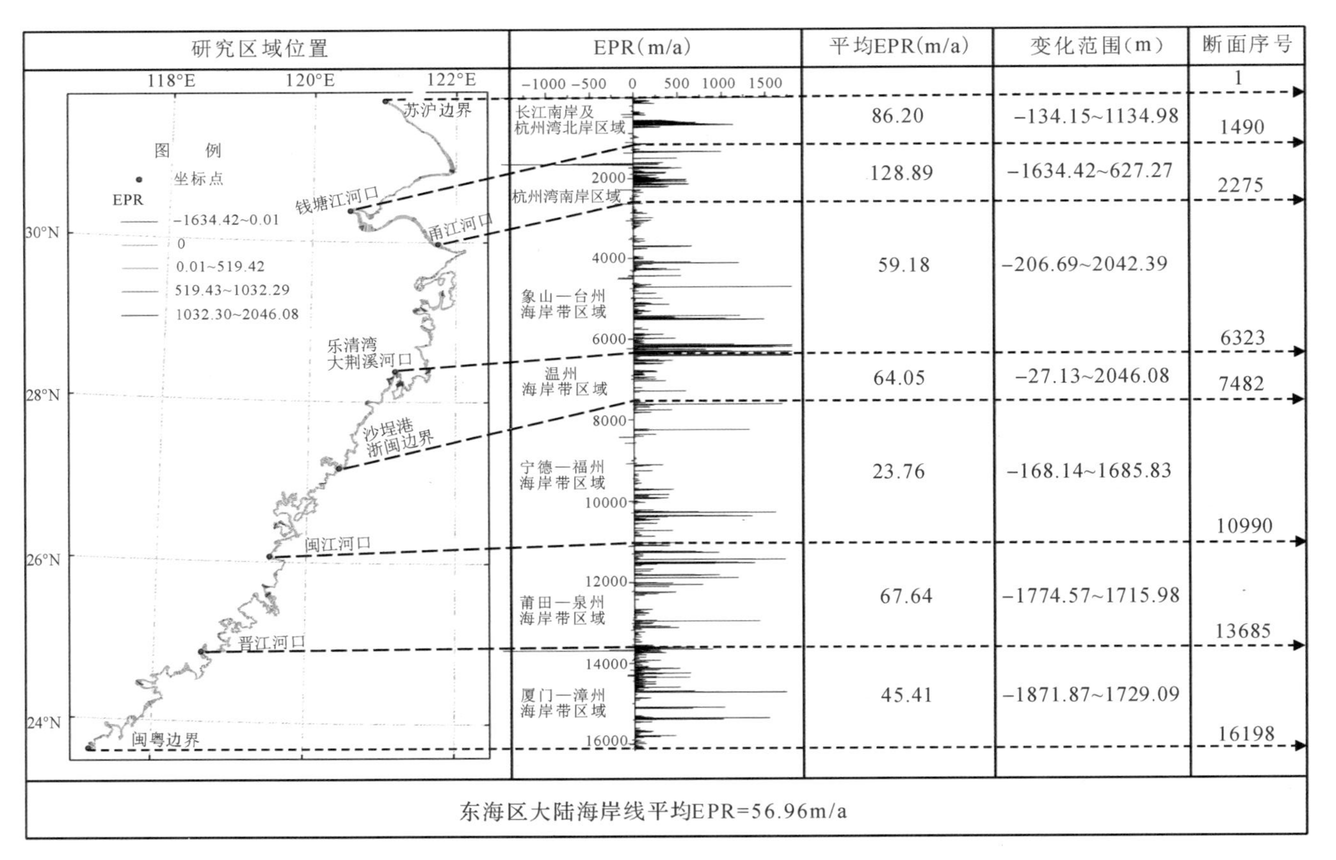

图 3.4 2000—2005 年东海区大陆海岸线移动速率和距离变化

域推进的最大距离为 206.69m。该阶段幅度变化较大的区域有台州大港湾、玉环漩门湾区域，区域内采取湾区两端修建堤坝促淤的方式扩大陆地面积，促进海岸线外移。④温州海岸带区域平均 EPR 为 64.05m/a，每年向海域推进的最大距离为 2046.08m，向陆域推进的最大距离为 27.13m。该区域海岸线较为平直，变动较大的区域主要在乐清经济开发区、温州经济开发区，这些工业区的设立促进了区域海岸线向海扩张。

该时期研究区南部区域海岸线平均移动速率为 42.44m/a。与上期相比，该时期海岸线移动速率发生较大幅度增加，由原来自然淤积为主转向人类大规模围填，开发目的也由农业养殖用地开始向城镇建设与工业发展用地转化。①宁德—福州海岸带区域平均 EPR 为 23.76m/a，每年向海域推进的最大距离为 1685.83m，向陆域推进的最大距离为 18.14m，这与该时期沈海高速公路开建有较大关系，高速公路的建设沿着海岸线周边进行，在某种程度上对海岸线向海洋方向移动起到一定促进作用。同时由于高速公路的建设，周边相应工业区也开始建设，选址主要地点大多位于沿海区域，如罗源金港工业园区。②莆田—泉州海岸带区域平均 EPR 为 67.64m/a，每年向海域推进的最大距离为 1715.98m，向陆域推进的最大距离为 1774.57m。该时期区域内海岸线平均 EPR 是各时期的最大值。该时期海岸线移动距离较大的区域是福清市龙高半岛上的东壁岛围垦区，该围垦工程主要用于水产养殖、农业种植等综合开发，于 2005 年完成海堤建设，使该地区增加 2898.33km^2（张珞平，2008）。③厦门—漳州海岸带区域平均 EPR 为 45.41m/a，每年向海域推进的最大距离为 1729.09m，向陆域推进的最大距离为 1871.87m。该时期区域内海岸线平均 EPR 为各时期的最大值，变化较为集中的区域位于厦门海湾区块，厦门湾内围填海工程分布较为广泛但零碎，如厦门海沧大道、杏林湾等地进行的港口建设、工业和商业贸易用地等方面的围填海工程。

总体而言，2000—2005 年东海区大陆海岸线各区域普遍向海洋扩张，部分地区受到浪潮冲刷而出现回退。该时期海岸线的扩张与上期相比，更多归咎于人类发展的需求。大部分较大规模围填海工程的建设，主要目的是加强城市建设发展、工业区发展以及基础设施建设。

3.3.5 2005—2010 年海岸线变迁

2005—2010 年东海区大陆海岸带岸线变迁状况如图 3.5 所示，该时期东海区大陆海岸带岸线平均 EPR 为 66.93m/a，比上期高 9.97m/a，达到研究期内最大值。各分区平均 EPR 高于全区域平均 EPR 的有杭州湾南岸、象山—台州海岸带区域。

该时期研究区北部区域海岸线平均移动速率为 81.59m/a，与该区域上期相比保持相对稳定。该时期海岸线速率较快的区域主要集中在绍兴、宁波、台州以及温州沿海地带，主要由于工业区建设导致海岸线外移。①长江南岸及杭州湾北岸区域平均 EPR 为 59.43m/a，每年向海域推进的最大距离为 595.51m，向陆域推进的最大距离为 56.98m，变化较大的区域主要集中在奉贤区、金山区、平湖乍浦、嘉兴海盐县城、海盐南北湖区域，通过影像地图可以看出该区域围填海工程的主要目的是满足工业建设与城镇发展。②杭州湾南岸区域平均 EPR 为 207.51m/a，每年向海域推进的最大距离为 160.77m，向陆域推进的最大距离为 241.4m，该时期区域海岸线平均 EPR 达到研究期内最大值，其中变化较大地方有曹娥江河口区域、杭州湾慈溪段。曹娥江区块出现较大幅度变动与该处水利工程存在一定关系。曹娥江大闸枢纽工程是我国河口地区建设的第一大闸，位于曹娥江河口，大闸工程总宽 1582m，大闸主体工程于 2005 年 12 月 30 日开工，2008 年 11 月 26 日通过蓄水验收，12 月 18 日下闸蓄水投入试运行，该工程的建设一定程度上促使该区域围填海平整与向外推进，造成曹娥江河口两侧萧山区块与上虞工业园区发生较大变动。杭州湾区域的海岸线变动主要是由于杭州湾跨海大桥建设完成和嘉绍大桥的开工，促进当地政府对该区域围填海工程的建设，以获取更大的土地使用面积来推动该区域发展。③象山—台州海岸带区域平均 EPR 为 81.23m/a，每年向海域推进的最大距离为 1998.2m，向陆域推进的最大距离为 1642.12m，该时期区域海岸线平均 EPR 达到研究期内最大值，说明该区域围填海工程使海岸线外移剧烈。其中较大面积的围填海工程分别有宁波市滨海经济开发区、奉化区经济开发区滨海新区、象山白岩山城东工业区、宁波昌和工业区、象山大目湾开发、下徐涂开发、三门新城开发、三角塘沿海工业区、临海门头港、临海杜南工业区、台州湾新区、温岭东部新区、温岭上马工业区、玉环滨港工业城、漩门湾内外片区等。通过工程名称看出该时期通过海岸线外移建造“新大陆”主要是为了满足工业区与城市建设，这是由于该区域多丘陵、少平原，导致经济快速发展的同时无法保证用地的需求，只能向海要地。沿海工程项目建设势必会影响部分区域水动力条件及滩涂生长与消退，从而对海岸线的移动速率造成影响。④温州海岸带区域平均 EPR 为 32.31m/a，每年向海域推进的最大距离为 458.5m，向陆域推进的最大距离为 428.19m。海岸线外移新造区域主要有

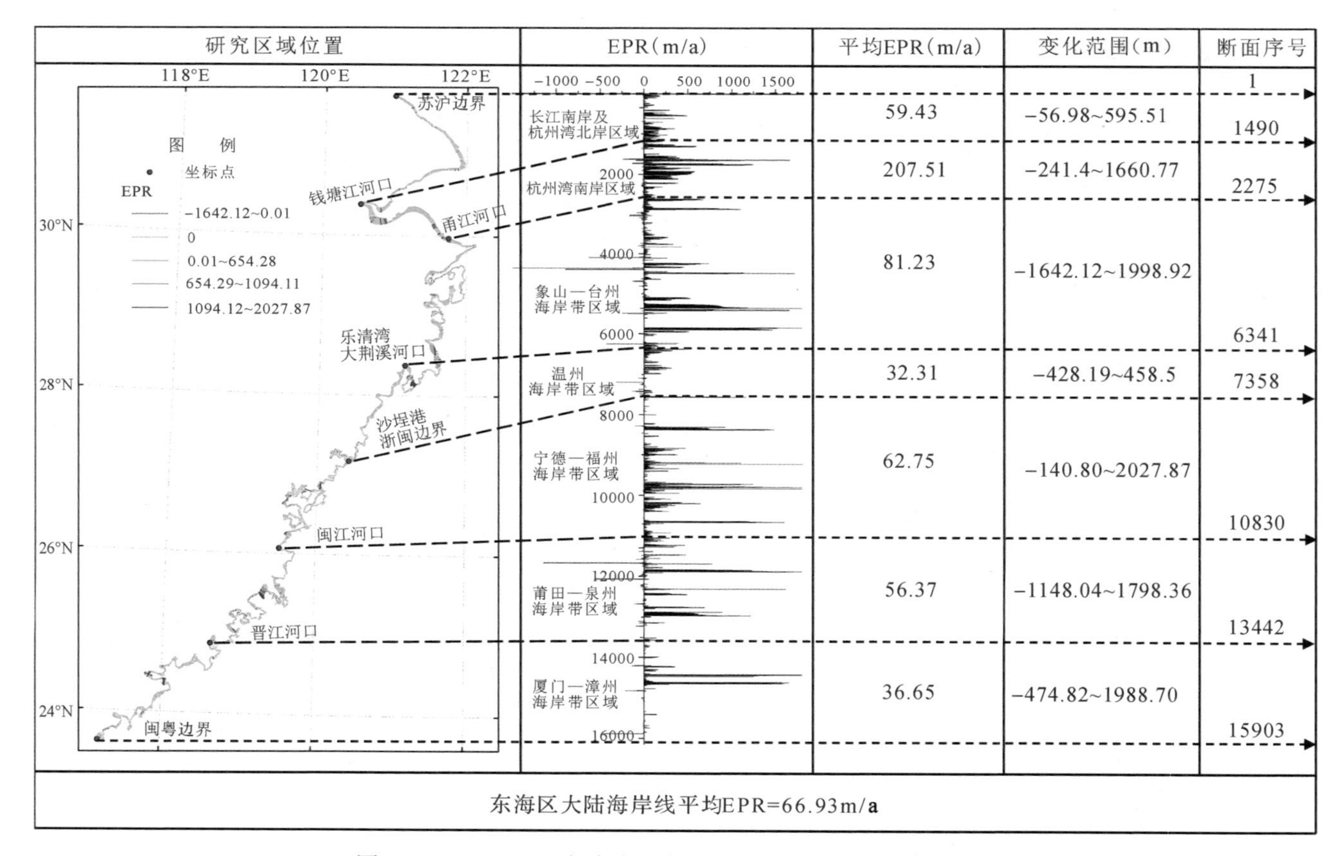

图 3.5 2005—2010 年东海区大陆海岸线移动速率和距离变化

乐清湾港区海洋经济产业科技孵化园、乐清经济开发区、温州经济开发区、瑞安丁山产业园、瑞安高新技术产业园、鳌江镇墨城工业园等工业区，部分区域建设是在前期的基础上建设完成，故该时期的海岸线平均 EPR 较上期缓慢。

该时期研究区南部区域海岸线平均移动速率为 52.26m/a。该时期海岸线移动速率较上期未发生较大幅度变化，海岸线移动较快区域主要集中在宁德—福州海岸带区域，这与该区域多个工业区、港口的建设存在较大关系。该区域相较北部区域海岸线变化的目的有所不同，多与农业养殖用地的扩张有关。①宁德—福州海岸带区域平均 EPR 为 62.75m/a，每年向海域推进的最大距离为 2027.87m，向陆域推进的最大距离为 140.80m，该区域的平均 EPR 达到研究期内最大值，主要与该地区工业开发、城市建设及水产养殖存在一定关系。研究期内，部分区域通过围填海的方式促进海岸线外移，如福鼎市双岳工业园区、龙虹工业园区、宁德核电厂、三沙镇陇头工业区、霞浦经济开发区、东吾洋附近养殖滩涂扩大、福安市坞半岛建设、宁德北部新区建设、宁德鉴江镇围填、罗源金港工业园区、罗源湾滨海新城、福州港罗源湾港区可门作业区建设等。该区域拥有大量的滩涂资源，部分海岸线移动与滩涂利用也存在一定关系，另外还有一部分海岸线转变与围填海建立堤坝有关。②莆田—泉州海岸带区域平均 EPR 为 56.37m/a，每年向海域推进的最大距离为 1798.36m，向陆域推进的最大距离为 1148.04m，海岸线变动较大区域主要有福清市龙高半岛上东壁岛围垦养殖、福建江阴国际集装箱码头建设、东峤镇工业园区建设、莆田新城建设、泉州泉港区码头建设、泉州新城建设，可以看出海岸线扩展与城市建设关系较大。③厦门—漳州海岸带区域平均 EPR 为 36.65m/a，每年向海域推进的最大距离为 1988.70m，向陆域推进的最大距离为 474.82m，该区域海岸线移动主要集中在厦门市区域，尤其是厦门南侧，主要用于城市建设发展需要，而该区域北部海岸线变化较大的原因主要是漳浦县龙六半岛码头建设、诏安县田厝港口建设等。

总体而言，2005—2010 年东海大陆海岸线平均 EPR 达到研究期内最大值，海岸线变迁速度加快与城市建设、工业发展存在很大关系。2005—2010 年海岸线变迁是建立在 2000—2005 年的施工的基础上，部分区域通过新建堤坝、养殖基地、围填成工业用地等方式进行，还有部分地区在原有围填岸线基础上继续向外扩展。与此同时，2005—2010 年通过围填海来满足城市用地与工业用地需求的区域变多。

3.3.6 2010—2015年海岸线变迁

2010—2015年东海区大陆海岸带岸线变迁状况如图3.6所示，该时期东海区大陆海岸带岸线平均EPR为24.72m/a，较上期低42.21m/a，各分区平均EPR高于全区域平均EPR的有杭州湾南岸、温州海岸带区域。

该时期研究区南部区域海岸线平均EPR为36.51m/a，较上期出现较大幅度下降，其中长江南岸及杭州湾北岸区域海岸线移动速率下降幅度最大。①长江南岸及杭州湾北岸区域平均EPR为5.19m/a，每年向海域推进的最大距离为273.43m，向陆域推进的最大距离为40.29m，该区域海岸线变动较大主要受上海浦东机场二期建设、上海外四码头建设、南汇新城镇建设的影响，使得部分区域海岸线外移。②杭州湾南岸区域平均EPR为174.17m/a，每年向海域推进的最大距离为1103.96m，向陆域推进的最大距离为17.49m，该区域平均EPR是同期其他区域中最大值。可以看出，同一时期该区域海岸线向海迁移速率较快，这主要是由于上虞工业园区、杭州湾慈溪段继续向海洋方向扩展，促进了海岸线外移。③象山—台州海岸带区域平均EPR为15.28m/a，每年向海域推进的最大距离为1219.94m，向陆域推进的最大距离为661.83m。该区域海岸线移动速率较慢，增长区域零星分布在区域内，如宁海县长街镇所在半岛、椒江河口两侧滩涂淤长，绝大多数区域海岸线未发生改变，但仍有在前期围垦的堤坝内进行填土造陆的现象。④温州海岸带区域平均EPR为57.88m/a，每年向海域推进的最大距离为784.03m，向陆域推进的最大距离为194.29m。该区域海岸线平均EPR速度较快，与温州提出的瓯飞工程有密切关系，该工程是全国单体最大的围垦工程，在建设的同时促使温州市区、瑞安丁山等区域海岸线快速外移。

该时期研究区南部区域海岸线平均移动速率为14.30m/a，区域内各个研究分区的海岸线移动速率均出现较大幅度下降，其中莆田—泉州海岸带区域变化最大。①宁德—福州海岸带区域平均EPR为57.88m/a，每年向海域推进的最大距离为784.03m，向陆域推进的最大距离为194.29m，变动较大的区域为罗源湾内罗源新城建设与连江县坑园镇围填海建设。②莆田—泉州海岸带区域平均EPR为17.31m/a，每年向海域推进的最大距离为1921.59m，向陆域推进的最大距离为106.91m，该时期海岸线平均EPR较低，移动速度较慢，只有零星部分地区出现海岸线移动现象，主要集中在莆田市湄洲湾。③厦门—漳州海岸带区域平均EPR为10.67m/a，每年向海域推进的最大距离为901.52m，向陆域推进的最大距离为151.34m，海岸线发生变动的区域

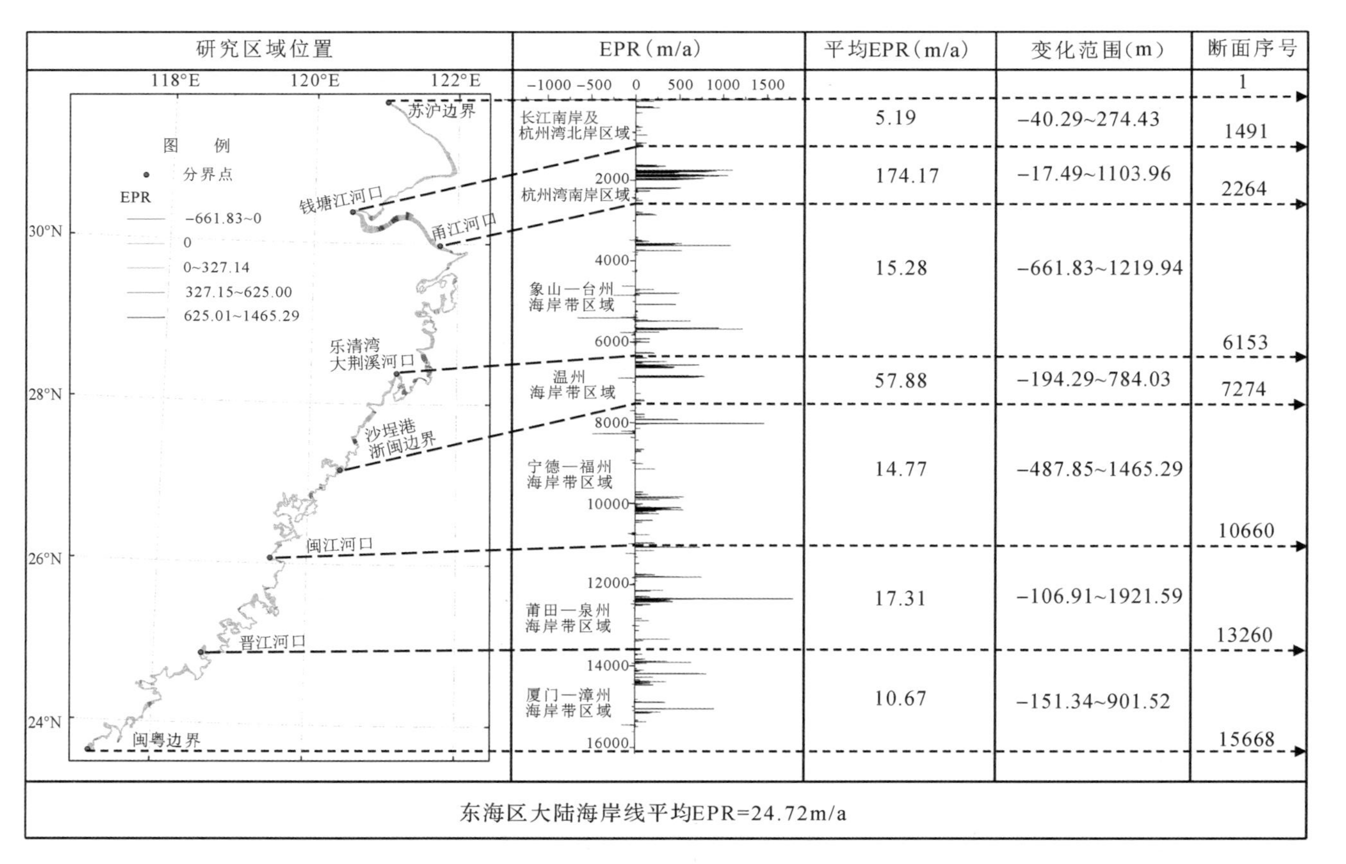

图 3.6 2010—2015 年东海区大陆海岸线移动速率和距离变化

主要集中在厦门，零星分布在各处。

总体而言，2010—2015 年东海区大陆海岸带平均 EPR 较上期有所减弱，多处海岸线未发生移动，发生变动区域主要在原有围填区域的基础上进行建设，基本遵循近期海水养殖期、中期农业开发期、远期城建开发期的开发思路。其次仍有部分区域在原有围填海的基础上继续进行开发，如杭州湾慈溪段、温州海岸带区域的瓯飞工程。该时期海岸线移动变迁最主要动力来自城镇建设及工业发展的需求。

3.3.7 2015—2020 年海岸线变迁

2015—2020 年东海区大陆海岸带岸线变迁状况如图 3.7 所示，该时期东海区大陆海岸带岸线平均 EPR 为 9.20m/a，较上期低 15.52m/a，同时该时期的平均 EPR 为研究期内最低值，海岸线外移出现明显停缓，这与 2018 年国家海洋局采取史上最严格的围填海管控措施有关。

该时期研究区南部区域海岸线平均移动速率为 10.25m/a，进入海岸线移动速率最低阶段，整个研究区内仅有温州海岸带区域出现较大变动，其他区域基本处于自然变动状态。①长江南岸及杭州湾北岸区域平均 EPR 为 11.23m/a，每年向海域推进的最大距离为 696.03m，向陆域推进的最大距离为 94.29m，主要变动区域为上海浦东国际机场北侧区域。②杭州湾南岸区域平均 EPR 为 -6.35m/a，每年向海域推进的最大距离为 214.03m，向陆域推进的最大距离为 630.10m，主要出现在杭州湾慈溪段。出现向陆地倒退现象的主要原因是部分区域未修建堤坝而被涨潮淹没。③象山—台州海岸带区域平均 EPR 为 3.54m/a，每年向海域推进的最大距离为 590.55m，向陆域推进的最大距离为 38.12m，主要变动区域出现在宁波北仑区滨海经济开发区。④温州海岸带区域平均 EPR 为 43.73m/a，每年向海域推进的最大距离为 605.38m，向陆域推进的最大距离为 7.52m，主要变动区域出现在温州市区瓯江河口南侧。

该时期研究区南部区域海岸线平均 EPR 为 8.28m/a，与 1990—1995 年、1995—2000 年两期基本持平。大部分区域处于自然变动状态，少部分是人为建设开发所致变动。①宁德—福州海岸带区域平均 EPR 为 3.40m/a，每年向海域推进的最大距离为 664.74m，向陆域推进的最大距离为 20.78m，主要变动区域出现在宁德市霞浦县。②莆田—泉州海岸带区域平均 EPR 为 18.15m/a，每年向海域推进的最大距离为 1833.44m，向陆域推进的最大距离

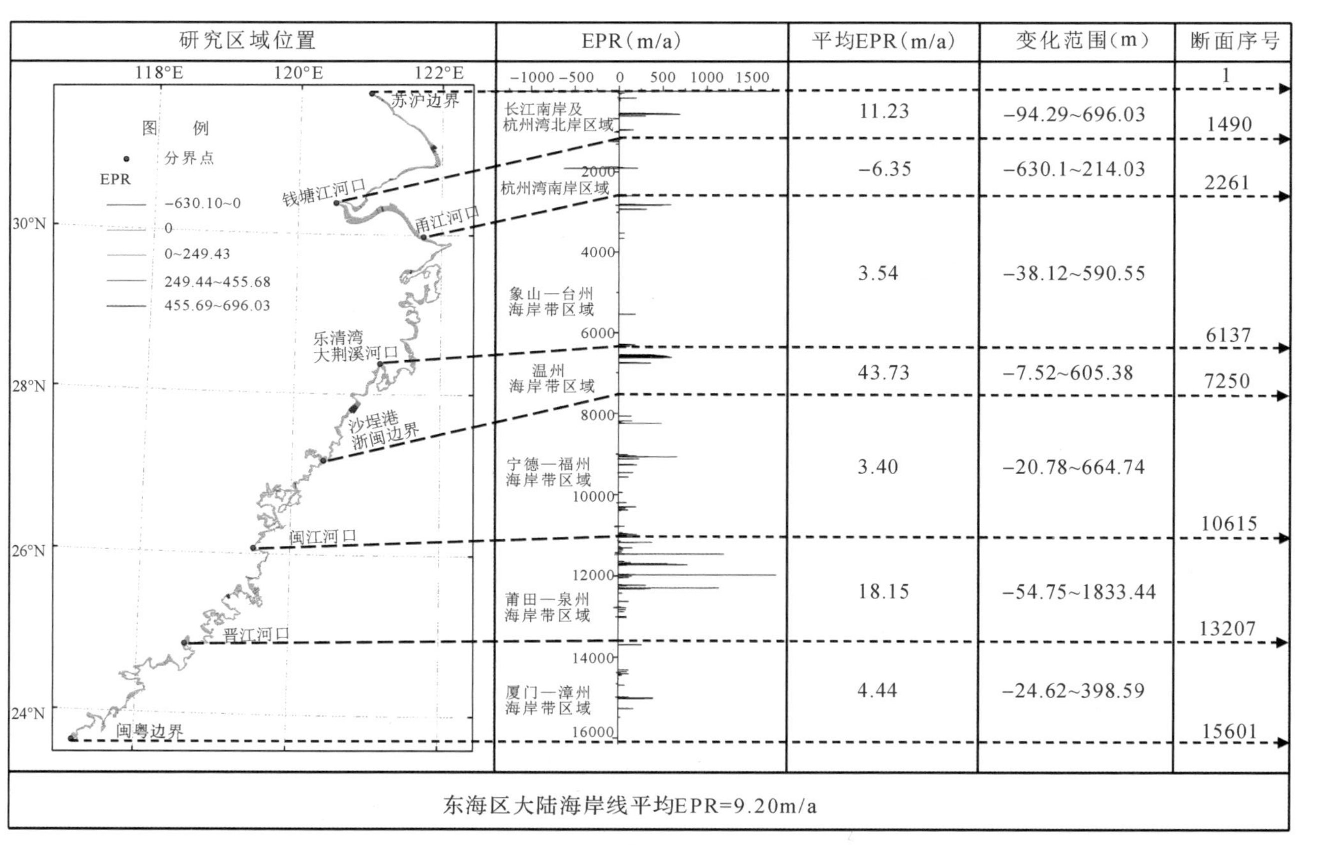

图 3.7　2015—2020 年东海区大陆海岸带岸线移动速率和距离变化

为 54.75m，主要变动区域出现在莆田市涵江附近。③厦门—漳州海岸带区域平均 EPR 为 4.44m/a，每年向海域推进的最大距离为 398.59m，向陆域推进的最大距离为 24.62m，主要变动区域出现在漳州市龙海市（今龙海区）刘会村附近。

总体而言，由于政策影响，绝大多数地区海岸线未发生变化，该时期海岸线平均移动速率达到最低值，仅有部分区域出现小规模岸线外移。

3.3.8　1990—2020 年海岸线变迁

1990—2020 年东海区大陆海岸带岸线变迁状况如图 3.8 所示，该时期东海区大陆海岸带岸线平均 EPR 为 32.34m/a，这 30 年间东海区大陆海岸线普遍向海方向移动。上海市、浙江省海岸线移动速率普遍大于福建省，即研究区北部区域开发强度要大于南部区域。

这 30 年内研究区北部区域海岸线平均 EPR 为 43.54m/a，其中杭州湾南岸区域海岸线移动速率是最高的，其他区域海岸线移动速率基本保持一致。①长江南岸及杭州湾北岸区域平均 EPR 为 37.96m/a，每年向海域推进的最大距离为 209.64m，向陆域推进的最大距离为 1.45m。纵观 30 年变化，变动较大的区域主要在上海浦东机场附近与浦东南汇区块。②杭州湾南岸区域平均 EPR 为 129.90m/a，每年向海域推进的最大距离为 301.63m，向陆域推进的最大距离为 0m，该区域是研究区内海岸线移动速率最高的地方，主要集中在杭州湾南岸西部区域。③象山—台州海岸带区域平均 EPR 为 32.96m/a，每年向海域推进的最大距离为 343.82m，向陆域推进的最大距离为 39.45m，主要发生变动区域在台州椒江河口两侧、乐清湾和漩门湾。④温州海岸带区域平均 EPR 为 39.60m/a，每年向海域推进的最大距离为 342.57m，向陆域推进的最大距离为 2.55m，主要发生变动区域在温州瓯江河口两侧、瑞安飞云江河口两侧。

这 30 年内研究区南部区域海岸线平均 EPR 为 20.23m/a。海岸线移动速率较高的区域集中在莆田—泉州海岸带区域，其次为宁德—福州海岸带区域，造成变动较大的原因同城市建设和工业发展存在一定关系。①宁德—福州海岸带区域平均 EPR 为 20.36m/a，每年向海域推进的最大距离为 331.31m，向陆域推进的最大距离为 112.22m，主要变动区域出现在三沙湾、罗源湾。②莆田—泉州海岸带区域平均 EPR 为 29.16m/a，每年向海域推进的最大距离为 342.23m，向陆域推进的最大距离为 304.61m，主要

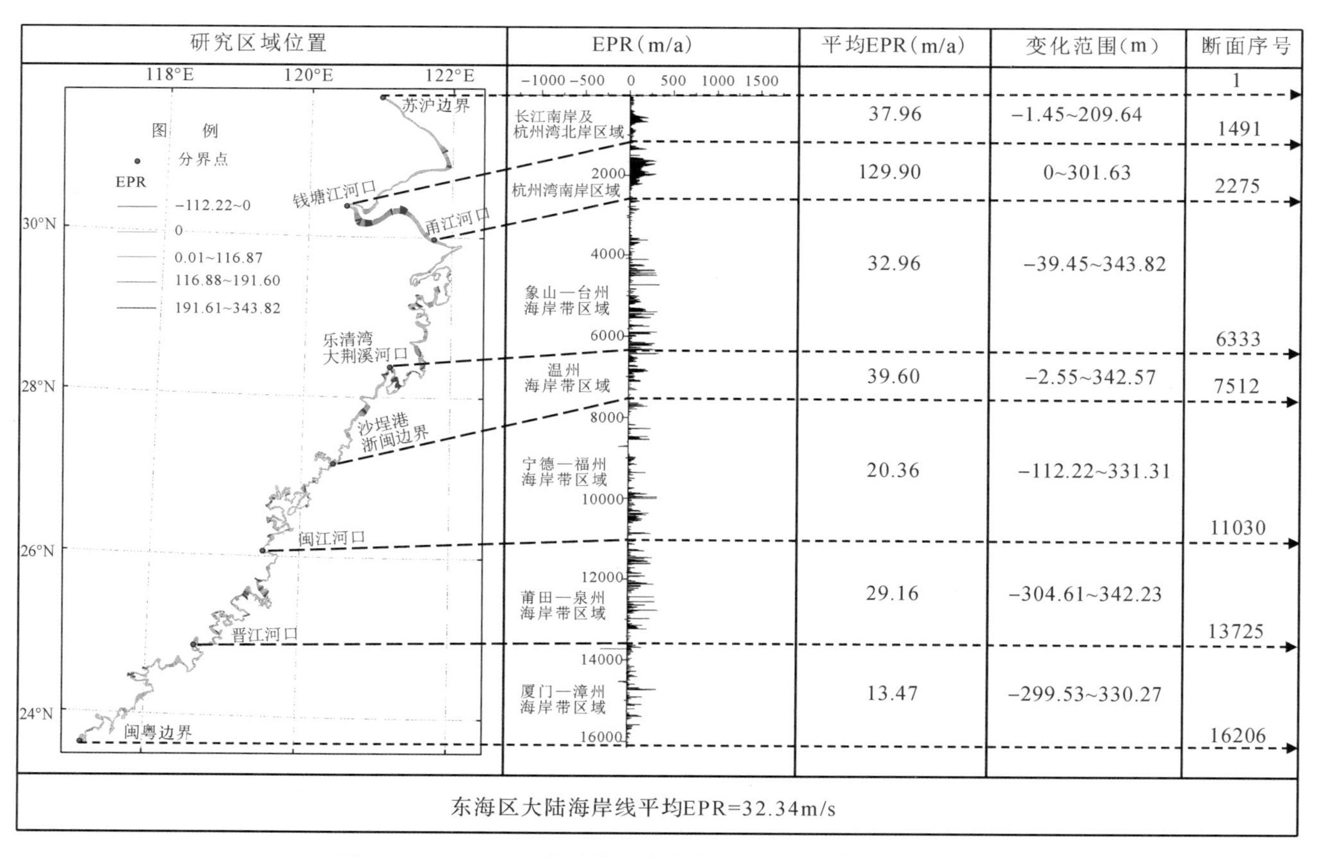

图 3.8 1990—2020 年东海区大陆海岸线移动速率和距离变化

变动区域出现在福清市龙高半岛。③厦门—漳州海岸带区域平均EPR为13.47m/a，每年向海域推进的最大距离为330.27m，向陆域推进的最大距离为299.53m，主要变动区域出现在厦门市区附近。

纵观东海区海岸线30年变化，可以看出海岸线变迁较为剧烈的区域主要集中在河口区域，如长江河口、钱塘江河口、瓯江河口等，该区域海岸线移动受自然与人类活动共同作用。同时海湾区域海岸线移动速率较高，主要是由于人类通过修建堤坝连接海湾两侧或者其他岛屿，达到最小成本围填海。从区域角度分析（表3.1），东海区大陆海岸北部区域海岸线移动速率比南部区域高，主要是通过围填海方式创建城镇建设与工业发展所需用地，而南部区域部分海岸线外移和扩大与养殖面积增大有一定关系。

表3.1　2000—2015年影响海岸线移动的主要项目名单

区域	2000—2005年	2005—2010年	2010—2015年
长江南岸及杭州湾北岸海岸带区域	南汇促淤圈围工程、尖江治江围垦工程	乍浦化工区	上海浦东机场二期建设、上海外四码头建设、南汇新城镇建设
杭州湾南岸海岸带区域	上虞工业园区、杭州湾新区建设	上虞工业园区、杭州湾新区建设、曹娥江水利工程	上虞工业园区、杭州湾新区建设
象山—台州海岸带区域	漩门湾围填工程	宁波滨海经济开发区、奉化区经济开发区滨海新区、象山白岩山城东工业区、宁波昌和工业区、象山大目湾开发、下徐涂开发、三门新城开发、三角塘沿海工业区、临海门头港、临海杜南工业区、台州湾新区、温岭东部新区、温岭上马工业区、玉环滨港工业城、漩门湾内外片区	
温州海岸带区域	乐清经济开发区、温州经济开发区	乐清湾港区海洋经济产业科技孵化园、乐清经济开发区、温州经济开发区、瑞安丁山产业园、瑞安高新技术产业园、鳌江镇墨城工业园	瓯飞工程
宁德—福州海岸带区域	罗源金港工业园区	福鼎市双岳工业园区、龙虹工业园区、宁德核电厂、三沙镇陇头工业区、霞浦经济开发区、东吾洋附近养殖滩涂扩大、福安市湾坞半岛建设、宁德北部新区建设、宁德鉴江镇围填、罗源金港工业园区、罗源湾滨海新城、福州港罗源湾港区可门作业区建设	罗源湾内罗源新城建设、连江县坑园镇围填海建设

续表

区域	2000—2005 年	2005—2010 年	2010—2015 年
莆田—泉州海岸带区域	东壁岛围垦工程	福清市龙高半岛上东壁岛围垦养殖、福建江阴国际集装箱码头建设、东峤镇工业园区建设、莆田新城建设、泉州泉港区码头建设、泉州新城建设	
厦门—漳州海岸带区域	厦门海湾	漳浦县龙六半岛码头建设、诏安县田厝港口建设	

3.4 海岸线移动速率总体时空特征

对 1990—1995 年、1995—2000 年、2000—2005 年、2005—2010 年、2010—2015 年、2015—2020 年、1990—2020 年 7 个时期（其中 1990—2020 年跨度 30 年）各区域海岸线平均移动速率进行整理，得到图 3.9。

从图中可以看出，研究区内 7 个小分区中，杭州湾南岸区域除 2015—2020 年海岸线平均移动速率较低外，其他时期均较高，且与其他区域相差较大。相比其他区域，该区域具备自然因素与社会经济方面的优势，人类活动更强，海岸线向海洋方向移动较大。2015—2020 年，其平均移动速率变化幅度最大，跌落至最低值，这是由于该区域大规模围填海引起政府注意，大量围填海项目被叫停，从而引起海岸线移动速率出现较大幅度变化。温州海岸带区域的平均海岸线移动速率在 2000 年之后各时期保持在一个稳定水平，且处于较高移动速率。该区域位于瓯江河口，北侧以山地丘陵为主，温州市区、瑞安市城区、乐清市城区需要扩展但用地有限，于是海洋成为该区域重要的扩展方向，如温州的瓯飞工程。除了以上区域，其他区域在研究期内呈现“W”形变化趋势，在 2000—2010 年出现海岸线平均移动速率最大值，且多个区域最大值出现时期具有一致性，可以看出该时期海岸线移动受到历史政策背景影响，反映出该时期人类在海岸带活动强度较大。

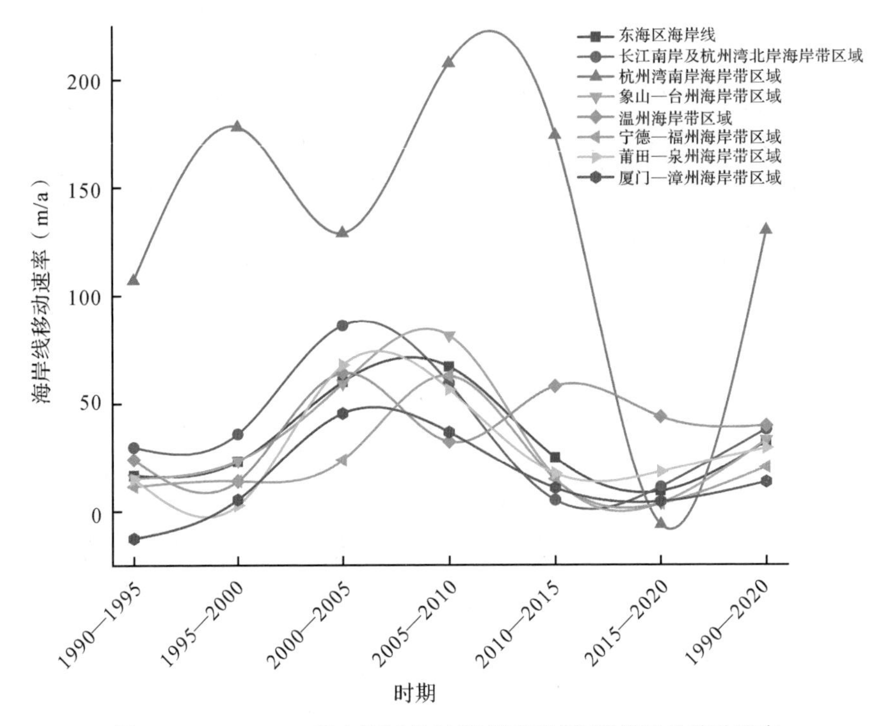

图 3.9 1990—2020 年东海区各时期不同区域海岸线平均移动速率

3.5 小 结

本章利用数字海岸线分析系统（DSAS）分析东海区大陆海岸带 1990—2020 年海岸线移动速率，通过图示的方式展示各个区域的海岸线移动速率状况，并具体罗列影响海岸线移动速率的工程，揭示了东海区大陆海岸线移动的时空分布特征及其影响因素。主要结论如下。

（1）东海区大陆海岸线平均 EPR 在 2005—2010 年达到最大值。整个研究区平均 EPR 由 1990—1995 年的 16.59m/a 上升到 2005—2010 年的最大值 66.93m/a，而后下降到 2015—2020 年的 9.20m/a，呈现倒“V”形特征。从各分区来看，在多个时期内杭州湾南岸是海岸线平均 EPR 最高的区域，厦门—漳州区域的海岸线平均 EPR 较低。

（2）1990—1995 年，该时期东海区大陆海岸线平均 EPR 16.59m/a，向海洋推进速率较低，主要受到河口泥沙淤积、海水冲刷等自然条件影响，海岸线变化幅度较小。1995—2000 年，东海区大陆海岸线平均 EPR 较高的区域主要在北部区域，与城市建设、工业发展存在一定关系；南部区域零星出现移动较大的区域，主要以海湾、河口处等泥沙较易沉积的区域为主。2000—2005年，东海区大陆海岸线各区域开始向海洋方向扩张，部分地区受到浪潮冲刷，出现回退。2005—2010年，东海区大陆海岸线平均EPR达到研究期内最大值66.93m/a，海岸线变迁速度加快与城市建设、工业发展具有很大关系，通过围填海满足城市用地与工业用地的区域增多。2010—2015年，东海区大陆海岸线平均EPR较前期有所减弱，主要原因在于多数围填海区域在原有围填区域的基础上进行原地建设和小范围向外扩张。该时期海岸线移动变迁最主要的动力仍然来自城镇建设、工业发展的需求。2015—2020年，东海区大陆海岸线平均EPR达到最低值9.20m/a，这是由于政策影响导致多数地区海岸线未发生变化，仅有部分区域出现小规模向外扩展，而大量原有围填用地转为生态用地。

纵观东海区大陆海岸线30年变化，海岸线变迁较为剧烈的区域主要集中在河口、海湾、城市等级较高的海岸带，该区域海岸线移动较快与自然因素、人类活动存在一定关系。从区域角度来看，东海区大陆海岸带北部区域海岸线移动速率比南部区域快，与大规模围填海满足城镇建设与工业发展所需用地有关，而南部区域部分区域海岸线外移与扩大养殖用地面积、城镇发展有一定关系。

4 东海区大陆海岸带土地利用时空分析

4.1 土地开发利用强度评估方法

4.1.1 土地利用类型面积比

统计东海区大陆海岸带各个时期各种土地利用类型的面积大小以及各土地利用类型的面积比。面积比能够精准表示某种土地利用类型在区域所占比例，其计算公式如下：

$$R_i = \frac{a_i}{A} \times 100\% \tag{4.1}$$

式中，R_i 为 i 种土地利用类型的面积比；a_i 为某种土地利用类型的面积；A 为研究区域总面积。

4.1.2 土地利用动态度

土地利用动态度（杨山，2000）直观反映某区域特定土地利用的动态变化程度，它定量地描述某种土地利用类型的年际变化速度。其计算公式如下：

$$U_{\mathrm{V}} = \frac{DU_{\mathrm{ea}}}{D_{\mathrm{t}} \times U_{\mathrm{oa}}} \tag{4.2}$$

式中，U_{V} 为土地利用单一动态度指数；DU_{ea} 为某一时间段某种土地利用类型的扩展面积；D_{t} 为时间段（一般以年为单位）；U_{oa} 为某一时间段初期某种土地利用类型的面积。$U_{\mathrm{V}} > 0$ 表示该土地利用类型面积处于增长状态，$U_{\mathrm{V}} < 0$ 则表示该土地利用类型面积处于减少状态，U_{V} 值的绝对值大小则表

示其增长或减少的速度。

土地利用综合动态度可反映一个地区在一定时间段的土地利用类型数量综合变化情况，用于剖析区域土地利用变化的程度。其计算公式如下：

$$LC=\left[\frac{\sum_{i}\Delta LU_{i\text{-}j}}{\sum_{i}LU_{i}}\right]\times 100\% \tag{4.3}$$

式中，LC 为土地利用综合动态度；$\Delta LU_{i\text{-}j}$ 为监测时段第 i 类土地利用类型转为第 j 类土地利用类型的绝对值；LU_i 为监测初始时刻第 i 类土地利用类型的面积。

4.1.3　土地利用强度指数

土地利用强度既反映土地的自然属性，又反映人类改造土地利用的深度与广度（姜楠，2016）。为了表达土地利用总体程度并分析内部土地利用强度的差异，通过定量化分析土地利用，将土地利用类型根据人类利用的程度将其分级赋值。根据刘纪远等（2002）、庄大方和刘纪远（1997）划分的土地利用强度分级赋值表以及东海区海岸带土地覆被类型分类，得到土地利用强度分级赋值表（表 4.1）。

表 4.1　土地利用强度分级赋值表

分级	未利用土地级别	林、草、水用地级	农业用地级	城镇聚落用地级
土地利用类型	其他土地	林地、草地、水体、海洋	耕地	城镇建设及工矿用地
分级指数	1	2	3	4

土地利用强度指数可以反映自然属性的可利用程度和人类的干扰程度，土地利用强度指数越高，则说明自然属性的可利用程度越小，人类对土地利用的干扰强度越大；反之，则说明自然属性的可利用程度越大，人类对土地利用的干扰强度越小（杨玉婷等，2012）。

土地利用强度指数计算公式如下：

$$L=100\times\sum_{i=1}^{n}A_i\times C_i\,,\qquad L\in[100,400] \tag{4.4}$$

式中，L 为所研究地区的土地利用强度综合指数；A_i 为研究区第 i 级土地利用强度分级指数；C_i 为研究区内部第 i 级土地利用强度的面积百分率；n 为土地利用强度分级数。

4.1.4 土地转移矩阵

土地转移矩阵（徐岚等，1993）用于描述某类土地利用在研究时段初期与末期的转换关系。来源于系统分析学的转移矩阵能够较为全面、具体地分析各类土地利用的定量转变以及变化的结构。其计算公式如下：

$$\boldsymbol{A}_{kj}=\begin{bmatrix} A_{11} & A_{12} & \cdots & A_{1j} \\ A_{21} & A_{22} & \cdots & A_{2j} \\ \vdots & \vdots & \cdots & \vdots \\ A_{i1} & A_{i2} & \cdots & A_{ij} \end{bmatrix} \tag{4.5}$$

式中，A 表示土地利用面积；i 和 j 分别表示研究的初期和末期；矩阵中的行表示土地利用类型，列表示土地利用类型的转入。

4.1.5 土地利用重心分布

通过计算不同时期不同土地利用类型的重心，可以研究不同土地利用类型的迁移情况，分析不同土地利用类型的空间扩展规律和模式。其计算公式如下：

$$X=\frac{\sum_{i=1}^{m}\left(A_i \times X_i\right)}{\sum_{i=1}^{m} A_i} \tag{4.6}$$

$$Y=\frac{\sum_{i=1}^{m}\left(A_i \times Y_i\right)}{\sum_{i=1}^{m} A_i} \tag{4.7}$$

式中，X，Y 分别表示某土地利用类型的重心坐标（坐标体系使用投影坐标，单位为 m）；A_i 表示第 i 块矢量图斑的面积；X_i，Y_i 分别表示第 i 块图斑几何中心的坐标；m 表示矢量图斑的个数。

根据获取不同时期不同土地利用类型的重心，计算不同行政区域同一土地利用类型不同时期重心移动的距离。其计算公式如下：

$$D=\sqrt{\left(X_i-X_j\right)^2+\left(Y_i-Y_j\right)^2} \tag{4.8}$$

式中，D 表示相隔的 i，j 时期的重心移动的距离；X，Y 分别表示某土地利用类型的重心坐标（坐标体系使用投影坐标，单位为 m）；i，j 表示对应的时间。

4.2　东海区大陆海岸带土地开发利用总体特征

4.2.1　东海区大陆海岸带用地现状分析及特点

从 2020 年东海区大陆海岸带土地利用现状来看，在空间分布上，不同的土地利用类型在东海区各个行政区有着各自重点分布区域（图 4.1）。

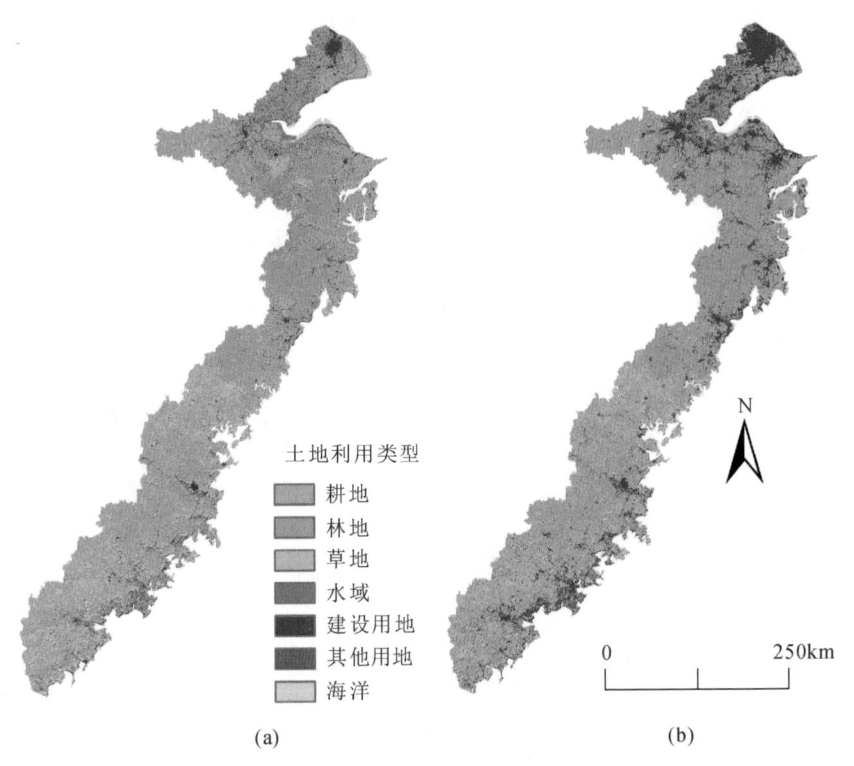

图 4.1　（a）1990 年和（b）2020 年东海区大陆海岸带土地利用分布

从2020年东海区大陆海岸带各省市土地利用面积及面积比（表4.2）来看，研究区内以林地为主，为55625.7km^2，占整个研究区面积的50.86%；其次是耕地，为26962.6km^2，约占24.65%；城镇建设及工矿用地面积为13174.3km^2，约占12.04%；草地、水域、其他用地、海洋用地的面积相对较少，约占整个研究区面积的12.45%。

从沿海地区行政单位来看，2020年上海市土地利用以城镇建设及工矿用地为主导，面积为2852.3km^2，占整个上海市面积的52.16%，通过对比1990年东海区大陆海岸带土地利用分布状况可以看出，上海市城镇建设及工矿用地面积在不断扩大。其次占比较高的为耕地，达到2164.6km^2，占整个上海市面积的39.58%，其他土地利用面积较小，共占上海市面积的8.26%。浙江省海岸带区域土地利用以林地为主导，占浙江省面积的52.83%，但浙江省内部地级市并非全都是以林地为主导，如嘉兴市的林地面积比重较小，而耕地面积占全部用地面积的60.16%。其次占浙江省比重较大的地类为耕地，面积为14271.7km^2，占浙江省面积的28.11%。另外，浙江省城镇建设及工矿用地占比也较高，面积为6344.7km^2，占浙江省面积的12.50%，该指标贡献度较高的地级市有嘉兴市、宁波市及杭州市市区。福建省海岸带区域土地利用主要以林地为主，面积为28755.1km^2，占福建省面积的54.11%，与浙江省相比较该占比较高，其主要原因是福建省以丘陵为主。其次为耕地，面积为10526.3km^2，占福建省面积的19.81%。通过对比表4.2可以看出，福建省各地级市占比较高的土地利用类型相同。另外草地面积也较大，为8298.4km^2，占福建省面积的15.60%。面积占比排序第四则为城镇建设及工矿用地，面积为3977.3km^2，占福建省面积的7.49%。

从2020年土地利用分布状况可以看出，不同的土地利用类型在东海区大陆海岸带有着各自不同的重点分布区域。本研究绘制了1990年、2020年东海区大陆海岸带土地利用分布图（图4.1），从图中可以看出，耕地主要分布在北部区域，该地区主要是平原地区，包括上海市、嘉兴市、绍兴沿海地区、宁波沿海地区。研究区北部区域（上海市与浙江省沿海地区）的耕地面积共计有16436.3km^2，占整个研究区耕地面积的60.96%，而东海区大陆海岸带南部区域耕地分布较为分散，主要在沿海河口平原、内陆地区的低山与盆地区域，其耕地面积有10526.3km^2，仅占整个研究区耕地面积的39.04%。林地主要分布在整个研究区的中部及南部区域，具体为福建省大部分、浙江省南部区域，该区域主要以丘陵为主，统计计算福建省、浙江温州和台州区域林地面积约为42451.8km^2，占整个研究区林地面积的

表 4.2　2020 年东海区大陆海岸带各省市土地利用面积及面积比

省市	耕地		林地		草地		水域		城镇建设及工矿		其他用地		海洋	
	面积（km^2）	占比	面积（km^2）	占比	面积（km^2）	占比	面积（km^2）	占比	面积（km^2）	占比	面积（km^2）	占比	面积（km^2）	占比
东海区	26962.6	24.65%	55625.7	50.86%	9530.1	8.71%	3978.3	3.64%	13174.3	12.04%	79.8	0.07%	25.6	0.02%
上海市	2164.6	39.58%	50.3	0.92%	101.1	1.85%	281.6	5.15%	2852.3	52.16%	18.4	0.34%	0.6	0.01%
浙江省	14271.7	28.11%	26820.3	52.83%	1139.6	2.24%	2164.4	4.26%	6344.7	12.50%	16.8	0.03%	12.7	0.02%
杭州市市区	2051.4	24.79%	4675.5	56.51%	118.2	1.43%	326.7	3.95%	1097.0	13.26%	5.0	0.06%	0.0	0
宁波市	2951.7	32.17%	3842.3	41.88%	174.9	1.91%	688.4	7.50%	1512.9	16.49%	4.9	0.05%	0.0	0
温州市	2024.8	17.78%	7879.5	69.20%	353.3	3.10%	317.6	2.79%	804.7	7.07%	6.2	0.05%	0.4	0
嘉兴市	2485.6	60.16%	40.9	0.99%	32.1	0.78%	255.2	6.18%	1317.7	31.89%	0.1	0	0.4	0.01%
绍兴市	2382.8	28.97%	4564.9	55.51%	157.6	1.92%	284.4	3.46%	833.8	10.14%	0.3	0	0.0	0
台州市	2375.4	24.80%	5817.2	60.73%	303.4	3.17%	292.3	3.05%	778.7	8.13%	0.3	0	11.9	0.12%
福建省	10526.3	19.81%	28755.1	54.11%	8289.4	15.60%	1532.3	2.88%	3977.3	7.49%	44.6	0.08%	12.3	0.02%
福州市	1882.1	16.63%	6795.0	60.06%	1447.9	12.80%	448.0	3.96%	740.0	6.54%	1.3	0.01%	0.0	0
厦门市	424.7	29.34%	426.9	29.50%	139.6	9.65%	92.0	6.36%	364.0	25.15%	0.1	0.01%	0.0	0
莆田市	1104.9	28.32%	1768.5	45.32%	512.0	13.12%	148.3	3.80%	362.5	9.29%	3.5	0.09%	2.1	0.05%
泉州市	2440.0	21.98%	5532.2	49.83%	1579.8	14.23%	228.0	2.05%	1306.5	11.77%	15.5	0.14%	0.0	0
漳州市	2473.6	19.88%	6441.3	51.77%	2201.4	17.69%	360.1	2.89%	943.2	7.58%	11.9	0.10%	9.8	0.08%
宁德市	2201.1	17.02%	7791.1	60.25%	2408.6	18.63%	256.0	1.98%	261.2	2.02%	12.2	0.09%	0.3	0

注：本研究区最外侧边界以 2020 年海岸线为边界，故海洋占比较小。上述行政区划面积统计是指东海区大陆海岸带在该行政区划下的面积，非行政区划整体。

76.32%；城镇建设及工矿用地主要分布在杭嘉湖平原（上海、嘉兴、杭州）、宁绍平原（宁波、绍兴）、椒江河口平原、温州三江平原、泉州—厦门区域，其中杭嘉湖平原（上海市、嘉兴市、杭州市）城镇建设及工矿用地面积为5267.0km^2，占整个研究区的城镇建设及工矿用地面积的39.98%。城镇建设用地分布较多的区域具有共同的特点，均位于地势平坦的平原地区，人类活动强烈，同时经济发展状况良好，如上海市、宁波市、嘉兴市、厦门市等。水域作为东海大陆海岸带重要的土地利用类型之一，广泛分布在东海区大陆海岸带各个区域，淡水资源对于农业发展、工业生产及城镇生活有着十分重要的位置。从研究区南北分布状况来看，北部区域（上海市、浙江省）水域面积2446.0km^2，占整个研究区水域面积的61.48%；南部区域（福建省）水域面积1532.3km^2，占整个研究区水域面积的38.52%。分布面积反映出水域在研究区北部分布比研究区南部要多。草地主要分布在地势低缓的区域，其分布则是研究区南部区域比北部区域要多，北部区域（上海市、浙江省）草地面积1240.7km^2，仅占整个研究区草地面积的13.01%；南部区域（福建省）草地面积8289.4km^2，占整个研究区86.98%。

4.2.2　东海区大陆海岸带各时期用地面积数量变化

对东海区大陆海岸带研究区1990年、1995年、2000年、2005年、2010年、2015年、2020年共7个时期7类土地利用类型的面积及面积比进行统计（表4.3和4.4），可以看出东海区大陆海岸带在1990年7类土地利用类型（城镇建设及工矿用地、耕地、林地、草地、水域、其他用地、海洋）的面积依次为4725.77km^2、34253.89km^2、54597.54km^2、10876.90km^2、3588.82km^2、58.16km^2、1280.38km^2，各土地利用类型所占整个研究区面积比例依次为4.32%、31.32%、49.91%、9.94%、3.28%、0.05%、1.17%。东海区大陆海岸带研究区内2020年城镇建设及工矿用地、耕地、林地、草地、水域和其他用地的面积依次为13174.35km^2、26962.58km^2、55625.65km^2、9530.08km^2、3978.31km^2、79.78km^2、25.52km^2，各土地利用类型所占面积比例依次为12.04%、24.65%、50.86%、8.71%、3.64%、0.07%、0.02%。从1990—2020年土地利用面积变化的状况来看，东海区大陆海岸带土地利用类型主要以耕地与林地为主，符合该区域的特征。东海区大陆海岸带北部区域为平原，土地利用类型以耕地为主；南部区域以低山丘陵为主，土地利用类型则以林地为主。从海洋面积及占比来看，由于选取统计范围以最新的行政边界与2020年海岸线为基准，出现2020年海洋面积相对较少的情况，该时期统计的海洋面积主要是入海口部分所存在的海洋面积。该范围内海洋面积在相当长的一段时间保持不变，但在2010—2015年，海洋面积出现大幅度减少，这与该时间段围填海的工程活动有较大关系。城镇建设及工矿用地的面积与面积比呈现不断增加的趋势，面积从1990年的725.77km^{2}增至2020年13174.35km^2，面积比由1990年的4.32%上升到2020年12.04%，大量土地被用作城镇建设及工矿用地的开发，同时也可以看出该时间段土地开发主要以城镇建设及工矿用地为主。

（1）耕地面积呈现不断减少的趋势。由表4.3与表4.4可以看出，东海区大陆海岸带耕地面积在1990年、1995年、2000年、2005年、2010年、2015年、2020年分别为34253.89、32706.95、32536.27、30087.50、28973.69、27965.88、26962.58km^2。耕地占海岸带土地利用总面积的比率不断下降，由1990年31.32%下降到2020年的24.65%。30年来，该区域海岸带耕地面积减少了7291.31km^2，面积比下降了6.67个百分点。

（2）林地、草地、水域面积呈现小幅度动荡变化趋势。林地作为东海区大陆海岸带占地面积最广的土地利用类型，30年内在一个稳定的区间发生变化，在前20年中仅出现小幅度减少的趋势，近年来面积趋势转变为小幅度扩张。草地、水域的面积也在减少之后呈现增加的情况。但整体而言，相对于1990年，2020年林地与水域的面积有所增加，草地面积出现小幅度减少。

（3）城镇建设及工矿用地面积呈现快速增长趋势。城镇建设及工矿用地是东海区大陆海岸带增长最快的土地利用类型，1990年城镇建设及工矿用地的面积为4725.77km^2，占研究区总面积的4.32%。2005年城镇建设及工矿用地面积为8571.03km^2，占研究区总面积的7.84%，相对于1990年净增加了3845.26km^2。而到2020年，城镇建设及工矿用地面积达到13174.35km^2，占研究区总面积的12.04%，相对于2005年净增加了4603.32km^2。1990—2020年城镇建设及工矿用地面积平均每年增加281.62km^2，占总土地利用面积比增加了7.72个百分点。

（4）海洋被人类大量占用。研究区域以2020年海岸线为外侧界线。从表4.3可以看出，海洋面积在1990—2010年保持一个基本稳定的数字，而到了2015年出现大幅度的减少，海洋面积从1990年1280.38km^{2}减少到2015年289.95km^2，净减少量达到990.43km^2。在研究区域内，2010—2015年之间海洋用地被转化成为各种人工用地类型。

表 4.3 1990—2020 年东海区大陆海岸带土地利用类型面积（单位：km^2）

年份	耕地	林地	草地	水域	城镇建设及工矿	其他用地	海洋
1990	34253.89	54597.54	10876.90	3588.82	4725.77	58.16	1280.38
1995	32706.95	56938.51	9437.36	3518.41	5465.54	37.98	1276.71
2000	32536.27	56401.44	9711.98	3582.43	5817.52	52.16	1279.68
2005	30087.50	56274.96	9295.37	3668.51	8571.03	52.36	1431.74
2010	28973.69	55948.25	9320.51	3693.92	10108.09	54.92	1277.76
2015	27965.88	55891.95	9290.56	4363.68	11520.91	54.43	289.95
2020	26962.58	55625.65	9530.08	3978.31	13174.35	79.78	25.52

注：本表中数据统计范围以最新行政边界为准，并结合 2020 年海岸线确定的范围进行统计。

表 4.4 1990—2020 年东海区大陆海岸带土地利用类型面积比（单位：%）

年份	耕地	林地	草地	水域	城镇建设及工矿	其他用地	海洋
1990	31.32	49.91	9.94	3.28	4.32	0.05	1.17
1995	29.90	52.05	8.63	3.22	5.00	0.03	1.17
2000	29.75	51.56	8.88	3.28	5.32	0.05	1.17
2005	27.51	51.45	8.50	3.35	7.84	0.05	1.31
2010	26.49	51.15	8.52	3.38	9.24	0.05	1.17
2015	25.57	51.10	8.49	3.99	10.53	0.05	0.27
2020	24.65	50.86	8.71	3.64	12.04	0.07	0.02

4.2.3 东海区大陆海岸带土地利用重心迁移分析

利用东海区大陆海岸带各时期零散地块土地利用的面积与重心坐标位置，计算东海区大陆海岸带各土地利用类型的重心坐标以及各个时段内重心移动的距离。重心变化可以反映特定区域某种土地利用类型的时空变化进程及空间分布格局变化。

通过图 4.2 可以看出，整体上各时期各类土地利用的重心基本位于研究区域的中部，该现象与研究区域整体形状具有一定关系，总体沿海呈带状且宽度较为均匀。耕地、草地、水域、城镇建设及工矿用地的分布较为稳定，各个时期重心的分布均在附近区域，偏移的幅度不大，保持一定的稳定性。林地的重心变化仅在 2005 年具有较大跨越，其余时期保持一定的稳定性，即基本上在宁德市，仅 2005 年跨越到台州市。其他用地、海洋用地的重心在地域上跨越的幅度较大，其他用地重心移动的区域在宁德市、福州市区域，海洋用地重心移动的区域在宁德市、温州市、台州市。从重心集中的区域可以看出，耕地、水域、城镇建设及工矿用地偏向研究区北侧，林地、草地则偏向南侧，这与地形环境、人文环境存在一定关系。北侧区域经济发达、地势平坦，有利于城市大规模的建设以及耕地开发利用，同时北侧具有较大入海口——钱塘江入海口以及水田、水塘等分布，因而多水域用地。耕地、草地主要集中在南侧，这是由于南侧为丘陵山区，有大量的森林。

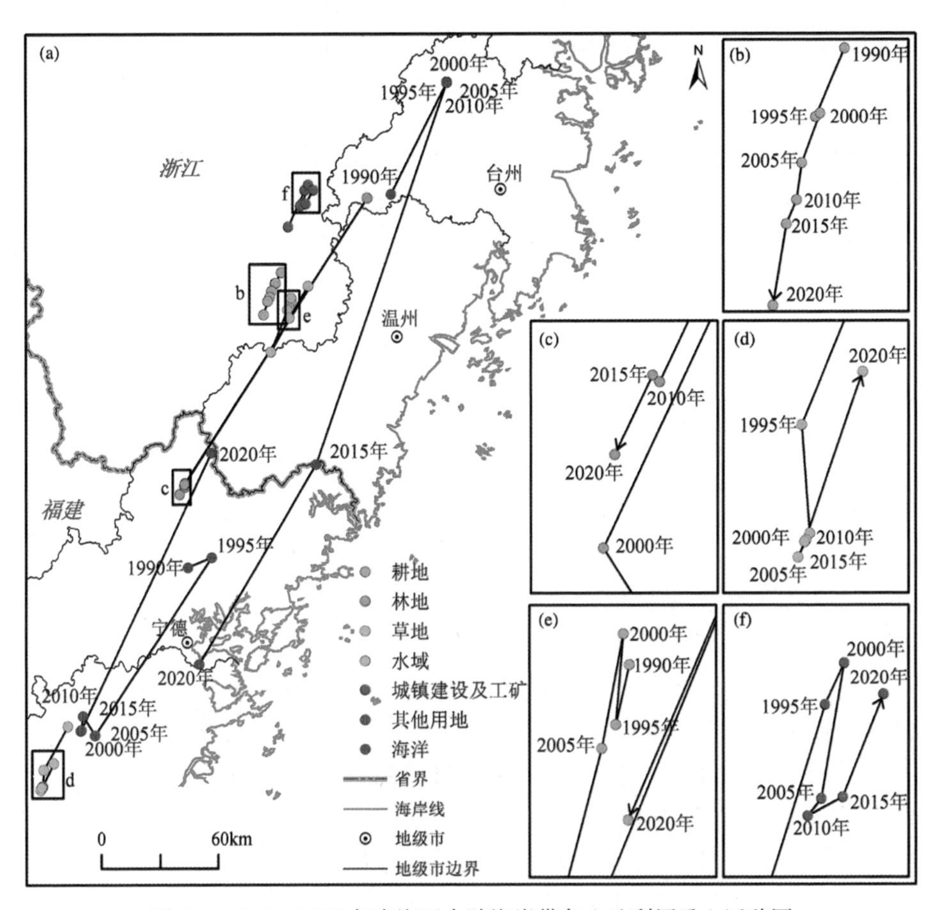

图 4.2　1990—2020 年东海区大陆海岸带各土地利用重心迁移图

（a）各地类重心时空变化特征；（b）耕地重心；（c）林地重心；（d）草地重心；（e）水域重心；（f）城镇建设与工矿重心

从不同时间段来看（表 4.5），1990—1995 年，重心迁移幅度最大的是草地，其重心向西南方向移动了 24.98km。在这 5 年间，大量的草地减少，大部分草地转为城镇建设及工矿用地、林地等。研究区的西南区域比东北区域更加重视农业方面的生产，故该时间内重心向西南方向迁移幅度较大。迁移幅度次之的是城镇建设及工矿用地，其重心向东北方向移动了 19.93km。该重心移动的幅度、方向与城镇建设及工矿用地的性质存在一定的关系。随着我国经济的发展，该时期大量的土地被作为城镇建设及工矿用地进行开发，同时受到地形、政策等诸多因素的影响，东海区大陆海岸带的开发主要集中在东北方向的杭嘉湖平原，而南部城市的开发强度不及北部区域。该时期海洋的重心变化幅度不大，仅有 229.2m，可以看出该时期对海洋的利用强度较小。

1995—2000 年，该时期各土地利用重心的迁移幅度中，仅其他用地具有较大幅度的变化，向西南方向移动了 106.3km。同时发现草地的重心移动方向与其他用地移动方向上具有一致性，表明该时期东海区大陆海岸带南部区域对其他用地、草地的需求比北部区域要大。

2000—2005 年，该时期林地、海洋、其他用地的重心迁移幅度较大，分别为 170.33、62.27、11.22km。其迁移的方向分别是东北方向、西南方向、西北方向。根据重心移动距离与方向可以看出，该时期土地利用呈现出南北区域差异，东海区大陆海岸带北部区域土地利用的主要类型为林地，其南部区域主要以海洋用地为主，内陆区域对其他用地的开发强度变大。

2005—2010 年，各类土地利用类型的重心移动以西南方向为主，林地、水域迁移的幅度较大，这是由于南部区域大量的林地、水域得到利用。海洋的重心移动方向为东北方向，北部区域的嘉兴、宁波、温州等沿海城市进入快速发展阶段，在沿海区域新建工业区并配套居住用地，这些城市的建设发展以向沿海区域扩张为主。

2010 年之后，各类土地利用的重心大部分向东北方向移动，北部区域是平原，发展空间较南方大，土地开发建设以耕地、水域、草地为主，南部区域则以林地、其他用地类型为主。

表 4.5 1990—2020 年东海区大陆海岸带各土地利用重心迁移距离（单位：m）

土地利用类型	1990—1995 年	1995—2000 年	2000—2005 年	2005—2010 年	2010—2015 年	2015—2020 年
耕地	6349.1	519.2	4526.4	3180.5	2205.2	7028.1
林地	4422.1	797.2	170329.0	169114.5	68.9	613.7
草地	24976.9	8137.2	2019.9	1433.8	182.6	13509.8
水域	3273.4	4807.8	6155.3	22456.3	37815.9	18513.3
城镇建设及工矿	19932.8	3309.2	9796.4	1618.9	2960.5	7867.4
其他用地	13037.0	106302.1	11224.2	7439.0	556.4	152580.5
海洋	229.2	230.6	62266.5	62288.9	201022.8	115486.1

4.3 东海区海岸带土地开发时空演变分析

4.3.1 土地利用动态度分析

对不同土地利用类型进行分析（图 4.3），城镇及工矿用地的单一利用动态度值在各时期均大于 0，表明该土地利用类型的面积在 1990—2020 年间一直处于增长趋势，但不同时期的增幅不同，总体呈现降低—增长—降低—再降低的趋势，2000—2005 年达到研究时间段内的最高值。不同研究区（王中义等，2020；韩玉莲和赵玉岩，2018）也存在类似状况，表明该时期东海区大陆海岸带的城市进行了较大规模的建设，且不同区域在该时期也同样进行了大规模建设，这在某种程度上与政府政策具有一定的关联。耕地在各时期单一利用动态度指数均小于 0，表明耕地在各个时间均表现出不断减少的趋势，其中 1995—2000 年该类型单一动态度变化幅度较小。水域用地在各时期变化不大，表明东海区大陆海岸带区域在开发利用时注重对水域的保护。海洋用地单一利用动态度具有较大的变化，在前面的一段时间中，该数值保持相对稳定，到后期出现大幅度减少，说明海洋用地被大量开发使用。

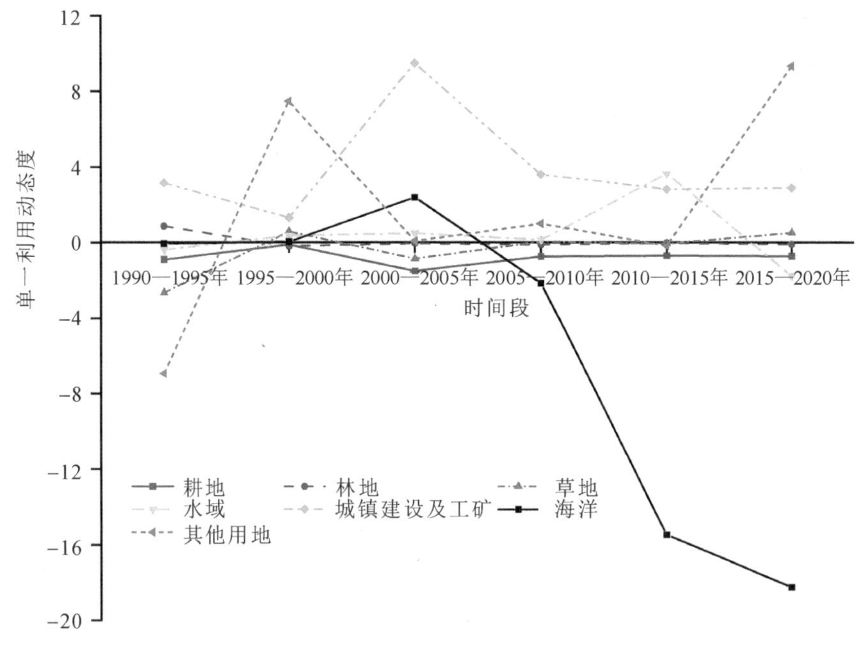

图 4.3　东海区大陆海岸带不同时期各土地单一利用动态度

4.3.2　土地利用强度指数分析

根据获取的 1990—2020 年 7 期东海区大陆海岸带土地利用类型的面积，利用土地利用强度指数公式计算，得到 1990—2020 年东海区大陆海岸带土地利用强度指数。

由图 4.4 可以看出，东海区大陆海岸带土地利用强度指数呈现稳步上升的趋势，由 1990 年的 239.90 上升到 2020 年的 248.67，增加了 8.77。30 年内东海区大陆海岸带土地利用强度指数一直处于 200 至 250 之间，离极值 400 还有一定距离，说明土地利用强度还有一定的提升空间，土地利用的程度处于中等水平，反映出东海区大陆海岸带土地开发利用程度在逐渐增强，人为因素对土地利用的干扰程度越来越大。

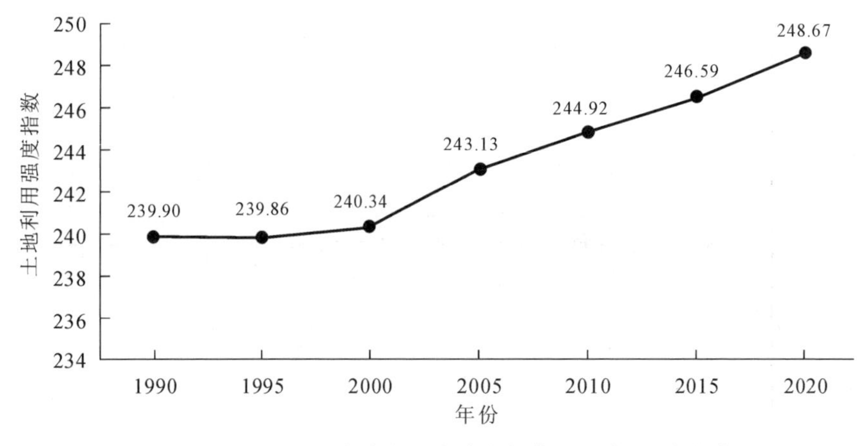

图 4.4　1990—2020 年东海区大陆海岸带土地利用强度指数

东海区大陆海岸带各个地级市的经济、自然等条件存在差异性，导致不同地级市的土地利用强度指数存在差异。为了更好地分析东海区大陆海岸带各地级市的土地利用强度指数以及东海区大陆海岸带地区土地利用强度的空间分布状况，对每个地级市 1990—2020 年 7 个时期的数字进行平均值计算。此处要说明的是，各个地级市不包含海岛区域，杭州区域仅包含城区部分。

根据图 4.5 可以看出，土地利用强度指数前三的城市分别是上海市（322.74）、嘉兴市（313.98）、厦门市（267.86），侧面反映出这三个区域受人类活动影响最大。上海市地势平坦，在东海区大陆海岸带的城市当中属于经济状况发展最好的区域。近年来，上海对开发区建设给予政策、经济等方面优惠，促进了上海市城市扩张。另外，上海市处于长三角区域和长江流域经济发展龙头地位，具有大量的就业岗位，吸引大量的人口流入，进一步加强了上海土地利用强度。嘉兴市作为上海入浙门户，同时属于平原地形，承接大量上海溢出的工业以及就业人口，一定程度上提高了嘉兴市土地利用强度。厦门市作为与台湾交流的主要阵地，大量台商在此建立企业。同时厦门的行政范围较小，城镇建设及工矿用地的比例较高。近年来，厦门为扩展城市用地范围，积极向海洋发展。

将东海区大陆海岸带各县市区（共 119 个）土地利用强度指数根据一定规则进行划分，可分为弱、较弱、中等、较强、强五个等级。具体的分类规则为：对 7 期土地利用强度指数从大到小进行排序，选取各时期数据排序为 20%（第 24 名）、40%（第 48 名）、60%（第 72 名）、80%（第 96 名）

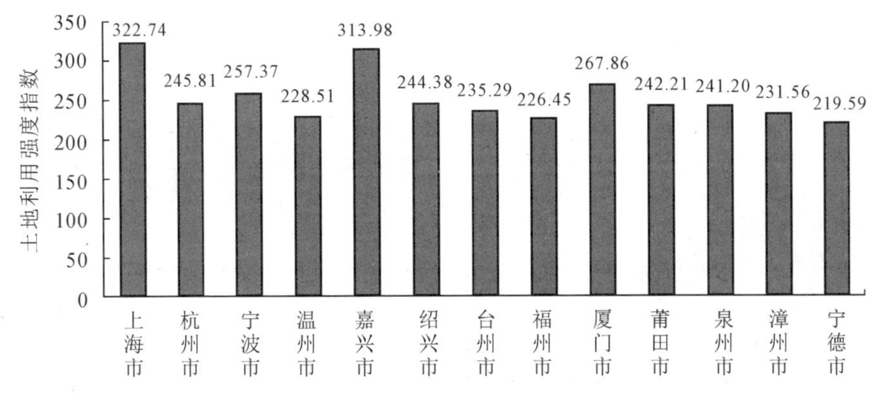

图 4.5　1990—2020 年东海区大陆海岸带各地级市土地利用强度指数平均值

对应位置的土地利用强度指数，将选取出来的数值计算平均值，得到划分等级依据的值分别为 224、241、275、314。

1990—2020 年 7 个时期土地利用强度较强（土地利用强度指数大于 275）的县市区分别有 39 个、41 个、43 个、45 个、50 个、55 个、55 个。随着时间的推移，土地利用强度较强的县市区在不断增多。从整体来看（图 4.6），1990—2020 年东海区大陆海岸带南部与北部的土地利用强度整体较强，且绝大多数县市区的土地利用强度为较强或强。北部区域为长江三角洲（杭嘉湖平原区域），地势较为平坦，经济发展起步较早，土地开发难度较小，易于生活，故大量人口聚集在该区域。根据土地利用类型面积比也可以看出，由于人口的集聚与生活，该区域以耕地为主，林地、草地的面积比较少。随着城市化的发展，上海城市面积不断向外扩张，导致上海市土地利用强度强的县市区由中心向外不断增加。1990 年嘉兴市土地利用强度强的县市区为桐乡市、南湖区，两个区域具有共同的特征：与同一时期其他县市区比较，耕地、城镇建设及工矿用地的面积比较高，农业发展与城市化发展较为领先。随着经济等各方面的发展，嘉兴市土地利用强度强的县市区不断增多，形成远离海洋的县市区的土地利用强度比接近海洋的高。通过对比发现上海与嘉兴也有相同状况，土地利用强度强的区域从内陆的县市区逐渐过渡到沿海的县市区，该现象的产生与当地的自然环境、交通、经济发展等存在较大关系。①上海、嘉兴等区域位于淤泥质海岸线，该区域沿海地区土质松软，同时部分区域受到海水影响，因而房屋建设、农作劳动存在一定困难。②与该处原有的基础设施建设与发展存在一定关系。嘉兴市与上海市原有老城区位于内陆区域，前期建设中连接两个城区的公路、铁路建设

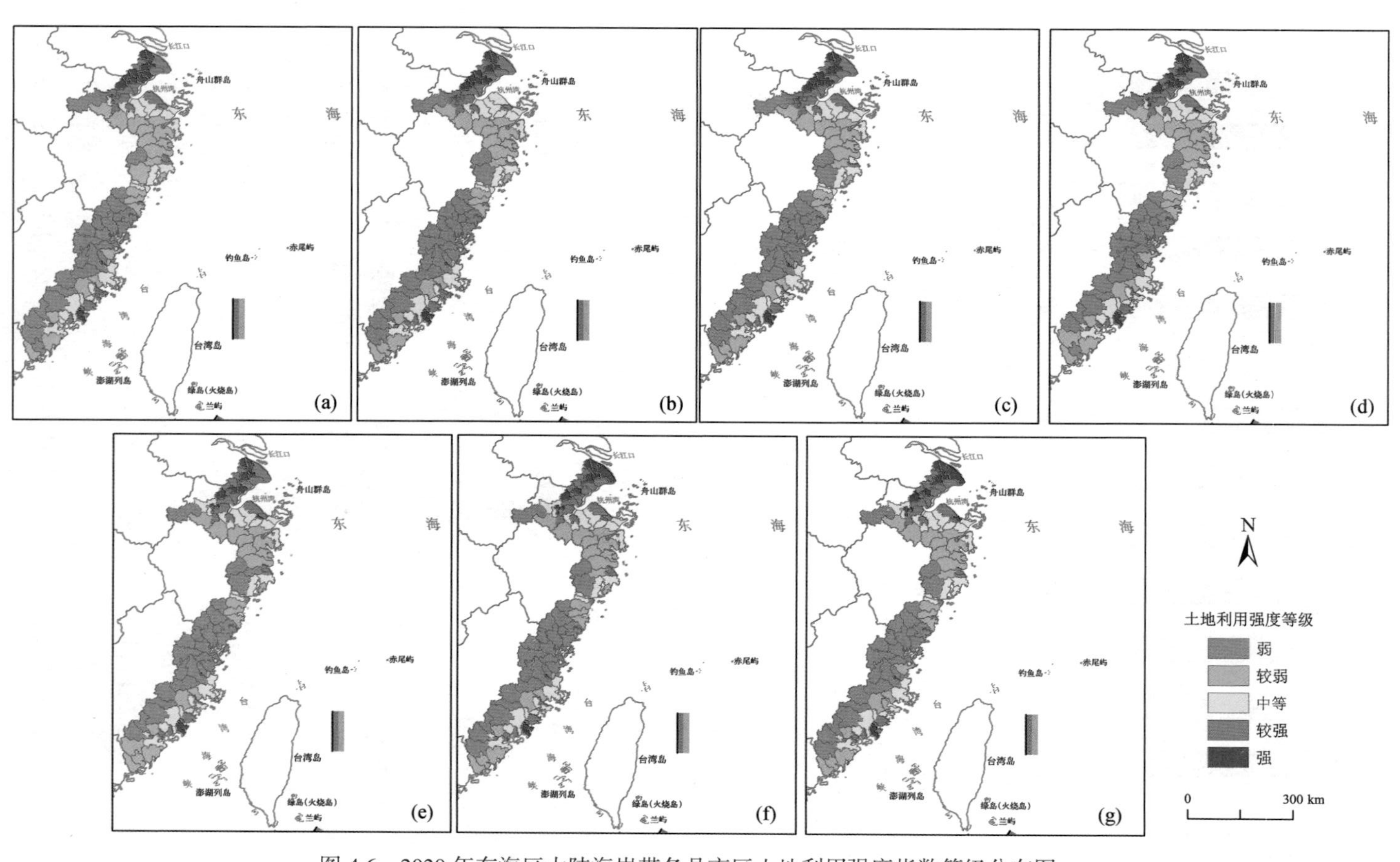

图 4.6 2020 年东海区大陆海岸带各县市区土地利用强度指数等级分布图。

（a）1990 年；（b）1995 年；（c）2000 年；（d）2005 年；（e）2010 年；（f）2015 年；（g）2020 年

也在内陆区域，道路建设的同时也会带来对土地利用的开发。另外嘉兴市内陆各县市区还受到京杭大运河的影响，加深了内陆区域的土地开发利用，故该区域的沿海县市区土地利用强度比内陆县市区低。

浙江省南部区域与福建省南部区域的县市区土地利用强度存在沿海县市区强于内陆区域的规律。台州市、温州市、莆田市、泉州市、厦门市等设区市行政中心所在区土地开发强度在各时期均处于较强以上，该区域管辖的内陆县市区土地利用强度较弱。该现象的出现与地形、海岸线、经济发展存在一定关系。①上述区域地形多数以丘陵为主，丘陵区域不适宜人口的大量聚集与土地利用开发，使得该区域人口较为分散，房屋建设、耕地建设大多比较隐蔽，面积也相对较小。而沿海区域尤其河流入海口区域，由于河流沉积作用，泥沙在该区域形成冲积平原，使得该区域具有肥沃的土壤和丰富的水资源，为城市的发展提供了必要的资源条件，促使该区域成为东部沿海大多数地级市和行政中心。其中的典型例子，如台州地级市行政中心由临海市搬迁到现椒江区，就是为了获取更广阔的城市发展空间。②由于该区域地形复杂，道路建设存在一定困难，而沿海区域的海运发展能够很好降低该区域的运输成本，同时促进城市发展，加大沿海区域的土地利用强度。③该区域的海岸线多数为基岩海岸，为土地利用（城镇建设、工业开展等）提供了一定的地质基础。

4.3.3　土地利用转移变化

土地利用转移是指在相同位置上不同时期土地利用之间相互变化的情况。为探究东海区大陆海岸带各时期土地变化的具体特征，基于东海区大陆海岸带各土地利用类型的面积变化，通过地理软件 ArcGIS 10.5 对 1990 年和 2020 年两个时期的土地利用数据进行相交，得到相交数据，并通过 Excel 软件进行计算分析，获得 1990—2020 年东海区大陆海岸带土地利用转移桑积图（图 4.7）、东海区大陆海岸带土地利用转移矩阵（表 4.6）。

通过图表可以发现，在研究时期内，土地利用类型变化量较大的是耕地、林地、草地。造成该现象最主要的原因是该区域主要以耕地、林地为主，而人类建设开发利用的土地主要依靠耕地、林地提供。耕地、林地、草地之间大量相互转移是该时间段内土地利用类型变化的主要特征。耕地主要向城镇建设及工矿用地（6765.8km^2）、林地（1242.4km^2）、水域（442.1km^2）转移，林地主要向草地（1197.1km^2）、城镇建设及工矿用地（892.0km^2）、

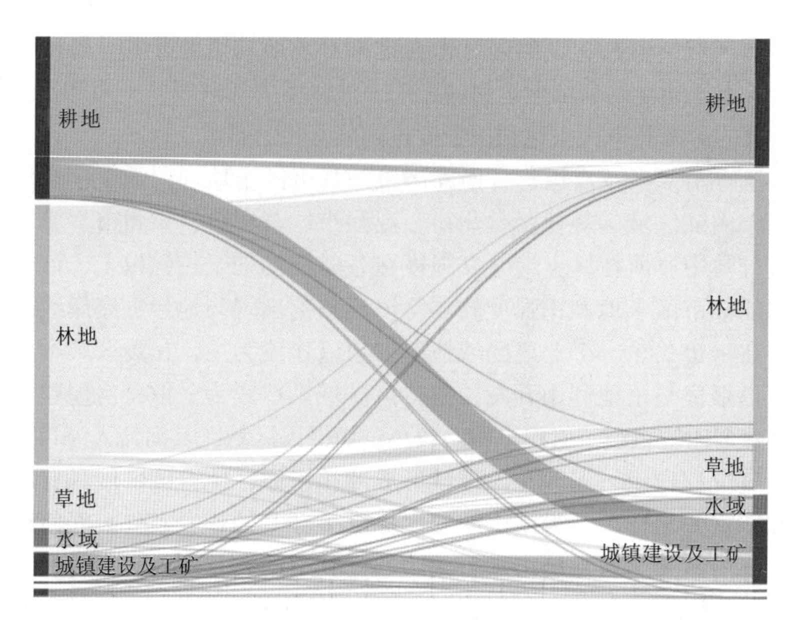

图 4.7　1990—2020 年土地转移桑积图

耕地（627.4km^2）转移，草地主要向林地（2518.3km^2）、城镇建设及工矿用地（278.9km^2）、耕地（129.7km^2）转移。

东海区大陆海岸带属于我国经济发达区域，城市建设速度快，城镇建设及工矿用地的面积增长快速。通过土地利用转移矩阵可以看出，城镇建设及工矿用地主要来源是耕地（6765.8km^2）与林地（892.0km^2），这是由于研究区域的地形、经济发展等因素，该区域以林地、耕地为主，东海区大陆海岸带北边的城市（上海、嘉兴等）周边被大量耕地包围，南边城市（漳州市、厦门市等）周边主要被大量林地及海洋包围，城市扩张及发展向周边延伸为主，大量耕地、林地面积减少并转化为城镇建设用地。

东海区大陆海岸带需要重点关注海洋的利用。研究区域的选取以 2020 年大陆海岸线为基准，虽部分区域由于入海口、港口等原因，存在部分海洋面积，但能够很清楚地反映出在建设开发过程中人类对围填海的力度在加大，大量的海洋用地转变为城镇建设及工矿用地（409.1km^2），少部分转变为耕地（1.15km^2）。

表 4.6 东海区大陆海岸带土地利用转移矩阵（1990—2020 年）（单位：km^2）

2020 年 \ 1990 年	耕地	林地	草地	水域	城镇建设及工矿	其他用地	海洋
耕地	25619.3	627.4	129.7	331.8	156.2	1.1	97.6
林地	1242.4	51755.0	2518.3	41.7	40.6	22.0	7.4
草地	180.8	1197.1	7909.9	78.4	15.4	2.8	146.2
水域	442.1	118.8	23.8	2664.0	147.2	0.7	582.5
城镇建设及工矿	6765.8	892.0	278.9	460.4	4365.1	3.4	409.1
其他用地	2.1	6.1	16.1	11.9	0.1	28.2	15.2
海洋	1.15	0.53	0.09	0.37	1.23	0.00	22.15

4.4 小 结

本章主要利用土地利用动态度、土地利用强度指数、转移矩阵、各土地利用类型重心分析等方法对东海区大陆海岸带 1990—2020 年土地利用的时空演变进行了计算与分析，主要得到以下结论。

（1）东海区大陆海岸带以林地为主，其次是耕地，再次为城镇建设及工矿用地。从沿海地区行政单位来看，2020 年上海市沿海区域土地利用以城镇建设及工矿用地为主导，浙江省、福建省海岸带区域以林地为主导。在土地利用类型的分布上，耕地主要分布在北部区域，而南部区域较为分散。林地分布主要在研究区的中部及南部区域，具体为福建省大部分区域、浙江省南部区域。城镇建设及工矿用地主要分布在平原、河口区域。水域作为东海大陆海岸带重要的土地利用类型之一，广泛分布在东海区大陆海岸带各个区域。草地则主要分布在地势低缓的区域。

（2）从 1990—2020 年土地利用面积变化的状况来看，东海区大陆海岸带土地利用类型变化主要以耕地与林地为主，耕地面积有不断减少的趋势，林地、草地、水域面积呈现小幅度动荡变化趋势，城镇建设及工矿用地面积呈现快速增长趋势，海洋则被人类大量占用。土地利用重心方面，各类土地利用的重心基本位于整个研究区域的中部，耕地、草地、水域、城镇建设及工矿用地的分布较为稳定，各时期的重心分布均在附近区域，偏移的幅度不大，保持一定的稳定性。

（3）土地利用强度指数排在地级市前三位的分别是上海市、嘉兴市、厦门市，均为区域内发展较快城市。在沿海县市区角度上，随着时间的推移，土地利用强度较强的县市区不断增多。从整体来看，1990—2020 年东海区大陆海岸带南部与北部的土地开发强度整体较强，中部区域土地开发强度较弱。随时间推移，研究区北部土地高强度开发由内陆向沿海扩展，南部土地高强度开发由沿海向内陆扩展。

（4）土地利用类型变化量最大的是耕地、林地、草地。耕地、林地、草地大量转移到其他用地类型是 1990—2020 年土地利用类型变化的主要特征。城镇建设及工矿用地的面积增长最快，主要来源是耕地与林地。大量的海洋用地转变为城镇建设及工矿用地，少部分转变为耕地。

5 东海区大陆海岸带典型区海陆梯度时空变化分析

5.1 数据处理与研究方法

5.1.1 海陆梯度带与海陆垂线划分

为了研究东海区大陆海岸带典型区海陆梯度变化特征，对东海区大陆海岸带典型区每隔 1km 进行缓冲区预处理，建立 1km~25km 缓冲区（图 5.1）。同时根据表 5.1 可以看出，各梯度从沿海到内陆面积逐渐增大，但总体上差距不大。借助 Fragstats 软件对各梯度带的景观进行分析，从类型与景观两个方面评价海陆梯度变化的特征，探讨人类活动对土地利用的影响以及人类活动与海洋之间的关系。

利用前文 2.2.3 一节中的海陆垂线划分的预处理方法进行操作，生成含有土地利用信息的海陆垂线（图 5.2）。1990 年海陆垂线与 1990 年土地利用数据相交之后，对不同的地类赋予不同颜色，可以看出足够数量的线条能够反映出区域的土地利用状况与人类活动情况。

5.1.2 景观格局指数选取与计算

对于围填海区域海陆序列空间格局评价，本节借鉴景观生态学中景观格局变化的定量分析指标。景观格局是指构成景观的生态系统或者土地利用 / 土地覆被类型的形状、比例和空间配置（艾训安，2013；童晨等，2019；肖强等，2014）。本节主要选取常用的 16 个景观格局指数（表 5.2），各个指标分析主要借助 Fragstats 3.4 软件，该软件可以通过斑块指标（patch metrics）、斑块类型指标（class metrics）和景观级别（landscape metrics）三个尺度展开分析。其中，斑块指数是景观最基本的组成部分，每一个景观都是由各种各样的斑块所组成，能够反映出单独斑块的周长、面积等特点和体现某一类的特征，体现区域内景观结构的变化。斑块类型指标的具体原理、应用实例可以参考傅伯杰等（2011）、李加林（2020）、李加林等（2017）的文献。景观级别能够反映研究区内整个斑块的景观变化状况。本研究根据相关研究（程舒鹏等，2020；贾艳艳等，2020）以及研究需要，在景观级别中选取斑块密度（*PD*）、边缘密度（*ED*）、蔓延度指数（*CONTAG*）、聚合度指数（*AI*）、香农多样性指数（*SHDI*）、香农均匀度指数（*SHEI*）、斑块数量（*NP*）等指标，在斑块类型指标中选取斑块密度（*PD*）、形状指数（*LSI*）、最大斑块指数（*LPI*）等指标。

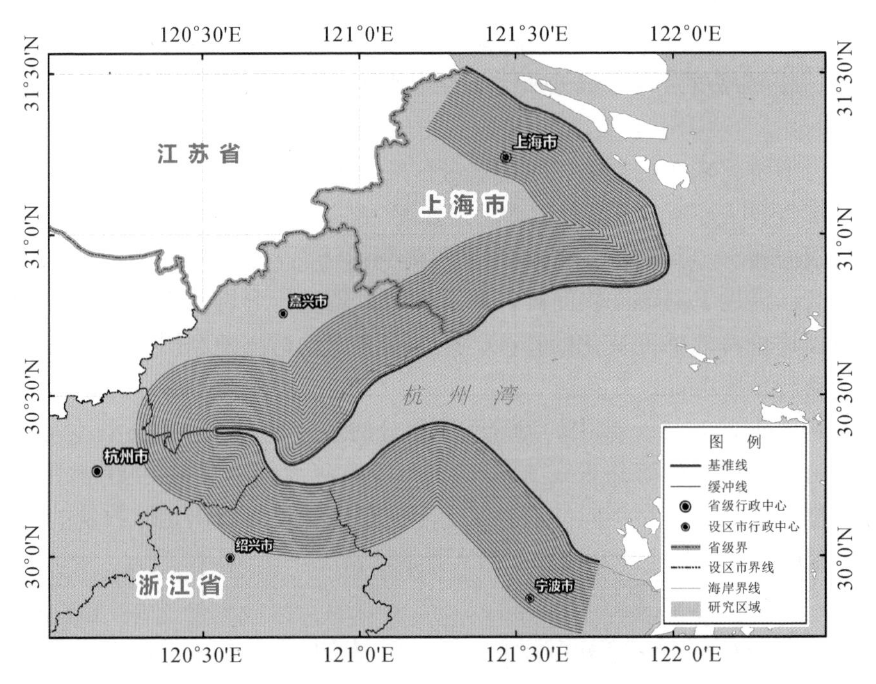

图 5.1　东海区大陆海岸带典型区缓冲带示意图（图中由海向陆缓冲带编号 1~25）

表 5.1 海陆梯度各梯度带面积及比重

带号	1	2	3	4	5
面积（km^2）	392.5	394.5	396.8	422.4	399.5
比重（%）	3.79%	3.80%	3.83%	4.07%	3.85%
带号	6	7	8	9	10
面积（km^2）	423.6	415.9	414.4	413.1	411.8
比重（%）	4.09%	4.01%	4.00%	3.98%	3.97%
带号	11	12	13	14	15
面积（km^2）	417.3	402.7	424.7	418.8	406.2
比重（%）	4.02%	3.88%	4.10%	4.04%	3.92%
带号	16	17	18	19	20
面积（km^2）	425.7	420.0	425.3	425.9	421.1
比重（%）	4.11%	4.05%	4.10%	4.11%	4.06%
带号	21	22	23	24	25
面积（km^2）	409.2	425.8	425.0	410.6	425.6
比重（%）	3.95%	4.11%	4.10%	3.96%	4.10%

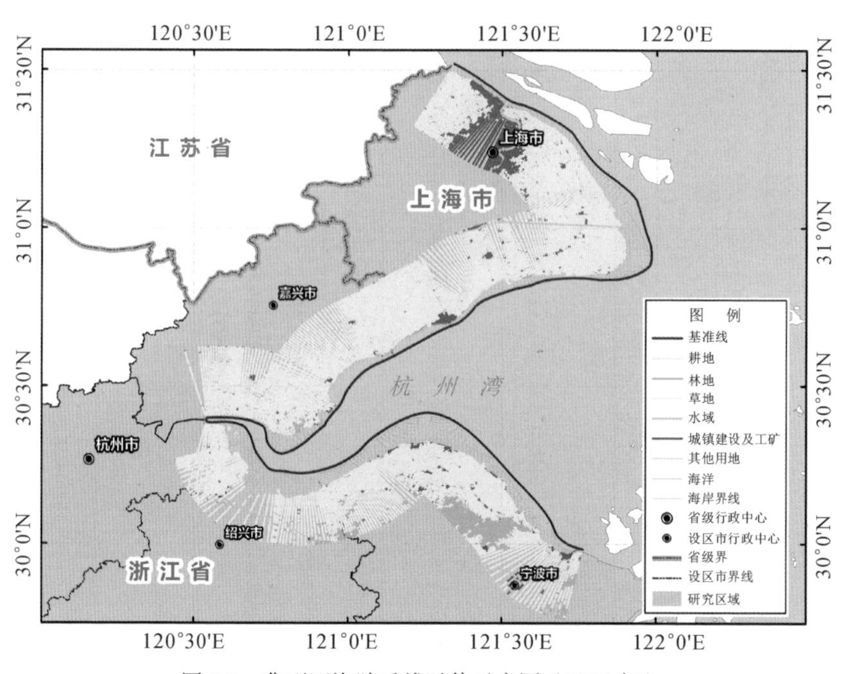

图 5.2 典型区海陆垂线赋值示意图（1990 年）

表 5.2 景观格局指数介绍

景观格局指数	计算公式	生态含义
斑块总面积（CA）	CA 即某斑块类型的总面积，等于某一斑块类型中所有斑块的面积之和（m^2），除以 10000 后转化为公顷（ha）	CA 度量的是景观的组分，也是计算其他指标的基础
最大斑块指数（LPI）	$LPI=\frac{A}{CA}$ A：某一斑块类型中的最大斑块面积（hm^2），CA：斑块总面积（hm^2）	有助于确定景观中的优势种、内部种的丰度等生态特征，反映了区域人类活动强弱情况
边缘密度（ED）	$ED=\frac{E}{A}$ E：斑块边界总长度（km），A：斑块总面积（hm^2），$ED \geqslant 0$	指景观中单位面积的边缘长度，是表征景观破碎化程度的指标，边界密度越大，景观越破碎，反之则越完整
平均斑块面积（MPS）	$MPS=\frac{A}{NP}$ A：区域所有（或某一类）景观面积（hm^2），NP：区域总（或某一类）景观的斑块个数（个）	表征某一个地类的破碎程度，MPS 值越小，则该地类越破碎
平均形状指数（MSI）	$MSI=\frac{\sum_{i=1}^{m}\sum_{j=1}^{n}\left(\frac{0.25P_{ij}}{\sqrt{a_{ij}}}\right)}{N}$ P：斑块周长，a：斑块面积，0.25 是正方形校正常数，i 和 j：分别代表景观类型数和各类景观的斑块数，N：所有景观斑块总数	MSI 越趋近 1，即斑块平均形状越接近圆或正方形等规则形状，斑块与外界的交接面就越小，斑块内部受外界影响的可能性就越小，反之则越大
分维数（$FRAC$）	$FRAC=\frac{2\ln 0.25P}{\ln A}$ P：斑块总周长（km），A：斑块面积（hm^2）	分维数 $FRAC$ 可反映景观形状的复杂程度，取值范围在 1~2，值越接近 1 说明类型景观斑块形状越简单，人类活动影响较大；越接近 2 则越复杂，人类活动影响较小。通常可能的上限值为 1.5
邻近度（$CONTIG$）	斑块的邻近程度	描述各景观斑块的聚集性

续表

景观格局指数	计算公式	生态含义
斑块数量（NP）	斑块个数	描述景观的异质性和破碎度，NP 值越大，破碎度越高，反之则越低。$NP \geqslant 1$
斑块密度（PD）	$PD = \frac{NP}{A}$ NP：斑块总数（个），A：总景观面积（hm^2），$PD \geqslant 0$	表征景观破碎化程度，斑块密度越大，景观破碎化程度越高，反之则越低
聚合度指数（AI）	$AI = \frac{g_{ii}}{\max \to g_{ii}}$	反映景观类型内部的团聚程度，值越小说明景观由许多离散的小斑组成，值越大说明景观由连通度较高的大斑块组成
蔓延度指数（$CONTAG$）	$CONTAG = \left[1 + \frac{\sum_{i=1}^{m}\sum_{k=1}^{m}\left[(P_i)\left(g_{ik}/\sum_{k=1}^{m}g_{ik}\right)\right]\left[\ln P_i\left(g_{ik}/\sum_{k=1}^{m}g_{ik}\right)\right]}{2\ln m}\right] \times 100$	描述景观里不同斑块类型的团聚程度或延展趋势
景观形态指数（LSI）	$LSI = \frac{0.25E}{\sqrt{A}}$ E：斑块边界总长度（km），A：景观总面积（hm^2），$LSI \geqslant 0$	反映斑块形态的复杂程度
香农多样性指数（$SHDI$）	$SHDI = -\sum_{i=1}^{m} P_i \ln P_i$ M：斑块类型总数，P_i：第 i 类斑块类型所占景观总面积的比例，$SHDI \geqslant 0$	表征景观类型多少及各类型所占总景观面积比例的变化，体现不同景观的异质性，对景观中各类型非均衡分布状况较为敏感，体现了景观的多样性
香农均匀度指数（$SHEI$）	$SHEI = \frac{-\sum_{i=1}^{m} P_i \ln P_i}{\ln m}$ M：斑块类型总数，P_i：第 i 类斑块类型所占景观总面积的比例	表征景观中不同景观类型的分配均匀程度。$SHEI$=0，表明景观仅由一类斑块组成，无多样性；$SHEI$=1 表明各类斑块类型均匀分布

5.1.3　海陆垂线分析方法

该方法借鉴苏奋振等（2015）的研究成果，通过数字化海岸线分析系统（DSAS）获取垂直于海岸带的规则垂线，并对每条垂线由北向南进行编号。土地利用线通过垂线与人工解译获取的土地利用矢量数据相交获得，相交后土地利用线具有土地利用性质和各类土地利用线段的长度，其示意图如图 5.3 所示。

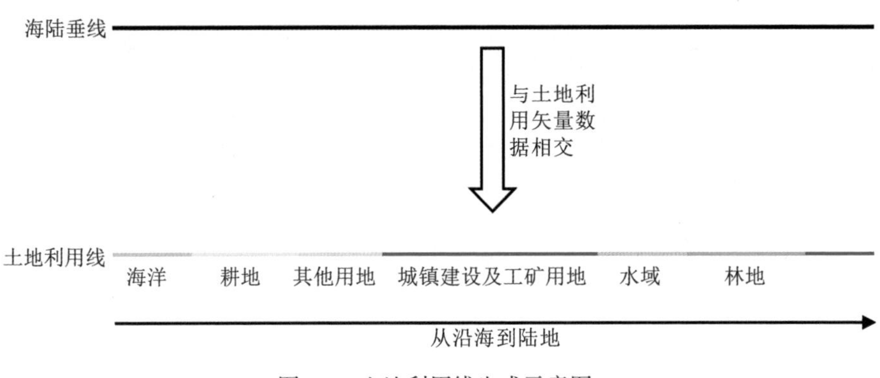

图 5.3　土地利用线生成示意图

垂线定量评价主要是在参照景观生态学中景观格局的相关参数研究（李加林等，2019b；叶梦姚，2018）的基础上修改完善，并将适合的指标运用到垂线空间变化特征的分析。具体指标包括海陆垂线人工化指数、海陆垂线利用强度指数、海陆垂线破碎度。

（1）海陆垂线人工化指数

在人类活动的影响下，原有的自然景观不断演变成人工景观。一般认为其他用地、林地、草地及水域属于受人类影响较小的土地利用类型，而耕地与城镇建设及工矿用地属于人类影响较大的土地利用类型。海陆垂线人工化指数常用耕地与城镇建设及工矿用地的土地利用线的长度占该垂线总长度的比值来表示。

$$DR = \frac{H}{L} \tag{5.1}$$

式中，DR 表示海陆垂线人工化指数；H 表示海陆垂线上耕地与城镇建设及工矿用地的长度；L 表示海陆垂线的长度（本研究统一为 25km）。DR 越大，表示该垂线的人工化程度越高。

（2）海陆垂线利用强度指数

通过定量的方式表征不同土地利用类型的开发强度，将表 5.3 中的分级指数根据占比赋予到土地利用线中。

$$Q=\frac{\sum_{i=1}^{n}\left(l_i\times P_i\right)}{L} \tag{5.2}$$

式中，Q 为海陆垂线利用强度指数；L 表示海陆垂线的长度（本研究统一为 25km）；i 表示海陆垂线的第 i 种土地利用类型；l_i 表示海陆垂线内第 i 类土地利用线的长度；n 表示该某一海陆垂线土地利用类型的数量；P_i 表示第 i 种土地利用类型的分级指数。

表 5.3　土地利用强度分级赋值表

类型	未利用土地级别	林、草、水用地级	农业用地级	城镇聚落用地级
土地利用类型	其他土地	林地、草地、水体、海洋	耕地	城镇建设及工矿用地
分级指数	1	2	3	4

（3）海陆垂线破碎度

海陆垂线破碎度通过某一条海陆垂线上具有的线段数量来衡量，该指数不依据土地利用类型进行划分，仅统计线段的数量。

5.2　景观格局总体特征

基于 Fragstats 软件对东海区大陆海岸带典型区（北起沪苏分界线，南至宁波甬江口）景观格局整体特征方面展开分析，根据表 5.2 中的公式计算相关景观格局指数，结果如下（表 5.4）。

从斑块总面积（*CA*）和斑块面积比（*PLAND*）可以看出，该区域 1990—2020 年耕地景观比例最高，其次是城镇建设及工矿景观。耕地景观斑块总面积从 1990 年的 657764.55km^2 下降到 2020 年的 481755.33km^2，斑块面积比则相应从 63.437% 下降到 46.462%；城镇建设及工矿景观斑块总面积从 1990 年的 132606.45km^2 上升到 2020 年的 364778.01km^2，斑块面积比则相应从 12.789% 上升到 35.181%。林地景观和水域景观在 1990—2020 年期间斑块总面积与斑块面积比保持稳定。草地景观斑块总面积由 2015 年的 2197.44km^2 增加到 2020 年的 19082.70km^2，斑块面积比则相应从 0.212% 增

表 5.4　1990—2020 年东海区大陆海岸带典型区各类景观空间格局分析指标（类型尺度）

指标	年份	耕地	林地	草地	水域	城镇建设及工矿	其他用地	海洋
斑块总面积（*CA*）（km^2）	1990	657764.55	43342.56	2316.42	95121.36	132606.45	72.00	105650.37
	1995	631281.60	44380.80	1610.28	90660.24	163252.08	60.30	105628.41
	2000	617861.97	43886.79	1613.52	94334.04	173456.19	79.11	105642.09
	2005	568207.89	43550.73	2561.40	85283.01	231577.38	86.58	105606.72
	2010	534399.30	42843.51	2342.79	73622.07	277695.54	92.52	105877.26
	2015	519038.82	42386.04	2197.44	114486.93	315310.14	89.19	43368.66
	2020	481755.33	41494.95	19082.70	93548.61	364778.01	2173.95	34036.83
斑块面积比（*PLAND*）（%）	1990	63.437	4.180	0.223	9.174	12.789	0.007	10.189
	1995	60.883	4.280	0.155	8.744	15.745	0.006	10.187
	2000	59.589	4.233	0.156	9.098	16.729	0.008	10.189
	2005	54.800	4.200	0.247	8.225	22.334	0.008	10.185
	2010	51.540	4.132	0.226	7.100	26.782	0.009	10.211
	2015	50.058	4.088	0.212	11.042	30.410	0.009	4.183
	2020	46.462	4.002	1.840	9.022	35.181	0.210	3.283
斑块数量（*NP*）（个）	1990	399	463	135	660	6503	12	51
	1995	175	438	19	725	6346	7	6
	2000	422	435	49	827	6300	11	20
	2005	785	448	50	1082	5934	11	9
	2010	624	469	48	972	5690	11	3

续表

指标	年份	耕地	林地	草地	水域	城镇建设及工矿	其他用地	海洋
斑块数量（*NP*）（个）	2015	760	462	47	978	5396	10	24
	2020	746	425	98	890	4977	17	56
斑块密度（*PD*）（个 / hm^2）	1990	0.0385	0.0447	0.0130	0.0637	0.6272	0.0012	0.0049
	1995	0.0169	0.0422	0.0018	0.0699	0.6120	0.0007	0.0006
	2000	0.0407	0.0420	0.0047	0.0798	0.6076	0.0011	0.0019
	2005	0.0757	0.0432	0.0048	0.1044	0.5723	0.0011	0.0009
	2010	0.0602	0.0452	0.0046	0.0937	0.5488	0.0011	0.0003
	2015	0.0733	0.0446	0.0045	0.0943	0.5204	0.0010	0.0023
	2020	0.0719	0.0410	0.0095	0.0858	0.4800	0.0016	0.0054
最大斑块指数（*LPI*）	1990	24.741	1.589	0.027	3.856	2.650	0.001	5.370
	1995	24.403	1.723	0.055	3.407	3.403	0.001	5.369
	2000	24.133	1.609	0.038	3.577	3.499	0.001	5.370
	2005	28.495	1.585	0.070	3.227	4.024	0.002	5.369
	2010	21.280	1.693	0.070	1.131	5.029	0.002	5.368
	2015	20.777	1.577	0.070	2.976	5.196	0.002	3.430
	2020	15.595	1.576	0.228	2.169	6.088	0.105	2.456
形态指数（*LSI*）	1990	61.31	31.07	17.37	30.00	110.50	4.81	6.92
	1995	65.76	29.76	6.73	33.53	105.05	3.75	6.85
	2000	67.35	29.49	8.66	35.21	102.81	4.55	6.86

续表

指标	年份	耕地	林地	草地	水域	城镇建设及工矿	其他用地	海洋
形态指数（*LSI*）	2005	70.50	28.72	8.56	36.06	93.97	4.33	6.84
	2010	80.45	31.26	9.07	40.71	98.11	4.48	6.81
	2015	77.62	30.33	8.56	33.98	88.52	4.25	9.42
	2020	76.41	30.06	15.21	39.20	79.76	6.05	8.73
平均斑块面积（*MPS*）（hm^2/个）	1990	1648.53	93.61	17.16	144.12	20.39	6.00	2071.58
	1995	3607.32	101.33	84.75	125.05	25.73	8.61	17604.74
	2000	1464.13	100.89	32.93	114.07	27.53	7.19	5282.10
	2005	723.83	97.21	51.23	78.82	39.03	7.87	11734.08
	2010	856.41	91.35	48.81	75.74	48.80	8.41	35292.42
	2015	682.95	91.74	46.75	117.06	58.43	8.92	1807.03
	2020	645.78	97.64	194.72	105.11	73.29	127.88	607.80

加到 1.840%，该类型发生较大幅度变化的主要原因在于围填海新造陆地活动导致大量景观转变为草地。其他用地景观也在 2015—2020 年期间有大幅度增加。海洋用地在 1990—2010 年期间变化较为稳定；2010—2015 年期间，沿海地区大量海洋被围填，海洋面积大量减少；2015—2020 年期间，海洋面积仍然呈减少趋势，但相较于前一阶段减少幅度较小，主要原因在于受到国家政策的影响。

斑块数量（*NP*）常被用来描述景观的异质性和破碎度，数值越大则表示破碎度越高。从表 5.4 可以看出，随着人类活动的增加和经济的发展，该区域耕地、水域的斑块数量呈现增加趋势，分别由 1990 年的 399 和 660 个增长到 2020 年的 746 和 890 个，分别增加了 347 和 230 个，说明原有的自然景观不断被人类破坏，人工景观不断穿插建设在自然景观中，促使其景观逐渐破碎。城镇建设及工矿景观的斑块数量在不断减少，由 1990 年的 6503 个下降到 2020 年的 4977 个，下降了 1526 个，反映出城镇建设及工矿景观原本就较为破碎，随着社会经济、基础设施建设等条件的提升和城镇一体化的不断推行，城镇建设面积不断扩大，道路建设促进了沿路的住房建设，从而使得城镇建设及工矿景观不断紧凑，斑块数量不断减少。该区域林地景观较少，其斑块数量保持稳定，在 440 个上下浮动。草地的斑块数量在总量上比耕地、林地、水域及城镇建设的斑块少，基本维持在较小数值范围内上下浮动。从斑块密度（*PD*）可以看出，在 2005 年耕地、草地、水域的 *PD* 值达到最大值，在 2010 年林地的 *PD* 值达到最大值，而城镇建设及工矿用地的 *PD* 值逐年下降，由此可以侧面反映出 2000—2010 年是该区域人类活动较强的时间段。

最大斑块指数（*LPI*）指最大面积占整个研究区景观面积的比例，是对景观优势度和斑块规模的另外一种度量。从表 5.4 可以看出，耕地、林地、草地、水域、城镇建设及工矿、其他用地和海洋最大斑块指数出现的时间分别是 2005 年、1995 年、2005—2015 年、1990 年、2020 年、2020 年、1990 年。随着土地利用开发进程的加快，水域、林地、草地等人为因素影响较小的景观的规模在不断减少，人为因素影响较大的景观的最大斑块指数（如城镇建设及工矿景观）不断增加。

景观形态指数（*LSI*）与平均斑块面积（*MPS*）分别代表斑块形态的复杂程度和破碎情况。从耕地来看，其形态指数由 1990 年的 61.31 逐年升高至 2020 年的 76.41，表明耕地的形态不断趋于复杂，其平均斑块面积由 1990 年的 1648.53hm^2/ 个减少到 2020 年的 645.78hm^2/ 个，表明各个耕地的面积在减少的同时越来越破碎，耕地破碎在某种程度上影响了其形态的复杂程度。其次是城镇建设及工矿用地的形态指数呈较快下降趋势，其平均斑块面积呈增加趋势，越来越多的城镇通过向外扩大面积、与周边村镇组合形成更大的斑块。林地与水域的景观形态指数与平均斑块面积在2000—2010年出现一个峰谷值，可以看出该时期人类对土地扩张处于较高强度阶段，经历该阶段之后，人们对原有的破坏区域进行有效修复，促使两者数值发展与原来趋势出现相反趋势。

5.3　典型区海陆梯度时空变化特征

5.3.1　典型区景观水平的景观格局梯度变化分析

本节选取景观破碎化指数：斑块密度（*PD*）、边缘密度（*ED*）；景观聚集性指数：蔓延度指数（*CONTAG*）、聚合度指数（*AI*）；多样性指数：香农均匀度指数（*SHEI*）、香农多样性指数（*SHDI*），从这三个方面对东海区大陆海岸带北部区域景观水平的景观格局梯度变化进行分析，采用Fragstats 4.2软件计算各个指数，通过Origin软件得到景观水平级别景观格局梯度变化特征图（图5.4）。在景观水平方面，随着距海洋的距离增加，景观格局的变化呈现一定的相关性。从整体上来看，本节选取的6个指标在各个年份的趋势具有一定的相关性。

（1）景观破碎化方面，斑块密度和边缘密度（图5.4a和图5.4b）随着距离海洋基线距离的增加而增大，即景观破碎度与距海洋基线的距离呈正相关。距海洋基线0~8km缓冲带，各年份斑块密度、边缘密度呈正向加速增长。这是由于海岸带具有优越的开发条件与丰富的资源，随着社会经济的发展和城镇化进程不断加快，人类加速对海洋的开发活动，但潮位变化与风力作用使得海洋增水—减水现象明显，岸线具有不稳定性，距岸线越近，不稳定性越大。而0~8km满足这一过渡范围，因此该范围缓冲区内，随着距海洋基线距离的增大，斑块密度不断增大，且斑块密度、边缘密度相对较小。距海洋基线8km~16km缓冲区内，斑块密度呈“M”形波动上升，边缘密度呈“V”形波动上升，这与城市扩张和耕地交错建设密切相关。距海洋基线16km~26km缓冲区内，斑块密度在23km处达到峰值后又呈下降趋势，主要原因是该缓冲区范围内城镇、居民点等大片集中建设，在一定程度上打破了原有景观生态的整体性，但另一方面又使得区域景观格局在破碎化

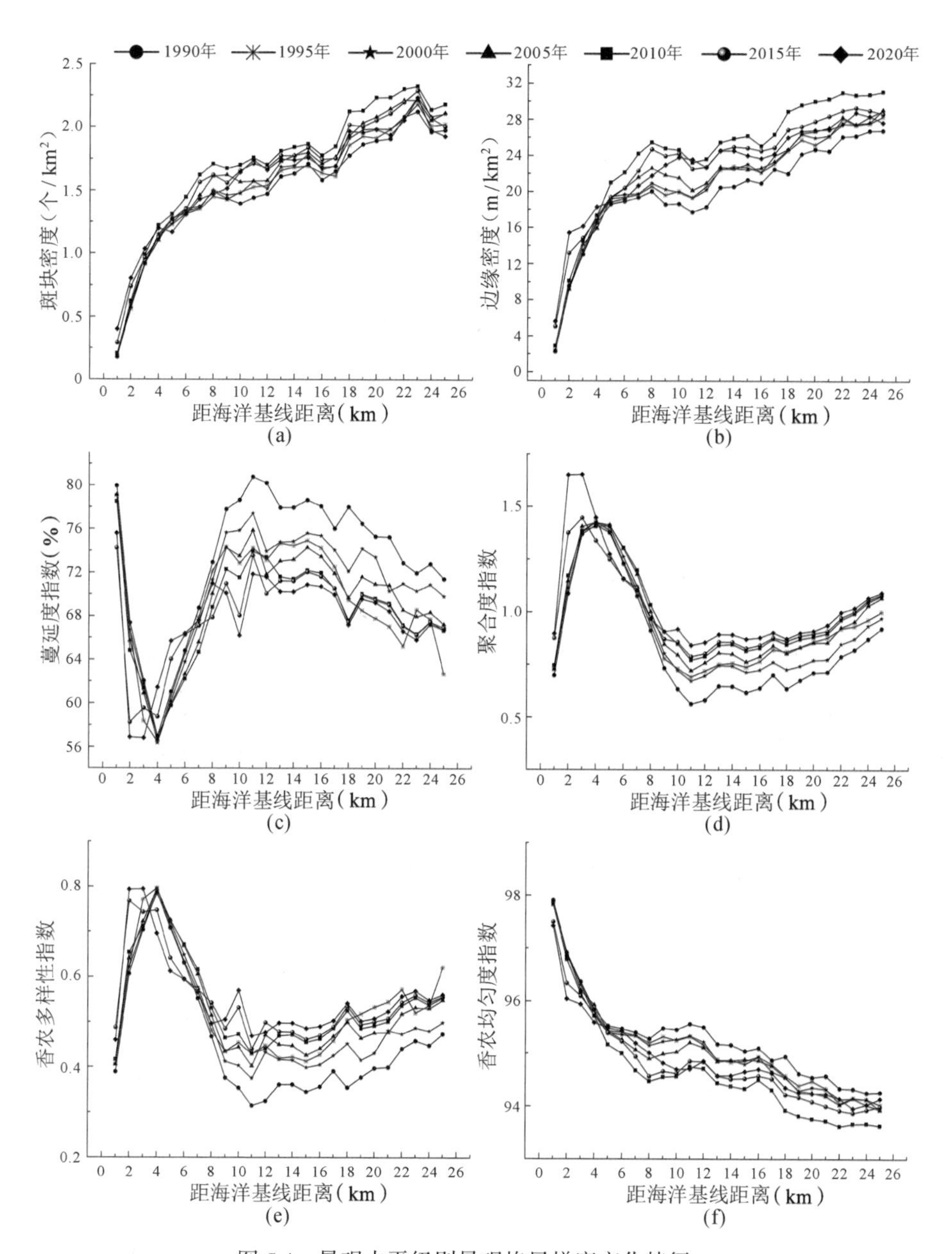

图 5.4 景观水平级别景观格局梯度变化特征。

（a）斑块密度；（b）边缘密度；（c）蔓延度指数；（d）聚合度指数；（e）香农多样性指数；（f）香农均匀度指数

基础上形成区域局部统一性；边缘密度在该缓冲区内具有明显的增长趋势，与城镇、居民点集中连片建设密不可分。从时间维度而言，1990—2010年在追求经济和城镇化高速发展的同时，距海洋基线相同距离时，斑块密度和边缘密度均表现为增长趋势，2010—2020年则表现为明显的下降趋势。这一方面表明随着社会经济的发展，城镇扩张建设在一定程度上使得局部区域景观保持相对一致性，另一方面也表明近10年来国家在海洋、海岸带实施的一系列修复保护工作取得了较好的成就，所以随着时间推移景观破碎度呈现先增加再减少的趋势。总体而言，斑块密度和边缘密度在变化趋势上具有一致性。

（2）在景观聚集性上，蔓延度指数和聚合度指数（图5.4c和图5.4d）随着距海洋基线距离增加而表现为不同的特征。距海洋基线0~8km缓冲区范围，蔓延度呈“V”形波动上升，在4km处达最低值；聚合度呈倒“V”形波动下降，在4km处达最高值。0~4km缓冲区景观由连通度较高的海洋、水域、滩涂等大斑块组成，受涨落潮影响较大，人类在该区域进行开发受到限制，开发程度较低，因此景观斑块的连通程度较高。与0~4km缓冲区的景观特征刚好相反，4km~8km缓冲区的景观特征与地理区位差异性和人类活动地域性密切相关。距离海洋一定距离之后，人类活动加强，促使大面积的耕地与城镇出现。可以看出该区域4km缓冲带是人类活动与自然活动交汇的区域，出现复杂且碎小的斑块。距海洋基线8km~26km的缓冲区范围蔓延度指数呈倒“U”形特征，总体波动较大；聚合度指数呈较平缓的“U”形波动上升。该范围内斑块连通度增加到极值后逐渐开始向离散化的小斑块转化，但离散的斑块在区域上更具团聚性。由此可见蔓延度与聚合度呈显著的负相关关系。该研究与贾艳艳等（2020）关于河湖区域景观聚集性的研究结论略有差异，主要原因在于海岸带区域是陆海间相互作用的地带，各种物质能量的循环作用均较为强烈，人类活动受长期历史开发作用的影响更具区域性。从时间维度而言，1990—2010年距海洋基线相同距离下，蔓延度和聚合度的变化特征与景观破碎度中斑块密度和边缘密度的变化特征具有一致性。

（3）在多样性上，香农多样性和香农均匀度指数（图5.4e和图5.4f）随着距海洋基线距离的增加也表现出不同特征。在距海洋基线0~8km缓冲区范围内，香农多样性呈倒“V”形，在4km处达最高值。其中，0~4km香农多样性指数呈显著上升，表明随着距海洋基线距离的增加，景观地类各组分间比例相差较小，景观的丰富程度和破碎程度持续增加，多样性趋于丰富，该特征与前文对景观破碎度的分析具有一致性；4km~8km 缓冲区范围内香农指数呈明显的下降趋势，值得注意的是该缓冲区范围变化时，区域景观的破碎度、蔓延度呈明显的负向关系，而与聚合度呈正向关系。距海洋基线 0~8km 缓冲区范围内，香农均匀度在该缓冲区内下降幅度较大，表明各景观斑块在区域内逐渐不均匀分布。距海洋基线 8km~26km 缓冲区范围相较于 0~4km 缓冲区范围内的香农多样性指数和香农均匀度指数的变化小；该缓冲区范围内，景观斑块的异质性逐渐增强，多样性特征显著，而斑块均匀度减少，各斑块空间分布不均匀性增加。总体而言，在 0~4km、8km~26km 的缓冲区范围内香农多样性指数与香农均匀度指数具有反向关系，而在 4km~8km 的缓冲区范围内却恰好相反，其原因主要是距海洋基线 4km~8km 的缓冲区在 1990 年为大片海域、水域，随着人类活动向海发展，该区域逐渐形成大片耕地、建筑和水域，建筑斑块成为区域破碎小斑块，水域和耕地逐渐人为化，形成长期性的耕种、灌溉区域，具有相对稳定性，因此该区域景观斑块的多样性呈下降趋势。从时间维度而言，1990—2010 年距海洋基线相同距离斑块的多样性呈先增加再减少的趋势，而均匀度呈先减少再增加的趋势，两者在时间上具有反向变化特征。

5.3.2　典型区类型水平的景观格局梯度变化分析

本节选取景观类型中面积比较大的耕地、林地、水域、城镇建设及工矿用地进行分析，分别选取分布特征指数：斑块密度（*PD*）、斑块面积（*CA*）；规模特征指数：最大斑块指数（*LPI*）；形状特征指数：形态指数（*LSI*），来表征东海区大陆海岸带典型区梯度变化状况，以深入揭示各景观类型沿海陆方向的时空格局变化特征。

（1）耕地。根据耕地景观格局指数计算结果（图 5.5），1990—2020 年耕地斑块密度在 1km~4km 缓冲带呈上升趋势，各年份在 5km~25km 缓冲带上不同距离出现上下摆动情况，但总体呈上升趋势，这表明随着距海洋距离的增加，耕地破碎度不断增加。同时对比相同缓冲带上不同年份的耕地斑块密度，发现斑块密度随着时间变化在不断增加。从耕地斑块总面积来看，1km~11km 缓冲区耕地斑块总面积呈现快速增长的趋势，11km~25km 缓冲带相较于 1km~11km 缓冲带出现下降趋势，即在 11km 缓冲带出现峰值。该现象反映出研究区域具有典型的海塘围填方式，当地居民随着外围泥沙不断淤积而由里向外进行围填，同时大多新围填区域不立即用作耕地，而是随距离增加，在改良后成为耕地，但在距海洋一定距离的地方，往往会形成城镇、工地等人类生活的区域。由于历史的发展，距海洋更远区域会逐渐发展出多个城镇。从时间角度来看，1km~5km 缓冲带内耕地斑块面积呈现增加趋势，而 6km~25km 缓冲带内耕地斑块面积呈现不断减少的趋势。可以看出，由于围填海工程的推进，在 1km~5km 缓冲带内将出现越来越多其他景观转变为耕地，促使耕地面积不断增加。而在 6km~25km 缓冲带人类活动活跃区域，原有积累的耕地不断被利用转化为其他用地类型。通过耕地最大斑块指数可以看出，不同缓冲区内指数基本维持稳定，总体上呈现由海洋向内陆逐渐变大，但随着时间发展，各缓冲区的最大斑块指数呈现下降趋势，人类活动对耕地景观格局的干扰强度逐年增大。耕地形态指数呈现上升趋势，在 1km~5km 缓冲带出现较强变化，各年份的数值基本保持一致；在 6km~25km 缓冲带内，耕地形态指数保持在 24 上下浮动，其中 2010 年形态指数一直处于较高位置，其次为 2015 和 2020 年。可以看出，由海洋到陆地耕地景观形态不断趋于复杂，时间上呈现倒“V”形趋势，在 2010 年左

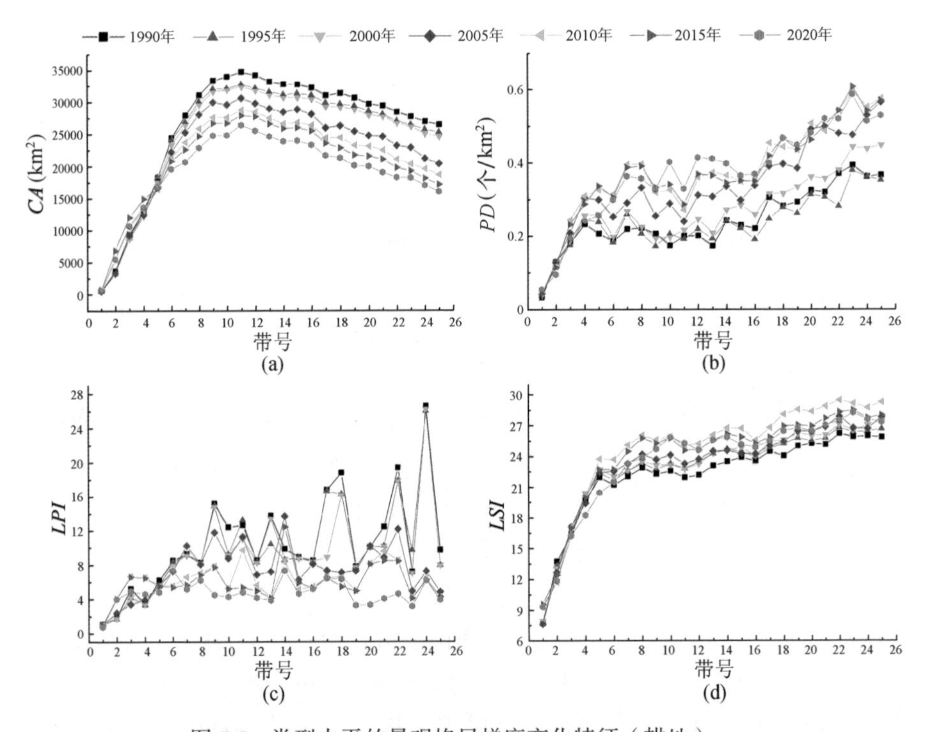

图 5.5　类型水平的景观格局梯度变化特征（耕地）。

（a）斑块总面积；（b）斑块密度；（c）最大斑块指数；（d）形态指数

右达到最大值，这与人类活动具有很大的相关性。在2010年左右该区域的人类活动较强，造成该区域景观趋于复杂。随着社会经济不断发展，原有的城镇用地逐渐连块，耕地景观形状的完整性得到提高。

（2）林地。根据林地的景观格局指数计算结果（图5.6）来看，从海岸带到内陆林地斑块的面积不断增加，可以看出有五个高峰点，分别在3km缓冲带、7km缓冲带、14km缓冲带、20km缓冲带、23km缓冲带。出现波动点与平原区域出现小山丘存在一定关系，如在2km~7km缓冲带有海盐高阳山、秦山、乍浦九龙山，13km~15km缓冲区有余姚市临山镇四明山余脉、18km~23km缓冲区有越城区玉屏山、上虞区称山。镇海区与慈溪交界翠屏山面积较大，跨越7km~25km缓冲带区域，其中18km~25km缓冲带包含翠屏山的面积较大，因此，斑块面积在该区域出现较大变化。同时由于该区域为平原区域，林地自然分布较少，主要以小山丘为主，从各年份各缓冲带的斑块总面积可以看出人类活动对林地的破坏较弱。斑块密度随着距海洋距离增加呈上升趋势，在4km~17km缓冲带基本保持稳定，处于较低的密度，而在17km缓冲带之后出现较大幅度的增长，这与四明山余脉分布存在很大关系。从林地最大斑块指数来看，林地斑块优势随着距离海洋距离增加，其优势度不断提高且斑块面积越来越大。从形态指数可以看出，该区域林地斑块在1km~4km缓冲带出现较快变化，与杭州湾北部区域分布小山丘有关，之后基本保持稳定，出现小幅度向上趋势，林地斑块复杂度距海洋距离增加而加大。

（3）水域。根据水域的景观格局指数计算结果（图5.7）来看，水域斑块总面积从沿海到内陆不断减少，造成靠近海洋区域水体面积较大，这与水产养殖、湿地等存在一定关系。在基本到达内陆区域后，水域分布的面积保持稳定水平。在沿海缓冲带范围内，2020年、2015年水域的面积比前几期的面积要大，但1990—2010年该区域水域的面积却在不断减少，可以看出围填海前期开发主要用于水产养殖等，到后期时靠近内陆的缓冲带不断被转化为其他用地，促使水域面积不断减少。但是近年来，围填海工程被叫停，原有围填海区域作为生态保护区进行开发，使得后期水域面积不断增加。另外从水域斑块密度可以看出，斑块密度从沿海到陆地呈不断增大趋势。结合水域景观的斑块面积来看，沿海区域包含的滩涂、水产养殖等景观较为集中，故密度较小，面积较大。到内陆地区，不同缓冲带总面积保持在基本基数上下起伏，但斑块面积在不断增加，水域斑块越到内陆区域越破碎，到22km缓冲带之后出现下降趋势，这与该区域出现山脉有一定关系。山脉坡度较大，其表面无法较长时间储存地面水，只有部分山谷区域可修建堤坝蓄水。水域的最大斑块面积呈现与斑块总面积相同趋势。可以看出，水域越靠近内陆区域其景观优势度不断下降后保持稳定的状态，水域景观维持在能够保持人类活动所需用水合适面积的同时，也能够避免水域景观过多而侵占人类建设用地区域。最后，形态指数呈现“U”形变化趋势，由海洋到中部区域形态不断简单，后靠近内陆变得复杂。前部分发展与零星分布的水库、养殖、湿地、滩涂存在一定关系，靠近海洋比较集中；随着不断靠近陆地，山体增加，水库分布不断增加，促使水域形态指数开始增加。

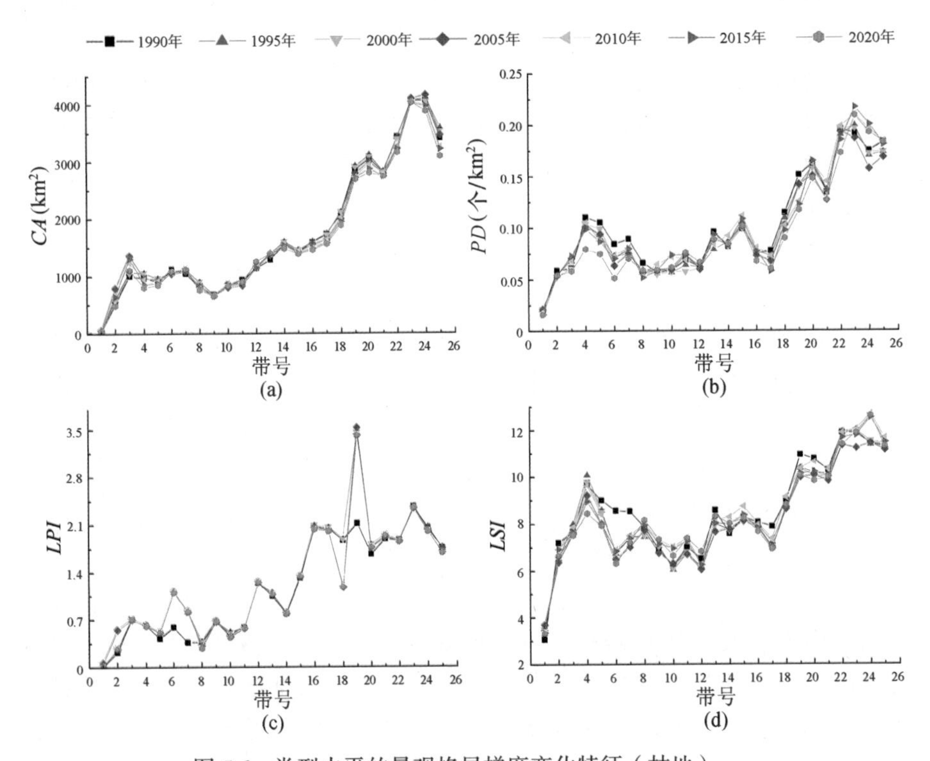

图 5.6　类型水平的景观格局梯度变化特征（林地）。

（a）斑块总面积；（b）斑块密度；（c）最大斑块指数；（d）形态指数

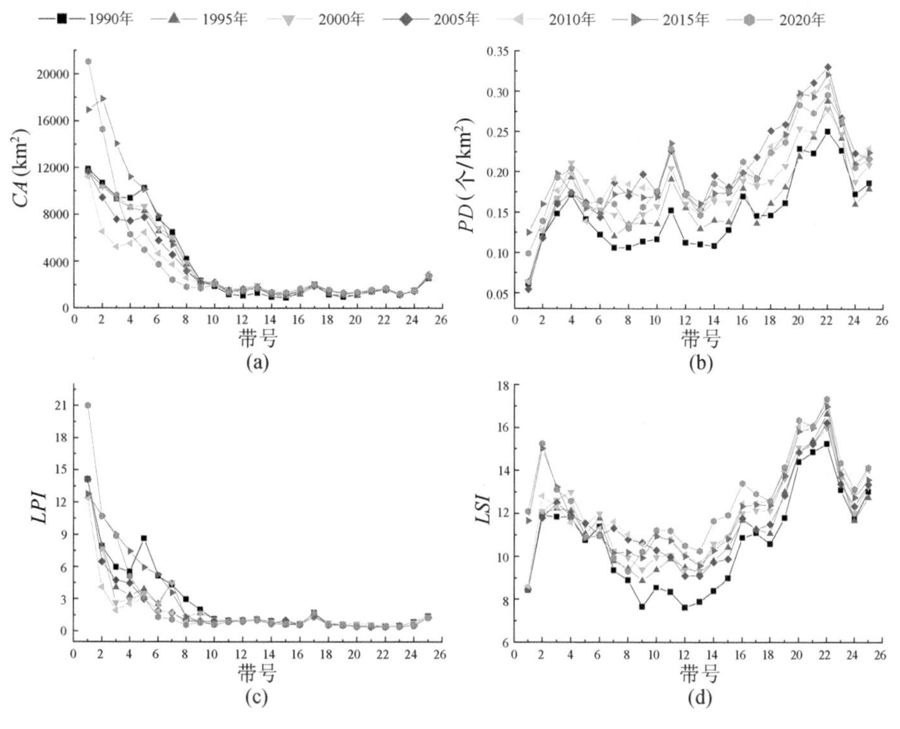

图 5.7 类型水平的景观格局梯度变化特征（水域）。

（a）斑块总面积；（b）斑块密度；（c）最大斑块指数；（d）形态指数

（4）城镇建设及工矿用地。根据计算结果（图 5.8）来看，城镇建设及工矿景观的面积从海洋到内陆区域，面积在不断增加，同时随着时间的推移，相同缓冲带城镇建设及工矿用地面积逐年增加。在 4km 缓冲带左右出现面积高峰区，这是由于该缓冲带在杭州湾北岸区分布有金山化工区、平湖乍浦化工区、海盐县城、秦山核电站等，杭州湾南岸区域分布有杭州湾新城、镇海区化工区等相关景观，促使其面积发生较大起伏。在 4km 缓冲带之后，各缓冲带在各时期保持稳定。从斑块密度角度来看，从沿海到内陆上总体呈现密度不断增加的趋势，各年份基本保持一致，未出现与斑块总面积相同的趋势，但在各时期具有较大差别，在面积增大的同时未出现斑块数量的增加。城镇建设及工矿景观由一个区域不断扩散向外发展，将原本零散的景观相连形成更大的景观，促使密度随时间而出现小幅减小。最大斑块指数则是出现上下起伏，不同时期不同缓冲区出现不同高峰区域，但总体趋势是随着时间的推移，相同缓冲带的最大斑块指数不断增大，越来越多的小斑块连接形成大斑块，反映出城乡一体化不断升级。形态指数在 1km~8km 缓冲带内出现较大幅度变化，8km 缓冲带之后在稳定区间内浮动。在研究时间段内，靠海区域城镇建设及工矿景观从无到有，初步建设具有较大规模，故区域分布较为集中、完整。沿海区域以分布化工企业为主，区域内分布的城镇较少且分散，到一定距离之后，才出现分布较为均匀、密集的城镇。

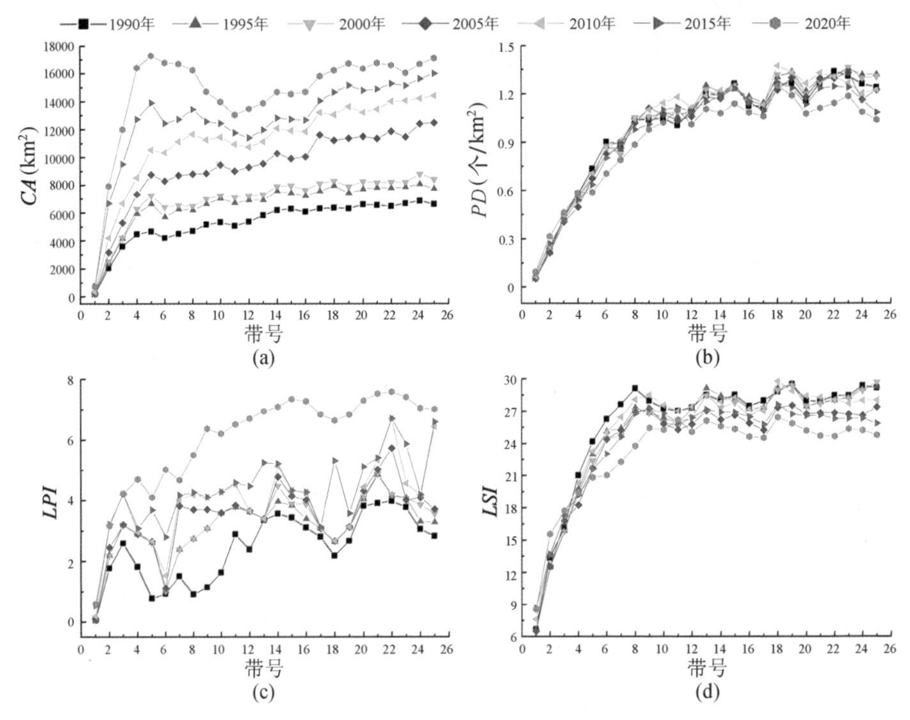

图 5.8 类型水平的景观格局梯度变化特征（城镇建设及工矿用地）。
（a）斑块总面积；（b）斑块密度；（c）最大斑块指数；（d）形态指数

5.4 典型区水平方向时空格局

根据海陆垂线划分方法建立海陆垂线，由北向南依次进行编号，如图 5.9 所示为重要的垂线具体所在位置示意图。1 号垂线为研究区最北侧，编号起始位置，位于苏沪省界区域（浏河口附近）。200 号垂线位于长江南岸与杭州湾北岸交界区域，即南汇口区域。345 号垂线位于浙沪省界区域；538 号垂线为研究区杭州湾北岸建设区域。由于在钱塘江河口区域建立垂线对研究海陆关系并不具备较大研究意义，故539号垂线位于杭州湾南岸，为杭州湾南岸区域起点。627号垂线为绍兴与宁波交界处。850号垂线位于甬江口，为该研究区最南侧，也是垂线编号终点位置。

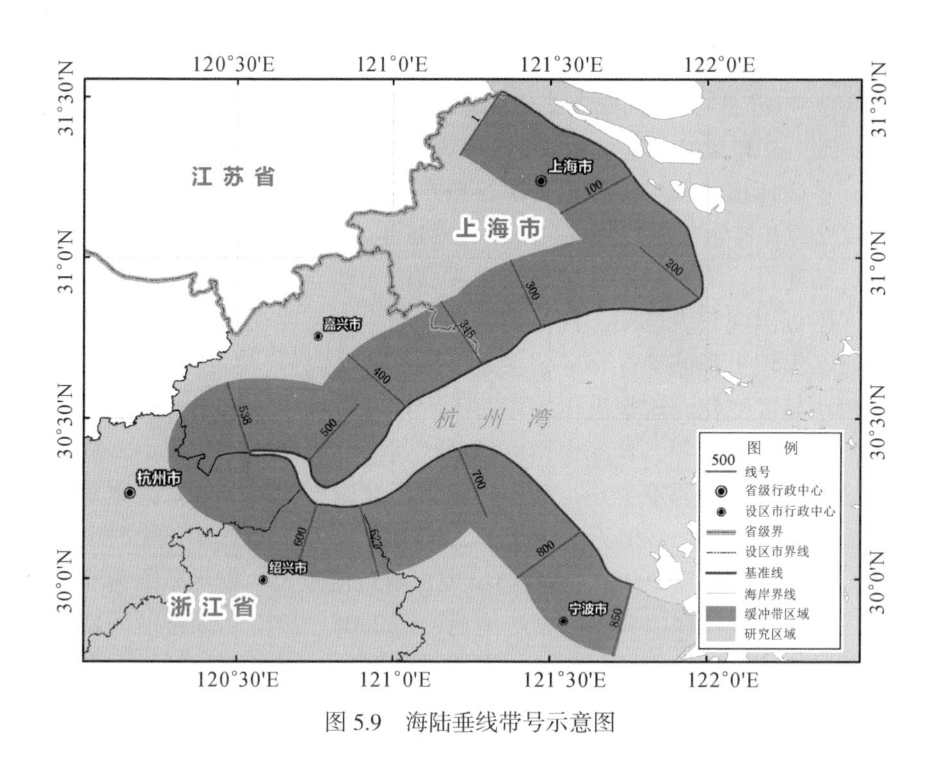

图5.9 海陆垂线带号示意图

5.4.1 海陆垂线人工化特征分析

根据公式计算沿海岸基线生成垂线的人工化指数（图5.10），对应表示各海岸垂线的人工化指数。总体来说，在各时期人工化指数出现低谷与峰值位置基本一致。从低谷区域可以看出，该区域环境保护较好，土地受到人类影响较小，该区域存在较大面积的绿地、水域、山体。出现低值的区域主要有：①约170号垂线到约220号垂线，该区域主要为上海南汇新城围填区域滩涂；②约480号垂线到约500号垂线，该区域为海宁尖山区域，有众多山丘、南北湖、水库等自然景观；③约550号垂线到约630号垂线，该区域主要受四明山余脉的影响；④约750号垂线到约830号垂线，该区域主要受翠屏山的影响。从高峰值区域可以看出，该区域人为影响较大，区域内耕地与城镇建设用地比值较高。出现高峰值区域主要有约 1 号垂线到约 120 号垂线、约 500 号垂线到约 550 号垂线，主要为城市建成区范围。

人工化指数变异程度（图 5.11）是将后一期人工指数减去前一期人工指数，能够体现人类对自然景观的侵占情况。1990—1995 年，整个研究区整体变动不大，仅 539 号垂线到 600 号垂线出现较大起伏变动，变动较大区域为曹娥江河口，该区域内部分耕地转化为水域，原有滩涂转换为耕地，从而导致上下起伏的现象。从整个区域看，1990—1995 年，区域内围填海、城市扩展破坏植被和水体现象较少。1995—2000 年，整个区域变化较少，变化仅出现在曹娥江河口区域。2000—2005 年，随着上海围填海工程推进、化工区的建设，越来越多海域被转变成城镇用地与耕地，在上海南汇嘴、金山区附近出现较大波动。杭州湾南岸变动主要出现在曹娥江河口区域，与曹娥江大坝工程施工存在一定关系。除该区域以外，在杭州湾南岸区域出现较小幅度变化，这是由于围填海工程推动海域滩涂转化为耕地与建设用地。2005—2010 年，长江南岸区域及杭州湾北岸区域变动较小，杭州湾南岸区域出现较大幅度变化，其中杭州湾南北岸界到绍宁市界区域变化最大。该区域在 1990—1995 年、1995—2000 年、2000—2005 年三个时期的变异指数出现负值，在 2005—2010 年出现正值且值较大，主要原因为前三段时间内大量耕地被转化为水产养殖用地，到 2005—2010 年大量的海域以及水产养殖用地被转化为建设用地以及耕地；2010—2015 年期间，人工化指数变异程度在整个研究区中的多个区域出现较大幅度变化，一定程度上反映出该时期人们对土地的改造强度加强与加快，且呈多点展开。长江北岸与杭州湾北岸区域主要有南汇新城建设、独山港镇化工区建设、尖山工业区建设等，杭州湾南岸区域主要有杭州湾新城挂牌进入大发展。该时期大量的围填滩涂水域转化为工业与城镇建设用地。2015—2020 年，人工化指数变异程度出现较大幅度变化，有部分区域出现人工化指数变异程度负值现象，大量用地转化为生态用地。该变化与原国家海洋局发布的限制围填海政策有一定关系，大量围填海由于未完成施工或部分工程原有计划发生改变而转变为生态湿地，导致该时期出现大量负值。部分出现正值的区域，主要出现在上海南汇新城建设、杭州湾上虞工业园区建设等，促使大量滩涂转变用地性质。

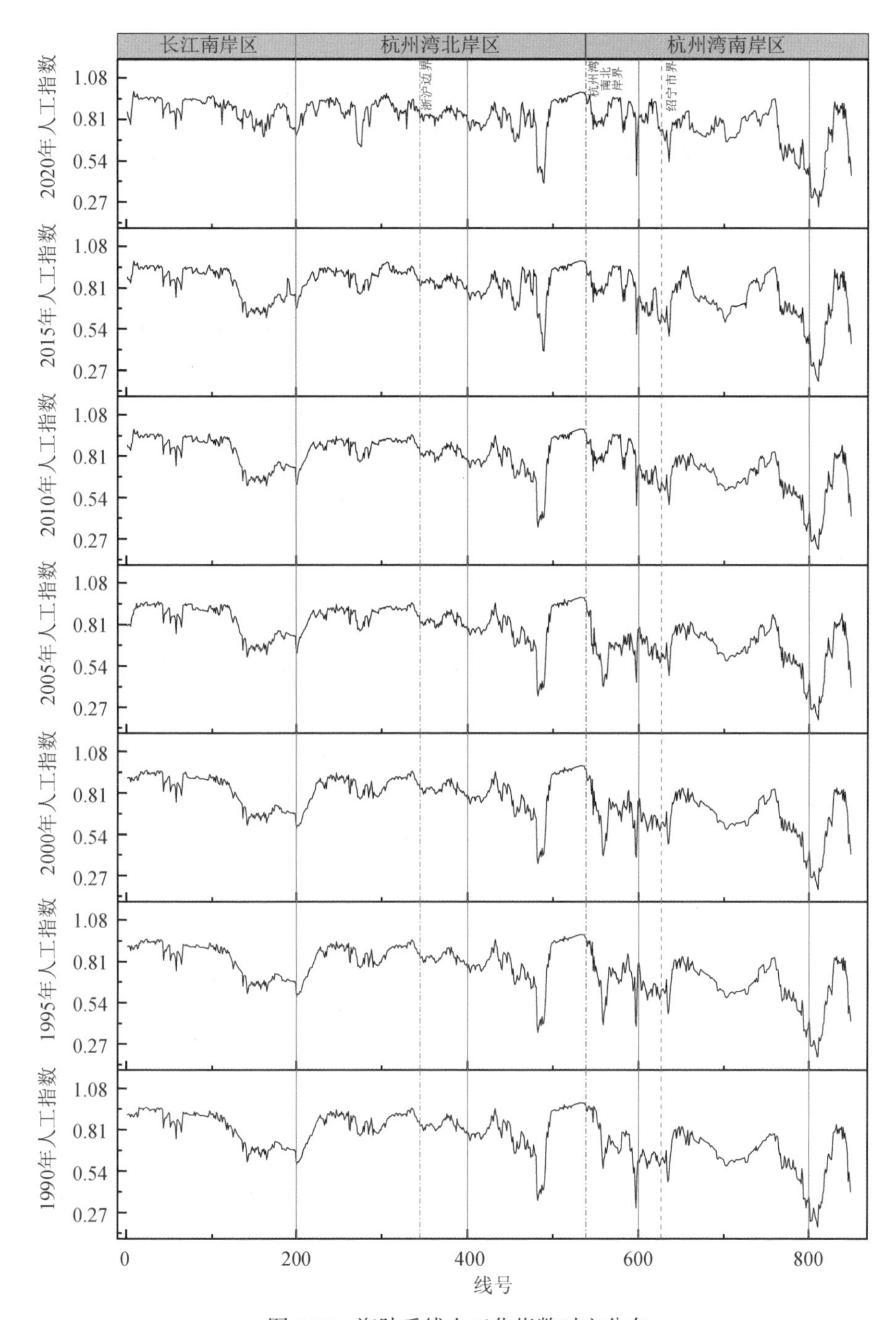

图 5.10 海陆垂线人工化指数时空分布

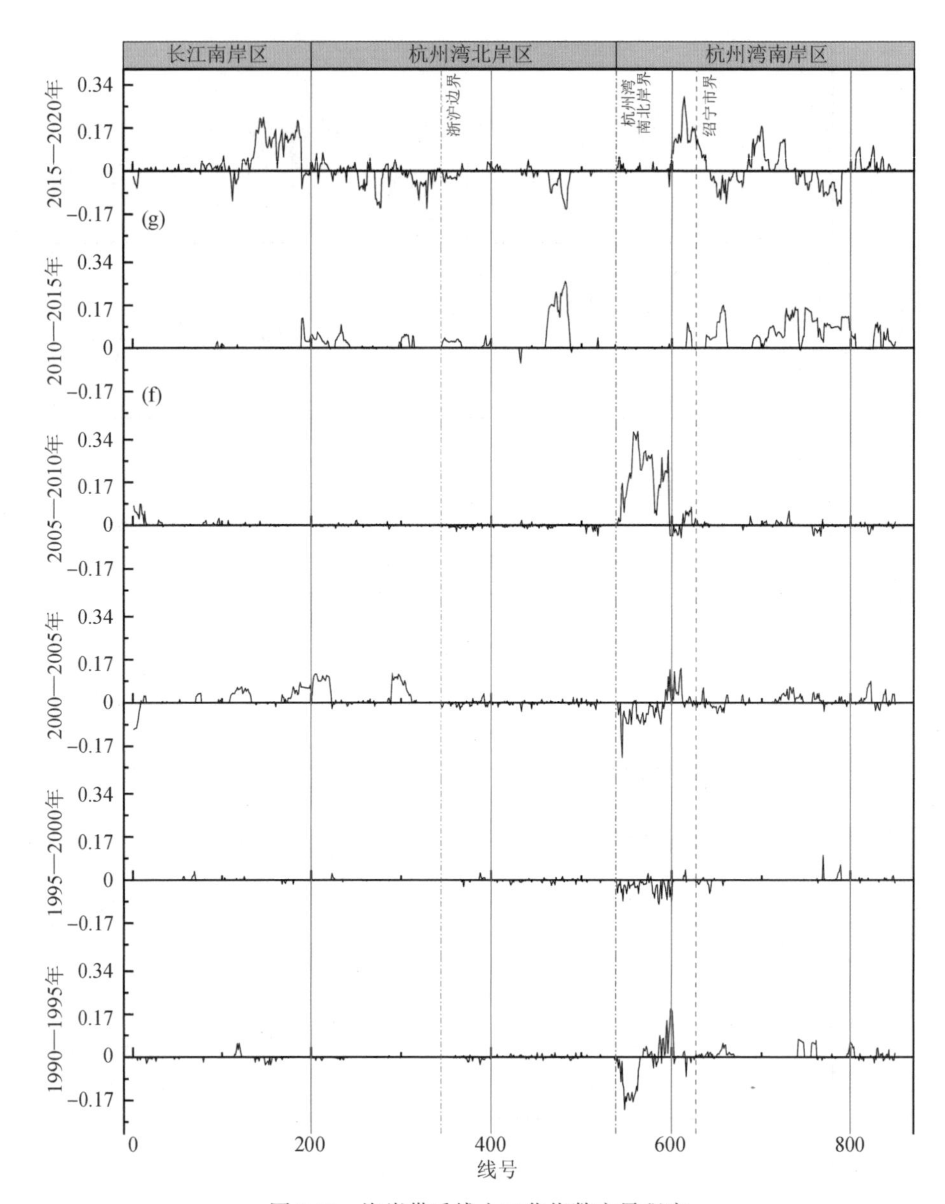

图 5.11　海岸带垂线人工化指数变异程度

人工化指数是从水平方向上评价围填海区域变化情况，通过计算人工化指数，从而快速直观获取区域变化状况。从时间角度来看，东海区大陆海岸带北部区域对沿海区域随着时间变化对土地人工化程度不断加深。从空间角度上来看，人工化强度最大区域为杭州湾南岸区域，其次为长江南岸，再次为杭州湾北岸区域。

5.4.2　海陆垂线利用强度分析

根据前文的研究方法，绘制出各海陆垂线利用强度（图 5.12），海陆垂线在一定程度上能够体现研究区域的开发强度状况。首先在总体趋势上，各海陆垂线的开发强度值处于较高水平，大多处于 2.8 以上，仅有小部分区域出现低谷。其次从不同研究区域角度来看，长江南岸区域各时期海陆垂线利用强度指数均值大于杭州湾北岸和南岸区域（表 5.5），表明长江南岸受到上海城市扩张的影响，其海陆垂线利用强度指数位于较高区域。在区域交界处，往往垂线的利用强度指数相对较低，出现低谷值，如 345 号垂线浙沪省界附近、538 号垂线杭州湾南北岸界附近、627 号垂线绍甬市界附近。该区域低谷值位于行政边界附近，由于行政管辖成本较低、距离城市中心较远，开发强度往往偏弱。最后从时间角度来看，随着时间变化，峰值区域不断扩大，峰值区块不断增加。如长江南岸区域峰值区域从 1990 年（图 5.12a）40~70 号海陆垂线变成 2020 年（图 5.12g）10~100 号垂线，区域由 30 扩张到 90，峰值区域扩张侧面反映出上海城市在海岸线水平方向上的扩展。1990 年杭州湾南岸、北岸区域海陆垂线利用强度较为平缓(图 5.12a)，超出值 3.5 的海陆垂线仅有 3 条（334 号 3.503、514 号 3.510、836 号 3.657）。到 2020 年（图 5.12a），杭州湾南岸、北岸区域海陆垂线利用强度出现多个峰值区域，超出值 3.5 的海陆垂线仅有 174 条，可以看出在海岸线水平方向上人类活动由局部区域向多个区域进行。

表 5.5　不同时期各区海陆垂线利用强度均值

区域	1990 年	1995 年	2000 年	2005 年	2010 年	2015 年	2020 年
长江南岸区	3.231	3.384	3.417	3.546	3.733	3.815	4.055
杭州湾北岸区	3.047	3.068	3.073	3.142	3.234	3.316	3.383
杭州湾南岸区	2.812	2.856	2.876	3.007	3.095	3.216	3.283

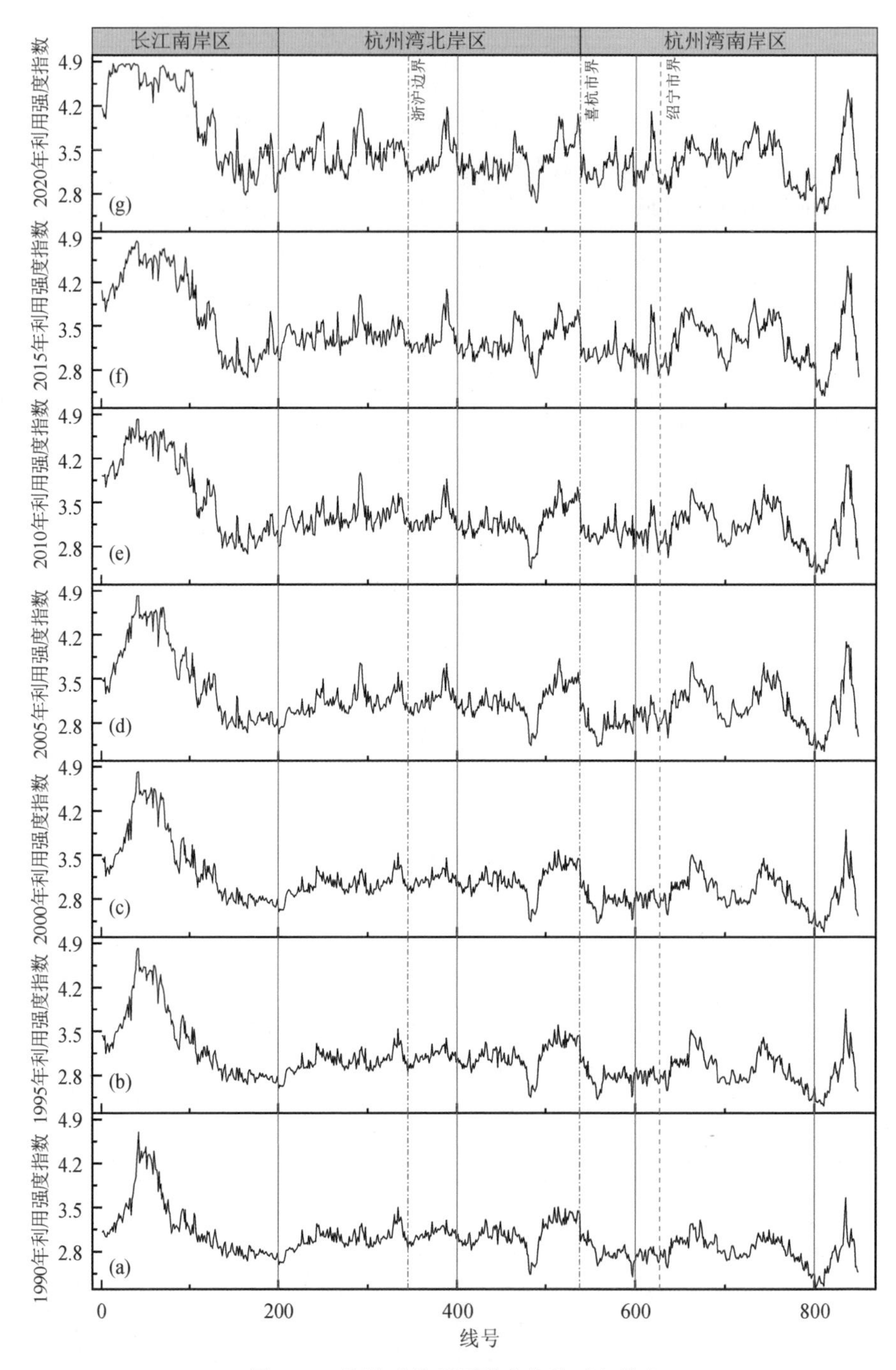

图 5.12　海陆垂线利用强度指数时空分布

为了方便比较两个时期变化情况，使用海陆垂线利用强度变异程度（图5.13）表示一个时间段内发生的变化，侧面反映出该时期内人类活动对海陆垂线造成的影响。从各个区域角度看，长江南岸区域、杭州湾南岸区域变化幅度较大，杭州湾北岸区域变化幅度较小。长江南岸区域在各时期相比于同期其他区域变动较大。不同时期同区域对比发现，该区域内1995—2000年变化幅度最小。根据本研究1995—2000年海岸线变迁相关内容，该区域沿海区域海岸线移动速率相较1990—1995年变化幅度小，但该时期开发强度却为各时期波动中的最小，并且该时期该区域内陆域变化幅度较小，这可能与国家相关土地管理法实施存在一定关系，导致该时期减弱内陆开发强度。中部区域杭州湾北岸区域，在1990—1995年、1995—2000年变化幅度较小，基本在0.1以下，该区域发生变动较小。从2000年之后，该区域变异程度发生较大幅度变化，主要是因为沿海区域加强工业与城市建设，如乍浦、金山等化工区建设、海盐城市建设、海宁尖山工业区建设。内陆小城镇一体化发展进程加快，如嘉兴海宁、嘉兴平湖等城乡一体化建设。杭州湾南岸区域海陆垂线利用强度变异程度变化幅度较大，大部分区域均位于0以上，可以看出该区域在海岸线水平方向均发生变化。随着近年来生态保护、可持续发展理念深入，在部分区域出现负值，主要集中在杭州湾慈溪段区域，原本围填海区域转变为生态湿地。

5.4.3 海陆垂线破碎度评价

海陆垂线破碎度体现出由海洋到陆地方向上土地的破碎状况。由于单条海陆垂线上破碎状况并不能体现区域的土地破碎状况，我们统计了多条海陆垂线被土地利用类型切割的线段数量，一定程度上能够反映出区域的土地的完整性与连续性。

根据表5.6可知，整个研究区内各时间段总体的变化趋势相差不大，往往破碎度较高的区域在各个年份的破碎度也较高。长江南岸区域（1~200号垂线区域）总体海陆垂线破碎度均值在1995—2020年6个时间段中处于三个区域的最小值，表明该区域破碎度较小，景观较为完整。同时根据5.4.1小节中得出的该区域人工化指数较高的结论，大部分海陆垂线的人工化指数大于0.8，某些区域的破碎度值小于3，可以看出该区域已经进入大片区的城镇化，比如2020年海陆垂线10~40号，该区域大部分为上海市城区范围。长江南岸海陆垂线均值出现逐年下降趋势，从1990年的10.910逐渐下

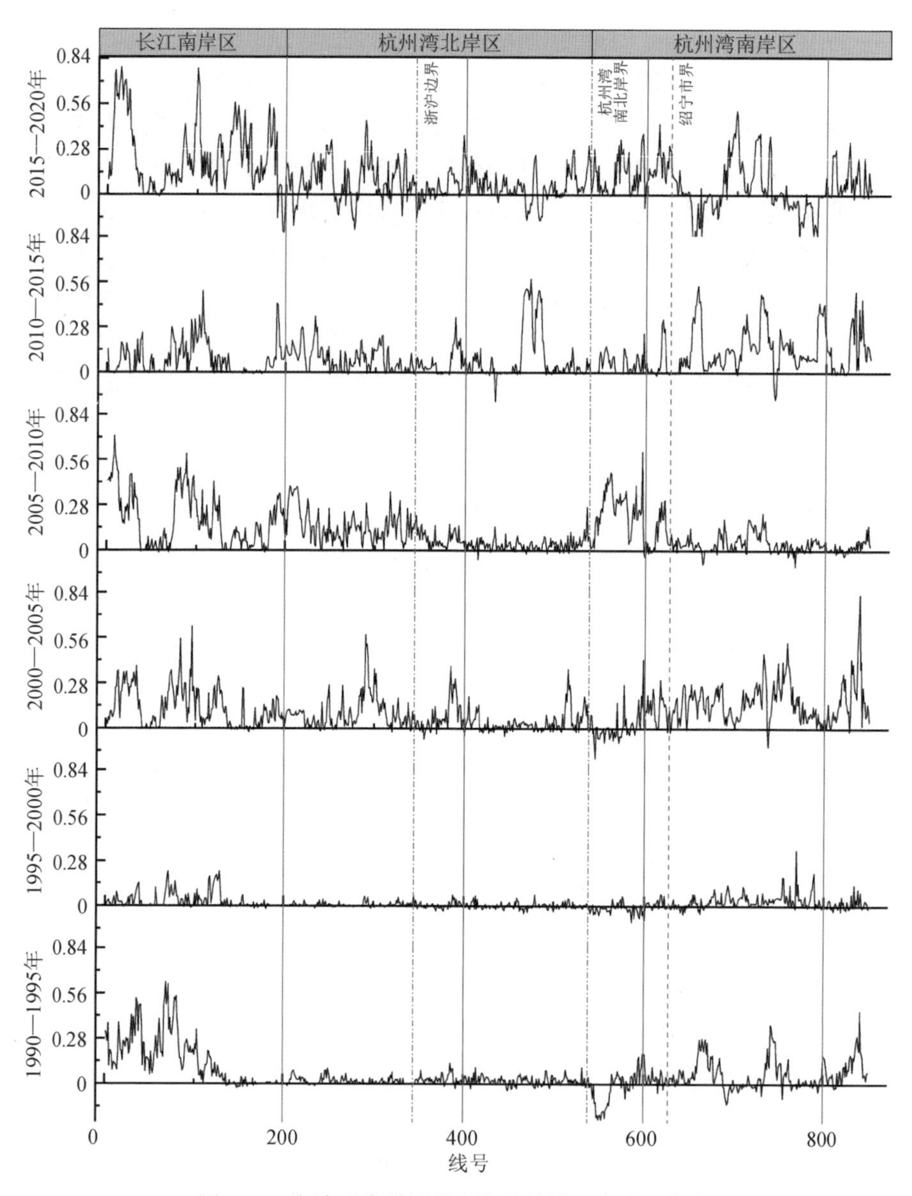

图 5.13　海陆垂线利用强度指数差异程度时空分布

降到 2020 年的 7.825，是三个区域内下降幅度最快的，反映出该区域已经进行大规模的城市一体化建设，将大部分景观转化为城镇景观。杭州湾北岸区的海陆垂线破碎度均值在各时期各研究区内值最大，为 16.669~18.740。同时发现在该区域内的浙沪省界南侧的破碎度大于北侧区域，该现象与上海市土地利用程度和土地利用结构存在关系。该区域浙江段主要为平原，分布有平湖市、海盐县、海宁市，区域较广、地势平坦，大量的城镇乡村分布在沿海区域，该区域破碎度高于其他区域。该区域海陆垂线均值出现逐年上升趋势，从 1990 年的 16.669 上升到 2020 年的 18.740，这是由于该区域主要为沿海区块，大规模城市分布较少，以小城镇为主，随着经济发展，土地利用方式朝着多方向进行。杭州湾南岸区海陆垂线破碎度均值在整个时期内变化不大，从 1990 年的 10.897 上升到 2020 年的 13.638。整体趋势上，北侧区域破碎度大于南侧区域，主要原因在于北侧区域属于杭州市、绍兴市的沿海区域。通过对比上海郊区范围海陆垂线的破碎度可以看出较大城市郊区破碎度范围具有一定共性。南侧区域以耕地为主，后有杭州湾新城建设，工程建设规模较大，海陆方向上跨度较大，因此该区域破碎度处于较低值范围。

表 5.6 不同时期各区海陆垂线破碎度均值

区域	1990 年	1995 年	2000 年	2005 年	2010 年	2015 年	2020 年
长江南岸区	10.910	10.105	10.550	10.205	9.675	9.290	7.825
杭州湾北岸区	16.669	16.657	16.846	17.272	18.385	18.278	18.740
杭州湾南岸区	10.897	11.487	11.619	12.936	13.391	13.215	13.638

用后期破碎度减去前期破碎度获取差值，可比较两个时期海陆垂线破碎度发生的变化（图 5.14 和 5.15）。可以看出，各时期变化幅度最小为 1995—2000 年，表明该时期该区域人类活动较少，景观一体化趋势减弱。长江南岸区在 1990—2020 年 6 个时期内出现多处负值，这是由于该区域为上海市中心区块，城市不断向外扩张，破碎度在不断减小。其中在 2015—2020 年破碎度变异程度达到较小值，城市向外发展处于平台期。杭州湾南岸区域多数海陆垂线处于正值，在 2005—2010 年正值幅度较大，反映出在该时期城市扩张范围有限，且多处城镇新建并向外扩张，从而促进破碎度呈多极峰。杭州湾南岸段破碎度增加与减少的发生与工业区的新建、新城开发存在一定关系。

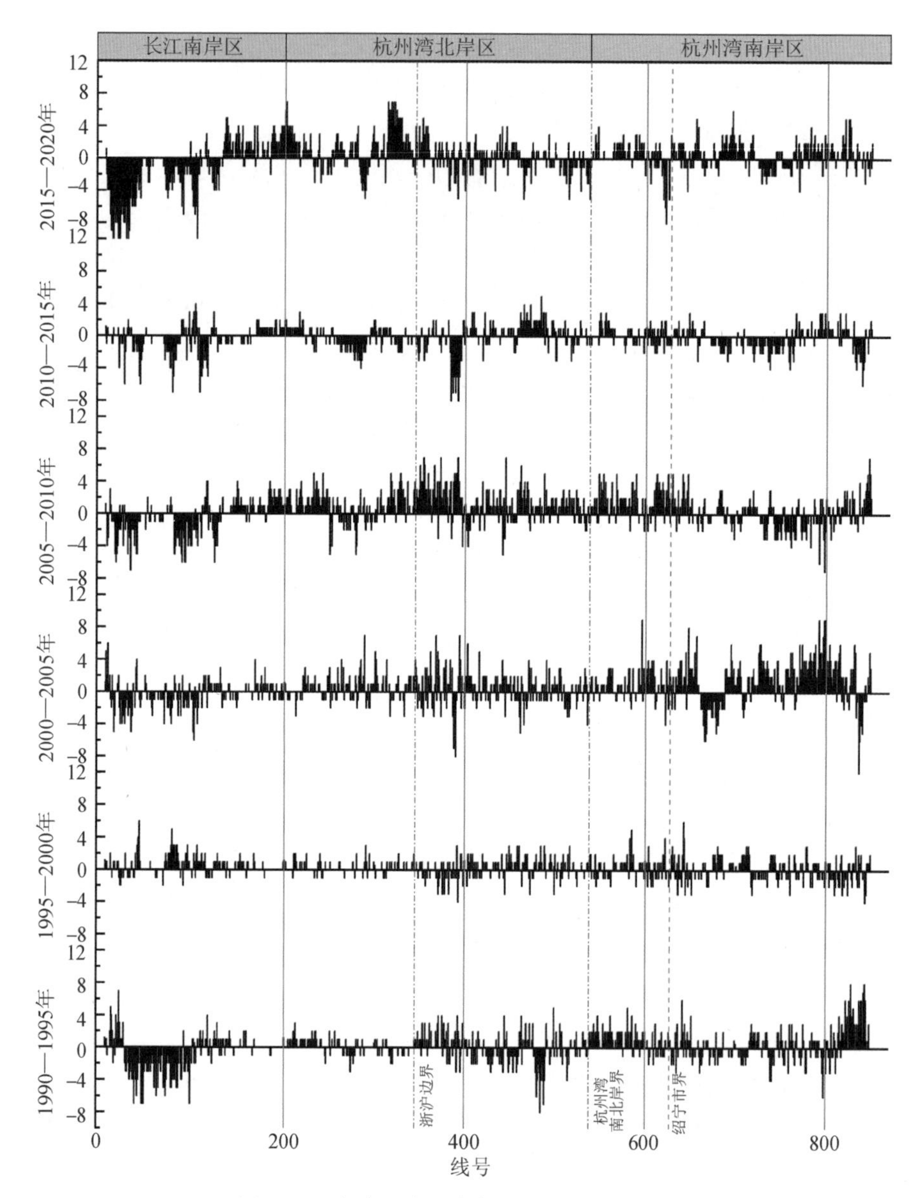

图 5.14 海陆垂线破碎度差异程度时空分布

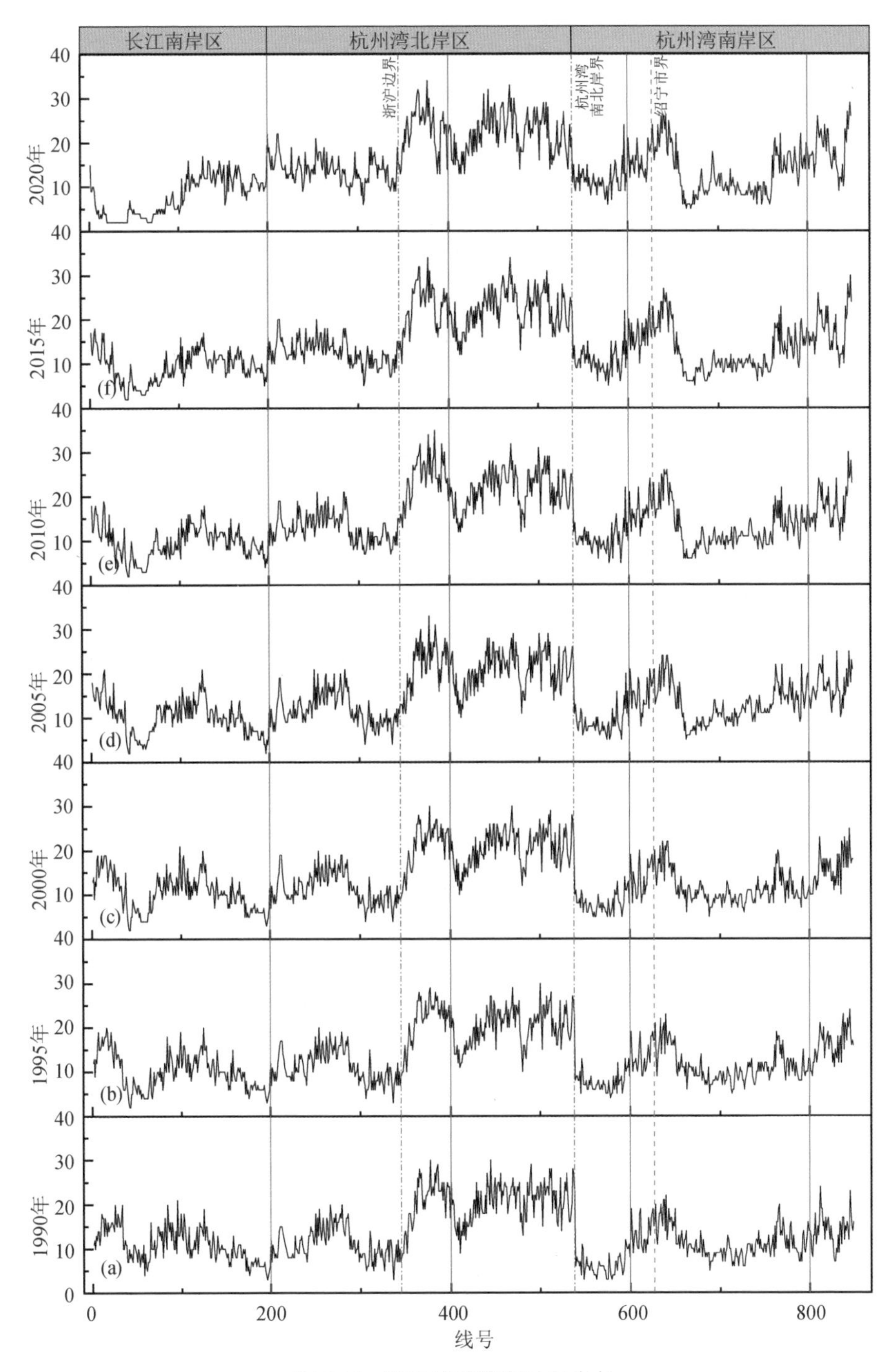

图 5.15　陆垂线破碎度时空分布

5.5 小 结

本章基于东海区大陆海岸带典型围填海区（上海长江南岸区、杭州湾北岸区、杭州湾南岸区）1990 年、1995 年、2000 年、2005 年、2010 年、2015 年、2020 年 7 期的土地利用数据，使用海陆梯度带与海陆垂线对该区域从海到陆、沿海岸线从北到南展开讨论。主要结论如下。

（1）在研究区景观格局总体特征方面，耕地景观、林地景观总面积逐年减少，城镇建设及工矿景观总面积逐年增多，海洋景观在 2010—2015 年出现较大幅度的减少，草地、水域、其他用地等景观面积比较小，各时期总面积变化幅度较小。景观斑块面积比变化与总面积变化呈正相关。耕地、水域等景观斑块数量逐年增加，而城镇建设及工矿用地逐年减少。从景观斑块数量和景观密度的变化可以看出，2000—2010 年是该区域人类活动最强的时间段。从最大斑块指数、景观形态指数与平均斑块面积角度来看，人类的影响促使区域内城镇建设用地规模越变越大，耕地越变越小且变复杂，自然景观越来越多被人类所利用，规模变小且较复杂。

（2）在海岸带景观水平的景观格局梯度变化方面，斑块密度与边缘密度随着距离海洋基线距离的增加而变大。1990—2010 年在追求经济和城镇化高速发展下，距海洋基线相同距离下斑块密度和边缘密度均表现为增长趋势，2010—2020 年则表现为明显的下降趋势。蔓延度指数和聚合度指数随着距海洋基线距离增加表现出不同的特征：距海洋基线 0~8km 缓冲区范围，蔓延度呈“V”形波动上升，在 4km 处达最低值；聚合度呈倒“V”形波动下降，在 4km 处达最高值；香农多样性指数距海洋基线 0~8km 缓冲区范围，香农多样性呈倒“V”形，在 4km 处达最高值，4km~8km 缓冲区范围香农指数呈明显的下降趋势。香农均匀度指数在 0~4km、8km~26km 的缓冲区范围内与香农多样性指数具有反向关系，4km~8km 的缓冲区范围恰好相反。

（3）对海岸带的耕地、林地、水域、城镇建设及工矿用地进行梯度分析，得到以下结论：耕地斑块总面积在 1km~11km 缓冲区呈快速增长趋势，在 11km 缓冲带出现峰值后下降。耕地斑块密度总体上呈上升趋势，但各年份在 5km~25km 缓冲带出现摆动情况。耕地最大斑块指数总体上由海洋向内陆逐渐增大，但各缓冲区的最大斑块指数随时间变化呈下降趋势。耕地形态指数呈上升趋势，在 1km~5km 缓冲带变化较强，在 6km~25km 缓冲带保持稳定；林地斑块总面积、斑块密度从海岸带到内陆不断增加。从林地最大斑块指数来看，林地斑块优势随着距海洋距离的增加而优势度不断提高，林地斑块面积越来越大。水域斑块总面积、最大斑块面积从沿海到内陆不断减少，到达内陆区域后保持稳定。水域斑块密度从沿海到陆地都在不断增大。水域形态指数呈“U”形变化，在 10km~12km 处于最低值。城镇建设及工矿景观的面积从海洋到内陆区域不断增加，相同缓冲带的城镇建设及工矿的斑块面积随时间逐年增加，在 4km 缓冲带左右出现高峰区。斑块密度从沿海到内陆总体趋势呈上升趋势。在相同缓冲带上最大斑块指数随时间推移不断增大，在 1km~8km 缓冲带呈较大变化，在 8km 缓冲带后维持稳定。

（4）在海岸带沿海岸线方向时空格局方面，分别从海陆垂线人工化指数、利用强度指数、破碎度指数展开分析。研究区海陆垂线人工化指数随时间变化不断变大，人工化指数最大区域为杭州湾南岸区域；海陆垂线利用强度值均处于较高水平，仅部分区域出现低谷。长江南岸区域海陆垂线利用强度指数均值大于杭州湾北岸、南岸区域，同时沿海岸线方向上人类活动由局部区域向多个区域进行。从海陆垂线利用强度变异程度看出长江南岸区域、杭州湾南岸区域变化幅度较大，杭州湾北岸区域变化幅度较小；海陆垂线破碎度各时期总体变化趋势相差不大，破碎度较高区域在各个年份的破碎度也较高。长江南岸区域总体海陆垂线破碎度均值在三个区域最小，而杭州湾北岸区的海陆垂线破碎度均值在各时期各研究分区内值最大，1995—2000 年是变化幅度最小时期。

6 东海区大陆海岸带陆海统筹水平及其演化分析

6.1 研究方法与研究区范围

6.1.1 脆弱性分析框架

作为“扩大的人地关系地域系统”，人海关系地域系统是地理学的基本研究课题，而人、陆、海关系协调也是陆海统筹的指导思想。基于此，我们将评估人地关系地域系统社会—生态脆弱性的脆弱性分析框架（VSD）运用至陆海统筹水平的研究，从敏感性和适应性两方面选取社会经济指标来建立指标体系。

6.1.2 熵权 -TOPSIS 法

熵权法是一种客观赋权方法，TOPSIS 法是逼近于理想解的排序方法，熵权 -TOPSIS 法是二者相结合的评价模型。本研究采用熵权 -TOPSIS 法来研究东海区大陆海岸带 2000—2019 年陆海统筹水平的动态变化。步骤如下：

①评价对象有 m 个，评价指标有 n 个，设陆海统筹水平的原始评价矩阵为：

$$\boldsymbol{X}=\left(X_{ij}\right)_{m\times n} \qquad \left(i=1,2,3,\cdots,m;\ j=1,2,3,\cdots,n\right) \tag{6.1}$$

②根据所选取指标的不同性质，对所属的正向指标、逆向指标分别进行标准化处理：

正向指标：

$$X(i,j)=\left(X_{ij}-X_{\min}(j)\right)/\left(X_{\max}(j)-X_{\min}(j)\right) \tag{6.2}$$

负向指标：

$$X(i,j)=\left(X_{\max}(j)-X_{ij}\right)/\left(X_{\max}(j)-X_{\min}(j)\right) \tag{6.3}$$

式中，X 为指标的标准值；X_{ij} 为指标的初始值；$X_{\max}$ 和 $X_{\min}$ 分别为评价区域内指标的最大和最小值。

③熵权计算公式为：

$$H_j=-K\sum_{i=1}^{m}P_{ij}\ln P_{ij} \tag{6.4}$$

其中：

$$P_{ij}=\frac{X(i,j)}{\sum_{i=1}^{m}X(i,j)};\quad K=\frac{1}{\ln m} \tag{6.5}$$

$$W_j=\frac{1-H_j}{\sum_{i=1}^{m}\left(1-H_j\right)} \tag{6.6}$$

式中，H_j 为信息熵，W_j 为指标权重。

④计算加权矩阵

$$\boldsymbol{R}=\left(r_{ij}\right)_{m\times n};\quad r_{ij}=W_j\times X(i,j)\ (i=1,2,3,\cdots,m;j=1,2,3,\cdots,n) \tag{6.7}$$

⑤确定指标到正、负理想值之间的距离

到正理想值之间的距离：

$$S_j^{+}=\max\left(r_{1j},r_{2j},\cdots,r_{nj}\right);\quad sep_i^{+}=\sqrt{\sum_{j=1}^{n}\left(S_j^{+}-r_{ij}\right)^2} \tag{6.8}$$

到负理想值之间的距离：

$$S_j^{-}=\min\left(r_{1j},r_{2j},\cdots,r_{nj}\right);\quad sep_i^{-}=\sqrt{\sum_{j=1}^{n}\left(S_j^{-}-r_{ij}\right)^2} \tag{6.9}$$

⑥计算综合评价指数

$$C_i = \frac{sep_i^-}{sep_i^+ + sep_i^-} \tag{6.10}$$

6.1.3 耦合协调度模型

耦合协调度模型是用于分析事物间协调发展水平的常见方法，耦合度（C）可以反映两个或两个以上系统之间的相互作用，体现系统间相互依赖或制约的程度；耦合协调度（D）指相互关系中耦合程度的大小，可以体现协调状况的好坏。给定 $n \geqslant 2$ 个系统，用 U_i（$U_i \geqslant 0$）来表示系统 S_i 的评价值，其计算公式如下：

$$C\left(U_1,U_2\cdots,U_n\right) = n \times \left[\frac{U_1,U_2,\cdots,U_n}{\left(U_1,U_2,\cdots,U_n\right)^n}\right]^{\frac{1}{n}} \tag{6.11}$$

$$T = \alpha X_1 + \beta X_2 + \cdots + \gamma X_n \tag{6.12}$$

$$D = \sqrt[n]{C \times T} \tag{6.13}$$

6.1.4 核密度方法

核密度估计是一种非参数检验方法，不需要通过先验知识对数据分布进行假定，常用于估计未知的密度函数。与参数估计方法相比，核密度估计方法在一定程度上减小了参数模型对结果的影响，仅从数据本身出发分析数据分布，可以直接利用数据对概率密度进行估计。本研究采用核密度估计法绘制东海区大陆海岸带沿海城市陆海统筹水平分布图，基于不同时期陆海统筹水平分布曲线位置、形状、峰值等变化趋势，分析东海区大陆海岸带沿海城市陆海统筹水平动态演变过程。

6.1.5 障碍度模型

障碍度的大小可以表示各指标对系统的影响程度，引入因子贡献度（p_i）和指标偏离度（v_i）进行障碍度分析，其计算公式如下：

$$p_i = s_i \tag{6.14}$$

$$v_i = 1 - c_i \tag{6.15}$$

$$w_i = (p_i \times v_i) / \sum_{i=1}^{18} (p_i \times v_i) \tag{6.16}$$

式中，p_i 评价体系指标对研究目标的影响程度大小，即指标权重（s_i）；v_i 为各指标最优目标值和实际值的差，用 1 和各指标标准化后的值（c_i）的差值表示；w_i 指障碍度，障碍度越大，表明该指标对陆海统筹水平正向发展阻碍越大，即该指标是陆海统筹水平演化的主导因子。

6.1.6 陆海统筹水平评价指标体系构建

在借鉴相关研究的基础上，遵循科学性、综合性和可操作性等原则，参照脆弱性分析框架（VSD），从敏感性和适应性两个方面分别选取经济、资源、环境、社会等方面的指标构建指标体系，运用 SPSS 26 软件进行信度分析和效度分析，最终筛选出 20 个指标（表 6.1），陆海统筹指标体系克隆巴赫系数（Cronbach's alpha）为 0.742，KMO 为 0.744，显著性为 0，即陆海统筹发展水平指标体系通过信度检验和效度检验，具有较高可靠性。

系统敏感性是陆海复合系统自身受内外干扰时所表现出来的特质，与陆海统筹发展水平体系呈负相关，即敏感性指标性质为正时，其值越大，陆海统筹水平越低。其中指标 X_1、X_2 表示陆海经济发展水平；X_3、X_4、X_5 表示资源利用程度；X_6、X_7、X_8 表示人类活动对系统所造成的污染程度；X_9 表示社会民生发展水平；X_{10} 表示陆海复合系统自身受自然环境限制所具有的敏感性。系统适应性是指陆海复合系统面对内外干扰时所表现出来的适应和恢复能力，可通过人为改变社会和经济发展的方式进行调节，以提高系统弹性。系统适应性与陆海统筹发展水平体系呈正相关，即适应性指标为正时，其值越大，陆海统筹水平越高。其中指标 X_{11}、X_{12} 表示陆海经济发展协调程度；X_{13}、X_{14}、X_{15} 表示污染治理程度；X_{16}、X_{17} 表示科技创新驱动系统发展程度；X_{18} 表示人民生活水平；X_{19}、X_{20} 表示人为环境保护措施。

表 6.1 陆海统筹水平指标体系

目标层	准则层	指标层	指标解释及计算	权重
陆海统筹水平	敏感性（-）	X_1 产业外资依存度（+）	实际利用外资占固定资产投资总额比例	0.047
		X_2 海洋经济增长弹性系数（-）	海洋经济年增长率 /GDP 年增长率	0.047
		X_3 海洋资源综合开发指数（-）	海水养殖、海洋捕捞、海盐、砂矿、原油、天然气的加权计算	0.051
		X_4 近岸与海岸湿地总面积（-）	来源于《中国海洋统计年鉴》	0.079
		X_5 万元产值综合能耗（+）	来源于各省（市）统计年鉴	0.046
		X_6 工业废水排放入海量（+）	来源于《中国海洋统计年鉴》	0.046
		X_7 工业固体废弃物产生量（+）	来源于各省（市）统计年鉴	0.047
		X_8 工业废气排放总量（+）	来源于各省（市）统计年鉴	0.048
		X_9 陆海产业结构与就业结构偏离系数（+）	（海洋产业产值占 GDP 比重 / 涉海就业人员比重）-1	0.045
		X_{10} 风暴潮灾害经济损失（+）	来源于《中国海洋统计年鉴》	0.043
	适应性（+）	X_{11} 陆海经济发展协调度（+）	陆—海—港经济发展综合值耦合协调度	0.050
		X_{12} 陆海产业关联度（+）	陆、海生产总值的灰色关联度	0.055
		X_{13} 污水处理率（+）	来源于各省（市）统计年鉴	0.047
		X_{14} 工业固体废物综合利用率（+）	来源于各省（市）统计年鉴	0.044
		X_{15} 污染治理竣工项目（+）	来源于《中国海洋统计年鉴》	0.055
		X_{16} 科研经费投入力度（+）	来源于各省（市）统计年鉴	0.049
		X_{17} 海洋专利授权量占比（+）	来源于《中国海洋统计年鉴》	0.052
		X_{18} 人均可支配收入（+）	来源于各省（市）统计年鉴	0.053
		X_{19} 海洋类型自然保护区面积（+）	来源于《中国海洋统计年鉴》	0.049
		X_{20} 生活垃圾无害化处理率（+）	来源于各省（市）统计年鉴	0.048

6.1.7 地理探测器

地理探测器是探测空间分异性并揭示其背后驱动力的统计学方法，其基本假设为，如果一组自变量对因变量产生较大影响，那么二者的空间分布应具有趋同性（王劲峰和徐成东，2017）。地理探测器共包含分异及因子探测、交互作用探测、风险区探测、生态探测四个探测器，其中因子探测可以探测自变量对因变量的解释力，用 q 值度量，其计算公式如下：

$$q = 1 - \frac{SSW}{SST} \tag{6.17}$$

$$SSW = \sum_{h=1}^{L} N_h \sigma_h^2,\ SST = N\sigma^2 \tag{6.18}$$

式中，SSW 和 SST 分别为层内方差之和与全区总方差；h 为变量 Y 或因子 X 的分层，即分类或分区；N_h 和 N 分别为层 h 和全区的单元数；σ_h^2 和 σ^2 分别是层 h 和全区的 Y 值的方差；q 的值域为 [0,1]。本章运用地理探测器方法探测开发强度与陆海统筹水平相互影响强度，q 值越大，则影响作用越强。

6.1.8 脱钩模型

地理系统是多层次、多要素的复杂系统，探究其中两个或多个要素之间的相关关系及影响机制是地理学研究中的重要议题之一。相较于常被使用的灰色关联度模型、弹性系数模型、耦合协调度模型等方法，脱钩模型对于深入分析研究变量间的相关关系具有重要意义。脱钩理论首先由 OECD 应用在农业政策研究，Tapio 脱钩模型在此基础上使用弹性分析方法，使模型结果不再依赖于基期选择。目前，脱钩模型已被广泛运用在经济发展与资源消耗的相关关系研究中。本章使用 Tapio 脱钩模型分析东海区大陆海岸带开发强度下陆海统筹水平演化响应，其计算公式如下：

$$T = \frac{\Delta X}{\Delta Y} = \frac{X_{t_2} - X_{t_1}}{X_{t_1}} \bigg/ \frac{Y_{t_2} - Y_{t_1}}{Y_{t_1}} \tag{6.19}$$

式中，T 表示变量 X 与变量 Y 的脱钩指数，ΔX 和 ΔY 分别表示变量 X 和变量 Y 的变化率；X_{t_2} 和 X_{t_1} 分别表示变量 X 在 t_2 和 t_1 时间的值，Y_{t_2} 与 Y_{t_1} 同理。

参考已有研究，将 0.8 和 1.2 作为判断脱钩类型的临界值，当脱钩指数为 0.8~1.2 时，可以认为两个变量保持同步变化；当脱钩指数小于 0.8 或者大于 1.2 时，则可以认为两个变量间变化不同步。此外，根据变量变化率的增减方向进行两两组合，用以表示同步变化方向或非同步变化强度，最终可以得到 8 种脱钩关系类型（表 6.2）。

表 6.2 脱钩类型划分及其含义

脱钩类型	分类依据			含义
	ΔX	ΔY	t	
扩张负脱钩	>0	>0	>1.2	两变量皆呈正向变化，且变量 X 变化快于变量 Y 变化
扩张连接	>0	>0	>0.8 且 <1.2	两变量皆呈正向变化，且变化速度基本一致
弱脱钩	>0	>0	>0 且 <0.8	两变量皆呈正向变化，且变量 X 变化慢于变量 Y 变化
强负脱钩	>0	<0	<0	变量 X 正向增长，变量 Y 负向增长
衰退脱钩	<0	<0	>1.2	两变量皆呈负向变化，且变量 X 变化快于变量 Y 变化
衰退连接	<0	<0	>0.8 且 <1.2	两变量皆呈负向变化，且变化速度基本一致
弱负脱钩	<0	<0	>0 且 <0.8	两变量皆呈负向变化，且变量 X 变化慢于变量 Y 变化
强脱钩	<0	>0	<0	变量 X 负向增长，变量 Y 正向增长

6.1.9 研究区范围

杭州市与绍兴市均位于杭州湾南岸，若以“拥有海岸线”作为沿海城市的判断依据，那么杭州市与绍兴市确实是沿海城市。但从地理位置上看，两市地处钱塘江与海相连的峡湾南岸，并非普遍意义上拥有悠长海岸线的沿海城市。从经济发展来看，两市海港发展条件不如其他沿海城市，海洋经济发展并不突出。此外，《浙江省生态环境状况公报》《浙江省海洋灾害公报》等多个文件中均未将杭州市和绍兴市列入沿海城市，且两市缺失多年、多个涉海数据。故在本章中与各公报保持一致，未将杭州市与绍兴市列入东海区大陆海岸带。

6.2 东海区大陆海岸带陆海统筹水平

6.2.1 东海区大陆海岸带陆海经济发展协调度

（1）指标选取

港口作为陆、海运输的连接点，在运输网络中起着不可或缺的重要作用，已经成为沿海区域经济发展的核心助推力，故把港口经济发展也纳入陆海复合系统经济发展的考量范围。我们分别选取陆、海、港经济发展指标，并运用熵权法分别计算指标权重（表 6.3）。

表 6.3　陆海经济发展水平指标体系

指标体系	具体指标类型	指标权重
海洋经济发展水平	人均海洋生产总值	0.26
	三、二产业比	0.25
	旅游外汇收入	0.26
	港口外贸吞吐量	0.23
陆域经济发展水平	人均陆域生产总值	0.22
	三、二产业比	0.26
	社会消费品零售额	0.28
	实际利用外资情况	0.24
港口经济发展水平	港口货物吞吐量	0.27
	外贸货物比重	0.17
	沿海码头长度	0.27
	生产性码头泊位	0.29

（2）陆海经济发展水平

整体来看，东海区两省一市的海洋、陆域、港口经济发展水平综合值在 1999—2019 年间呈增长趋势（图 6.1）。① 1999—2003 年，上海市海洋经济发展水平处于缓慢发展阶段，浙江省和福建省发展相对迟缓；2004—2019 年，上海市海洋经济进入快速且稳定的发展阶段，并在此期间一直居于两省一市之首；2004—2009 年，浙江省和福建省海洋经济发展水平处于缓慢发展阶段，其综合值增长缓慢，呈现一定波动性；2010—2019 年，浙江省和福建省海洋经济发展水平进入快速发展阶段，并逐渐缩小与上海市的差距。②陆域经济发展水平综合值变化趋势相较于海洋经济发展水平更加稳定。1999—2019 年，两省一市陆域经济发展水平综合值呈稳定、快速发展趋势，其中上海市陆域经济发展水平始终优于浙江省和福建省；浙江省陆域经济发展水平增速稳定，并于 2002 年开始优于福建省；福建省陆域经济发展水平增速较缓，且有与上海市和浙江省差距逐渐增大的趋势。③东海区大陆海岸带港口经济发展水平较海洋、陆域经济发展水平发展更缓慢，研究期内，浙江省港口经济发展始终占优，上海市其次，福建省相对较缓慢。

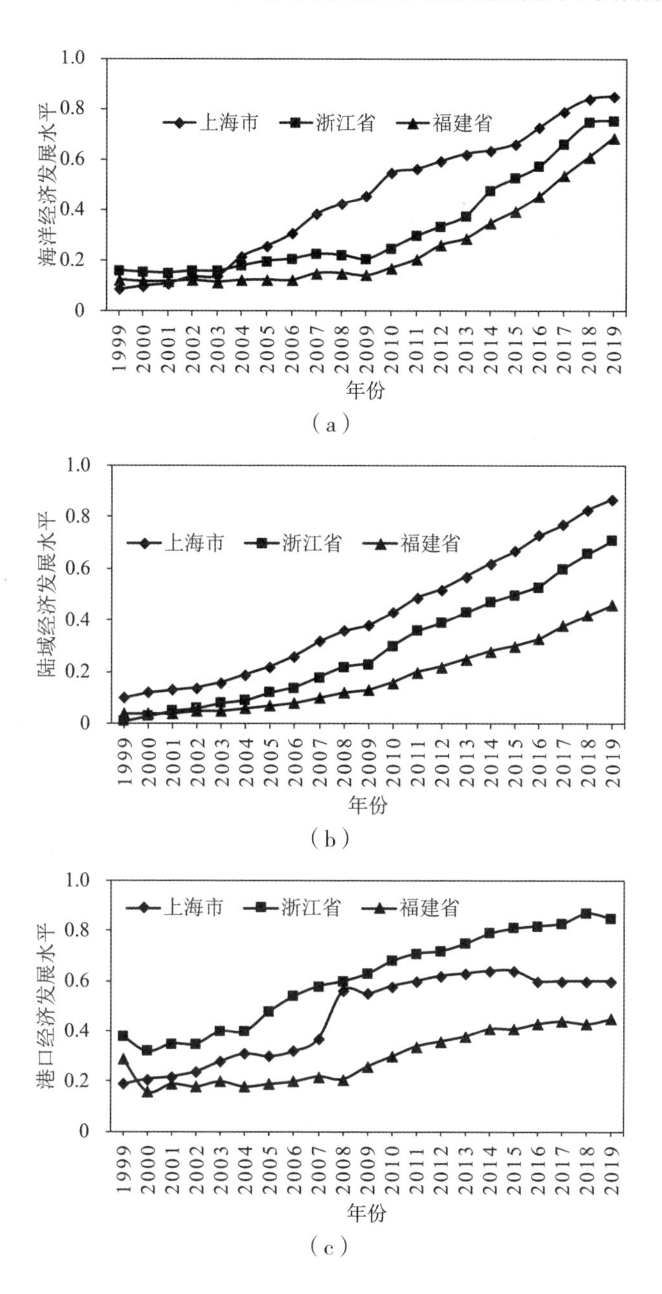

图 6.1　东海区（a）海洋、（b）陆域、（c）港口经济发展水平

（3）陆海经济发展协调度

利用耦合协调度模型计算东海区陆海经济发展协调度，并基于耦合协调类型划分依据（表 6.4；杨羽頔和孙才志，2014），最终得到东海区陆海经济发展协调度及其类型动态变化（表 6.5）。在研究期内，两省一市的陆海经济发展协调度均呈稳定增长趋势，其协调类型也都由失调逐渐向协调转变。其中，上海市陆海经济发展协调度优于浙江省和福建省，2017—2019 年浙江省陆海经济发展协调度与上海市几乎持平。从协调类型来看，上海市陆海经济发展于 2008 年最先进入协调发展阶段，其后浙江省于 2012 年进入协调发展阶段，福建省于 2017 年最晚进入协调发展阶段。截至 2019 年，上海市和浙江省陆海经济发展都达到初级协调，而福建省仍停留在勉强协调水平。

表 6.4 耦合协调类型划分依据

耦合协调度 D 值	协调类型
$D<0.2$	严重失调
$0.2\leq D<0.3$	中度失调
$0.3\leq D<0.4$	轻度失调
$0.4\leq D<0.5$	濒临失调
$0.5\leq D<0.6$	勉强协调
$0.6\leq D<0.7$	初级协调
$0.7\leq D<0.8$	中级协调
$0.8\leq D<0.9$	良好协调
$D>0.9$	优质协调

表 6.5 东海区陆海经济发展协调度及协调类型

年份	上海市		浙江省		福建省	
	协调度	协调类型	协调度	协调类型	协调度	协调类型
1999	0.26	中度失调	0.20	中度失调	0.24	中度失调
2000	0.28	中度失调	0.23	中度失调	0.22	中度失调
2001	0.29	中度失调	0.26	中度失调	0.23	中度失调
2002	0.31	轻度失调	0.28	中度失调	0.23	中度失调
2003	0.32	轻度失调	0.29	中度失调	0.24	中度失调
2004	0.37	轻度失调	0.32	轻度失调	0.24	中度失调

续表

年份	上海市		浙江省		福建省	
	协调度	协调类型	协调度	协调类型	协调度	协调类型
2005	0.39	轻度失调	0.34	轻度失调	0.25	中度失调
2006	0.41	濒临失调	0.37	轻度失调	0.26	中度失调
2007	0.45	濒临失调	0.39	轻度失调	0.29	中度失调
2008	0.50	勉强协调	0.41	濒临失调	0.30	轻度失调
2009	0.51	勉强协调	0.41	濒临失调	0.31	轻度失调
2010	0.54	勉强协调	0.45	濒临失调	0.34	轻度失调
2011	0.56	勉强协调	0.48	濒临失调	0.37	轻度失调
2012	0.58	勉强协调	0.51	勉强协调	0.40	濒临失调
2013	0.59	勉强协调	0.53	勉强协调	0.42	濒临失调
2014	0.60	初级协调	0.56	勉强协调	0.44	濒临失调
2015	0.61	初级协调	0.58	勉强协调	0.46	濒临失调
2016	0.63	初级协调	0.60	初级协调	0.48	濒临失调
2017	0.64	初级协调	0.63	初级协调	0.50	勉强协调
2018	0.65	初级协调	0.66	初级协调	0.52	勉强协调
2019	0.66	初级协调	0.65	初级协调	0.54	勉强协调

6.2.2 东海区大陆海岸带陆海统筹水平变化特征

将陆海经济发展协调度计算结果代入陆海统筹水平指标体系（表 6.1），运用熵权 –TOPSIS 法计算，得到东海区大陆海岸带研究期内陆海统筹水平变化折线图（图 6.2）。整体来看，东海区大陆海岸带陆海统筹水平呈上升趋势。1999—2002 年，上海市陆海统筹水平缓慢增长，2002—2006 年波动变化，2006—2015 年快速增长，2015—2019 年缓慢增长，其中 1999—2012 年上海市陆海统筹水平均低于浙江省陆海统筹发展水平，2012—2015 年超过浙江省，2015—2019 年再次落后于浙江省。浙江省陆海统筹水平优于上海市和福建省，除 2008—2012 年发展缓慢外，1999—2008 年和 2012—2019 年陆海统筹水平快速发展。福建省陆海统筹水平最低，1999—2010 年发展缓慢，2010—2019 年快速发展并逐渐缩小与上海市和浙江省的差距。

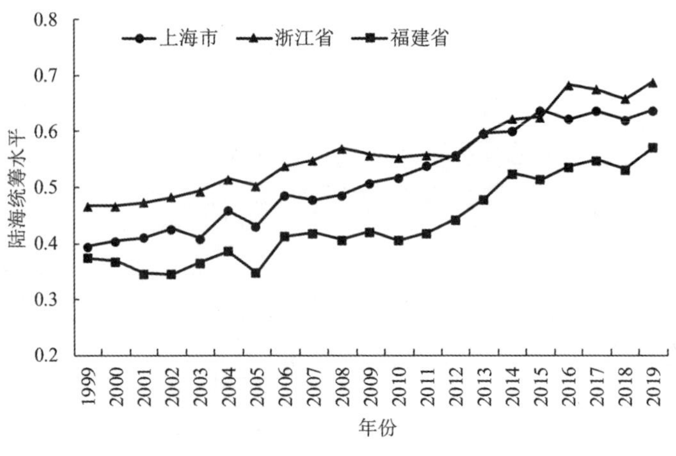

图 6.2　东海区陆海统筹发展水平

6.2.3　东海区大陆海岸带陆海统筹发展水平障碍因子分析

运用障碍度模型对东海区大陆海岸带陆海统筹水平进行障碍因子分析，取年平均数后可得平均障碍度，筛选前 5 位的障碍度因子如表 6.6 所示。整体来看，X_{17} 海洋专利授权量占比、X_{15} 沿海地区污染治理竣工项目、X_4 近岸与海岸湿地总面积、X_3 海洋资源综合开发指数、X_{19} 海洋类型自然保护区面积等指标对东海区大陆海岸带陆海统筹发展造成较大阻碍作用；X_{12} 陆海产业关联度、X_2 海洋经济增长弹性系数、X_{18} 人均可支配收入等指标也对东海区大陆海岸带陆海统筹发展造成一定阻碍作用。由此说明海洋资源与环境及科技发展对东海区大陆海岸带整体陆海统筹水平发展起到主要带动作用，陆海经济发展及人民生活占据次要地位。不同省（市）陆海统筹障碍因子有一定差异，其中上海市在陆海统筹发展过程中应更加注重加强海洋资源保护及环境治理，浙江省应注重平衡海洋资源开发与海洋经济发展之间的矛盾问题，福建省则应注重科研投入，充分发挥科技带动作用。

表 6.6　东海区陆海统筹水平障碍度排序

障碍度排序	上海市	浙江省	福建省
第一障碍度	X_{15}	X_{17}	X_{17}
第二障碍度	X_4	X_3	X_{15}
第三障碍度	X_{19}	X_{15}	X_{16}
第四障碍度	X_{12}	X_2	X_{12}
第五障碍度	X_2	X_{18}	X_{18}

6.3 东海区大陆海岸带地级市陆海统筹水平测度

6.3.1 指标选取

受数据获取限制，涉海相关数据无法精确至市级，故在陆海统筹水平指标体系的基础之上，根据可获取数据对指标选取进行了修改和替换。指标重新选取后，适用于东海区地级市陆海统筹水平评价。具体指标如表 6.7 所示。

表 6.7 东海区地级市陆海统筹水平指标体系

目标层	准则层	指标层	指标解释及计算	权重
陆海统筹水平	敏感性（-）	A_1 产业外资依存度（+）	实际利用外资占固定资产投资总额比例	0.028
		A_2 海洋经济发展指数（-）	海水产品产量、旅游外汇收入、港口货物吞吐量、临港工业产值的加权计算	0.078
		A_3 海洋资源综合开发指数（-）	海水养殖面积、海水产品产量、沿海码头长度等指标的加权计算	0.061
		A_4 水资源总量（-）	来源于各地级市年鉴	0.079
		A_5 万元产值综合能耗（+）	来源于各地级市统计年鉴	0.032
		A_6 工业废水排放总量（+）	来源于各地级市统计年鉴	0.031
		A_7 工业固体废弃物产生量（+）	来源于各地级市统计年鉴	0.029
		A_8 工业废气排放总量（+）	来源于各地级市统计年鉴	0.029
		A_9 城镇登记失业率（+）	来源于各地级市统计年鉴	0.058
陆海统筹水平	适应性（+）	A_{10} 陆海经济发展协调度（+）	陆、海经济发展综合值耦合协调度	0.053
		A_{11} 污水处理率（+）	来源于各地级市统计年鉴	0.044
		A_{12} 工业固体废物综合利用率（+）	来源于各地级市统计年鉴	0.030
		A_{13} 环境保护投入力度（+）	来源于各地级市统计年鉴	0.054
		A_{14} 科研经费投入力度（+）	来源于各地级市统计年鉴	0.061
		A_{15} 专利授权数（+）	来源于各地级市统计年鉴	0.179
		A_{16} 人均可支配收入（+）	来源于各地级市统计年鉴	0.080
		A_{17} 建成区绿化覆盖率（+）	来源于各地级市统计年鉴	0.040
		A_{18} 生活垃圾无害化处理率（+）	来源于各地级市统计年鉴	0.033

与原指标体系（表 6.1）相比，东海区地级市陆海统筹水平指标体系删除了风暴潮灾害经济损失和陆海产业关联度两个指标；将海洋经济增长弹性系数替换为海洋经济发展指数，二者都可代表海洋经济发展水平；近岸与海岸湿地总面积替换为水资源总量，二者都代表自然资源存量；陆海产业结构与就业结构偏离系数替换为城镇登记失业率，二者都从就业角度诠释人民生活水平；污染治理竣工项目替换为环境保护投入力度，二者都为环境保护正向指标；海洋类型自然保护区面积替换为建成区绿化覆盖率，二者都从土地利用角度诠释环境保护投入。此外，海洋经济发展指数和海洋资源综合开发指数等综合值的计算也根据可获取数据进行了一定修改。经检验，更新后的指标体系克隆巴赫（Cronbach's alpha）系数为 0.783，KMO 为 0.728，显著性为 0，地级市陆海统筹水平指标体系具有可靠性。

6.3.2 东海区大陆海岸带地级市陆海经济发展协调度

（1）指标选取

东海区地级市陆、港经济发展水平的指标没有发生改变，仅海洋经济发展水平指标体系（表 6.8）部分发生改变。无论是产业产值占比还是已有研究都可以说明以滨海旅游和交通运输为代表的海洋第三产业对海洋经济发展起着举足轻重的作用，故选取海水产品产量指标代表海洋第一产业，选取旅游外汇收入和港口货物吞吐量指标代表海洋第三产业，临港工业则为石油化工业与船舶制造业产值之和。

表 6.8　东海区地级市陆海经济发展水平指标体系

指标体系	具体指标类型	指标权重
海洋经济发展水平	海水产品产量	0.20
	旅游外汇收入	0.30
	港口外贸吞吐量	0.22
	临港工业产值	0.28
陆域经济发展水平	人均陆域生产总值	0.26
	三、二产业比	0.18
	社会消费品零售额	0.27
	实际利用外资情况	0.29

续表

指标体系	具体指标类型	指标权重
港口经济发展水平	港口货物吞吐量	0.27
	占外贸货物比重	0.21
	沿海码头长度	0.30
	生产性码头泊位	0.22

（2）陆海经济发展水平

东海区大陆海岸带地级市海洋经济发展水平综合值整体呈增长趋势（表6.9），其中宁波市海洋经济水平增速最快，整体保持快速发展，于2002年起就成为东海区大陆海岸带海洋经济发展最优地级市，并逐渐与其他地级市拉开差距；舟山市、泉州市、福州市、厦门市海洋经济发展水平次于宁波市，舟山、泉州、福州三市并行发展，差距较小，而厦门市海洋经济发展较快，1999—2019年实现稳定发展，并逐渐减小与舟山、泉州、福州三市的差距；漳州市、嘉兴市海洋经济发展水平增长速度较慢，在经历缓慢发展阶段后，分别于2009年和2004年开始实现快速发展；台州市、温州市、莆田市、宁德市海洋经济发展最慢，1999—2019年其海洋经济发展水平综合值虽也有不同程度的增加，但增加幅度较小，发展水平较低。

表6.9 东海区地级市海洋经济发展水平

年份	宁波	温州	嘉兴	舟山	台州	福州	厦门	莆田	泉州	漳州	宁德
1999	0.11	0.05	0.01	0.13	0.11	0.12	0.04	0.05	0.10	0.10	0.05
2000	0.13	0.06	0.01	0.14	0.12	0.13	0.04	0.05	0.11	0.10	0.06
2001	0.09	0.06	0.01	0.13	0.12	0.13	0.04	0.06	0.12	0.10	0.06
2002	0.16	0.06	0.01	0.13	0.12	0.14	0.05	0.05	0.12	0.10	0.06
2003	0.17	0.06	0.01	0.14	0.12	0.16	0.05	0.05	0.13	0.11	0.06
2004	0.21	0.08	0.02	0.15	0.13	0.16	0.07	0.06	0.13	0.11	0.06
2005	0.26	0.08	0.02	0.15	0.13	0.18	0.08	0.06	0.14	0.11	0.05
2006	0.30	0.09	0.03	0.17	0.13	0.18	0.09	0.06	0.15	0.11	0.05
2007	0.33	0.08	0.04	0.18	0.13	0.18	0.10	0.06	0.17	0.12	0.05
2008	0.37	0.09	0.05	0.21	0.13	0.20	0.11	0.06	0.19	0.12	0.05
2009	0.36	0.10	0.05	0.23	0.13	0.21	0.12	0.07	0.20	0.13	0.06
2010	0.43	0.10	0.07	0.26	0.14	0.22	0.15	0.07	0.24	0.14	0.06

续表

年份	宁波	温州	嘉兴	舟山	台州	福州	厦门	莆田	泉州	漳州	宁德
2011	0.50	0.11	0.08	0.29	0.14	0.25	0.18	0.08	0.26	0.15	0.07
2012	0.52	0.11	0.09	0.31	0.15	0.27	0.20	0.08	0.29	0.16	0.07
2013	0.57	0.12	0.10	0.33	0.15	0.30	0.21	0.09	0.30	0.17	0.07
2014	0.59	0.13	0.11	0.36	0.15	0.32	0.23	0.09	0.34	0.20	0.08
2015	0.56	0.14	0.11	0.39	0.16	0.32	0.26	0.10	0.37	0.20	0.09
2016	0.56	0.14	0.11	0.41	0.17	0.35	0.32	0.10	0.38	0.19	0.08
2017	0.60	0.15	0.13	0.44	0.16	0.36	0.32	0.11	0.40	0.21	0.09
2018	0.64	0.15	0.15	0.48	0.16	0.40	0.37	0.12	0.45	0.23	0.10
2019	0.65	0.15	0.16	0.48	0.15	0.45	0.40	0.13	0.47	0.27	0.10

东海区大陆海岸带地级市陆域经济发展水平综合值整体呈增长趋势（表6.10），与海洋经济发展水平相比较，各市陆域经济均实现发展。宁波市陆域经济水平依旧最高，发展最快。福州市、厦门市、嘉兴市、泉州市、温州市、舟山市、台州市、漳州市、莆田市依次居于宁波市之后，其中嘉兴、温州、台州三市陆域经济水平呈现快速、稳定发展，舟山、福州、厦门、泉州、漳州、莆田六市陆域经济则先后经历缓慢发展阶段和快速发展阶段。宁德市陆域经济水平最低，发展最慢，甚至在1999—2010年呈现下降趋势，究其原因主要是1999—2019年宁德市第三产业与第二产业产值之比呈下降态势；漳州市第三产业与第二产业产值之比在研究期内也呈下降态势，说明相比于东海区大陆海岸带其他地级市，漳州市和宁德市经济发展重心更偏向第二产业。但是漳州市的陆域经济发展水平综合值仍然呈上升态势，说明相比于漳州市，宁德市的人均生产总值、社会消费品零售额、利用外资情况三个指标的上升无法抵消第三产业与第二产业产值之比下降带来的影响，即宁德市陆域经济水平发展存在一定的产业结构不合理、经济发展不平衡现象，这种现象在2011—2019年的发展过程中有所缓解。

表6.10　东海区地级市陆域经济发展水平

年份	宁波	温州	嘉兴	舟山	台州	福州	厦门	莆田	泉州	漳州	宁德
1999	0.08	0.05	0.04	0.14	0.03	0.13	0.10	0.03	0.07	0.11	0.13
2000	0.10	0.06	0.05	0.15	0.04	0.13	0.09	0.04	0.08	0.12	0.12
2001	0.12	0.07	0.06	0.14	0.04	0.14	0.10	0.04	0.09	0.12	0.12

续表

年份	宁波	温州	嘉兴	舟山	台州	福州	厦门	莆田	泉州	漳州	宁德
2002	0.15	0.08	0.07	0.15	0.06	0.14	0.10	0.04	0.09	0.12	0.12
2003	0.19	0.08	0.10	0.12	0.07	0.13	0.10	0.04	0.10	0.11	0.12
2004	0.23	0.10	0.11	0.12	0.08	0.14	0.12	0.04	0.10	0.09	0.12
2005	0.26	0.12	0.13	0.13	0.09	0.16	0.14	0.05	0.11	0.10	0.11
2006	0.29	0.13	0.15	0.13	0.10	0.19	0.18	0.05	0.14	0.11	0.10
2007	0.31	0.16	0.19	0.13	0.11	0.22	0.23	0.06	0.18	0.11	0.09
2008	0.34	0.16	0.19	0.14	0.13	0.26	0.30	0.06	0.22	0.12	0.09
2009	0.35	0.18	0.20	0.15	0.14	0.27	0.29	0.07	0.24	0.13	0.11
2010	0.39	0.20	0.24	0.18	0.16	0.29	0.29	0.08	0.24	0.15	0.09
2011	0.47	0.23	0.28	0.22	0.18	0.33	0.31	0.10	0.27	0.17	0.08
2012	0.51	0.26	0.31	0.24	0.22	0.36	0.34	0.11	0.28	0.18	0.09
2013	0.58	0.30	0.36	0.28	0.24	0.39	0.38	0.13	0.31	0.19	0.09
2014	0.65	0.32	0.40	0.29	0.25	0.43	0.42	0.15	0.34	0.21	0.10
2015	0.70	0.35	0.44	0.30	0.27	0.48	0.45	0.17	0.38	0.23	0.11
2016	0.75	0.39	0.46	0.36	0.31	0.53	0.49	0.20	0.41	0.29	0.12
2017	0.77	0.41	0.50	0.37	0.34	0.59	0.53	0.22	0.45	0.30	0.14
2018	0.84	0.44	0.54	0.39	0.35	0.56	0.53	0.25	0.44	0.30	0.15
2019	0.88	0.49	0.62	0.40	0.40	0.62	0.58	0.29	0.48	0.31	0.16

从港口经济发展水平（表 6.11）来看，宁波市港口发展远远领先于东海区大陆海岸带其他地级市，在 1999—2019 年实现快速且稳定发展，始终为东海区大陆海岸带地级市最优；舟山市、厦门市、福州市依次位于其后，其中舟山市于 2000—2003 年实现港口经济迅速发展并超越厦门市，此后平稳发展并保持居于第二；厦门市和福州市则在研究期内保持平稳发展。其余地级市港口经济发展水平综合值虽然都有不同程度的增长，但是增长幅度较小，整体水平较低。整体来看，东海区地级市陆域经济发展水平更平稳，各个沿海地级市均在研究期内实现稳定、快速发展，海洋经济发展水平则呈现一定差异化发展，港口经济发展水平弱于陆域经济和海洋经济。

表 6.11　东海区地级市港口经济发展水平

年份	宁波	温州	嘉兴	舟山	台州	福州	厦门	莆田	泉州	漳州	宁德
1999	0.22	0.16	0.03	0.12	0.11	0.15	0.23	0.06	0.15	0.02	0.04
2000	0.38	0.17	0.04	0.15	0.10	0.14	0.25	0.06	0.16	0.02	0.04
2001	0.38	0.17	0.04	0.18	0.11	0.18	0.29	0.06	0.15	0.02	0.04
2002	0.38	0.15	0.05	0.22	0.09	0.16	0.28	0.06	0.15	0.03	0.05
2003	0.42	0.18	0.05	0.40	0.11	0.21	0.30	0.06	0.15	0.04	0.05
2004	0.45	0.18	0.06	0.41	0.09	0.23	0.31	0.06	0.12	0.05	0.05
2005	0.57	0.16	0.06	0.43	0.10	0.25	0.31	0.06	0.12	0.05	0.06
2006	0.62	0.21	0.07	0.48	0.12	0.26	0.29	0.05	0.12	0.05	0.07
2007	0.65	0.21	0.08	0.50	0.14	0.24	0.35	0.09	0.13	0.05	0.08
2008	0.66	0.23	0.07	0.51	0.15	0.23	0.35	0.09	0.15	0.06	0.08
2009	0.69	0.24	0.08	0.51	0.20	0.28	0.35	0.13	0.20	0.08	0.14
2010	0.73	0.24	0.10	0.55	0.22	0.31	0.38	0.13	0.22	0.08	0.16
2011	0.78	0.25	0.13	0.55	0.22	0.30	0.41	0.16	0.22	0.10	0.22
2012	0.81	0.26	0.12	0.55	0.22	0.42	0.44	0.21	0.23	0.09	0.22
2013	0.85	0.23	0.13	0.57	0.22	0.43	0.45	0.17	0.24	0.09	0.20
2014	0.87	0.25	0.16	0.59	0.22	0.41	0.47	0.17	0.27	0.12	0.19
2015	0.87	0.25	0.17	0.61	0.22	0.41	0.48	0.16	0.27	0.10	0.15
2016	0.87	0.25	0.18	0.65	0.22	0.40	0.48	0.17	0.28	0.12	0.18
2017	0.90	0.24	0.18	0.68	0.22	0.42	0.48	0.17	0.28	0.13	0.16
2018	0.92	0.24	0.18	0.70	0.23	0.42	0.47	0.18	0.27	0.15	0.18
2019	0.92	0.24	0.18	0.69	0.23	0.43	0.49	0.25	0.29	0.14	0.18

（3）陆海经济发展协调度

据耦合协调模型计算得到东海区大陆海岸带地级市陆海经济发展协调度（表 6.12）。整体来看，在研究期内，东海区大陆海岸带地级市陆海经济发展协调度呈稳定增长态势。1999 年，所有城市陆海经济发展协调度均集中在 0.1~0.3；2019 年陆海经济发展协调度则大致形成三个梯队：宁波市仍居首位，舟山市、福州市、厦门市、泉州市其次，其余地级市陆海经济发展协调度较低，这说明东海区沿海地级市陆海经济协调度呈差异化发展。根据耦合协调类型划分依据（表 6.4），截至 2019 年，仅有宁波、舟山、福州、厦门 4 个地级市达到陆海经济协调发展，其中宁波市为初级协调，其余三市为勉强协调；泉州市陆海经济濒临失调，但按其协调度发展趋势看，即将达到勉强协调；温州、嘉兴、台州、莆田、漳州5个地级市为轻度失调；宁德市为中度失调。

表6.12 东海区地级市陆海经济发展协调度

年份	宁波	温州	嘉兴	舟山	台州	福州	厦门	莆田	泉州	漳州	宁德
1999	0.26	0.20	0.10	0.27	0.20	0.28	0.22	0.16	0.24	0.17	0.19
2000	0.29	0.21	0.11	0.29	0.20	0.28	0.23	0.17	0.25	0.17	0.19
2001	0.29	0.22	0.12	0.29	0.21	0.29	0.23	0.17	0.25	0.18	0.19
2002	0.34	0.22	0.13	0.30	0.22	0.29	0.24	0.17	0.26	0.20	0.19
2003	0.36	0.23	0.14	0.32	0.24	0.30	0.24	0.17	0.27	0.21	0.20
2004	0.39	0.25	0.16	0.32	0.24	0.31	0.27	0.17	0.26	0.21	0.20
2005	0.43	0.26	0.17	0.33	0.25	0.33	0.29	0.17	0.27	0.22	0.20
2006	0.46	0.27	0.19	0.34	0.26	0.35	0.30	0.17	0.28	0.22	0.20
2007	0.47	0.28	0.21	0.35	0.27	0.35	0.33	0.20	0.30	0.22	0.20
2008	0.49	0.29	0.21	0.36	0.28	0.36	0.35	0.20	0.32	0.23	0.21
2009	0.50	0.30	0.22	0.37	0.30	0.38	0.36	0.22	0.35	0.25	0.23
2010	0.53	0.31	0.25	0.40	0.31	0.39	0.38	0.23	0.36	0.26	0.23
2011	0.57	0.32	0.28	0.42	0.32	0.41	0.40	0.24	0.38	0.28	0.24
2012	0.58	0.33	0.28	0.44	0.33	0.44	0.41	0.26	0.39	0.27	0.24
2013	0.61	0.33	0.30	0.46	0.33	0.46	0.43	0.26	0.40	0.28	0.25
2014	0.63	0.35	0.32	0.47	0.34	0.47	0.44	0.27	0.42	0.31	0.25
2015	0.63	0.36	0.32	0.48	0.35	0.48	0.46	0.28	0.44	0.30	0.25
2016	0.64	0.36	0.33	0.51	0.36	0.49	0.49	0.29	0.45	0.32	0.26
2017	0.65	0.37	0.35	0.52	0.36	0.50	0.50	0.30	0.46	0.33	0.27
2018	0.67	0.37	0.36	0.54	0.36	0.51	0.51	0.31	0.46	0.35	0.28
2019	0.68	0.37	0.37	0.54	0.36	0.53	0.52	0.34	0.48	0.35	0.29

6.3.3 东海区大陆海岸带地级市陆海统筹水平变化特征

将东海区大陆海岸带地级市海洋经济发展水平和陆海经济发展协调度代入东海区大陆海岸带地级市陆海经济发展水平指标体系（表6.8），运用

熵权 -TOPSIS 法计算得到东海区大陆海岸带地级市陆海统筹水平（表 6.13）。整体来看，研究期内东海区大陆海岸带地级市陆海统筹水平发展经历了两个发展阶段：1999—2003 年为波动缓慢发展阶段，在此期间东海区大陆海岸带地级市陆海统筹水平年际变化不大；2004—2019 年为快速发展阶段。浙江省地级市陆海统筹水平普遍高于福建省地级市：宁波市陆海统筹水平发展迅速，2005 年起居东海区大陆海岸带地级市之首，并与其他地级市逐渐拉开差距；福州、泉州、温州、台州、厦门 5 个地级市陆海统筹水平在研究期内实现快速发展，截至 2019 年，其陆海统筹发展水平综合值位于 0.6~0.7 区间，仅次于宁波市；1999 年，舟山市和嘉兴市以相对其他地级市较低的发展水平起步，在研究期内实现稳定快速发展，截至 2019 年其陆海统筹水平位于第三顺位；漳州市、莆田市、宁德市陆海统筹水平较低，发展缓慢，位居东海区大陆海岸带地级市最末。

表 6.13 东海区地级市陆海统筹水平

年份	宁波	温州	嘉兴	舟山	台州	福州	厦门	莆田	泉州	漳州	宁德
1999	0.31	0.34	0.26	0.32	0.33	0.36	0.33	0.33	0.39	0.23	0.27
2000	0.33	0.34	0.26	0.32	0.34	0.36	0.33	0.33	0.39	0.24	0.28
2001	0.31	0.37	0.27	0.33	0.35	0.36	0.32	0.33	0.39	0.25	0.28
2002	0.34	0.34	0.29	0.32	0.35	0.37	0.32	0.34	0.39	0.27	0.27
2003	0.33	0.34	0.28	0.33	0.33	0.38	0.35	0.33	0.40	0.30	0.26
2004	0.36	0.35	0.30	0.34	0.35	0.39	0.34	0.36	0.40	0.32	0.27
2005	0.42	0.39	0.33	0.36	0.37	0.40	0.35	0.32	0.41	0.35	0.30
2006	0.44	0.40	0.35	0.35	0.37	0.41	0.37	0.34	0.42	0.39	0.31
2007	0.47	0.39	0.36	0.40	0.40	0.41	0.38	0.32	0.42	0.36	0.30
2008	0.48	0.40	0.39	0.39	0.41	0.43	0.40	0.35	0.42	0.35	0.31
2009	0.50	0.42	0.40	0.43	0.44	0.45	0.41	0.36	0.45	0.38	0.35
2010	0.56	0.46	0.43	0.45	0.48	0.47	0.44	0.37	0.48	0.42	0.39
2011	0.59	0.46	0.43	0.46	0.45	0.48	0.44	0.40	0.49	0.40	0.39
2012	0.71	0.52	0.45	0.45	0.50	0.51	0.46	0.41	0.52	0.45	0.43
2013	0.72	0.55	0.48	0.47	0.50	0.52	0.48	0.42	0.54	0.45	0.43
2014	0.72	0.56	0.49	0.51	0.54	0.54	0.49	0.43	0.54	0.46	0.44
2015	0.74	0.57	0.51	0.52	0.57	0.56	0.51	0.42	0.59	0.45	0.42
2016	0.73	0.59	0.52	0.52	0.56	0.57	0.55	0.43	0.62	0.45	0.43

续表

年份	宁波	温州	嘉兴	舟山	台州	福州	厦门	莆田	泉州	漳州	宁德
2017	0.73	0.58	0.51	0.55	0.57	0.62	0.54	0.43	0.61	0.48	0.42
2018	0.77	0.62	0.55	0.56	0.60	0.67	0.59	0.44	0.66	0.45	0.44
2019	0.84	0.63	0.59	0.59	0.65	0.66	0.64	0.47	0.66	0.49	0.47

应用 Eviews 8 软件对东海区大陆海岸带地级市陆海统筹水平进行核密度估计（图 6.3），图中横坐标为陆海统筹水平，纵坐标为核密度，每一点表示该陆海统筹水平的概率。据上文分析，2003 年为东海区大陆海岸带地级市陆海统筹水平发展转折点，据此等间距选取 1999 年、2003 年、2007 年、2011 年、2015 年、2019 年共 6 年陆海统筹水平综合值进行核密度分析。

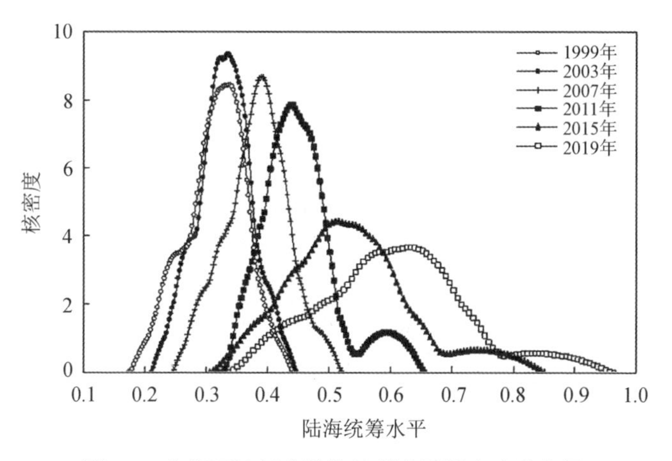

图 6.3 东海区地级市陆海统筹水平核密度分布图

东海区地级市陆海统筹水平核密度估计曲线变化明显。在位置上，曲线右移明显，右移幅度逐渐增大，说明东海区地级市陆海统筹水平呈正向发展态势，且正向发展速度逐渐增大。在形状上，核密度曲线横向跨度逐渐变大，且 1999 年、2003 年、2007 年和 2011 年 4 条曲线呈尖峰形态，2015 年和 2019 年的 2 条曲线呈宽峰形态，说明东海区沿海地级市间陆海统筹水平发展差异逐渐增大；2011 年曲线呈双峰形态，说明 2011 年东海区沿海地级市陆海统筹水平形成两个集聚中心，大多数地级市陆海统筹水平集中在 0.45 左右的较低水平，少部分地级市陆海统筹水平集中在 0.6 左右的较高水平；2015 年和 2019 年曲线双峰消失，变为右拖尾，说明处于较高水平的地级市也形成差异化发展。在峰值变化上，除2003年曲线相较于1999年曲线峰顶所在核密度值增加外，此后其余年份曲线峰顶所在核密度值逐渐下降，且相邻曲线峰顶所在核密度值差距逐渐增大，2019年和2015年差值减小，说明东海区大陆海岸带陆海统筹水平地级市间发展差异先减小、后增大。

6.3.4　地级市陆海统筹发展水平障碍因子分析

运用障碍度模型对东海区地级市陆海统筹水平障碍因子进行分析，并根据平均障碍度筛选前5位障碍因子（表6.14）。整体来看，A_{15}专利授权数、A_4水资源总量、A_{14}科研经费投入力度、A_{13}环境保护投入力度、A_2海洋经济发展指数对东海区地级市陆海统筹发展水平造成较大阻碍作用，A_{10}陆海经济发展协调度、A_3海洋资源综合开发指数、A_{16}人均可支配收入、A_9城镇登记失业率对东海区地级市陆海统筹发展水平造成一定阻碍作用。不同地级市陆海统筹水平障碍因子有所差异。宁波市在陆海统筹发展过程中应更加注重增加环境保护投入并平衡资源利用与经济发展；温州市应促进海洋经济发展，创造海洋经济活力；嘉兴市应充分利用和开发海洋资源，促进陆海经济协调发展；舟山市和台州市应加大对科技投入力度，增加对自然资源保护的重视程度。相较于浙江省地级市，科技带动作用对福建省地级市普遍造成更大阻碍作用，故应增加对科技创新投入。此外，福州市和泉州市还应加大对环境保护投入力度；厦门市和莆田市应平衡自然资源的利用和保护问题；漳州市和宁德市应注重海洋经济发展，协调陆海经济发展，提升人民生活水平，以促进陆海统筹发展。

表6.14　东海区地级市陆海统筹水平障碍度排序

障碍度排序	宁波	温州	嘉兴	舟山	台州	福州	厦门	莆田	泉州	漳州	宁德
第一障碍度	A_{13}	A_2	A_3	A_{15}	A_{15}	A_{15}	A_4	A_{15}	A_{15}	A_{15}	A_{15}
第二障碍度	A_4	A_{13}	A_4	A_4	A_4	A_{14}	A_{15}	A_{14}	A_{14}	A_{14}	A_{14}
第三障碍度	A_{14}	A_{14}	A_2	A_{13}	A_{13}	A_{13}	A_3	A_4	A_{13}	A_2	A_2
第四障碍度	A_{15}	A_{15}	A_{15}	A_{14}	A_{14}	A_4	A_9	A_2	A_4	A_{16}	A_{13}
第五障碍度	A_9	A_3	A_{10}	A_9	A_9	A_{16}	A_2	A_{10}	A_3	A_{10}	A_{16}

6.4 东海区大陆海岸带开发强度与陆海统筹的响应关系

6.4.1 开发强度与陆海统筹的相互影响关系

由于地理探测器原理为空间分异，并不能诠释其在统计意义上的相关性，故运用 SPSS 26 软件对东海区大陆海岸带市域开发强度与陆海统筹水平进行相关性检验，发现其在 0.01 水平下呈显著正相关，说明其在统计意义上具有相关性，可对其相互作用过程进一步研究。

运用地理探测器对东海区大陆海岸带市域开发强度与陆海统筹水平的相互影响关系进行探测（图 6.4）。图中实线为两变量相互影响强度 q 值年变化，虚线为 q 值变化线性趋势线。东海区大陆海岸带市域开发强度与陆海统筹水平的相互影响强度 q 值年变化较大，且无明显变化规律，但是从其趋势线来看，陆海统筹水平对开发强度影响强度呈减少趋势，而开发强度对陆海统筹水平影响强度呈增大趋势，即开发强度对陆海统筹的影响将超过陆海统筹对开发强度的影响。根据前文研究结果，东海区大陆海岸带开发强度增长速度在 2016—2018 年变缓，但各市陆海统筹水平在此期间仍然保持正向增长，另外即使从数学意义上来看，开发强度对陆海统筹水平的解释度也大于陆海统筹水平对开发强度的解释度。实际上，开发强度增

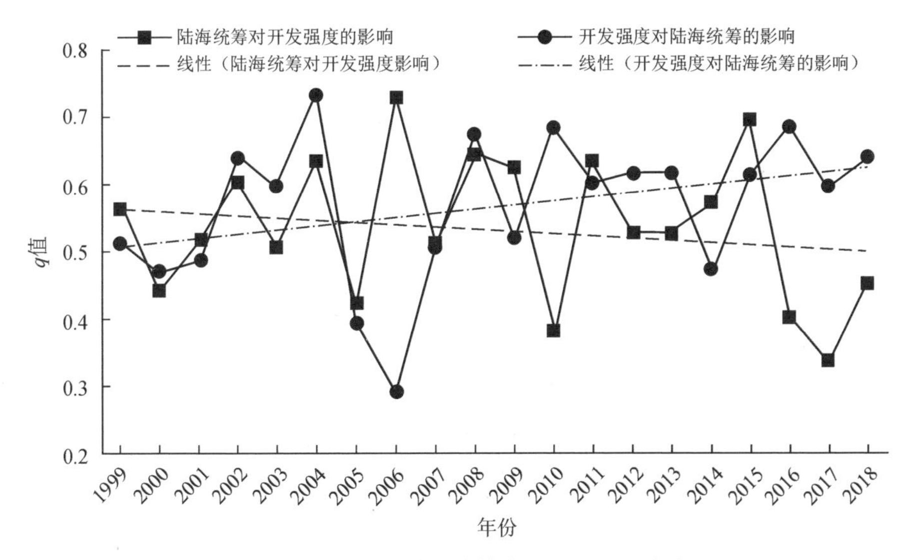

图 6.4 开发强度与陆海统筹水平的相互影响关系

长速度的降低，不仅受自然因素制约，也是可持续发展的必然要求。土地资源作为社会经济发展的重要资源而备受关注，随着城镇化进程的进一步加快，沿海地区面临更加激烈的土地资源约束矛盾，我们既要有效缓解沿海城市城镇化过程中的土地资源“瓶颈”，又要避免对海洋资源、生态环境等造成严重破坏，无序的横向扩张已经不能满足生产生活需要，只有集约、高效的开发利用才符合未来的发展方向。

6.4.2 陆海关键资源开发与陆海经济发展水平的脱钩关系

（1）土地开发强度与陆域经济发展水平的脱钩关系

东海区大陆海岸带开发强度与陆域经济发展水平的脱钩关系表现为弱脱钩、扩张连接、强负脱钩、扩张负脱钩 4 种，其中弱脱钩为主要的脱钩类型（表 6.15）。将研究时期从 1999—2018 年，等间距划分为四个时期：第一时期为 1999—2004 年；第二时期为 2004—2009 年；第三时期为 2009—2014 年；第四时期为 2014—2018 年。上海市在四个时期内均表现为弱脱钩，即其陆域经济发展水平在研究期内始终正向变化，且变化速度领先于开发强度的变化速度。除舟山市外，浙江省其他地级市开发强度和陆域经济发展水平在研究期内均为正向增长，其中宁波市前三个时期开发强度变化速度慢于陆域经济发展水平变化速度，在第四个时期内则与陆域经济发展水平保持同步变化；温州市和台州市陆域经济发展水平变化速度始终快于开发强度变化速度；嘉兴市前两个时期开发强度变化速度慢于陆域经济发展水平变化速度，在后两个时期内则与陆域经济发展水平保持同步变化。舟山市第一个时期内陆域经济发展水平为负向变化，第二个时期内恢复为正向变化，但是其变化速度慢于开发强度变化，第三、第四时期陆域经济水平超前于开发强度发展。漳州市和宁德市外的福建省其他地级市开发强度和陆域经济发展水平在研究期内也均为正向增长。其中，福州市在第一个时期开发强度变化速度快于陆域经济发展水平变化速度，第二个时期开发强度变化速度慢于陆域经济发展水平变化速度，第三个时期二者保持同步变化，第四个时期开发强度变化速度再次慢于陆域经济发展水平变化速度；厦门市、泉州市都在第一和第三个时期内开发强度和陆域经济发展水平保持同步变化，在第二和第四个时期开发强度变化速度再次慢于陆域经济发展水平变化速度；莆田市在第一个时期内开发强度变化速度快于陆域经济发展水平变化速度，其后的三个时期开发强度变化速度慢于陆域经济发展水平变化速度；漳州市第一时期陆域经济水平为负向变化，第二、第三时期恢复正向变化并与开发强度保持同步，第四时期其变化速度快于开发强度变化；宁德市在前三个时期内陆域经济水平为负向变化，第四个时期恢复为正向发展并快于开发强度变化。

表 6.15 东海区大陆海岸带市域开发强度与陆域经济发展水平脱钩关系

城市	1999—2004 年	2004—2009 年	2009—2014 年	2014—2018 年
上海市	弱脱钩	弱脱钩	弱脱钩	弱脱钩
宁波市	弱脱钩	弱脱钩	弱脱钩	扩张连接
温州市	弱脱钩	弱脱钩	弱脱钩	弱脱钩
嘉兴市	弱脱钩	弱脱钩	扩张连接	扩张连接
舟山市	强负脱钩	扩张负脱钩	弱脱钩	弱脱钩
台州市	弱脱钩	弱脱钩	弱脱钩	弱脱钩
福州市	扩张负脱钩	弱脱钩	扩张连接	弱脱钩
厦门市	扩张连接	弱脱钩	扩张连接	弱脱钩
莆田市	扩张负脱钩	弱脱钩	弱脱钩	弱脱钩
泉州市	扩张连接	弱脱钩	扩张连接	弱脱钩
漳州市	强负脱钩	扩张连接	扩张连接	弱脱钩
宁德市	强负脱钩	强负脱钩	强负脱钩	弱脱钩

（2）海洋资源综合开发指数与海洋经济发展水平的脱钩关系

东海区大陆海岸带市域海洋资源综合开发指数与海洋经济发展水平的脱钩关系表现为扩张负脱钩、扩张连接、弱脱钩、强脱钩、衰退连接 5 种，其中弱脱钩为主要的脱钩类型（表 6.16）。上海市在前两个时期内为强脱钩，在后两个时期内为扩张负脱钩，即在 1999—2009 年，上海市海洋综合资源开发指数呈负向变化，海洋经济发展水平呈正向变化；2009—2018 年，上海市海洋资源综合开发指数与海洋经济发展水平均呈正向变化，且海洋综合资源开发超前于海洋经济水平发展。弱脱钩和扩张负脱钩为浙江省沿海市域海洋资源综合开发指数与海洋经济发展水平的主要脱钩关系。除温州市外，浙江省其他地级市在四个时期内仅出现扩张负脱钩、弱脱钩、扩张连接三种脱钩类型，即宁波市、嘉兴市、舟山市、台州市在 1999—2018 年间海洋资源综合开发指数与海洋经济发展水平始终为正向发展，只是二者变化速度存在变化，其中宁波市海洋经济发展水平变化速度先后经历超前于海洋资源综合开发指数变化速度和落后于海洋资源综合开发指数变化速度，最后再次超前于海洋资源综合开发的过程；嘉兴市海洋资源综合开发指数变化速度越来越快，由最开始落后于海洋经济发展水平到最终超前于海洋经济发展水平；舟山市海洋经济发展水平逐渐超前于海洋资源综合开发；台州市海洋经济水平开始与海洋资源综合开发保持同步增长，后来先后经历落后于海洋资源综合开发指数增长和超前于海洋资源综合开发指数增长，最后再次落后于海洋资源综合开发指数增长。温州市第一个时期和第三个时期为弱脱钩，第二个时期为扩张负脱钩，第四个时期为强脱钩，其海洋资源综合开发与海洋经济发展水平在前三个时期保持正向发展，在第四个时期，海洋经济发展水平仍为正向发展，海洋资源综合开发指数则呈负向变化。福建省内，福州市、厦门市、漳州市在四个时期内海洋资源综合开发指数与海洋经济发展水平始终为正向发展，且前三个时期均为弱脱钩，即海洋资源综合开发指数变化速度落后于海洋经济发展水平，在第四个时期，福州市海洋资源综合开发指数与海洋经济发展水平保持同步变化，厦门市和漳州市海洋资源综合开发则超前于海洋经济水平；莆田市海洋资源综合开发指数与海洋经济发展水平在第一个时期保持同步变化，第二个时期内海洋资源综合开发指数负向变化，而在后两个时期内，海洋资源综合开发指数恢复正向增长，但是变化速度落后于海洋经济发展水平；泉州市在前三个时期内，海洋资源综合开发指数变化速度落后于海洋经济发展水平，但均为正向变化，第四个时期海洋资源综合开发指数为负向变化；在第一个时期内，宁德市海洋资源综合开发指数正向变化快于海洋经济发展水平变化，其后的两个时期内，二者均保持同步变化，其中第二个时期均为负向变化，第三个时期均恢复正向增长，第四个时期海洋资源综合开发指数正向变化落后于海洋经济发展水平变化。

表 6.16　东海区大陆海岸带市域海洋资源综合开发指数与海洋经济发展水平脱钩关系变化

城市	1999—2004 年	2004—2009 年	2009—2014 年	2014—2018 年
上海市	强脱钩	强脱钩	扩张负脱钩	扩张负脱钩
宁波市	弱脱钩	扩张负脱钩	弱脱钩	弱脱钩
温州市	弱脱钩	扩张负脱钩	弱脱钩	强脱钩
嘉兴市	弱脱钩	弱脱钩	扩张连接	扩张负脱钩
舟山市	扩张连接	弱脱钩	弱脱钩	弱脱钩
台州市	扩张连接	扩张负脱钩	弱脱钩	扩张负脱钩
福州市	弱脱钩	弱脱钩	弱脱钩	扩张连接

续表

城市	1999—2004 年	2004—2009 年	2009—2014 年	2014—2018 年
厦门市	弱脱钩	弱脱钩	弱脱钩	扩张负脱钩
莆田市	扩张连接	强脱钩	弱脱钩	弱脱钩
泉州市	弱脱钩	弱脱钩	弱脱钩	强脱钩
漳州市	弱脱钩	强脱钩	弱脱钩	扩张负脱钩
宁德市	扩张负脱钩	衰退脱钩	扩张连接	弱脱钩

6.5 陆海统筹视角下的海岸带空间规划策略优化

6.5.1 省级空间规划体系

破解陆海统筹的实现难题，最终还是要加强顶层设计，落实陆海一体的国土空间规划。事实上，在国务院印发的《全国主体功能区规划》及国家海洋局印发的《关于开展编制省级海岸带综合保护与利用总体规划试点工作的指导意见》（下称《省级海岸带规划指导意见》）等众多规划中都明确了陆海统筹作为国土空间规划原则之一的地位。以 2020 年作为分界点，省级国土空间生态修复规划以 2020 为基期，土地利用规划、主体功能区、海洋功能区划、省级海岛保护规划期限均设定为 2020 年，海岸带综合规划以 2020 年为近期目标，仅广东省作为试点已发布具体海岸带空间规划，即目前正处于对上一阶段规划效果进行评估及对下一阶段进行重新规划的关键时期节点。从我国已有的省级国土空间规划体系来看（表 6.17），规划主体大致可以分为陆域空间和海域空间，虽然主体功能区规划中强调国土空间是指国家主权管辖下的全部空间，不仅包括陆域国土空间，还应包括海域国土空间，但是由于海洋国土空间的特殊性，在实际编制过程中仍然将陆域和海域主体功能区分开进行规划，陆域空间规划体系由多部门共同参与，形成以空间要素差异为导向的可实现多重目标的管理体系，而海域空间规划体系则由涉海部门主导，形成以海域使用权为主的目标相对单一的空间管理体系。省级国土空间规划涉及国土资源类规划和生态环境保护类规划，其中相比陆域空间规划，海域空间规划更看重生态环境保护目标，这是由海域环境自身的复杂性所决定的。

表 6.17 省级国土空间规划体系

规划名称	分区依据	内容侧重	分类体系构成
土地利用总体规划	土地适宜性评价	土地资源的开发、利用和保护	农用地、建设用地、未利用地等
主体功能区规划	国土空间资源、环境、经济发展综合评价	人口、经济、资源环境的空间均衡	优化开发、重点开发、限制开发和禁止开发区域
国土空间生态修复规划	以第三次全国国土调查数据为基础的综合评价	以山水林田湖草一体化保护修复为主线的国土空间生态修复	生态、农业、城镇三类功能空间
海洋功能区划	中国海域的自然属性、开发利用与环境保护现状评价	海洋资源开发、利用和保护	农渔业、港口航运、工业与城镇用海、矿产与能源、旅游休闲娱乐、海洋保护、特殊利用、保留等八类海洋功能区
海岸带综合保护与利用总体规划	海岸带开发利用与保护现状评价	海岸带综合保护与利用	分别在陆域和海域划定“三区三线”
海岛保护规划	海岛开发利用与保护现状评价	海岛自然条件与社会经济发展需求	共设“三级十五类”海岛类型

2017 年，国务院办公厅印发《省级空间规划试点方案》，方案要求以主体功能区规划为基础，精细化开展资源环境承受能力和国土空间开发适宜性两项评价，摸清国土空间本底条件和适宜用途，划定“三区三线”，统筹各类国土空间规划，编制统一的省级空间规划。其实质是继 2014 年在全国 28 个市县进行“多规合一”试点之后的省域“多规合一”试点，此次试点范围共含 9 个省份，浙江省与福建省作为东部沿海发达省份在列。2021 年，浙江省与福建省自然资源厅各自发布 2021—2035 年国土空间规划（表 6.18）。在此次规划中，两省全面考虑了辖区范围内含陆域与海域的全部国土空间，规划内容广泛，涉及生态保护、农业空间、城镇空间、交通网络等多方面的省级空间布局规划，其中在对海洋空间的规划中，浙江省空间规划在明确陆海统筹重点内容的基础之上确定浙江省海洋空间格局，以沿海一带作为陆海统筹重点区域，以省管辖的外围海域作为海洋生态保护的重点区域，并划分了杭州湾南岸、甬台象山港—三门湾、台州湾和温州瓯江口四大海陆一体化区域。福建省空间规划也涉及海洋空间，分别从生态保护、资源开发利用、海洋经济发展的角度，明确海洋生态保护红线，分类管理海岸线和海岛界线，建设海洋经济发展高地，但尚未有全省海洋空间统一规划。

表 6.18 浙江省和福建省空间规划对比

项目	浙江省空间规划	福建省空间规划
规划范围	浙江省行政辖区（含陆域与海域）	福建省行政辖区（含陆域与海域）
海岸带在国土空间总体规划中地位	沿海生态屏障	近岸海域和海岸保护带
规划内容	生态保护、农业空间、城镇空间、海洋空间、交通运输通道布局、灾害分区与公共卫生安全布局	农业空间、生态空间、城镇空间、产业集群空间布局、历史文化景观布局、综合交通网络布局
海洋空间规划重点内容	确定陆海统筹重点区域和海洋生态保护区，优化海岸线、海岛分类	分别确定生态保护、资源开发利用、海洋经济发展重点区域

6.5.2 陆海统筹视角下国土空间规划中存在的问题

（1）高强度开发现状仍未得到解决

国土空间的开发利用可以为地区的社会经济发展提供有力支撑，但是高强度的开发将挤压生态空间和耕地面积，导致生态空间建设困难和农产品供给压力，另外城市建设用地的快速扩张或许还存在土地利用方式不够集约高效问题，造成土地资源浪费。这些问题早就被人们意识到，在《上海市主体功能区规划》《浙江省土地利用规划》等多项规划都提到要减少土地利用强度，提高利用效率，加强土地集约利用。从开发强度与陆域经济的脱钩关系来看，陆域经济发展水平普遍已经快于开发强度增长速度，一定程度上可以说明东海区大陆海岸带陆域土地利用处于相对高效的利用模式，但是上海市、嘉兴市、厦门市等城市国土开发规模较大，城市建设用地快速增长，中心城市不断向外扩张蔓延的趋势仍比较明显；虽然从 2016 年起，建设用地面积增加趋势明显减缓，但是土地高强度开发现状仍未得到根本性解决，以上海市为典型，其开发强度已经远远超过国际大都市一般水平。此外，从整体来看，部分城市海洋综合资源开发利用水平还是快于海洋经济发展，可以说明相对于陆域，海洋资源的开发利用模式较为粗放。

（2）海域空间规划重视程度仍不足

海域国土空间规划重视程度不够体现在规划涉海指标设置不全面和海洋空间规划过于简略两个方面。首先，在我国国土空间规划中，主要以资源环境承载力和国土空间适宜性“双评价”为依据，重点在于评价生态保护、农业生产与城镇建设三大功能，故指标内容设置多集中在陆域经济发展、城市建设及保护修复等方面，对海域空间的指标设置则不够全面。其次，《上海市主体功能区规划》《浙江省国土空间规划》《福建省国土空间规划》在规划范围上均包含了辖区内陆域和海域在内的所有国土空间，但是相较于陆域空间的规划，海域空间的规划仍然比较简略。《上海市主体功能区规划》主要对市辖区的主体功能进行分区，仅在构建城镇化空间格局时提到“推进长兴岛海洋装备产业基地建设”“形成沿海滨江产业发展带”等；《福建省国土空间规划》虽然单独罗列了海洋空间的开发利用与保护，但是并未形成整体空间规划；《浙江省国土空间规划》中对海洋空间的规划布局具有一定创新意义，但并未对海域空间进行更详细的规划，海陆一体化区域的功能与四大海陆一体化区域的主体功能尚未明晰。当前国土空间规划重点在于用途管制，确定生态红线和城镇化边界，简略的海域空间规划不仅弱化了海域空间在国土空间的战略地位，而且难与陆域空间规划相衔接从而限制陆海统筹管制的落实。

（3）陆海空间规划存在功能性冲突

虽然陆海统筹已经成为国土空间规划的重要原则之一，且国土空间规划也对陆海国土空间一体规划作出了积极尝试，但是在具体规划中，陆域国土空间与海域国土空间规划衔接仍然存在脱节，即陆海空间分别进行规划。但沿海地区尤其是海岸带地区存在陆海功能兼具的空间，使得陆地和海洋规划对于该类空间的定位存在差异，导致沿海城市的海岸带空间发生功能性冲突。如象山港、奉化区和宁海县沿岸在浙江省主体功能区划分中为省级重点开发区域，作为沿海平原区的一部分，承担着浙江省海洋经济发展示范区的建设任务，其重点是建设产业聚集区和滨海新城，打造现代化海洋产业体系，发展临港工业。但是在海洋主体功能分区规划中，象山港、奉化区和宁海县沿海区域被划分为限制开发区域，其功能定位为“海洋渔业保障区”，需要重点发展的产业是以海水养殖业为主的海洋第一产业与以“海洋旅游”为主的海洋第三产业。

（4）海洋空间规划体系缺乏详细规划

根据《中共中央、国务院关于建立国土空间规划体系并监督实施的若干意见》，国土空间规划体系是一个多层级、多类型，以评估环节辅助监管规划实施的统一系统，纵向上分为国家级、省级、市县级和乡镇级，各级空间规划虽然各有分工及侧重，但却相互衔接构成整体；横向上分为总体规划、详细规划和相关专项规划，专项规划间相互协同，有机相连，共同构筑国土空间规划体系。但是相较于陆域空间规划体系，海洋空间规划体系仍不成熟，缺乏衔接与关联。如《土地利用总体规划》已经形成由三个层级共同构成的统一规划体系，但是《海洋功能区划》仅到市级，缺乏市县及以下层级的详细规划，且各类海域空间规划间缺乏有机联系，部分规划存在内容重叠，规划实施监管和评估环节不被重视，不同用途的管控手段和途径较单一，难以对用途类型多元化地区形成综合性、整体性的管控，海洋管理的效率较低。

6.5.3 陆海统筹视角下的海岸带空间规划建议

针对陆海统筹视角下国土空间规划中存在的问题，聚焦于海岸带空间规划的目标和试点区的经验基础，从以下四个方面为海岸带空间规划提出建议。

（1）丰富涉海指标，摸清本底条件

资源环境承受能力和国土空间开发适宜性双评价是国土空间规划的基础，只有同时摸清陆域国土空间和海域国土空间的自然本底条件，才能对海岸带空间整体进行把控和统一筹划，故针对海岸带空间进行双评价时应丰富涉海指标，构建陆海一体的双评价指标体系。虽然《资源环境承载力和国土空间开发适宜性评价指南》包含部分海洋指标，但并未单独形成海域国土空间“双评价”指标体系，我们在此基础上，补充海洋空间规划的评价指标，形成海岸带空间规划双评价指标体系（表6.19）。根据生态保护重要性评价，陆海分别确定生态保护红线与生态空间；在陆域国土空间中，根据农业生产适宜性评价与农业生产承载力评价确定农业适宜空间及农业生产规模，根据城镇建设适宜性评价与城镇建设承载力评价确定城镇适宜性空间与城镇化规模；在海域国土空间，根据渔业用海适宜性评价和海洋渔业资源承载力评价确定海洋生物资源利用适宜区及利用规模；根据建设用海适宜性评价和建设用海承载力评价确定海洋建筑用海适宜区及建筑用海规模。

表 6.19　海岸带空间规划“双评价”指标体系

<table>
<tr><th></th><th>评价系统</th><th>子系统</th><th>指标</th></tr>
<tr><td rowspan="9">陆域国土空间</td><td rowspan="2">生态保护重要性评价</td><td>生态系统服务功能重要性</td><td>水源涵养量、植被覆盖度、坡度、生态系统优劣性、生物多样性指数</td></tr>
<tr><td>生态系统脆弱性</td><td>水力侵蚀强度</td></tr>
<tr><td rowspan="2">农业生产适宜性评价</td><td>种植业生产适宜性</td><td>水资源丰度、坡度、土壤肥力、气象灾害、土壤盐渍化</td></tr>
<tr><td>淡水渔业生产适宜性</td><td>资源生物量、鱼卵密度、幼稚鱼量、天然饵料基础；水质质量</td></tr>
<tr><td rowspan="3">农业生产承载力评价</td><td>耕地承载力</td><td>灌溉可用水量、</td></tr>
<tr><td>牲畜承载力</td><td>农业养殖粪肥养分需求量和供给量</td></tr>
<tr><td>渔业承载力</td><td>养殖尾水排放和水质污染</td></tr>
<tr><td>城镇建设适宜性评价</td><td>城镇建设适宜性</td><td>水资源、坡度、海拔、地质灾害</td></tr>
<tr><td>城镇建设承载力评价</td><td>城镇建设承载力</td><td>城镇人口规模、人均城镇建设面积</td></tr>
<tr><td rowspan="6">海域国土空间</td><td rowspan="2">生态保护重要性评价</td><td>生态系统服务功能重要性</td><td>海洋生物多样性指数、海岸生物防护功能区</td></tr>
<tr><td>生态系统脆弱性</td><td>海岸侵蚀</td></tr>
<tr><td>渔业用海适宜性评价</td><td>渔业用海适宜性</td><td>资源生物量、鱼卵密度、幼稚鱼密度；海水水质、海水深度、距陆域排污口距离</td></tr>
<tr><td>海洋渔业资源承载力评价</td><td>海洋渔业资源承载力</td><td>养殖水质污染</td></tr>
<tr><td>建设用海适宜性评价</td><td>建设用海适宜性</td><td>港口条件、矿产资源、海洋灾害风险等</td></tr>
<tr><td>建设用海承载力评价</td><td>建设用海承载力</td><td>建设用海资源耗用指数、允许的海洋开发程度指数</td></tr>
</table>

（2）坚持以海定陆，协调陆海空间功能

分别对陆域国土空间和海域国土空间进行双评价并初步确定陆海分类和分区，可能仍然会出现海岸线两边陆海空间功能不匹配的情况，因此需要根据实际情况进行调整，协调陆海空间功能，可以从以海定陆、跨系统影响因素等方面考虑调整措施。首先，相较于陆域空间，海域空间具有生态脆弱性、污染不可控性、资源独特性等特点，在此背景下，当陆海空间功能不匹配甚至相冲突的情况下，应优先实现海域空间功能，坚持以海定陆（图6.5），如渔业用海空间与陆域城镇建设空间或工业生产空间矛盾；其次，陆海空间并不是完全彼此独立的两个空间体系，存在要素流动和能量循环连接陆海两个系统，以河口为例，作为咸淡水交汇水域，既连接陆海生态系统使其具有独特景观，又增加陆源污染扩大的风险，具有跨陆海两系统的关键影响因素，根据其独特性调整附近陆海空间功能以生态保护为主。

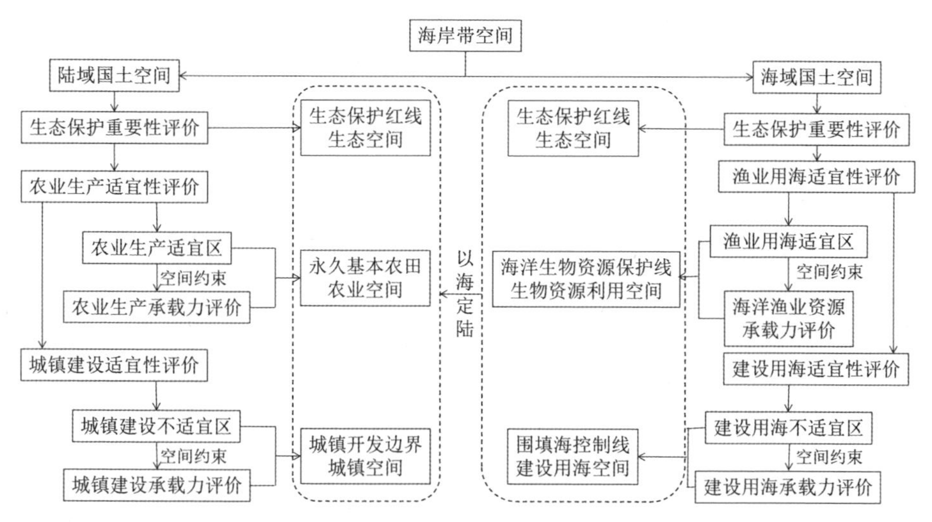

图 6.5　陆海统筹视角下的海岸带空间规划流程

（3）因地制宜，编制详细规划

根据《省级海岸带规划指导意见》，其设定的空间规划范围为沿海县级行政区域的陆域空间和省级行政区域管辖范围内的海域空间，将陆海空间笼统分为生态、农业、城镇建设用地三种，并不足以支撑沿海县级行政区域的陆海统筹发展，再加上沿海地区经济发展水平、产业结构侧重、自然资源开发利用现状、海岸带空间发展方向存在差异，故应因地制宜地开展海岸带空间规划，与国土空间规划体系做好衔接。纵向上，各沿海省市整体把控，根据实际情况调整规划指标，开展海岸带空间规划，协调陆海空间功能，沿海市县在省级规划基础上进行调整和细化，各市县及以下根据经济发展布局编制海岸带空间的详细规划，自上而下地形成完整规划体系；横向上，与总体规划、其他详细规划、相关专项规划进行衔接，形成陆海一体的国土空间规划体系。

（4）加强管控，及时评估

编制、实施、监督三方相对脱节导致我国国土空间规划管理存在不到位情况。针对此种情况，浙江省与福建省都已经从政策与法规保障、监督机制、空间治理工程等方面进行实践，甚至构建国土空间规划数字管理信息平台以保障规划实施。陆海原有管理体制具有较大差异，在当前由自然资源部统一陆海空间管理背景下，应在原有陆域空间管控基础上，完善海域空间管控措施，构建陆海一体的管控体系，健全技术保障，明确管控要求，严控生态红线，监督规划实施，并及时对规划实施效果进行评估，根据国土空间利用实际情况适时调整规划以确保适用性和可操作性。

6.6 小 结

本章基于脆弱性分析框架建立陆海统筹水平指标体系，运用熵权 -TOPSIS 法确定指标权重，利用耦合协调度模型计算陆海经济协调发展程度，通过核密度模型分析东海区大陆海岸带近 20 年陆海统筹水平时空变化特征，最后运用障碍度模型确定陆海统筹水平的影响因子。主要结论如下。

（1）1999—2019 年，上海市海洋经济和陆域经济发展水平一直优于浙江省和福建省，浙江省港口经济发展水平则优于上海市和福建省。宁波市海洋、陆域、港口经济发展水平则均优于其他地级市。无论是省级还是市级行政区域，陆域经济都比海洋经济发展得更快、更平稳。

（2）上海市经济协调发展程度最高，也最先达到协调发展，截至 2019 年，浙江省和福建省也都达到协调发展，但是市级行政区中仅有宁波、舟山、福州、厦门 4 市达到陆海经济协调发展。

（3）整体来看，研究期内，东海区大陆海岸带陆海统筹水平呈上升趋势，相对两省一市的平稳上升过程，市级陆海统筹水平则先后经历缓慢发展阶段和快速发展阶段，并且市级陆海统筹水平呈差异化发展趋势，其差异先减小后增大，且差异化速度先增大后减小。

（4）整体来看，资源与环境、科技发展对东海区大陆海岸带整体陆海统筹水平发展起到主要带动作用，陆海经济发展及人民生活占据次要地位。

（5）整体来看，陆海统筹水平对开发强度影响强度呈减小趋势，而开发强度对陆海统筹水平影响强度呈增大趋势；东海区大陆海岸带土地开发强度与陆域经济发展水平基本保持比较健康的发展状态，而海洋资源综合开发指数变化速度逐渐领先于海洋经济发展变化速度，即海洋资源开发可能存在资源浪费的情况。

（6）基于前文研究结论及对现有省级国土空间规划的梳理，可以发现目前国土空间规划对海域空间重视度不够、陆海空间存在冲突、海域国土空间规划不够成熟、规划实施得不到保障，因此本书从陆海统筹视角出发，为海岸带空间规划提出 4 点建议：丰富涉海指标，摸清本底条件；坚持以海定陆，协调陆海空间功能；因地制宜，编制详细规划；加强管控，及时评估。

7
东海区大陆海岸带开发强度时空演变——以台州为例

7.1 海岸线开发强度时空演变研究方法

7.1.1 海岸线变化程度指数

海岸线变化程度指数指在一定时期内发生变化的海岸线长度占总长度的百分比，能够反映海岸线变化的时序特征。其计算公式如下（李加林等，2019b）：

$$LCI_{ij} = \frac{L_j - L_i}{L_i} \times \frac{1}{T} \times 100\% \tag{7.1}$$

式中，LCI_{ij} 表示海岸线变化程度；L_i 为研究基期海岸线长度；L_j 为研究末期海岸线长度；T 为研究期长。LCI_{ij} 数值的正负反映海岸线增加或减少，数值大小反映变化程度。

7.1.2 海岸线多样性指数

借助景观生态学中多样性指数概念及计算方法，来计算台州市海岸线多样性指数（D），可以较好反映海岸线类型的多样化程度。其计算公式如下（王宪礼等，1997）：

$$D = -\sum_{i=1}^{n} C_i \log_2 C_i \tag{7.2}$$

式中，D 表示海岸线多样性指数；n 为海岸线类型数；C_i 为第 i 种类型海岸线的比重。当 D=0 时，海岸线多样性低，海岸线结构单一；当 D=1 时，海岸线多样性高，海岸线结构多元。

7.1.3 海岸线分形维数

海岸线形态复杂性与不规则程度的时空变化可借助分形维数（D）来实现。分形维数是用于探究分形体几何复杂程度的主要工具，有 Hausdorff 维数、盒子维数、关联维数等计算方法，常用于地貌、土壤结构、城镇空间演变等方面研究（姚晓静等，2013；秦耀辰和刘凯，2003）。本研究选择盒子维数的计算方法，参考地图数字化相关要求与海岸线矢量数据的分辨率，运用 ArcGIS 空间分析功能，生成边长（r）为 30、60、90、120 和 150 的网格，得到相应边长网格数目（N_r）。基于最小二乘法原理，对 r 与 N_r 做回归分析，得到回归系数即分形维数。分形维数 D 为 1~2，数值越大表示海岸线几何形状越复杂，曲折程度越高。

7.1.4 海岸线开发强度

参考土地利用程度综合指数概念（叶梦姚等，2017；庄大方和刘纪远，1997），构建海岸线开发强度评价体系（表 7.1）。赋值原则为：①自然岸线开发利用难度及受人类影响难易度；②人工岸线附近人类活动类型与人类活动密集程度。

表 7.1　海岸线开发强度赋值原则及指数（P_i）

一级分类	二级分类	赋值原则	P_i
自然岸线	基岩岸线	开发利用难度大，受人类活动影响最小	0
	淤泥质岸线	开发利用难度较大，通过滩涂围垦转变养殖或建设岸线，受人类活动影响较大	0.2
	河口岸线、沙砾质岸线	部分河口岸线与沙砾质岸线，易受船舶运输及沙滩旅游等活动干扰，故其指数较高前两者	0.4
人工岸线	养殖岸线、建设岸线	渔业养殖及城镇、农村居民点及工厂建设等；人类活动密集度较高	0.8
	港口码头岸线	受船舶运输业影响；人类活动密集度高	1.0

海岸线开发强度（LA）是通过对不同类型海岸线赋予相应数值，反映海岸线综合利用程度。其计算公式如下（李加林等，2019b）：

$$LA=\sum_{i=1}^{n}(C_i\times P_i) \tag{7.3}$$

式中，LA 表示区域海岸线开发强度；n 为海岸线类型；C_i 为某一类海岸线占总长度的比重；P_i 为某一类岸线的开发利用强度指数。$LA\in[0,1]$，数值越大，表示岸线开发利用程度越强。

7.1.5 土地利用时序分析

土地利用时序分析（interval analysis）旨在计算研究期内土地利用的年均变化率（S_t）及整体变化率（U），并通过比较两者大小，判断不同时期土地利用变化程度差异。其计算公式如下（Aldwaik 和 Pontius，2012）：

$$S_t=\frac{\sum_{j=1}^{J}\left(\sum_{i=1}^{j}C_{tij}-C_{tjj}\right)}{\sum_{j=1}^{J}\sum_{i=1}^{j}C_{tij}}\times\frac{1}{Y_{t+1}-Y_t}\times 100\% \tag{7.4}$$

$$U=\frac{\sum_{t=1}^{T-1}\sum_{i-1}^{j}\left(\sum_{i=1}^{j}C_{tij}-C_{tjj}\right)}{\sum_{j=1}^{J}\sum_{i=1}^{j}C_{tij}}\times\frac{1}{Y_T-Y_1}\times 100\% \tag{7.5}$$

式中，J 为土地利用类型数目；i 表示研究基期的土地类型；j 表示研究末期的土地类型；T 为时间段的数量，t 表示划分时间段的节点；Y_t 表示时间节点 t 的对应年份；C_{tij} 表示从 t 到 t+1 时期内，i 类土地转变为 j 类的数量；C_{tjj} 表示 $[Y_t, Y_{t+1}]$ 期间未发生变化的 j 类土地数量。当 $S_t>U$ 时，表示 t 时间段土地利用变化率快于整体变化水平；反之则慢于整体变化水平；当 $S_t=U$ 时，表示土地利用变化呈稳定状态。

7.1.6 土地利用结构变化分析

土地利用类型变化（category analysis）是通过测算研究期内不同类型土地转入强度（G_{tj}）与迁出强度（L_{tj}），并比较两者大小来判断海岸带土地利用的结构变化。其计算公式如下（Aldwaik 和 Pontius，2012）：

$$G_{tj}=\frac{\sum_{i=1}^{j}C_{tij}-C_{tjj}}{\sum_{i=1}^{j}C_{tij}}\times\frac{1}{Y_{t+1}-Y_{t}}\times 100\% \tag{7.6}$$

$$L_{ti}=\frac{\sum_{j=1}^{j}C_{tij}-C_{tii}}{\sum_{j=1}^{j}C_{tij}}\times\frac{1}{Y_{t+1}-Y_{t}}\times 100\% \tag{7.7}$$

式中，C_{tii} 表示 $[Y_t,\ Y_{t+1}]$ 期间未发生变化的 i 类土地数量。当 $G_{tj}>L_{ti}$ 时，表示单元内 j 类土地存在转变且土地数量处于增加状态；反之则处于减少状态；当 $G_{tj}=L_{ti}$ 时，表示 j 类型土地存在转变，但该类土地数量不变。同时，将各时期不同类型土地利用转入及迁出强度与整体水平进行比较，判断不同时期海岸带土地利用结构变化特征。

7.1.7 人类活动强度指数

人类活动强度指数（human activity intensity of land surface，*HAILS*）是徐勇等（2015）提出的，是表征人类活动对陆地表层影响和作用程度的综合指数，借助建设用地当量折算方法，将不同类型土地利用换算为建设用地并进行综合评价。其计算公式如下（徐勇等，2015）：

$$HALIS=\frac{S_{CLE}}{S}\times 100\% \tag{7.8}$$

$$S_{CLE}=\sum_{i=1}^{n}(SL_i\times CL_i) \tag{7.9}$$

式中，*HALIS* 为人类活动强度，$HALIS\in[0,\ 1]$；S_{CLE} 为建设用地当量面积，建设用地当量是度量区域人类活动强度的基本单位；S 为总面积；SL_i 为 i 类土地的面积；CL_i 为 i 类土地建设用地当量折算系数；n 为区域土地利用类型（在本研究中 n=8）。建设用地当量折算系数是根据人类活动对地表不同类型土地影响强度差异而换算成的不同类型土地建设用地的系数。其中，建设用地当量系数的赋值原则需按照以下步骤来实现。

（1）建设用地当量折算系数划分依据

参考徐勇等（2015）建设用地当量折算系数的划分依据，并结合海岸带各类型土地利用的演变特征，划分为地表覆被变化、地表覆被利用、人工隔层修建这三个依据。对此三类划分依据进行等分赋值，具体信息见表7.2。

表 7.2 建设用地当量折算系数划分依据

划分依据	含义及说明	赋值
地表覆被是否变化	原有地表覆被物类型被改变，比如未利用地主要是通过围填海将原有近海滩涂改造为尚未开发利用的陆地资源	1/3
地表覆被是否被利用	在原有覆被或被改变覆被基础上，被人类开发利用，比如耕地是在荒地、草地、未利用地及林地开垦基础上，进行作物种植	1/3
是否存在人工隔层	在地表修建各类人工构筑物，进而影响物质能量交换，比如城镇建设中修建的不透水面，阻隔了水分下渗及能量传递	1/3

（2）各类土地建设用地当量折算系数

参照建设用地当量折算系数的划分依据，根据各类型土地属性，如空间分布与开发利用方式等特征，进行系数设定。海域表层覆被未发生改变，其开发利用难度较大且不存在人工隔层，故将其折算系数设置为 0。内陆水域的地表覆被未发生改变，内陆水域的利用率较低，且不存在人工隔层，也将其折算系数设置为 0。林地、草地地表覆被未发生变化且不存在人工隔层，但其地表覆被可被利用，因此将这两类土地折算系数均设置为 0.333。在耕地上多种植一年生作物，地表覆被会发生变化且可被利用，但不存在人工隔层，因此将其折算系数设置为 0.667。养殖用地、未利用地及建设用地这三类土地均存在地表覆被变化，其中未利用地因尚未被人类开发利用，因此将其折算系数设置为 0.333，而养殖用地与建设用地的差异在于是否存在人工隔层，故将其折算系数分别设置为 0.667 和 1。具体如表 7.3 所示。

表 7.3 不同类型土地的建设用地当量折算系数

土地类型	地表覆被是否有变化	地表覆被是否被利用	是否存在人工隔层	折算系数	开发强度
耕地	+	+	–	0.667	中强度
林地	–	+	–	0.333	低强度
草地	–	+	–	0.333	低强度
内陆水域	–	–	–	0	未开发
建设用地	+	+	+	1	完全开发
养殖用地	+	+	–	0.667	中强度
未利用地	+	–	–	0.333	低强度
海域	–	–	–	0	未开发

7.2 海岸线开发强度时空演变

7.2.1 海岸线时空变化特征

（1）台州市海岸线长度变化

由表 7.4 可知，台州市海岸线整体变化显著，主要表现为海岸线长度逐渐缩短，各县（市、区）海岸线变化存在明显的空间分异。其中，海岸线长度变化主要借助海岸线变化程度指数体现。

根据海岸线变化程度指数计算公式，计算得到台州市海岸线变化程度结果（表 7.4、7.5 和图 7.1）。可以看出，除 1990—2005 年临海市海岸线长度大于台州市区海岸线长度外，台州市各县（市、区）海岸线长度大致维持“三门县 > 玉环市 > 温岭市 > 台州市区 > 临海市”的空间格局。1990 年台州市海岸线长度为 660.039km，至 2019 年海岸线长度减少到 577.586km，共减少 82.453km，减幅达 12.492%，并且各时期海岸线变化存在不同差异。台州市海岸线变化程度呈“W”形下降，整体变化程度为 –0.416%。2000—2005 年海岸线变化程度最明显，为 –1.105%，这一时段海岸线减少了 35.450km；2015—2019 年海岸线变化程度最弱，为 –0.154%，减少 4.486km；其余时段台州市海岸线变化程度围绕整体变化程度有小幅波动。

1）海岸线变化方向差异

由表 7.5 和图 7.1 可知，台州各县（市、区）海岸线变化方向不一。截至研究末期，海岸线增加地区仅有台州市区，其他四县（市、区）则表现为波动下降。1995—2000 年临海市与台州市区海岸线呈现增长趋势，其增幅分别为 0.492% 和 0.296%；2000—2005 年仅有温岭市呈增长趋势，增幅为 0.707%；2005—2010 年仅有三门县增长，增幅为 0.030%；2010—2015 年临海市与台州市区海岸线呈现增长趋势，其增幅分别为 2.504% 和 0.264%；2015—2019 年温岭市与玉环市海岸线增长，增幅分别为 0.012% 和 0.037%。而其他时期，各县（市、区）海岸线均表现为下降，反映出不同县（市、区）海岸线变化方向时序差异。

2）海岸线变化程度差异

结合表 7.5 和图 7.1，台州市各县（市、区）海岸线变化程度呈“台州市区 > 玉环市 > 三门县 > 临海市 > 温岭市”的格局。玉环市海岸线缩减幅度最大，集中于 2000—2005 年和 2005—2010 年两个时期。2000—2005 年间由于实施连岛工程和漩门湾三期围垦工程，自然岸线大幅减少，导致该时期台州市海岸线缩减程度达最大值。海岸线增加程度最明显地区为台州市区，主要集中于 2005—2010 年，增幅达 7.519%，主要原因是该时期椒江区对东部滩涂的围垦和路桥区对白果山岛、黄礁等岛礁的连岛及围垦工程的建设，以及 2005—2010 年间临海市开展北洋镇围填海工程，使得自然岸线大幅减少，建设岸线大幅增加。另外，在 2010—2015 年间，对头门岛的连岛工程铺设了近 4km 人工堤坝，使得该时期建设岸线也大幅增加。三门县、温岭市在不同时期海岸线变化程度存在差异，但相对其他三县（市、区）较稳定。

表 7.4　台州市及各县（市、区）海岸线长度（单位：km）

区域	1990 年	1995 年	2000 年	2005 年	2010 年	2015 年	2019 年
台州市	660.039	650.799	641.461	606.011	601.332	582.072	577.586
三门县	217.996	215.498	204.215	201.035	201.335	190.464	189.992
临海市	56.418	55.723	57.094	53.754	47.085	52.980	50.861
台州市区	56.200	55.081	55.895	54.303	74.718	75.703	73.483
温岭市	135.111	133.852	133.690	138.415	136.663	126.381	126.455
玉环市	194.314	190.645	190.567	158.503	141.530	136.545	136.796

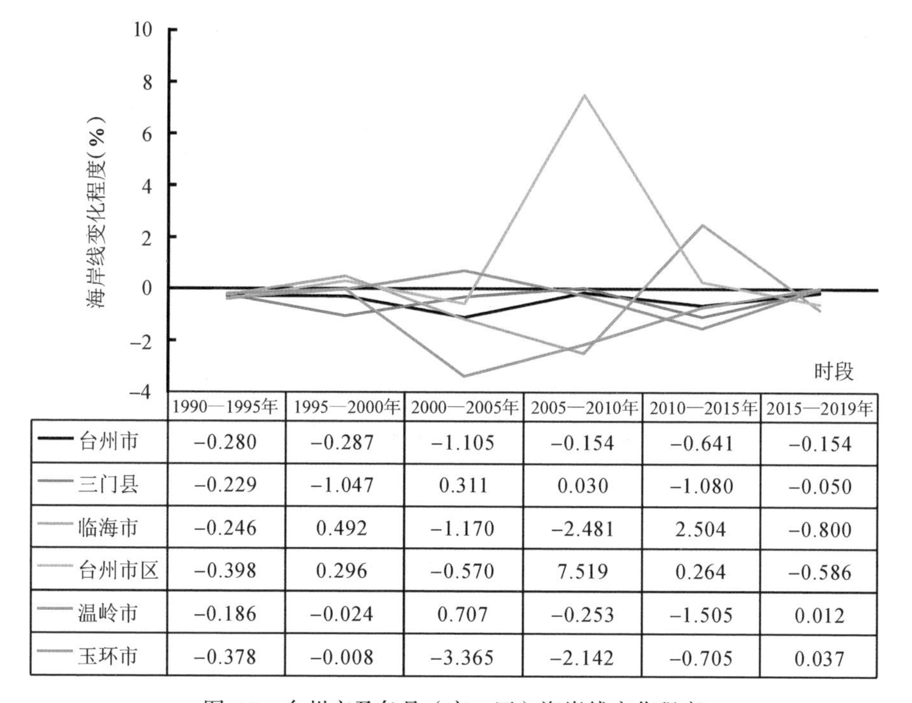

	1990—1995年	1995—2000年	2000—2005年	2005—2010年	2010—2015年	2015—2019年
台州市	−0.280	−0.287	−1.105	−0.154	−0.641	−0.154
三门县	−0.229	−1.047	0.311	0.030	−1.080	−0.050
临海市	−0.246	0.492	−1.170	−2.481	2.504	−0.800
台州市区	−0.398	0.296	−0.570	7.519	0.264	−0.586
温岭市	−0.186	−0.024	0.707	−0.253	−1.505	0.012
玉环市	−0.378	−0.008	−3.365	−2.142	−0.705	0.037

图 7.1　台州市及各县（市、区）海岸线变化程度

表 7.5 台州市海岸线变化长度及程度

指标	1990—1995 年	1995—2000 年	2000—2005 年	2005—2010 年	2010—2015 年	2015—2019 年
变化长度（km）	-9.240	-9.338	-35.450	-4.680	-19.259	-4.486
变化程度（%）	-0.280	-0.287	-1.105	-0.154	-0.641	-0.154

（2）台州市海岸线结构变化

依据各类型海岸线占比，绘制台州市海岸线结构变化图（图 7.2）。研究期内，台州市海岸线结构变化表现为人工岸线占比逐渐增加，自然岸线相应减少，这主要是因为渔业养殖的海涂围垦、防护堤坝建设、海湾围垦工程等，使得养殖岸线、建设岸线数量短期内快速增长。另外，围填海工程使原本淤泥质岸线、基岩岸线分布区域变为陆地区域，使得自然岸线减少和改变海岸线空间位置。具体来说，自然岸线占比逐渐下降，基岩岸线、淤泥质岸线占比呈波动下降变化，河口岸线变化较小，2005—2019 年沙砾质岸线占比不断增加，这主要得益于沙滩旅游的兴起及沙滩修复工程的实施。人工岸线占比逐渐增加，养殖岸线呈波动下降，受不同时期地方政府对渔业发展的支持力度及养殖技术、方式改变等因素的影响，减少的养殖面积被用于其他产业发展。建设岸线呈波动增长态势，这是因为围填海工程修建大量围垦堤坝及防护堤坝，从而增加了建设岸线长度。港口码头岸线则呈逐渐稳定增长。

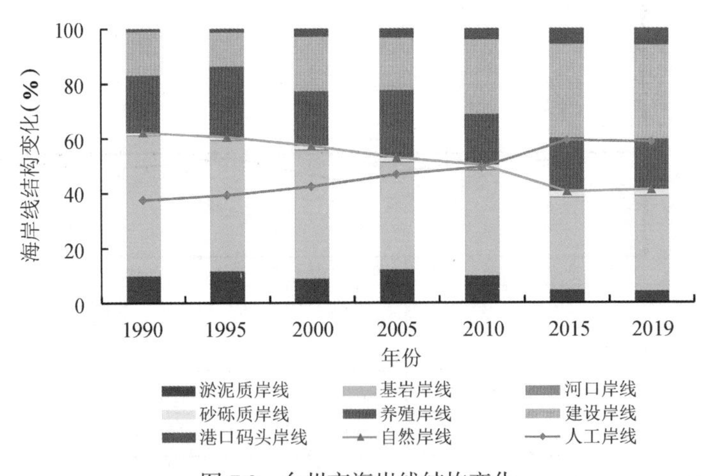

图 7.2 台州市海岸线结构变化

利用海岸线多样性指数计算得到台州市及各县（市、区）海岸线多样性指数（图 7.3）。由图 7.3 可知，研究期内台州市海岸线多样性指数从 0.718 下降至 0.551，海岸线结构逐渐单一，具体变化特征为 1990—2005 年海岸线多样性显著减少，减幅达 25.404%；2005—2019 年海岸线多样性指数出现小幅波动增加，波动幅度为 2.566%。台州市围填海工程的实施，改变了基岩岸线空间分布，使建设岸线、养殖岸线长度及占比得到增加，导致海岸线多样性指数发生显著变化。

各县（市、区）海岸线多样性指数变化可分为两类：三门县、玉环市、温岭市表现为波动减少，主要是自然岸线长度减少所致。临海市、台州市区呈“W”形波动增加，其中临海市 1990—2005 年由于海岸线长度减少使得海岸线多样性指数发生下降，而 2005—2019 年的波动变化是由于连岛工程的建设导致建设岸线增加及后续自然岸线开发所致。台州市区海岸线多样性变化的原因主要在于前期连岛围垦使自然岸线快速增加，随后对自然岸线的开发利用使得海岸线多样性指数波动下降。

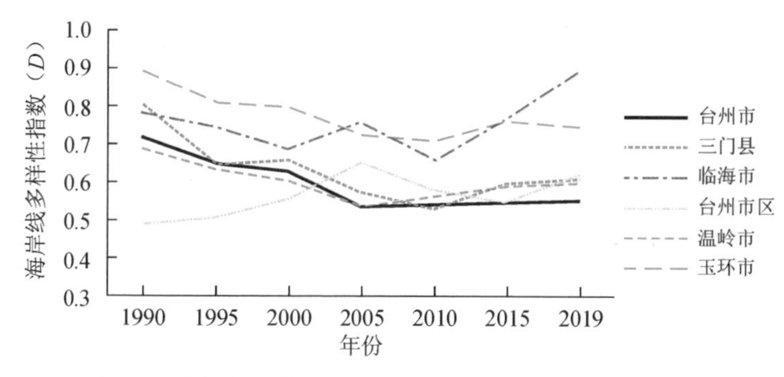

图 7.3 台州市及各县（市、区）海岸线多样性指数变化

（3）台州市海岸线形态变化

根据分形维数的计算原理得到台州市及各县（市、区）海岸线分形维数时空变化（图 7.4）。由图 7.4 可知，研究期内台州市海岸线分形维数呈波动下降，反映出海岸线几何形态趋向单一。不同类型围填海工程对海岸线形态的影响各异，比如玉环市和温岭市海湾的围填海工程将原本曲折的自然岸线改造为平直的人工岸线，使得区域海岸线长度与曲折度下降；而台州市区白果山岛、黄礁等岛礁的连岛围垦工程将原本平直的大陆岸线与海岛岸线相连，使得海岸线长度与曲折度增加。

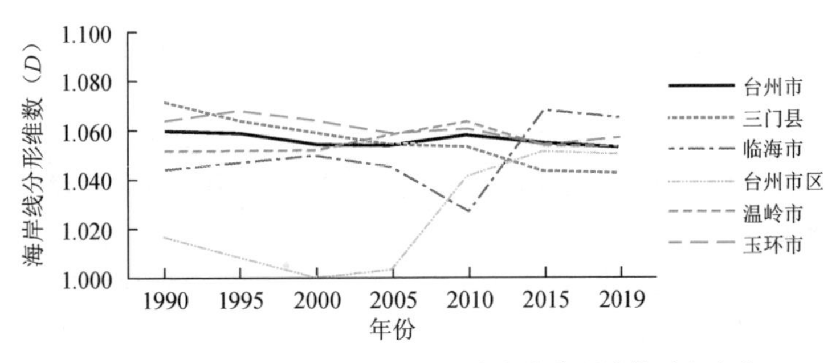

图 7.4 台州市及各县（市、区）海岸线分形维数时空变化

台州市沿海各县（市、区）开发利用海岸线方式各异，使得海岸线形态变化大致分为三类。三门县海岸线分形维数逐渐下降，主要是由于养殖岸线及建设岸线长度不断增加，占用了较多淤泥质岸线，改变了区域海岸线曲折度；玉环市受漩门湾围垦工程与滩涂淤积交替影响，且围垦工程强度大于滩涂淤积作用，使得海岸线曲折度波动下降；临海市、台州市区受连岛围垦工程及滩涂围垦的交替作用，且连岛围垦工程影响强度大于滩涂围垦，导致海岸线分形维数大幅波动上升；温岭市海岸线受不同时期围填海工程的影响，导致分形维数波动变化。

7.2.2 海岸线开发强度时空演变

根据海岸线开发强度的计算公式得到台州市及各县（市、区）海岸线开发强度（图 7.5）。由图 7.5 可知，台州市海岸线开发强度变化可分为两个阶段。第一个阶段为 1990—2010 年，海岸线开发强度稳定增长，主要是因为全市海岸线总长度逐渐下降，以建设和养殖活动为主的人工岸线长度及占比逐渐增加。第二个阶段为 2010—2019 年，海岸线开发强度波动增长，这是因为 2010—2015 年间，基岩岸线及淤泥质岸线长度及占比下降，建设岸线与港口码头岸线长度及占比相应增加，使得海岸线开发强度快速增加；2015—2019 年间，海岸线开发强度小幅下降，是由养殖岸线为主的人工岸线长度及占比下降所致。

台州各县（市、区）海岸线开发强度呈明显空间分异，台州市区海岸线开发强度经历大幅波动变化且维持较高水平，玉环市海岸线开发强度变化幅度相对稳定且维持较低水平，而三门县、临海市及温岭市海岸线开发强度发生大幅波动增加，达到较高水平。不同时期台州市各县（市、区）

海岸线开发强度的波动变化，使得台州市海岸线开发强度相应增加，具体变化如下。

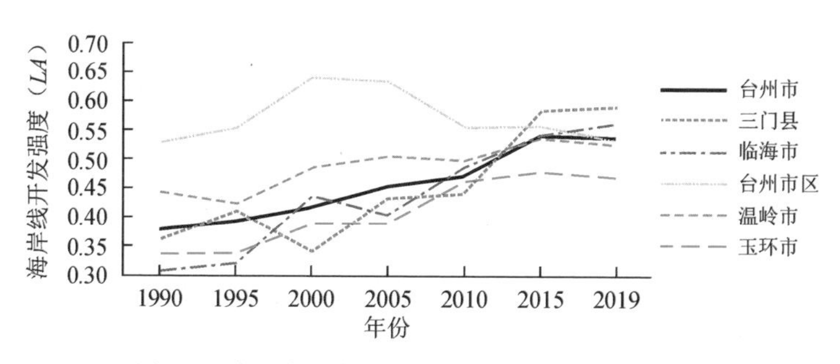

图 7.5　台州市及各县（市、区）海岸线开发强度

台州市区海岸线保有量较少，年均海岸线保有量为 63.626km，海岸线开发强度呈较大幅度波动增加。1995—2010 年的大幅波动是由于椒江区开展滩涂围垦，将 4.169km 长的滩涂岸线改造为建设岸线与养殖岸线，并将部分建设岸线修建为港口码头岸线，使得海岸线开发强度快速增加。路桥区的白果山岛等岛礁连岛围垦工程将大部分海岛岸线转变为大陆岸线，基岩岸线长度及占比增加，海岸线开发强度明显下降。其余时期发生的变化主要受各类人工岸线占比增加的影响。

玉环市海岸线保有量较多，年均海岸线保有量为 164.129km，且海岸线开发强度呈现稳定增加态势。1995—2000 年间的海岸线开发强度增长较快，主要是淤泥质岸线长度及占比下降而建设岸线长度及占比增加所致。2005—2010 年间海岸线开发强度增加较快，主要是由于漩门湾围填海工程的实施使得位于基岩岸线、淤泥质岸线的位置变为陆地区域，建设岸线长度及占比增加。其余时期的海岸线开发强度变化主要受建设岸线及养殖岸线长度及占比增加所致。

三门县海岸线保有量较多，年均海岸线保有量为 202.934km，海岸线开发强度呈较大幅度波动增加。1995—2000 年海岸线开发强度显著下降，这是因为三门县北部河口冲积岛在滩涂淤积作用下与大陆相连，淤泥质岸线为主的自然岸线长度与占比快速增加，海岸线开发强度相应下降。2000—2005 年与 2010—2015 年海岸线开发强度显著增加，这是由于建设岸线与养殖岸线为主的人工岸线长度及占比快速增加，海岸线开发强度得到明显加强。其余各时期，自然岸线与人工岸线间维持较稳定的平衡，发生的转变主要在养殖岸线与建设岸线之间。

临海市海岸线保有量较少，年均海岸线保有量为53.416km，海岸线开发强度对各类开发活动响应极为灵敏。1995—2000年海岸线开发强度的增加，是因为临海市对椒江北岸5.966km长的滩涂岸线进行开发并用于建设堤坝、工厂与港口码头等，使人工岸线长度及占比快速增加；2000—2005年海岸线开发强度小幅下降，是由于北洋涂围垦一期工程将长度为8.500km的建设岸线转变为8.011km的养殖岸线，另外在椒江口北岸入海口处因泥沙淤积形成长达4.907km的淤泥质岸线，使自然岸线长度及占比增加。2005—2019年海岸线开发强度呈现稳定增加态势，以基岩岸线与淤泥质岸线为主的自然岸线通过滩涂围垦的方式转变为建设岸线与养殖岸线，因而其长度缩减了14.261km。同时，在2015年的头门港区建设中，修建了长达4km的堤坝，这一系列海岸线开发工程的实施，使得临海市人工岸线长度及占比显著增加。

温岭市海岸线保有量较多，年均海岸线保有量为132.938km，海岸线开发强度呈波动增加。1990—1995年海岸线开发强度呈小幅下降，主要是由于滩涂围垦改变了海岸线形态，建设岸线减少了5.850km，导致人工岸线占比增加。1995—2019年海岸线开发强度稳定增加，主要是由于建设岸线与港口码头岸线为主的人工岸线长度及占比逐渐增加所致。

研究期内台州市海岸线时空演变不断受人类活动影响，海岸线总长度呈波动下降；以建设岸线、养殖岸线为主的人工岸线长度及占比不断增加，自然岸线长度及占比不断下降，导致海岸线曲折度与复杂度逐渐下降，海岸线开发强度逐渐增强。由于资源禀赋及区域发展方向的差异，台州各县（市、区）在实施滩涂围垦、连岛工程、城镇、农村居民点、工厂、港口码头等建设活动的规模上存在不同，因而区域海岸线在长度、结构、形态及开发利用强度上存在明显分异。

7.3 海岸带土地利用开发强度时空演变

土地利用是指区域内土地使用情况或土地的社会及经济属性（王秀兰和包玉海，1999）。海岸带土地利用变化不同于内陆，各类围填海工程的实施使得海岸带土地利用的规模及结构发生改变。本节主要通过对比相邻两期台州市海岸线位置变动，了解陆海格局演变过程，探究海岸带土地利用的规模及结构变化特征，测度并分析海岸带土地利用开发强度。

7.3.1 陆海格局演变

海岸线位置变动会影响陆海格局，陆海格局演变大致可分为三类：陆进海退（海岸线位置向海洋移动导致陆域面积增加）、陆退海进（海岸线位置向陆地移动导致海域面积增加）、陆海稳定（海岸线位置无变动，陆海面积无变化）。借助 ArcGIS 软件对相邻两期海岸线进行处理，得出各时期变化区域相关信息（图 7.6 和表 7.6），从而揭示其演变过程。

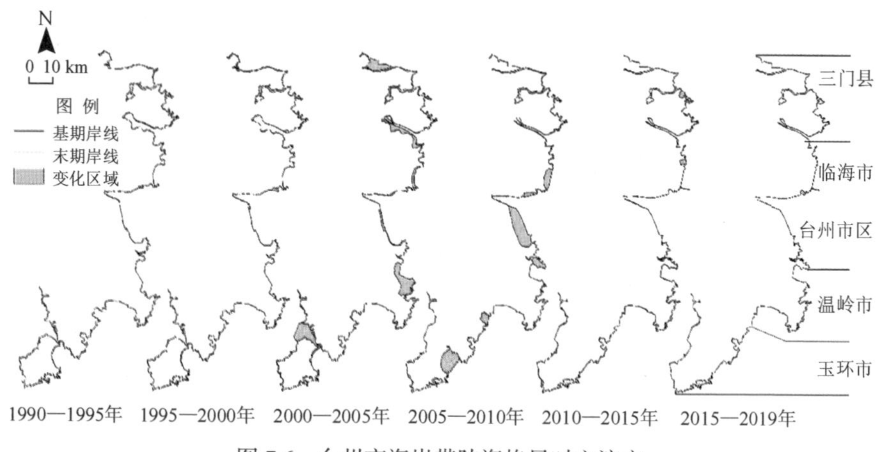

图 7.6 台州市海岸带陆海格局时空演变

研究期内台州市陆海格局演变主要特征为：①陆进海退与陆退海进两种演变特征同时存在，且陆进海退的规模远大于陆退海进；②各时期陆进海退规模变化差异显著，主要集中于 2000—2005 年及 2005—2010 年这两个时期，占陆域规模扩张总量的 86.720%；③陆退海进主要是海水侵蚀导致以淤泥质岸线为主的自然岸线向陆推进，各时期陆退海进变化较稳定。

台州市各县（市、区）陆海格局的时空演变特征为：①各县（市、区）均存在陆进海退及陆退海进的变化过程，且陆进海退规模远大于陆退海进；②陆进海退主要集中于 2000—2005 年的三门县、温岭市、玉环市，以及 2005—2010 年的临海市、台州市区、玉环市，分别占总增加量的 38.528% 和 37.366%，其原因主要是这些区域实施大规模围填海工程，使得相应时期台州市陆域面积出现大量增加；③陆退海进主要集中于三门县，这是由于大规模的围垦工程改变了三门湾形态，干扰了三门湾海洋水动力环境（彭娉容，2013），加剧了海水侵蚀作用。

表 7.6 台州市陆海格局随时空变化

变化特征	区域	1990—1995 年	1995—2000 年	2000—2005 年	2005—2010 年	2010—2015 年	2015—2019 年
陆进海退（km^2）	台州市	10.760	12.836	161.491	154.823	21.203	3.639
	三门县	4.419	6.960	52.135	7.085	8.067	0.337
	临海市	1.395	2.549	12.489	22.280	4.450	2.409
	台州市区	1.267	1.564	8.470	71.284	2.162	0.686
	温岭市	2.279	0.222	43.709	11.444	2.555	0.030
	玉环市	1.399	1.541	44.689	42.731	3.969	0.177
陆退海进（km^2）	台州市	0.417	0.587	0.352	1.826	0.988	0.540
	三门县	0.199	0.046	0.054	1.629	0.797	0.187
	临海市	0.219	0	0	0.196	0	0
	台州市区	0	0.126	0	0	0.191	0.019
	温岭市	0	0.305	0.297	0	0	0
	玉环市	0	0.109	0	0	0	0.333

7.3.2 海岸带土地利用时空演变

（1）台州市海岸带土地利用时序分析

综合运用土地利用时序变化、类型变化及转移变化分析方法，探究台州市海岸带土地利用在规模及结构上的变化特征。我们用土地利用的年均变化率和整体变化率公式计算得到台州市及各县（市、区）海岸带土地利用变化程度结果（图 7.7 和 7.8）。

图 7.7 中虚线表示海岸带土地利用年均变化率（U）。台州市海岸带土地利用变化率呈波动变化，具体特征为：1990—1995 年及 2000—2015 年，土地利用年际变化率高于平均水平，相应时段内土地利用变化率较高；1995—2010 年及 2015—2019 年，土地利用年际变化率低于整体水平，相应时段内土地利用变化率较低。

图 7.8 中虚线表示研究期内台州市海岸带土地利用单位时段变化率均值（A）及年际变化率均值（U）。研究期内各县（市、区）海岸带土地利用时序变化具有以下特征：临海市土地利用年际变化率低于整体水平，且各时段土地利用变化率低于整体水平，表明临海市土地利用变化程度较低；台州市区及温岭市土地利用年际变化及各时段强度围绕整体水平上下波动，

表明台州市区及温岭市土地利用变化率处于平均水平；三门县及玉环市土地利用年际变化率及各时段变化率仅在2005—2010年低于整体水平，其余时期则高于整体水平，表明三门县及玉环市土地利用变化程度较高且较不稳定。

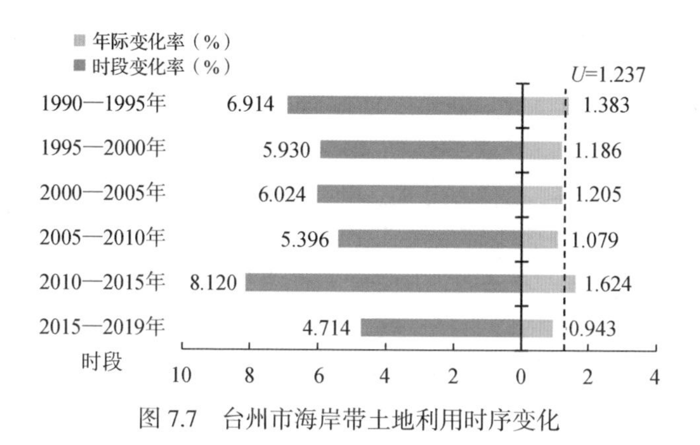

图7.7　台州市海岸带土地利用时序变化

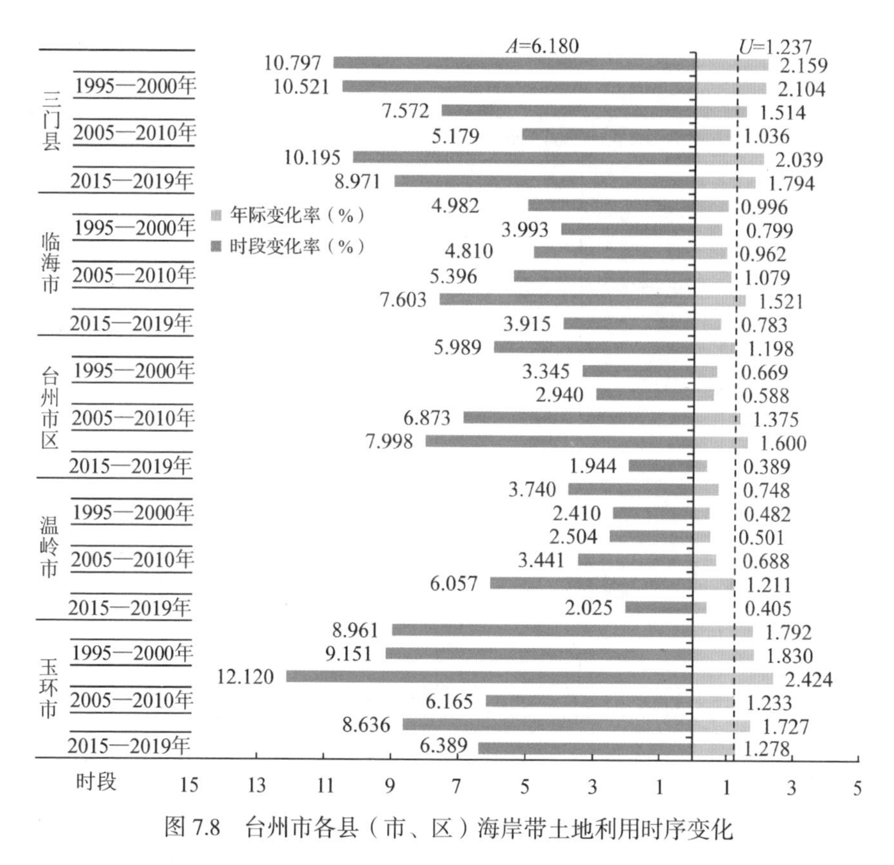

图7.8　台州市各县（市、区）海岸带土地利用时序变化

（2）台州市海岸带土地利用结构变化分析

根据土地转入强度与迁出强度的公式，计算得到海岸带各类型土地利用变化程度结果（图 7.9—7.14）。由式（7.6）和（7.7）可知，不同类型土地利用转入及迁出强度受转入规模、迁出规模及占总面积比重的影响。由图 7.9 可知，台州市各类型土地利用变化显著且均存在转入及迁出过程，耕地、林地、未利用地、海域以迁出为主，草地、内陆水域、建设用地、养殖用地以转入为主。具体变化特征为：①耕地、林地转入及迁出强度呈波动变化且低于整体水平。这两类用地面积占总面积的 32%，且这两类用地转入规模均低于迁出规模，耕地、林地规模分别减少了 117.660 和 45.042km²。②草地仅在 1990—1995 年转入及迁出强度超过整体水平，其余时期均低于整体水平。草地仅占总面积 1%，易受其他类型用地变化的影响，其规模仅增加了 16.079km²。③内陆水域、建设用地、养殖用地转入及迁出强度在多数时期均高于整体水平，且变化幅度不稳定。此三类用地仅占总面积的 9%，但各时期转入及迁出规模较大，表明此三类用地与耕地、林地、海域间存在复杂的转换关系，内陆水域、建设用地、养殖用地规模分别增加了 60.517、

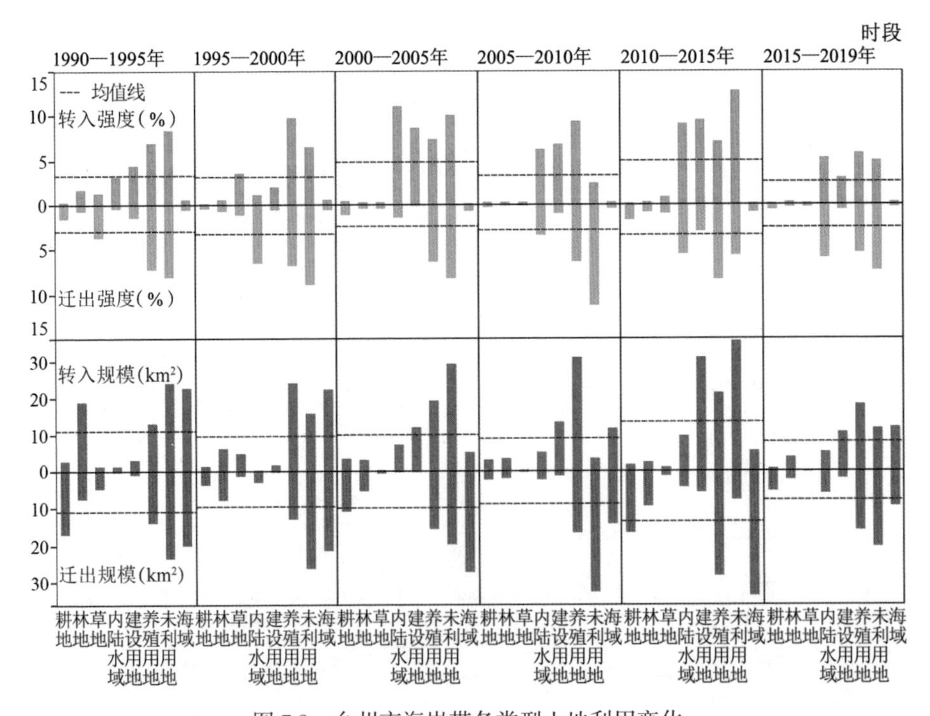

图 7.9　台州市海岸带各类型土地利用变化

251.894 和 110.780km²；④未利用地的转入强度及迁出强度均高于整体水平，且转入规模低于迁出规模，未利用地规模减小了 12.937km²；⑤海域转入强度及迁出强度均低于各时期整体水平，主要由于其占总面积的 57%。海域转入及迁出规模变化较大，其中以 1990—2000 年的转入为主，其转入主要由近岸未利用地转变而来，而其余时期，海域均表现为迁出，海域规模减小了 259.335km²。

（3）台州市各县（市、区）海岸带土地利用结构变化

1）三门县海岸带土地利用结构变化

由图 7.10 可知，在研究期内，三门县海岸带各类型土地利用变化显著，各类土地均存在转入及迁出过程，耕地、林地、草地及海域以迁出为主，内陆水域、建设用地、养殖用地及未利用地则以转入为主。具体变化特征为：①耕地转入及迁出强度呈波动变化，且低于各时期整体水平。耕地转入及迁出规模呈较大幅度波动变化，耕地规模减小了 23.812km²。②林地、草地转入及迁出强度呈小幅波动变化，且低于各时期整体水平。林地、草地转入及迁出规模呈波动变化，林地、草地规模分别减少了 2.444 和 6.286km²。

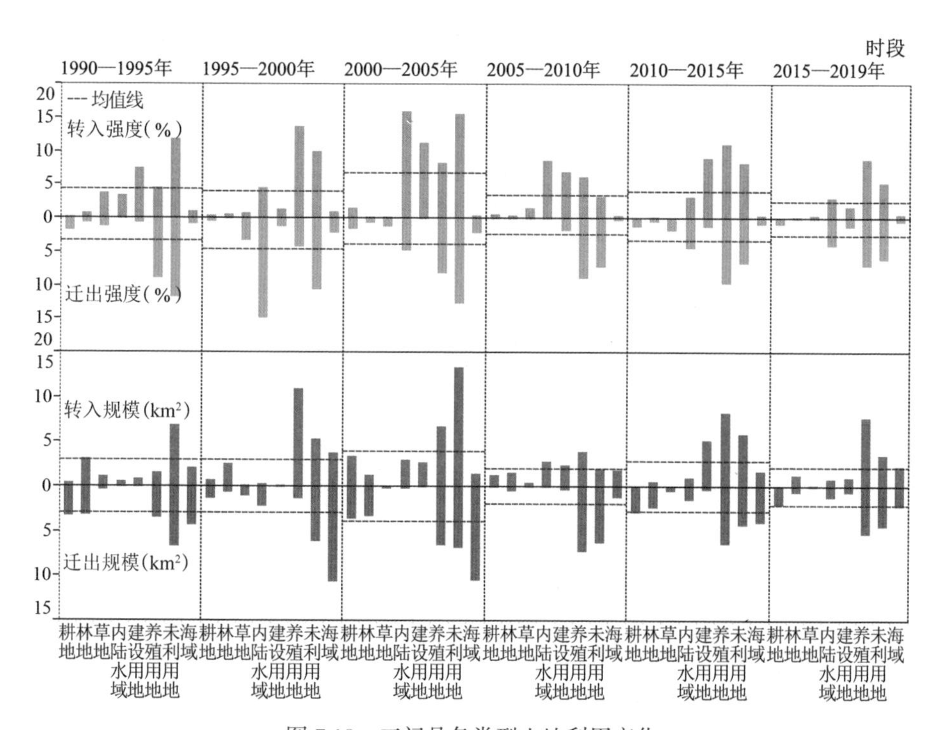

图 7.10 三门县各类型土地利用变化

③内陆水域转入及迁出强度呈较大幅度波动变化，在 1995—2010 年及 2015—2019 年高于整体变化水平。内陆水域转入及迁出规模呈较大幅度波动变化，内陆水域规模增加了 12.568km^2。④建设用地转入及迁出强度呈较大幅度波动变化，1990—1995 年及 2000—2015 年均高于各时期整体变化水平。建设用地转入规模表现为较大幅度的波动增加，迁出规模则相对较稳定，主要以转入为主，建设用地规模增加了 47.868km^2。⑤养殖用地、未利用地转入及迁出强度均较高，其转入及迁出规模均较多，养殖用地、未利用地规模分别增加了 54.751 和 8.779km^2。⑥海域转入强度及迁出强度均低于各时期整体水平，其转入及迁出规模呈大幅波动变化，海域规模减小了 89.500km^2。

2）临海市海岸带土地利用结构变化

由图 7.11 可知，临海市海岸带各类型土地均存在转入及迁出过程，草地、内陆水域、建设用地、养殖用地及未利用地以转入为主，耕地、林地及海域以迁出为主。具体变化特征为：①耕地、林地转入及迁出强度呈波动变化，且低于各时期整体水平。耕地、林地转入及迁出规模呈较大幅度的波动变

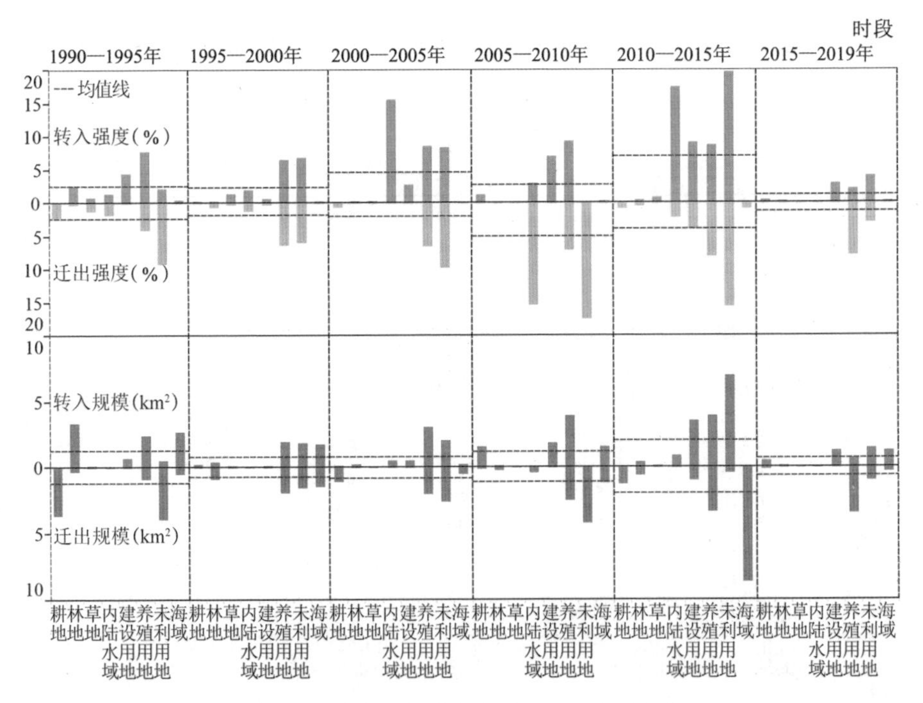

图 7.11　临海市海岸带各类型土地利用变化

化，耕地、林地规模分别减少了 4.126 和 4.237km^2。②草地转入及迁出强度均低于各时期整体水平，且转入及迁出规模变化较稳定，草地规模增加了 0.490km^2。③内陆水域转入及迁出强度呈较大幅度波动变化，仅在 1990—1995 年低于整体变化水平。其转入及迁出规模变化较稳定，内陆水域规模增加了 4.432km^2。④建设用地转入及迁出强度呈波动变化，且变化幅度较大。其转入及迁出规模呈较大幅度波动变化，建设用地规模增加了 24.423km^2，增幅达 170.107%。⑤养殖用地、未利用地转入及迁出强度基本高于各时期整体水平，且养殖用地、未利用地转入及迁出规模均超过各时期整体水平，养殖用地、未利用地规模分别增加了 13.965 和 9.403km^2。⑥海域转入及迁出强度呈波动变化且低于各时期整体水平，但其转入及迁出规模变化幅度较大，海域规模减小了 43.287km^2。

3）台州市区海岸带土地利用结构变化

由图 7.12 可知，台州市区海岸带各类型土地利用变化差异明显，草地、内陆水域、建设用地及养殖用地以转入为主，耕地、林地、未利用地及海域则以迁出为主。具体变化特征为：①耕地转入强度及迁出强度基本低于各时期整体水平，且耕地转入规模均低于迁出规模，耕地规模减小了 51.682km^2。②林地转入强度低于各时期整体水平，迁出强度仅在 1990—1995 年高于整体水平，其余时期均低于整体水平。林地转入与迁出规模的差异较小，林地规模减小了 0.600km^2。③草地、内陆水域转入及迁出强度呈波动变化，其转入规模呈较稳定增加，迁出规模则相对较少，草地、内陆水域规模分别增加了 2.381 和 1.680km^2。④建设用地转入强度均高于各时期整体水平，迁出强度均低于整体水平。建设用地转入规模呈稳定增加，且高于迁出规模，建设用地规模增加了 79.251km^2。⑤养殖用地转入及迁出强度呈较大幅度波动变化，且养殖用地转入与迁出规模同样呈波动变化，养殖用地规模增加 43.232km^2。⑥未利用地转入及迁出强度呈较大幅度波动变化，且未利用地迁出规模高于转入规模，未利用地规模减小了 28.352km^2。⑦海域转入及迁出强度变化较稳定，均低于各时期整体水平。其转入及迁出规模呈较大幅度波动变化，且迁出规模基本高于转入规模，海域规模减小了 45.911km^2。

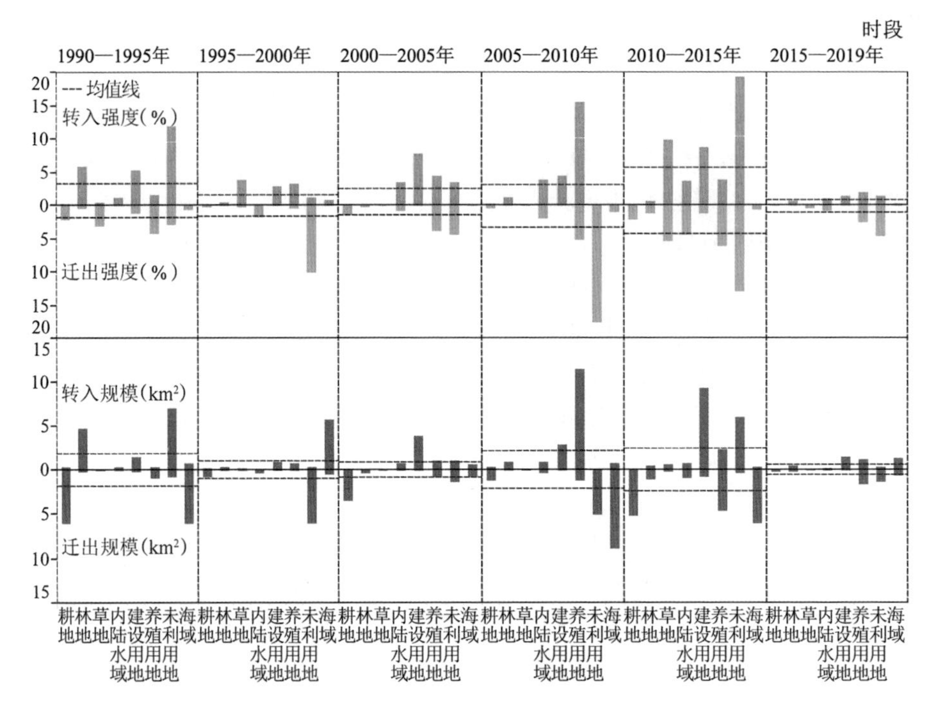

图 7.12 台州市海岸带区各类型土地利用变化

4）温岭市海岸带土地利用结构变化

由图 7.13 可知，温岭市海岸带土地利用结构变化特征为草地、内陆水域、建设用地及养殖用地以转入为主，耕地、林地、未利用地及海域则以迁出为主。具体变化特征为：①耕地迁出强度仅在 1990—1995 及 2000—2005 年高于相应时期的整体水平。耕地转入规模均低于迁出规模，耕地规模减小了 18.241km^2。②林地转入强度呈较大幅度波动，迁出强度低于各时期整体水平。林地转入规模呈波动趋势，迁出规模变化则较稳定，林地规模减小了 9.932km^2。③草地、内陆水域转入及迁出强度呈大幅波动，转入规模则基本高于迁出规模，草地、内陆水域规模分别增加了 0.911 和 5.800km^2。④建设用地转入强度仅在 1990—1995 年均低于整体水平，迁出强度则均低于各时期整体水平，建设用地规模增加了 46.324km^2。⑤养殖用地转入及迁出强度均高于各时期整体水平，养殖用地增加了 16.221km^2。⑥未利用地转入及迁出强度均高于各时期整体水平，转入规模则低于迁出规模，未利用地规模减小了 19.797km^2。⑦海域转入及迁出强度均低于各时期整体水平，但其转入及迁出规模呈大幅波动变化，且转入规模低于迁出规模，海域规模减小了 20.338km^2。

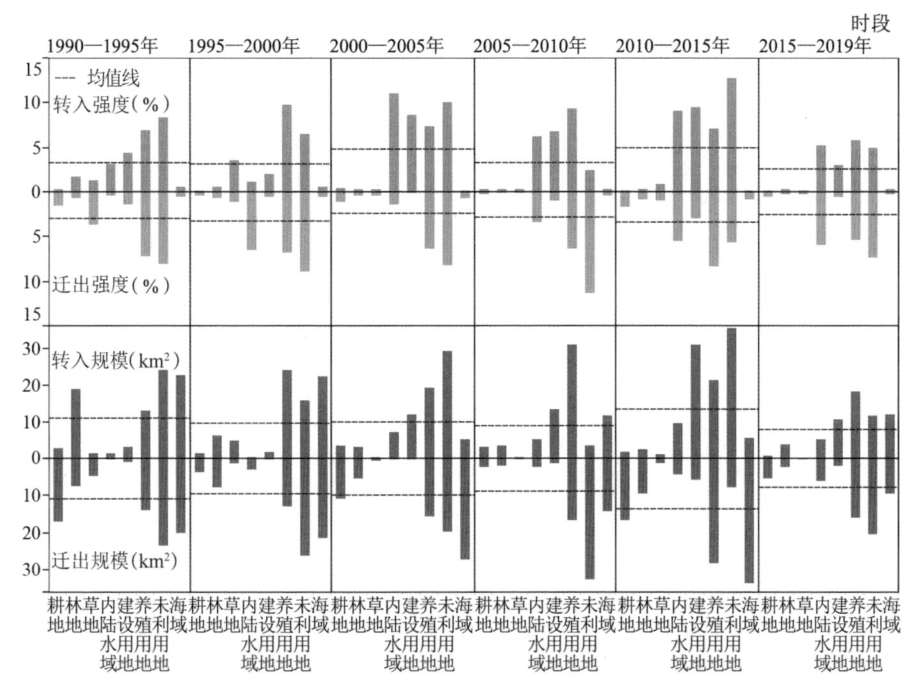

图 7.13 温岭市海岸带各类型土地利用变化

5）玉环市海岸带土地利用结构变化

由图 7.14 可知，玉环市海岸带各类型土地利用变化差异显著，草地、内陆水域、建设用地及未利用地以转入为主，耕地、林地、养殖用地及海域以迁出为主。具体变化特征为：①耕地转入强度及迁出强度均低于整体水平，耕地转入规模均低于迁出规模，耕地规模减小了 29.957km^2。②林地转入强度及迁出强度均低于整体水平，林地转入及迁出规模在 1990—2000 年呈大幅波动变化，其他时期两者变化较稳定，林地规模减小了 25.093km^2。③草地、内陆水域转入及迁出强度呈波动变化，草地、内陆水域转入及迁出规模变化则较稳定，草地、内陆水域规模分别增加了 18.920 和 34.313km^2。④建设用地转入强度呈波动变化，迁出强度变化则较稳定。其转入规模呈波动变化，迁出规模则较稳定，建设用地规模增加了 55.394km^2。⑤养殖用地转入及迁出强度均超过整体水平。其转入规模呈波动变化，迁出规模变化较稳定，养殖用地规模减小了 5.046km^2。⑥未利用地转入强度呈波动变化，迁出强度均高于整体水平。其转入规模及迁出规模呈波动变化，未利用地规模增加了 12.135km^2。⑦海域转入及迁出强度均低于整体水平，其转入及迁出规模呈大幅波动变化，海域规模减小了 60.323km^2。

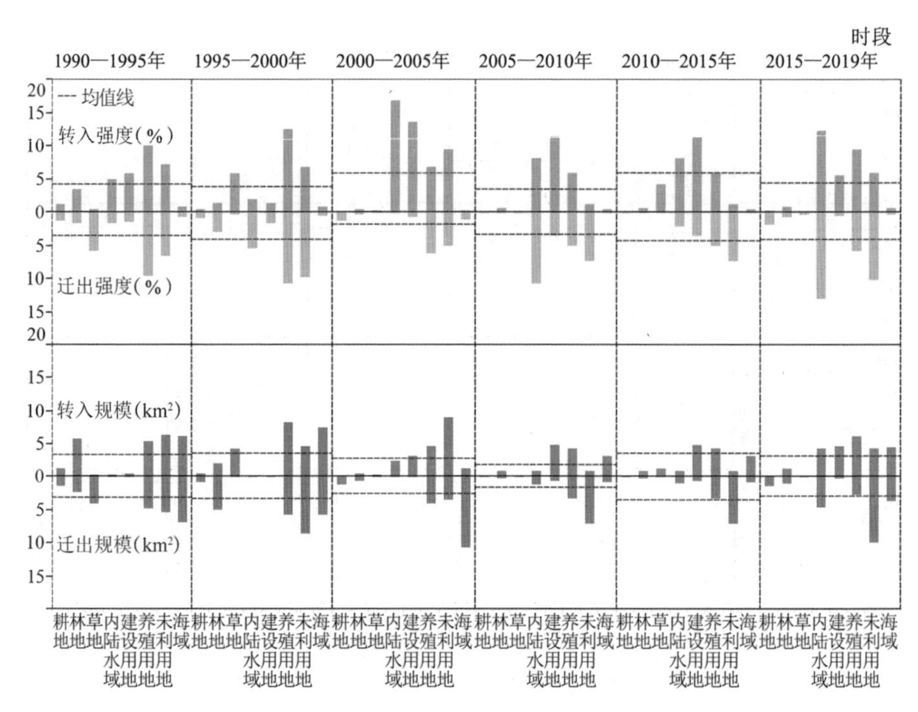

图 7.14 玉环市海岸带各类型土地利用变化

根据不同类型土地利用转入及迁出规模差异，绘制台州市及各县（市、区）不同类型土地利用规模变化情况（图 7.15）。台州市及各县（市、区）土地利用规模均增加的有内陆水域、建设用地、草地、养殖用地及未利用地，而耕地、林地及海域土地利用规模表现为减少。综合海岸带土地利用时序分析及结构分析的结果，可知：①耕地、海域规模变化是导致区域土地利用变化的主要原因，因为这两类用地约占区域总面积的 70%，而其他类型土地转入及迁出过程是导致区域土地利用变化的次要原因；②耕地、海域规模变化较大区域集中于三门县、台州市区及温岭市，使得这些区域土地利用时序变化显著；③耕地、草地、海域规模共减小了 422.057km^2，主要转变为建设用地及养殖用地，其余则转变为内陆水域、未利用地；④内陆水域规模在各县（市、区）均表现为增加，主要是因为围填海工程将部分近海地区改造为可利用土地资源，而在这一过程中存在过渡时期，使得部分土地转变为内陆水域，共增加了 60.517km^2；⑤建设用地规模增加，表明台州市海岸带人类活动程度逐渐变强；⑥草地规模变化相对较小，共增加了 16.079km^2；⑦养殖用地规模变化相对较大，共增加了 110.778km^2，反映了台州市近海地带频繁的渔业养殖活动；⑧未利用地规模变化与内陆水域相似，共减小了 12.937km^2。围填海工程将大量海域改造为陆域部分，使得未利用地规模快速增加，而不同时期对未利用地的开发与利用，使得未利用地规模逐渐减少。

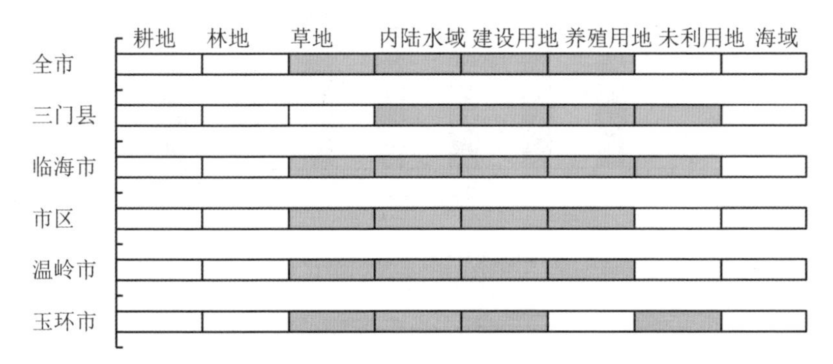

注：空白格表示至研究末期此类土地规模减小；阴影格表示此类土地规模增加

图 7.15 台州市及各县（市、区）各类型土地利用规模变化

7.3.3 海岸带土地利用开发强度时空演变

我们在分析台州市海岸带土地利用时序变化及结构变化基础上，运用相关数学模型测度土地利用开发强度。目前，土地利用开发强度测算的主要方法有土地利用发展强度指数、土地利用综合程度指数、人类活动强度指数这三类方法。本书选取人类活动强度指数，主要是考虑到该方法适用于具有明确边界且规模较大的地区。

（1）台州市海岸带土地利用开发强度时空演变

由图 7.16 和 7.17 可知，台州市海岸带土地利用开发强度具体变化特征为：①台州市海岸带土地利用强度与建设用地当量均呈增加态势，在 1990—2000 年呈小幅波动变化，主要是由养殖用地规模的波动变化造成的。2000—2015 年土地利用开发强度呈较快增长趋势，直到 2015—2019 年增幅才下降，表明台州市海岸带开发主要集中于 2000—2015 年。②从各类土地对整体开发强度的贡献率来看，耕地及林地对土地利用开发强度影响最大，但其影响程度在逐渐下降，而建设用地、养殖用地及未利用地的影响程度在逐渐增加，反映出台州市海岸带陆域土地利用存在“低强度—中强度”及“中强度—高强度”的变化特征。③结合各类土地利用结构分析结果，海域规模减小并主要转变为未利用地及养殖用地，反映台州市海岸带海域土地利用存在由“未开发—低强度”向“未开发—中强度”的变化特征。

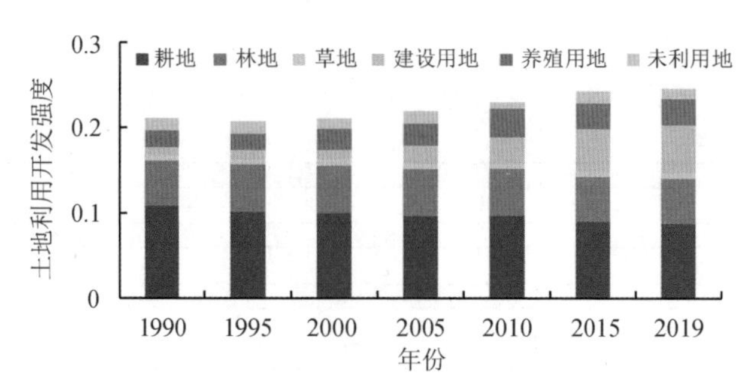

图 7.16　台州市各类型土地利用开发强度变化

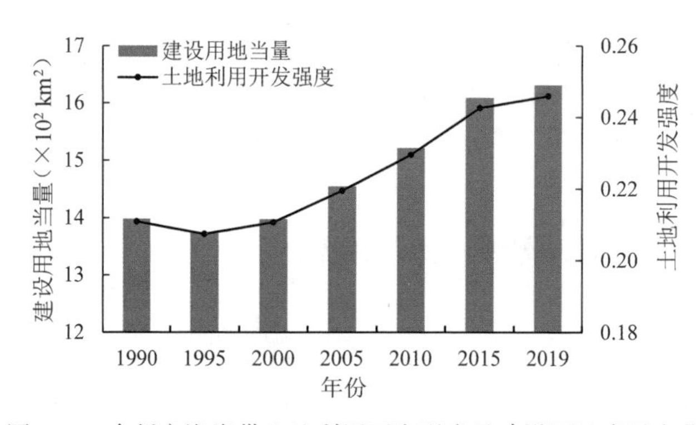

图 7.17　台州市海岸带土地利用开发强度及建设用地当量变化

（2）台州市各县（市、区）海岸带土地利用开发强度时空演变

由图 7.18 可知，台州市各县（市、区）海岸带土地利用开发强度变化与台州市的整体变化一致。具体变化为各县（市、区）海岸带土地利用开发强度始终维持“三门县>温岭市>台州市区>玉环市>临海市”的格局。三门县在 1990—2000 年出现较大幅度波动变化，在 2000—2019 年转变为稳定增长态势；温岭市、临海市及玉环市在 1990—2019 年基本维持稳定增长；台州市区在 1990—2005 年呈较稳定变化，2005—2015 年出现较大幅度增长，2015—2019 年则恢复稳定变化。

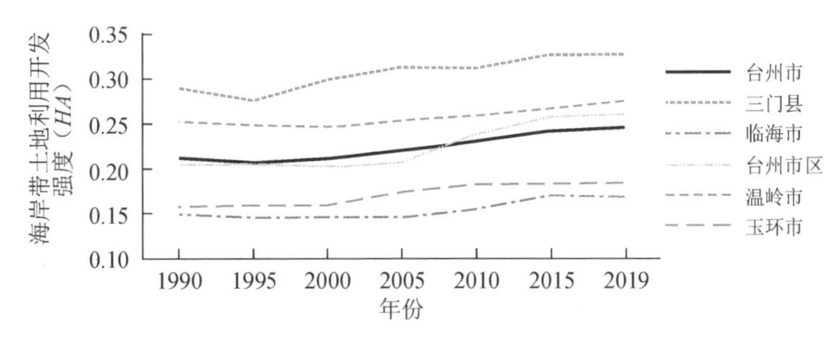

图 7.18　台州市各县（市、区）海岸带土地利用开发强度变化

1）三门县海岸带土地利用开发强度变化

由图 7.18 和 7.19 可知，三门县海岸带土地利用开发强度变化较为显著，各时期变化特征均有所不同。① 1990—2000 年，三门县养殖用地规模呈较大幅度波动变化，内陆水域、未利用地、海域规模相应出现波动变化，导致海岸带土地利用开发强度也出现波动变化。这四类用地间主要存在“中强度—未开发”及“中强度—低强度”的变化特征，其转化土地主要分布于海域。海岸带其他类型土地利用存在“未开发—低强度”“未开发—中强度”及“未开发—高强度”三类变化，其转化土地分布于陆域与海域。② 2000—2010 年，由于围填海工程将海域改造为未利用地及养殖用地，土地利用存在“未开发—低强度”及“未开发—中强度”变化特征，其转化土地主要分布于海域。③ 2010—2019 年，由于耕地、林地转变为建设用地，土地利用存在“中强度—高强度”及“低强度—高强度”的变化特征，其转化土地主要分布于陆域。上述过程中，三门县建设用地稳定增加，养殖用地及未利用地波动增加，导致了海岸带开发强度波动增加。

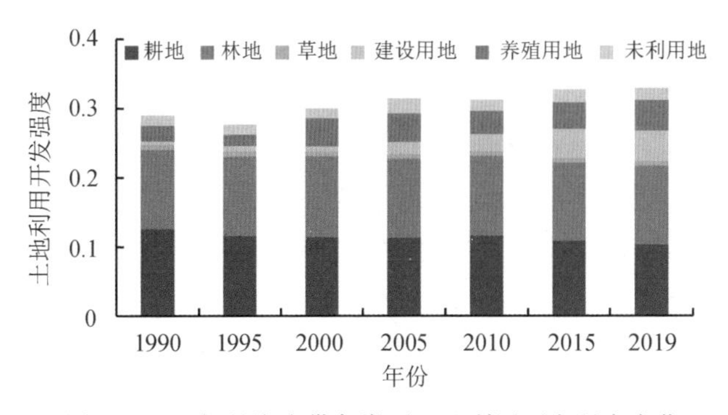

图 7.19　三门县海岸带各类型土地利用开发强度变化

2）临海市海岸带土地利用开发强度变化

由图 7.18 和 7.20 可知，临海市海岸带土地利用开发强度呈稳定增长态势。各时期变化特征具体表现为：①1990—2010 年，耕地、林地规模变化较小，建设用地、养殖用地、未利用地规模变化较大，其变化的主要来源为海域。海岸带各类型土地利用存在“未开发—低强度”“未开发—中强度”及“未开发—高强度”的变化特征，其转化土地主要分布于海域。② 2010—2015 年，耕地、林地转变为建设用地，海岸带各类型土地利用存在“中强度—高强度”“低强度—高强度”变化特征，其转化土地主要分布于陆域。③ 2015—2019 年，养殖用地转变为建设用地等高强度开发用地，养殖用地转变为未利用地、海域，体现出海岸带各类型土地利用存在“中强度—高强度”“中强度—低强度”及“中强度—未开发”的变化特征，其转化土地分布于陆域及海域。上述过程表明临海市建设用地稳定增加，养殖用地及未利用地波动变化，这是临海市海岸带土地利用开发强度增加主要原因。

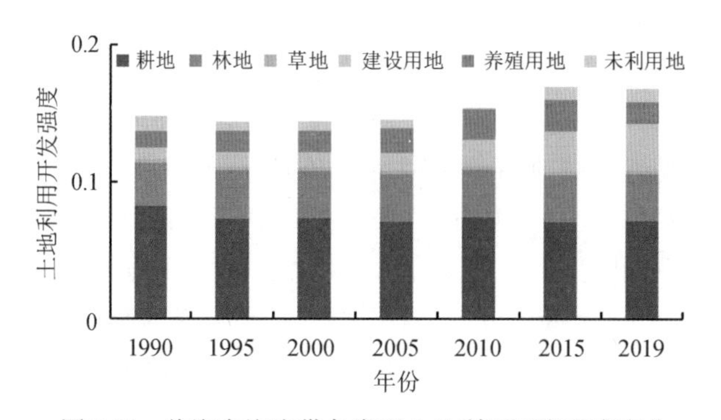

图 7.20　临海市海岸带各类型土地利用开发强度变化

3）台州市区海岸带土地利用开发强度变化

由图 7.18 和 7.21 可知，台州市区海岸带土地利用开发强度整体呈增加态势。各时期变化特征具体表现为：① 1990—1995 年，耕地转变为林地，养殖用地转变为未利用地，海域转变为未利用地，体现出海岸带各类型土地利用存在“高强度—中强度”“未开发—中强度”的变化特征，其转化土地分布于陆域及海域。② 1995—2005 年，耕地转变为建设用地，未利用地转变为养殖用地及海域，这一复杂转换过程使得海岸带土地利用强度出现波动变化，体现出海岸带各类型土地利用存在“中强度—高强度”“低强度—中强度”及“低强度—未开发”的变化特征。③ 2005—2015 年，由于耕地持续转变为建设用地，海域转变为未利用地、养殖用地，未利用地转变为养殖用地，海岸带土地利用开发强度出现明显增加，体现出海岸带各类型土地利用存在“中强度—高强度”“未开发—低强度”“未开发—中强度”“低强度—中强度”变化特征，其转化土地分布于陆域及海域。④ 2015—2019 年，海岸带土地利用开发强度变化较稳定。上述分析表明台州市区建设用地大规模增加及养殖用地的波动增加，这是海岸带土地利用快速增加的主要原因。

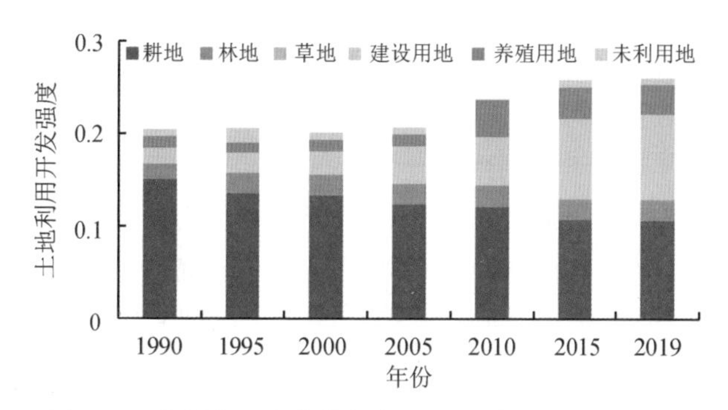

图 7.21 台州市区海岸带各类型土地利用开发强度变化

4）温岭市海岸带土地利用开发强度变化

由图 7.18 和 7.22 可知，温岭市海岸带土地利用开发强度呈波动增长态势，各时期变化主要为：① 1990—2000 年，以较大规模未利用地转变为海域为主，未利用地转变为养殖用地及海域转变为养殖用地，使得海岸带土地利用开发强度呈小幅下降，体现出海岸带各类型土地利用存在“低强度—未开发”“低强度—中强度”及“未开发—中强度”变化特征，其转化土地分布于陆域及海域。② 2000—2010 年，主要为未利用地转变为养殖用地及建设用地，使得海岸带土地利用开发强度稳定增加，体现出海岸带各类型土地利用存在“低强度—中强度”及“低强度—高强度”的变化特征，其转化土地分布于陆域及海域。③ 2010—2015 年，以耕地及林地转变为建设用地为主，海域及养殖用地转变为未利用地，使得海岸带土地利用开发强度稳定增加，海岸带各类型土地利用存在“中强度—高强度”“低强度—高强度”“未开发—低强度”及“中强度—低强度”变化特征。④ 2015—2019 年，海岸带土地利用开发强度变化较小。上述分析表明温岭市建设用地的稳定增加，养殖用地的大幅波动增加以及未利用地的波动减少，导致温岭市海岸带土地利用开发强度呈波动增加态势。

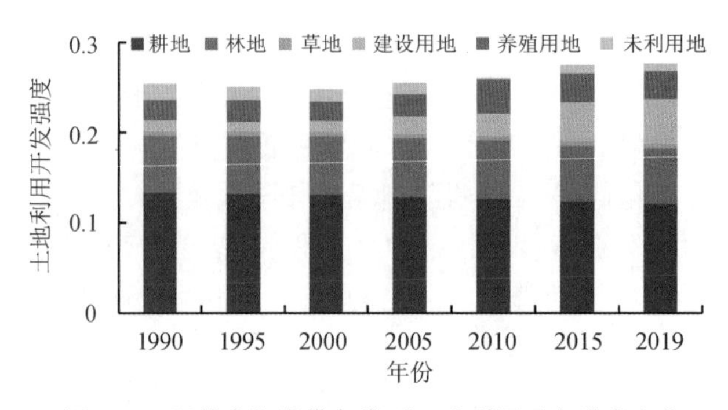

图 7.22　温岭市海岸带各类型土地利用开发强度变化

5）玉环市海岸带土地利用开发强度

由图 7.18 和 7.23 可知，玉环市海岸带土地利用开发强度呈波动增长态势，各时期变化特征主要为：① 1990—2000 年，林地与草地间相互转换，未利用地转变为养殖用地和海域，使得海岸带土地利用开发强度维持在较稳定状态，体现出海岸带各类型土地利用存在“中强度—中强度”“低强度—中强度”及“低强度—未开发”的变化特征，其转化土地分布于陆域及海域。② 2000—2010 年，海域转变养殖用地，未利用地转变为养殖用地，养殖用地转变为建设用地，使得海岸带土地利用开发强度明显增加，体现出海岸带各类型土地利用存在“未开发—中强度”“低强度—中强度”及“中强度—高强度”的变化特征，其转化土地分布于陆域及海域。③ 2010—2015 年，未利用地转变为建设用地及海域，养殖用地转变为建设用地及海域，耕地转变为建设用地，使得海岸带各类型土地利用开发强度变化显著，但整体土地利用开发强度较小，体现出海岸带各类型土地利用存在“低强度—高强度”“低强度—未利用”“中强度—高强度”“中强度—未利用”变化特征，其转化土地分布于陆域及海域。④ 2015—2019 年，海岸带土地利用开发强度变化较小。上述过程表明玉环市建设用地的快速增加、未利用地的波动增加及养殖用地的波动减少，导致玉环市海岸带土地利用开发强度波动增加。

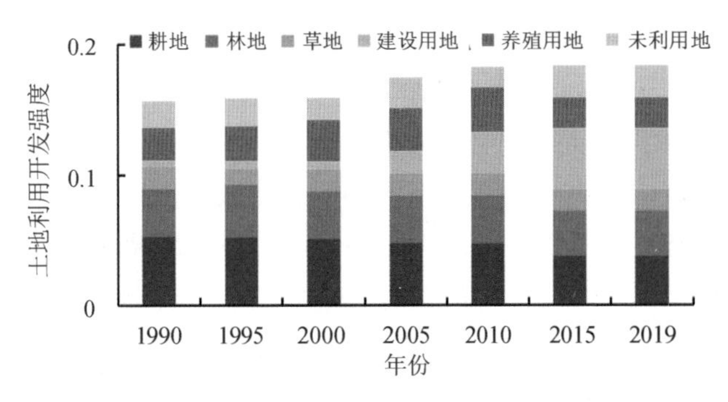

图 7.23　玉环市海岸带各类型土地利用开发强度变化

根据台州市及各县（市、区）海岸带土地利用结构变化及开发强度变化的分析结果，发现以下特征：在研究期内，台州市及各县（市、区）陆海格局主要呈陆进海退的演变进程，通过围填海工程将部分海域改造为可开发陆域用地，使得陆域范围土地利用规模及开发强度同时增加。此外，部分浅海养殖规模增加，使得海域范围土地利用开发强度增强。台州市及各县（市、区）陆域范围各类土地间存在复杂转换，海岸带土地利用开发强度呈逐渐较稳定增强，同时存在较高强度土地利用向较低强度土地利用转变的情况。

7.4　海岸带开发强度时空演变

我们综合前文对海岸线及海岸带土地利用开发强度分析内容，更全面地揭示台州市海岸带开发强度时空演变。本节内容主要为海岸线及海岸带土地利用开发强度的相关分析和海岸带开发强度时空演变特征探索。

7.4.1　海岸线及海岸带土地利用开发强度的相关分析

对海岸线及海岸带土地利用开发强度进行相关分析，有助于了解海岸带开发过程中海岸线与土地利用两者间的关系。借助 SPSS 软件，导入海岸线及海岸带土地利用开发强度数据，选择“Person 相关分析”，得到海岸线开发强度与海岸带土地利用开发强度相关系数结果（表 7.7）。

由表 7.7 可以发现，台州市海岸线开发强度与海岸带土地利用开发强度的相关系数达0.973，且通过显著性检验，两者存在显著相关。三门县、临海市、温岭市及玉环市的海岸线开发强度与海岸带土地利用开发强度的相关系数基本超过0.763，且通过显著性检验，表明这四个县（市、区）海岸线开发与海岸带土地利用开发间存在显著相关性。从海岸线及海岸带土地利用开发内在联系来看，围填海及围垦工程的实施会改变海岸线形态及结构，将近岸海域、滩涂转为陆域可开发用地，以满足区域发展需要。对海岸线的开发利用使得海域空间向陆域用地转变，表明海岸线与土地利用是海岸带开发的重要方式和内容。

表 7.7 海岸线开发强度与海岸带土地利用开发强度相关系数

区域	台州市	三门县	临海市	台州市区	温岭市	玉环市
相关系数	0.973	0.792	0.836	–0.483	0.763	0.936
显著性	0	0.034	0.019	0.272	0.046	0.002

由表7.8可知，台州市区海岸线与海岸带土地利用开发强度的相关系数为负值，且未通过显著性检验，表明台州市区的海岸线开发与海岸带土地利用开发的相关性较弱。这主要是因为台州市区海岸线占有量较少，不同时期海岸线开发强度呈较大幅度波动变化，但相应时期土地利用变化却较为稳定。台州市区作为地区经济、政治、文化等中心，在城镇化进程上快于其他县（市、区），尤其在2005—2010年存在规模为71.284km^{2}的围填海工程，占研究期内台州市区围填海工程规模的83.437%。该时期内围填海工程使得近岸滩涂转变为陆域未利用地，从而显著提高了土地利用强度。但该时期内对白果山岛的连岛围垦工程使得区域海岸线长度增加，各类人工岸线比重相应下降，导致海岸线开发强度下降。海岸线开发强度与海岸带土地利用开发强度变化方向不一致，使得两者相关性较低。

表 7.8 台州市区海岸线及海岸带土地利用开发强度

类型	1990年	1995年	2000年	2005年	2010年	2015年	2019年
海岸线开发强度	0.527	0.551	0.637	0.631	0.553	0.556	0.533
土地利用开发强度	0.205	0.206	0.202	0.207	0.238	0.259	0.261

7.4.2 海岸带开发强度时空演变特征

本部分内容包括台州市海岸带整体演变特征分析，并以椒江口两岸为典型区鉴别海岸带开发强度演变的具体特征，揭示台州市各县（市、区）

海岸带开发强度时空演变。

（1）台州市海岸带开发强度演变过程

首先，借助海岸线分形维数（图 7.4）、陆海格局演变（图 7.6）及海岸带土地利用相关结果（图 7.16 和 7.17），筛选出海岸线形态及土地利用规模发生显著变化的时期。2000—2010 年，台州市海岸线减少了 46.539km，人工岸线比重增加了 8.184%，全市有 314.136km^2 海域、近岸滩涂转变为陆域用地，反映出该时期海岸线形态及土地利用规模的显著变化。具体变化特征如下。

2000—2005 年，全市海岸线减少了 36.208km，人工岸线比重增加了 3.657%。161.139km^2 海域、近岸滩涂转变为陆域用地。其中，77.437km^2 转变为养殖用地，50.049km^2 转变为未利用地，12.169km^2 转变为内陆水域，9.703km^2 转变为林地，7.206km^2 转变为耕地，3.063km^2 转变为建设用地，1.512km^2 转变为草地。结合土地利用结构结果（表 7.9），台州全市建设用地及未利用地占比分别增加了 0.707% 和 0.901%。该时期海岸线与土地利用开发强度的增幅分别为 8.373% 和 3.791%。综合上述分析结果可知，该时期的海岸带开发强度变化特征主要为海岸线形态及结构发生变化和近岸土地利用规模及结构发生显著改变，使得海岸线及海岸带土地利用开发强度增加。

2005—2010 年，全市海岸线减少了 10.331km，人工岸线比重增加了 4.467%，使得海岸线开发强度增幅达 3.9735%，海岸线形态及结构发生改变。全市共 152.997km^2 的海域和近岸滩涂转变为其他类型陆域用地。其中，94.100km^2 转变为养殖用地，27.738km^2 转变为未利用地，13.307km^2 转变为建设用地，11.011km^2 转变为耕地，4.534km^2 转变为内陆水域，1.411km^2 转变为林地。结合土地利用结构结果（表 7.9），建设用地及养殖用地占比分别增加了 0.914% 和 1.11%，以建设用地、养殖用地规模的增加为主的土地利用结构变化导致海岸带土地利用开发强度增幅达 5.023%。综合上述分析结果可知，该时期的海岸带开发强度变化特征主要为海岸线形态及结构发生变化和近岸土地利用规模及结构发生显著改变，使得海岸线及海岸带土地利用开发强度增加。

表 7.9 台州市各类型土地利用结构（单位：%）

类型	1990 年	1995 年	2000 年	2005 年	2010 年	2015 年	2019 年
耕地	16.27	15.20	15.03	14.48	14.53	13.42	13.06
林地	15.83	16.69	16.59	16.44	16.54	16.01	16.09
草地	1.99	1.73	1.98	1.97	1.99	1.98	1.96
内陆水域	0.58	0.67	0.48	1.00	1.21	1.58	1.51
建设用地	0.93	1.11	1.20	2.10	3.01	4.90	5.57
养殖用地	2.92	2.86	3.70	3.94	5.05	4.53	4.68
未利用地	4.33	4.40	3.62	4.33	2.13	4.19	3.53
海域	57.16	57.34	57.40	55.76	55.54	53.40	53.60

其次，借助海岸线及土地利用开发强度变化结果（图 7.5、7.6、7.18 与表 7.9），判断海岸线及土地利用结构变化主要集中于 2010—2015 年。该时期海岸线减少了 13.442km，且陆海格局较稳定，仅有 22.187km^2 海域转变为陆域相关用地，表明海岸线及土地利用结构变化是开发强度变化的主导因素。该时期内，台州市海岸线及土地利用开发强度的增幅分别为 14.438% 及 5.652%，均超过各时期增幅，反映该时期台州市海岸带开发强度变化显著。具体变化特征为：海岸线开发强度达最大值 0.539，人工岸线比重增加了 8.937%，较其他时期增幅显著。其中，建设岸线比重为 34.075%，增幅为 7.016%，港口码头岸线、养殖岸线比重分别为 5.727%、19.515%，增幅分别为 1.771%、0.945%；全市土地利用规模变化相对较小，但陆域土地利用结构变化显著，建设用地占比增加了 1.889%，耕地占比下降了 1.114%，林地、草地、内陆水域等位于内陆各类用地变化则相对较小，其中建设用地多由陆域养殖用地、耕地转入。海域占比减少了 2.142%，大部分转变为位于海域的未利用地、养殖用地。上述结果表明，该时期台州市海岸带开发强度变化特征为海岸线及海岸带土地利用结构发生变化，使得海岸线及海岸带土地利用开发强度显著增加。

再者，借助海岸线及土地利用开发强度的分析结果（图 7.5、7.6、7.18 与表 7.9）可知，在 1990—1995 年、1995—2000 年及 2015—2019 年这三个时期，海岸线及土地利用强度的实际数值变化较稳定，陆海格局也保持稳定状态。海岸带开发具体变化特征为：① 1990—1995 年，海岸线长度减少了 9.241 km，人工岸线比重增加了 1.662%，海岸线开发强度增加了 3.958%。海岸带土地利用变化多集中于陆域范围，林地、内陆水域、建设用地、未利用地的规模扩大，而耕地、草地、养殖用地规模减小，海域规模变化则较稳定，导致土地利用开发强度下降了 4.542%。该时期海岸带开发强度变化特征为海岸线及海岸带土地利用结构同时变化，使得海岸线及海岸带土地利用开发强度变化。② 1995—2000 年，海岸线减少了 17.713km，人工岸线比重增加了 2.659%，使得海岸线开发强度增加了 6.091%。海岸带土地利用变化依旧以陆域范围变化为主，部分未利用滩涂转变为养殖用地，海域规模变化较小，导致土地利用开发强度增加了 8.215%。该时期海岸带开发强度变化特征为海岸线及海岸带土地利用结构同时变化。③ 2015—2019 年，海岸线减少了 4.760km，人工岸线比重则下降了 0.462%，使得海岸线开发强度下降了 0.748%。土地利用变化基本处于陆域范围内，耕地、建设用地、养殖用地规模的增加，未利用地规模减小，海域规模则维持较稳定状态，使得海岸带土地利用开发强度增加了 0.518%。该时期海岸带开发强度变化特征为海岸线及海岸带土地利用结构同时变化。

基于上述分析，台州市海岸带开发强度变化特征大致分为两类：①当海岸线形态维持不变或变化较小时，存在以海岸线和海岸带土地利用结构变化为主的变化特征。陆海格局处于稳定状态，人工岸线中的养殖岸线、港口码头岸线、建设岸线占比增加，海岸带土地利用中的建设用地、养殖用地等占比不断增加，使得海岸线与土地利用开发强度均呈增加态势。②海岸线形态、结构及海岸带土地利用规模、结构同时发生变化。陆海格局发生变化，海岸线形态及结构发生变化，陆域土地规模扩张及结构发生变化，人工岸线占比及建设用地、养殖用地、耕地等占比增加，使得区域海岸线及土地利用开发强度显著增加。

（2）典型区域海岸带开发强度演变过程

基于台州市海岸带开发强度演变的分析结果，并结合不同县（市、区）土地利用数据及海岸线分形维数（图 7.4）结果，能够更直观地揭示海岸带开发强度演变的空间特征。海岸带陆域和海域土地利用之间存在复杂流转关系，这一过程中近岸区域存在两类变化："规模扩张"与"结构改变"。"规模扩张"发生于海岸线附近，主要是围填海工程带来陆域土地资源的扩充，多以海域、近岸滩涂转变为养殖用地、近岸未利用地为主；"结构改变"不同于城市更新中的概念，是指陆域与海域各类型土地的结构性变化，包括以近岸未利用地、养殖用地转变为建筑用地、耕地等为主，以及内陆区域土地利用的结构变化。为更直观揭示海岸带开发变化特征，以位于椒江两岸的台州市区（椒江区、路桥区）及椒江口北岸的临海市为例（图 7.24），该区域的海岸带土地利用存在"规模扩张"与"结构改变"的变化特征。

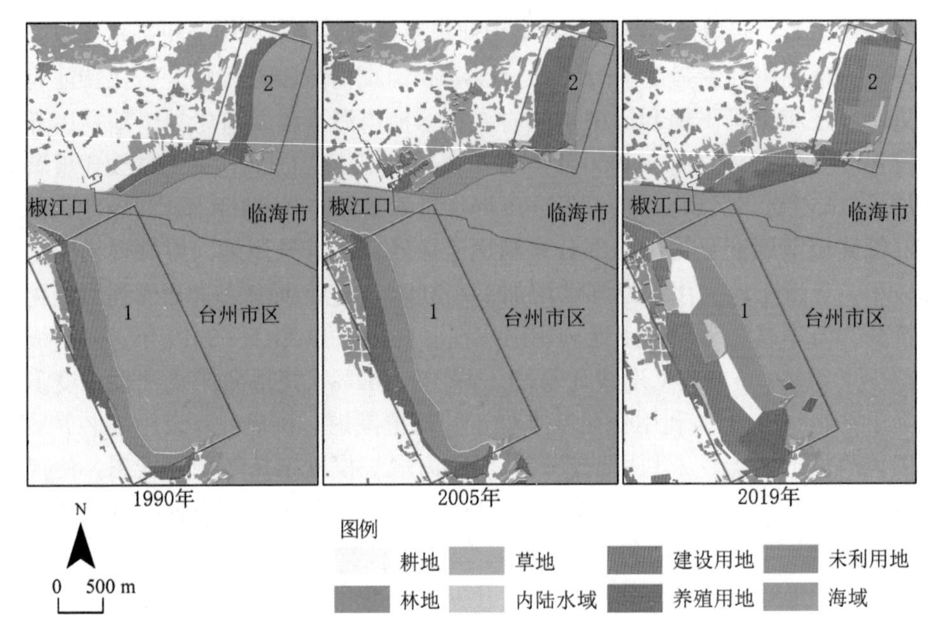

图 7.24　椒江口海岸带开发特征示意图

1）近岸区域的“结构改变”

原有靠近陆域的未利用地、养殖用地逐渐转变为建设用地、耕地、林地等，多用于住宅区建设、工厂建设、港口码头建设，少部分用于农业活动，体现近岸未利用地、养殖用地的“过渡作用”，主要表现为“海域→未利用地、养殖用地→建设用地、耕地”的土地利用演变历程。1990—2005 年，台州市区陆海格局较为稳定，4.786km^2 陆域未利用地转变为近岸林地、养殖用地，近岸建设用地变化则较稳定（图 7.24 中的 1 号框）。这一时期台州市区海岸带开发活动较少，多以近岸区域土地利用“结构改变”为主。

2）“规模扩张”与“结构改变”的同时发生

因围填海工程导致海域转变为未利用地、养殖用地。同时，近岸未利用地、养殖用地发挥“过渡作用”，转变为建设用地、耕地等用地，反映近岸区域土地利用的剧烈变化。具体表现为：① 2005—2019 年，台州市区陆海格局变化显著，出现大规模向海扩张，48.373km^2 海域及 25.758km^2 未利用地转化为近岸养殖用地。在陆域范围，近岸 12.545km^2 养殖用地及 10.893km^2 未利用地转变为建设用地（图 7.24 中的 1 号框）。② 2005—2019 年，临海市陆海格局出现较显著变化，10.239km^2 海域转化为近岸养殖用地及未利用地。在陆域范围，近岸 10.631km^2 养殖用地及 1.522km^2 未利用地转变为建设用地（图 7.24 中的 2 号框），反映这一时期椒江口海岸带经历高强度开发，同时出现陆域土地“规模扩张”与近岸土地利用“结构变化”。综合前文关于台州市区海岸线及土地利用开发强度间不存在显著相关性的结论，从土地利用实际变化到统计学分析结果都体现出台州市区高强度的海岸带开发活动。

台州市海岸带作为陆海交互作用最为显著的过渡带，因围填海工程导致陆海格局变化，海岸线及土地利用在规模及结构上也产生不同特征的时空变化，尤其是“规模扩张”与“结构改变”同步出现，反映海岸带“线状”与“面状”的高强度开发特征。基于椒江口两岸海岸带开发强度的演化特征识别，有助于更好探究台州市各县（市、区）海岸带开强度演化特征。

（3）台州市各县（市、区）海岸带开发强度演变特征

各县（市、区）海岸带开发活动存在较显著空间分异，包括海岸线及土地利用形态、规模及结构等方面的变化特征。整体来看各县（市、区）海岸线开发强度均显著变化，海岸带土地利用开发强度呈稳定增加；各县（市、区）海岸线多以结构变化为主，各类人工岸线比重增加，部分时期存在海岸线形态变化；各县（市、区）海岸带土地利用开发存在“结构改变”及“规模扩张”两种变化特征，以“结构改变”变化特征为主，“规模扩张”多发生于 2000—2010 年。

1）三门县海岸带开发强度演变特征

研究期内三门县海岸线开发强度变化较显著，海岸带土地利用开发强度则较为稳定。具体来看：① 1990—2000 年及 2005—2019 年，以海岸线结构变化为主。三门县以青蟹养殖业为主，其养殖岸线比重由 28.333% 增加至 44.216%，使得三门县海岸线开发强度出现快速变化。② 2000—2005 年，以海岸线形态变化为主，海岸线分形维数下降，海岸线长度受围填海工程影响而减少了 3.180km。海岸带土地利用变化较为稳定，以土地利用结构变化为主，养殖用地、建设用地占比不断上升。③ 2000—2005 年，52.135km^2 海域转为近岸未利用地、养殖用地，而后这一区域转变为养殖用地、建设用地。整体而言，三门县海岸带开发强度演变特征以海岸线及海岸带土地利用的结构变化为主，部分时期海岸线形态、结构变化及海岸带土地利用规模、结构同时发生变化。

2）临海市海岸带开发强度演变特征

研究期内，临海市海岸带开发强度演变特征为：海岸线开发强度变化

较显著，1990—2000 年及 2010—2019 年以海岸线结构变化为主，临海市大陆海岸线年均保有量仅为 53.416km，极易受人类活动干扰，基岩岸线比重由 52.778% 下降至 28.319%，而建设岸线、养殖岸线、港口码头岸线比重却不断上升，这是海岸线开发强度快速增加的主要原因。2000—2010 年，北洋围填海工程的实施，导致海岸线形态变化，使得海岸线分形维数下降，海岸线减少了 10.009km。海岸带土地利用变化较为稳定，因临海市全域规模达 3745.966km^2，且海域、林地、耕地占比超 88.842%，故海岸带土地利用变化较为平稳，基本呈现养殖用地、建设用地比重增加的变化特征。2000—2010 年，34.769km^2 海域转为近岸未利用地、养殖用地，海域减少规模仅为 0.928%，故“规模扩张”带来影响远低于“结构改变”。整体而言，临海市海岸带开发强度演变特征以海岸线及海岸带土地利用的结构变化为主，部分时期海岸线形态、结构及海岸带土地利用规模、结构同时发生变化。

3）台州市区海岸带开发强度演变特征

研究期内台州市区海岸带开发强度演变特征为：海岸线开发强度变化较显著，台州市区大陆海岸线年均保有量仅有 63.626km，且区域开发活动频繁，建设岸线、养殖岸线及港口码头岸线比重由 57.307% 降为 56.688%。其中，1990—2005 年与 2010—2019 年以海岸线结构变化为主。2005—2010 年，以海岸线形态变化为主，因连岛围垦工程实施导致陆域基岩岸线的增加，20.415km 海岛岸线转变为大陆海岸线，使得海岸线开发强度出现显著下降，而分形维数显著增加。海岸带土地利用开发强度变化较为稳定，因台州市区全域规模为 2106.056km^2，“规模扩张”导致陆域用地增加了 85.097km^2，故“规模扩张”对于海岸带开发强度具有较显著影响。其中，1990—2005 年及 2010—2019 年，台州市区海岸带土地利用开发强度变化以“结构改变”为主。2005—2010 年，同时存在“规模扩张”与“结构改变”的变化特征，使得海岸带土地利用开发强度较快增加。整体而言，台州市区海岸带开发强度演变特征为以海岸线及海岸带土地利用的结构变化为主，部分时期海岸线形态、结构及海岸带土地利用规模、结构同时发生变化。

4）温岭市海岸带开发强度演变特征

研究期内温岭市海岸带开发强度演变特征为：海岸线开发强度变化较为显著，虽温岭市大陆海岸线年均保有量达 132.938km，但区域人类活动频繁，表现为建设岸线、港口码头岸线及养殖岸线比重由 46.727% 增加至 55.971%。其中，1990—2000 年与 2010—2019 年以海岸线结构变化为主。2000—2010 年，由于围填海工程的实施改变了海岸线形态，海岸线结构也相应出现变化。海岸带土地利用开发强度变化较稳定，温岭市全域规模达 2250.964km^2，但“规模扩张”导致陆域用地扩张了 59.636km^2。其中，1990—2000 年及 2010—2019 年海岸带土地利用开发强度变化以“结构改变”为主，2000—2010 年受“规模扩张”与“结构改变”共同影响。整体而言，临海市海岸带开发强度演变特征为以海岸线及海岸带土地利用的结构变化为主，部分时期海岸线形态、结构及海岸带土地利用规模、结构同时发生变化。

5）玉环市海岸带开发强度演变特征

研究期内玉环市海岸带开发强度演变特征为：海岸线开发强度变化较为显著，玉环市大陆海岸线年均保有量达 164.169km，但区域人类活动频繁，表现为海岸线长度减少了 57.519km，建设岸线、港口码头岸线及养殖岸线比重由 31.253% 增加至 49.207%。其中，1990—2000 年与 2010–2019 年以海岸线结构变化为主。2000—2010 年，由于围填海工程的实施改变了海岸线形态，海岸线结构也相应出现变化。海岸带土地利用开发强度变化较稳定，玉环市全域规模为 1809.987km^2，但“规模扩张”导致陆域用地增加了 94.063km^2。其中，1990—2000 年及 2010—2019 年海岸带土地利用开发强度变化以“结构改变”为主，2000—2010 年受“规模扩张”与“结构改变”共同影响。整体而言，玉环市海岸带开发强度演变特征为以海岸线及海岸带土地利用的结构变化为主，部分时期海岸线形态、结构及海岸带土地利用规模、结构同时发生变化。

7.5 小 结

我们综合运用海岸线变化程度、分形维数、海岸线多样性指数、人类活动强度等方法，揭示台州市及各县（市、区）海岸线及海岸带土地利用开发强度的演变特征。主要结论如下。

（1）台州市海岸线开发强度整体呈增加态势，并呈现大陆海岸线长度出现缩减、海岸线分形维数下降、海岸线多样性指数下降、人工岸线比重不断上升等特征。由于大陆海岸线保有量、围填海工程规模等差异，各县（市、区）海岸线变化特征与全市变化存在一定差异。

（2）台州市海岸带土地利用开发强度呈逐渐增加态势，不同时期围填海工程的实施，使得陆海格局基本表现为陆进海退的变化特征，建设用地规模及比重不断增加，养殖用地规模及比重先增后减，使得海岸带土地利用开发强度稳定增加。各县（市、区）海岸带土地利用变化特征大致与全市变化保持一致。

（3）台州市海岸带开发强度演变特征主要为海岸线及海岸带土地利用结构变化，部分时期海岸线形态、结构以及海岸带土地利用规模、结构同时发生变化。台州市各县（市、区）海岸线开发强度时空分异显著，玉环市海岸线开发强度始终低于其他县（市、区），其他县（市、区）则呈较大幅度波动。台州市各县（市、区）海岸带土地利用开发强度始终呈“三门县＞温岭市＞台州市区＞玉环市＞临海市”的格局。

8 东海区大陆海岸带陆海统筹水平综合评价——以台州为例

8.1 陆海统筹水平综合评价理论基础

8.1.1 耦合协调理论

耦合最早源自物理学，指两个或两个以上体系或运动形式间存在相互作用的现象（刘建伟，2020；黄瑞芬，2009），耦合度表示此类相互作用的强度大小。系统内部序参量的协同作用是系统由无序走向有序的关键，耦合度则是用于量化此类协同作用的强度。本研究将此类作用强度定义为陆海系统耦合度，用于测算陆海系统的统筹度及陆海系统在能源资源、生态环境、经济水平和社会发展这四个子系统的统筹度。其计算公式如下（朱江丽和李子联，2015）：

$$C_{LS} = 2 \times \left\{ \frac{L(x) \times S(y)}{[L(x) + S(y)]^2} \right\}^{1/2} \tag{8.1}$$

式中，C_{LS} 表示陆海系统耦合度，且 $C_{LS} \in [0，1]$；$L(x)$ 与 $S(y)$ 分别表示度量陆地与海洋系统综合发展水平的函数。

系统协调发展强调整体性、综合性及内在性的聚合发展，而不是单系统或要素的增长（廖重斌，1999）。协调度则是量化系统或要素间的协调程度，本研究将其视为陆海统筹度，表示陆海系统及其子系统协调发展程度。其计算公式如下（吴玉鸣和柏玲，2011；范辉等，2014）：

$$H_{LS} = \sqrt{C_{LS} \times F_{LS}} \tag{8.2}$$

$$H_{LS}=\sqrt{C_{LS}\times\left[\alpha L(x)+\beta S(y)\right]} \tag{8.3}$$

式中，H_{LS} 表示陆海系统的统筹度，且 $H_{LS}\in[0,\ 1]$；F_{LS} 表示陆海系统综合发展水平；α、β 分别表示陆地、海洋系统综合发展水平权重。本研究将陆地与海洋视为同等重要，故 $\alpha=\beta=0.5$。我们参考廖重斌（1999）的研究来划分陆海统筹水平等级（表 8.1）。

表 8.1　陆海统筹水平等级划分

统筹度 H_{LS}	0~0.09	0.10~0.19	0.20~0.29	0.30~0.39	0.40~0.49
统筹水平	极度失调	严重失调	中度失调	轻度失调	濒临失调
统筹度 H_{LS}	0.50~0.59	0.60~0.69	0.70~0.79	0.80~0.89	0.90~1.00
统筹水平	勉强协调	初级协调	中级协调	良好协调	优质协调

8.1.2　陆海系统的“共生界面”

共生现象广泛存在于生物界中，如根瘤菌与豆科植物的共生，豆科植物为根瘤菌提供生长空间、矿物质及养料，根瘤菌则通过固氮作用为豆科植物提供含氮养料。“共生”这一用语最早由德国生物学家德贝里于 19 世纪末提出，后被其他生物学家不断完善，最终形成共生理论。自共生理论提出以来，不断被各学科采纳与应用。该理论随后被我国学者广泛应用于社会学、经济学、生态学、管理学等学科的研究。共生是指共生单元之间依据某类共生模式，通过共生界面完成物质、能量及信息的交换，进而实现发展与进化。

陆地与海洋系统的共生界面是海岸带区域，由铁路网、公路网、海运航线、通信网络等形式，以及大气、水网等自然环境所构成，能够实现陆海系统间复杂的能量、物质及信息交换。以陆地经济子系统与海洋经济子系统为例，陆地经济系统拥有资金、人力及技术等人文优势，海洋具有众多能源与资源等自然优势，两者通过对生产要素再配置，实现陆地与海洋经济产值的增加，共同构成陆海经济共生单元，而海岸带通过实现陆海能源资源转运、促进生产要素的流动，促进陆海经济子系统的“共生”。此外，陆地与海洋系统在生态环境、社会发展及能源资源等方面也存在此类复杂的交换过程。开发利用海岸带可推动陆海共生界面的快速发展，加深陆地与海洋系统的联系，实现陆海统筹发展。

8.1.3　陆地与海洋系统的演变历程

陆地与海洋系统在能源资源、生态环境、经济水平和社会发展这四个子系统间存在复杂的联系。海岸带位于陆地与海洋系统空间交互地带，是联系陆地与海洋系统的重要纽带。海岸带开发利用，可加快物质、能量及信息流动进程，加强陆海系统关联作用。陆海关联作用是指陆海系统在能源资源、生态环境、经济水平和社会发展四个子系统间形成紧密关联路径，有助于打破陆地或海洋系统发展的能源资源瓶颈、破除生产要素不合理配置的发展限制，实现陆海系统的统筹发展。

陆海系统发展初期，发展格局主要以陆地系统发展为主导，海洋能源资源为支撑。如通过大量开发海洋渔业资源、矿产资源等海洋资源以缓解陆域资源紧缺的发展困境，此时陆海系统间呈现物质传递、信息交换及能量流动不对称、不充分特征，此类情况多出现于滨海城市发展初期。相对应的海洋主导型发展表现为：区域发展以海洋开发利用为主体，海洋系统在能源资源、生态环境、经济水平及社会发展等方面发挥主导作用，此时技术、资金等生产要素大量流入海洋系统，此类情况多出现于海岛城市。

陆海统筹发展阶段，随着海岸带的开发利用，陆海共生界面运输能力不断提升，加深了陆海系统的关联作用，促进陆地系统闲置的资金、人力资源、技术不断流向海洋系统，海洋能源资源的开发和利用日渐合理，实现了陆地生产要素与海洋能源资源的优势互补。此时陆海系统间呈现较对称且充分的物质传递、信息交换及能量流动特征。陆海系统由不协调发展状态转变为陆海系统统筹发展状态，不断拓展陆海系统在能源资源、生态环境、经济水平和社会发展这四个子系统间联系路径，从而优化陆海系统内部结构。陆海统筹发展路径表现为：陆海系统及其子系统通过共生界面实现资源合理配置及资源充分利用，推动陆海系统的优势互补，促进陆海系统及子系统的交流，不断提升陆海系统综合效益。结合表 8.1 陆海统筹等级划分的内容，将陆海系统初始阶段与统筹发展的分界点定义为统筹度 C_{LS}=0.5。当统筹度 $C_{LS} < 0.5$，陆海系统处于发展初期；当统筹度 $C_{LS} \geqslant 0.5$，陆海系统处于统筹发展阶段。

8.2 陆海统筹水平综合评价方法

8.2.1 构建陆海统筹水平综合评价模型

陆海系统作为复杂巨系统，由能源资源、生态环境、经济水平和社会发展四个子系统组成，各子系统通过共生界面相互影响，共同构成陆海复合系统。其中，经济水平子系统是陆海系统发展的重要驱动力，能源资源子系统为陆海系统发展提供物质保障，生态环境子系统构成陆海系统发展的承载体，社会进步是陆海系统发展的重要目标（张坤领，2015）。陆海统筹水平综合评价模型（表 8.2）分为“陆地系统综合发展水平（L）”与“海洋系统综合发展水平（S）”两个目标层，其中陆海系统综合发展水平分别设置五个子系统层并根据系统性、客观性及数据可获取性原则选取指标。

表 8.2 陆海统筹水平综合评价模型

系统层	子系统层	指标层	权重
	陆海共生界面（G）	电话覆盖率（%）	0.239
		互联网覆盖率（%）	0.234
		铁路、公路里程数（km）	0.261
		船舶航运线路里程数（km）	0.266
陆地系统发展水平 L	能源资源（L_1）	大陆海岸线长度（km）	0.232
		农业机械总动力（万千瓦）	0.264
		农作物总产量（吨）	0.224
		工业淡水利用总量（m^3）	0.280
	生态环境（L_2）	工业废水及粉尘排放量（吨）*	0.225
		陆地环境治理支出（万元）	0.249
		陆地物种多样性（种）	0.310
		陆地生态保护面积（km^2）	0.216
	经济水平（L_3）	陆地经济总产值（亿元）	0.242
		陆地第一产业占比（%）	0.288
		陆地第二产业占比（%）	0.248
		陆地第三产业占比（%）	0.221
	社会发展（L_4）	高等院校专业在读人数（人）	0.388
		非涉海从业人员（人）	0.193

续表

系统层	子系统层	指标层	权重
陆地系统发展水平 L	社会发展（L_4）	科学研究投入（万元）	0.218
		公园绿地规模（km^2）	0.201
海域系统发展水平 S	能源资源（S_1）	海岛岸线长度（km）	0.198
		渔业机械总动力（万千瓦）	0.237
		海产品总产量（吨）	0.198
		工业海水利用总量（m^3）	0.367
	生态环境（S_2）	工业废水排放入海量（吨）*	0.248
		海洋环境治理支出（万元）	0.290
		海洋物种多样性（种）	0.221
		海域生态保护面积（km^2）	0.241
	经济水平（S_3）	海洋经济总产值（亿元）	0.263
		海洋第一产业占比（%）	0.267
		海洋第二产业占比（%）	0.260
		海洋第三产业占比（%）	0.211
	社会发展（S_4）	高等院校海洋专业在读人数（人）	0.364
		涉海从业人员（人）	0.187
		涉海专业人才、技术人员占比（%）	0.234
		滨海或海洋主题乐园规模（km^2）	0.215

注：* 表示成本型指标，其余为效益型指标。

（1）系统层的设置依据

以“陆地系统综合发展水平（L）”与“海洋系统综合发展水平（S）”作为系统层，以更好地对比陆海系统综合发展现状。分别从能源资源、生态环境、经济水平和社会发展四个子系统层探究陆海系统结构协调性。在指标选取上，选取能够表示陆地与海洋系统的发展现状和能够实现陆海系统直接对比的指标，如“农作物产量”与“海产品产量”便能够分别代表陆海系统在资源利用上的差异。

（2）指标层选取依据及含义

在共生界面子系统层中，陆海共生界面通过促进陆海子系统的交流与联系，推动陆海系统的协调发展。构建陆海共生界面，仅用于测算陆海系统综合发展水平，有助于更全面地探究台州市陆海系统整体发展情况。“电话覆盖率”及“互联网覆盖率”反映陆海系统间信息交流的便捷度。由于受不同时期通信技术影响，初期电话发挥作用显著，随后互联网地位越发重要。因此，同时选择这两个指标进行测度。“铁路、公路里程数”及“船舶航运线路里程数”分别表示陆海交通运输便捷性，能够反映物质运输及能量流动过程。

在能源资源子系统层中，“大陆海岸线长度”与“海岛岸线长度”表示陆海系统在海岸线资源间的差异。“渔业机械总动力”主要为渔船机械动力，“农业机械总动力”包含耕作机械、植保机械、排灌机械、农副产品加工机械、收获机械等其他机械动力，这二者主要表示陆海第一产业在能源资源消耗上的差异。“农作物总产量”与“海产品总产量”表示陆海第一产业在能源资源利用方面的差异。“工业淡水利用总量”与“工业海水利用总量”表示陆海工业发展时利用能源资源的差异。

在生态环境子系统层中，“工业废水及粉尘排放量”与“工业废水排放入海量”均为成本型指标，能够反映工业污染物排放对陆地及海洋生态环境影响。“陆地环境治理支出”与“海洋环境治理支出”、“陆地物种多样性”与“海洋物种多样性”及“陆地生态保护面积”与“海洋生态保护面积”这三对指标组合主要表示陆海系统在生态保护和环境治理上的差异。

在经济水平子系统层中，“陆地经济总产值”与“海洋经济总产值”表示陆海系统经济发展规模的差异。“陆地第一产业占比”与“海洋第一产业占比”、“陆地第二业占比”与“海洋第二产业占比”及“陆地第三产业占比”与“海洋第三产业占比”这三对指标组合表示陆海系统在产业结构的差异。

在社会发展子系统层中，“高等院校专业在读人数”与“高等院校海洋专业在读人数”、“非涉海从业人员”与“涉海从业人员”及“科学研究投入”与“涉海专业人才、技术人员占比”这三对指标组合表示陆海系统在科学技术研究、高等教育等方面差异。“公园绿地规模”与“滨海或海洋主题乐园规模”表示陆海系统在居民文化娱乐设施方面的差异。

8.2.2　陆海统筹水平综合评价的测度方法

（1）权重计算方法

本研究选择熵权法来测算陆海统筹水平综合评价模型中各指标权重。熵权法认为当某项指标的数值离散程度越大，信息熵值越小，指标所包含信息量越大，指标权重也更大；反之，则权重更小。其计算公式如下（李帅等，2014）：

$$f_{ij}=\frac{r_{ij}}{\sum_{j=1}^{n}r_{ij}} \tag{8.4}$$

$$H_i=-\frac{1}{\ln n}\sum_{j=1}^{n}f_{ij}\ln f_{ij} \tag{8.5}$$

$$W_{2i}=\frac{1-H_i}{n-\sum_{i=1}^{m}H_i} \tag{8.6}$$

式中，f_{ij} 表示指标 i 占第 j 个评价对象的比重；H_i 表示指标 i 的熵；W_{2i} 表示指标 i 的权重；n 表示指标数量（本研究中 n=36）。

（2）陆海统筹水平测度

陆海统筹水平测度包含陆海系统发展水平测算及陆海统筹度测算两部分内容。首先，根据陆海统筹水平综合评价模型，获取台州市及各县（市、区）的面板数据，分别测度陆海系统共生界面、陆地系统、海洋系统及各子系统发展水平；其次，根据耦合协调度计算公式，测度陆地系统、海洋系统及其子系统的统筹度。其计算公式如下：

$$L=(L_1+L_2+L_3+L_4)\times\frac{1}{4}；S=(S_1+S_2+S_3+S_4)\times\frac{1}{4} \tag{8.7}$$

$$LS=(G+L_1+L_2+L_3+L_4+S_1+S_2+S_3+S_4)\times\frac{1}{9} \tag{8.8}$$

式中，LS 表示陆海系统综合发展水平；L 表示陆地系统发展水平；S 表示海洋系统发展水平；G 表示陆海共生界面发展水平，仅用于陆海系统综合发展水平的测度；L_1、L_2、L_3、L_4 与 S_1、S_2、S_3、S_4 分别表示陆地与海洋能源资源、生态环境、经济水平及社会发展四个子系统的发展水平。参考杨羽頔（2015）的研究成果，本研究将陆海子系统视为相等重要，故各子系统权重相同。

（3）陆海系统发展阶段划分

结合表 8.1 结果，根据陆海系统发展水平差异，划分出陆海系统发展阶段：当陆海统筹度大于 0.6 时，划分为陆地主导型（$L>S$）与海洋主导型（$L<S$）；当陆海统筹度小于 0.6 时，划分为陆地滞后型（$L<S$）与海洋滞后型（$L>S$）。

8.3　陆海统筹水平时空演变分析

依据陆海统筹水平综合评价模型，借助耦合协调理论及相关公式，测度陆海系统、陆海子系统、陆地系统及海洋系统发展水平及统筹度，探究台州市及各县（市、区）陆海系统演进历程及内部结构变化特征。

8.3.1　陆海统筹水平演变特征

由图 8.1 和表 8.3 可知，台州市陆地系统、海洋系统发展水平均逐渐提升，增幅分别为 28.540% 和 28.101%，陆海系统综合发展水平也相应得到提升，增幅达 31.731%，台州市陆海系统呈现出良好的发展现状。由图 8.1 可知，台州市陆海子系统发展水平整体呈增长趋势，但不同时期存在波动变化。具体表现为：台州市陆海系统共生界面发展水平逐渐增加，增幅达 54.780%，表明台州市陆海系统在物质、能量及信息传递及流动能力不断提升，有效促进了陆海系统交流。陆地能源资源及社会发展子系统增幅显著，分别为 48.657% 及 47.978%，陆地各子系统发展水平的贡献率差异较小，反映陆地系统内部发展较协调；海洋系统中各子系统增长均较为显著，整体幅度为 25.969%~39.713%，海洋各子系统的贡献率差异较小，反映海洋系统内部发展也较为协调。陆海系统各自发展水平存在一定差异，陆地系统发展水平约为海洋系统的 1.135 倍，反映台州市陆海系统及子系统发展水平虽然在不断提高，但陆地系统发展水平始终高于海洋系统。

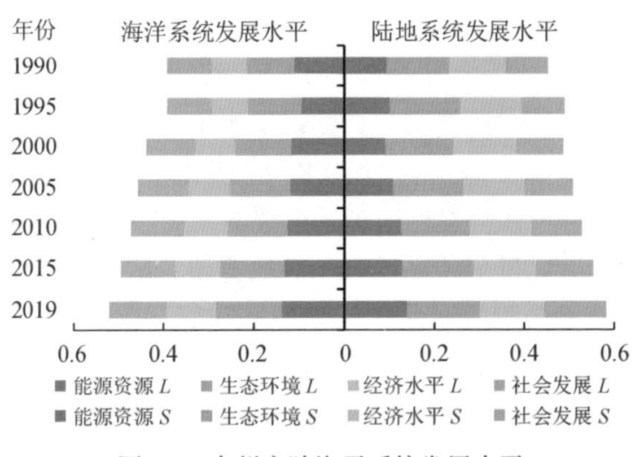

图 8.1　台州市陆海子系统发展水平

表 8.3　台州市陆海系统发展水平评价

年份	陆海子系统发展水平					陆地系统 / 海域系统	综合发展水平
	共生界面	能源资源	生态环境	经济水平	社会发展		
1990	0.301	0.372/0.408	0.557/0.440	0.508/0.418	0.371/0.316	0.452/0.395	0.416
1995	0.310	0.400/0.390	0.628/0.375	0.552/0.474	0.376/0.325	0.489/0.392	0.432
2000	0.325	0.362/0.402	0.601/0.467	0.571/0.495	0.413/0.358	0.487/0.431	0.450
2005	0.370	0.432/0.397	0.625/0.477	0.546/0.534	0.428/0.369	0.508/0.444	0.471
2010	0.459	0.502/0.438	0.611/0.502	0.553/0.528	0.446/0.392	0.528/0.465	0.499
2015	0.421	0.507/0.410	0.636/0.530	0.564/0.568	0.506/0.402	0.553/0.478	0.517
2019	0.465	0.553/0.447	0.649/0.554	0.575/0.584	0.549/0.436	0.581/0.506	0.548

注：表格中的分式 *L*/*S*，左侧表示陆地系统评价结果，右侧表示海域系统评价结果。

根据前文公式计算得到台州市陆海系统的统筹度测度结果（表 8.4）。由耦合协调度公式可知，陆海系统综合发展水平及陆海系统发展差异是影响陆海统筹水平重要因素。台州市陆海统筹水平变化有以下特征：①陆海能源资源、经济水平及社会发展统筹度不断提高，陆海生态环境统筹度在初期呈现小幅波动后稳定增加。台州市陆海子系统的统筹水平主要介于勉强协调与中级协调之间，陆海能源资源、生态环境及经济水平子系统的统筹发展水平介于初级协调与中级协调之间，陆海社会发展子系统则处于勉强协调与初级协调之间。②陆地系统与海洋系统的统筹度不断提高，整体增幅分别为 6.884% 和 7.347%，说明台州市陆地与海洋系统内部结构协调性不断改善，但两者的内部协调程度存在一定差异。③随着台州市陆地系统及海洋系统内部的统筹度不断提升，陆海系统的统筹度也不断得到提高，陆海统筹水平由初级协调转变为中级协调，这一过程中始终维持陆地主导型的发展阶段。结合图 8.1 可知，海洋经济水平子系统发展水平较低，这是制约台州市陆海统筹水平提升的主要因素。

表 8.4 台州市陆海系统的统筹度

年份	陆海子系统间统筹度				陆地系统统筹度	海洋系统统筹度	陆海系统统筹度
	能源资源	生态环境	经济水平	社会发展			
1990	0.624	0.704	0.679	0.585	0.577	0.559	0.650
1995	0.629	0.697	0.716	0.592	0.587	0.574	0.660
2000	0.618	0.728	0.729	0.620	0.588	0.558	0.677
2005	0.644	0.739	0.735	0.631	0.595	0.580	0.689
2010	0.685	0.744	0.735	0.647	0.602	0.585	0.704
2015	0.676	0.762	0.753	0.672	0.609	0.592	0.717
2019	0.706	0.775	0.761	0.700	0.617	0.600	0.737

8.3.2 各县（市、区）陆海统筹水平演变特征

由前文公式计算得到台州市各县（市、区）陆海系统发展水平测度结果（表 8.5）。研究期内，各县（市、区）陆地系统、海洋系统、陆海系统综合发展水平基本呈增加态势，但各县（市、区）间差异较大，具体表现为：1990—1995 年，陆地系统发展水平维持“临海市 > 台州市区 > 温岭市 > 玉环市 > 三门县”的格局，而 1995—2019 年则变化为“台州市区 > 临海市 > 温岭市 > 玉环市 > 三门县”的格局。1990—2000 年，海洋系统发展水平维持着“玉环市 > 温岭市 > 台州市区 > 临海市 > 三门县”的格局，而 2005—2010 年则变化为“温岭市 > 台州市区 > 玉环市 > 临海市 > 三门县”的格局，在 2015 年又转变为“台州市区 > 玉环市 > 临海市 > 温岭市 > 三门县”的格局，至 2019 年海洋发展水平格局转变为“台州市区 > 温岭市 > 玉环市 > 临海市 > 三门县”的格局，反映出各县（市、区）海洋系统发展水平的复杂变化。1990—2019 年，各县（市、区）陆海系统综合发展水平基本维持“台州市区 > 温岭市 > 临海市 > 玉环市 > 三门县”的格局。上述结果反映出台州市区陆地系统、海洋系统及陆海系统综合水平均高于其他县（市、区），而三门县则均低于其他县（市、区）。

表 8.5 台州市各县（市、区）陆海系统发展水平

年份	区域	共生界面	资源利用	生态环境	经济水平	社会发展	陆地 / 海洋系统发展水平	陆海系统综合发展水平
1990	三门县	0.126	0.244/0.195	0.386/0.072	0.355/0.620	0.218/0.047	0.301/0.233	0.260
	临海市	0.244	0.257/0.107	0.663/0.586	0.566/0.398	0.627/0.584	0.528/0.419	0.451
	市区	0.987	0.465/0.633	0.456/0.357	0.588/0.341	0.490/0.355	0.499/0.421	0.553
	温岭市	0.210	0.616/0.192	0.508/0.544	0.536/0.387	0.207/0.421	0.467/0.386	0.405
	玉环市	0.112	0.280/0.916	0.719/0.524	0.403/0.400	0.073/0.078	0.369/0.479	0.389
1995	三门县	0.136	0.307/0.184	0.372/0.121	0.388/0.511	0.261/0.048	0.332/0.216	0.267
	临海市	0.215	0.251/0.151	0.803/0.481	0.589/0.369	0.626/0.592	0.567/0.398	0.454
	市区	0.962	0.488/0.531	0.493/0.296	0.612/0.466	0.485/0.390	0.520/0.421	0.557
	温岭市	0.259	0.672/0.198	0.651/0.521	0.675/0.550	0.226/0.417	0.556/0.421	0.466
	玉环市	0.175	0.314/0.885	0.687/0.357	0.402/0.468	0.046/0.091	0.362/0.450	0.383
2000	三门县	0.140	0.458/0.158	0.360/0.184	0.458/0.471	0.222/0.065	0.375/0.220	0.280
	临海市	0.252	0.169/0.128	0.756/0.603	0.565/0.391	0.626/0.599	0.529/0.430	0.457
	市区	0.928	0.425/0.511	0.504/0.326	0.701/0.505	0.547/0.411	0.544/0.438	0.571
	温岭市	0.341	0.580/0.435	0.604/0.569	0.611/0.557	0.285/0.429	0.520/0.497	0.497
	玉环市	0.201	0.284/0.709	0.661/0.557	0.471/0.531	0.171/0.197	0.397/0.499	0.423
2005	三门县	0.141	0.545/0.185	0.428/0.162	0.509/0.543	0.155/0.043	0.409/0.233	0.299
	临海市	0.129	0.232/0.121	0.810/0.613	0.484/0.403	0.657/0.601	0.546/0.434	0.448
	市区	0.908	0.481/0.524	0.554/0.436	0.743/0.587	0.582/0.414	0.590/0.490	0.610

续表

年份	区域	共生界面	资源利用	生态环境	经济水平	社会发展	陆地 / 海洋系统发展水平	陆海系统综合发展水平
2005	温岭市	0.491	0.622/0.435	0.599/0.536	0.557/0.616	0.296/0.473	0.518/0.515	0.542
	玉环市	0.219	0.405/0.658	0.581/0.548	0.431/0.505	0.218/0.206	0.409/0.479	0.422
2010	三门县	0.174	0.561/0.205	0.490/0.198	0.509/0.506	0.175/0.044	0.434/0.238	0.314
	临海市	0.258	0.383/0.284	0.824/0.614	0.565/0.346	0.681/0.520	0.613/0.441	0.499
	市区	0.892	0.509/0.545	0.583/0.504	0.652/0.509	0.632/0.524	0.594/0.521	0.623
	温岭市	0.506	0.663/0.435	0.482/0.567	0.546/0.688	0.290/0.483	0.495/0.543	0.537
	玉环市	0.489	0.464/0.663	0.515/0.536	0.453/0.547	0.213/0.278	0.411/0.506	0.476
2015	三门县	0.185	0.574/0.326	0.350/0.322	0.509/0.441	0.238/0.209	0.418/0.324	0.345
	临海市	0.293	0.377/0.282	0.761/0.578	0.585/0.533	0.692/0.543	0.604/0.484	0.520
	市区	0.896	0.525/0.544	0.626/0.575	0.685/0.590	0.669/0.527	0.626/0.559	0.655
	温岭市	0.540	0.700/0.252	0.666/0.569	0.530/0.692	0.419/0.395	0.579/0.477	0.538
	玉环市	0.492	0.421/0.669	0.646/0.548	0.462/0.524	0.304/0.292	0.458/0.508	0.498
2020	三门县	0.186	0.583/0.381	0.432/0.432	0.476/0.436	0.318/0.261	0.452/0.378	0.391
	临海市	0.295	0.404/0.211	0.757/0.496	0.595/0.533	0.709/0.706	0.616/0.486	0.526
	市区	0.901	0.605/0.587	0.666/0.630	0.707/0.655	0.706/0.587	0.671/0.615	0.699
	温岭市	0.417	0.697/0.435	0.637/0.589	0.512/0.689	0.455/0.358	0.575/0.518	0.541
	玉环市	0.592	0.562/0.611	0.644/0.588	0.542/0.546	0.381/0.241	0.532/0.497	0.519

（1）三门县陆海统筹水平演变

根据计算得到的三门县陆海统筹水平相关结果（图 8.2 和表 8.6）来看，三门县陆海统筹水平演变具有以下特征：陆海子系统的统筹度呈增加趋势，其中陆海社会发展统筹度在 2000—2010 年出现波动变化，而后快速增加，陆海社会发展统筹度增幅达 68.705%。陆海能源资源、生态环境统筹度均为稳定增加，整体增幅分别为 46.992% 和 60.976%。陆海经济水平统筹度呈小幅波动增加，整体增幅为 5.839%。陆地系统统筹度呈稳定增加态势，海洋系统的统筹度从初期稳定增加转变为后期的快速增加，统筹水平由重度失调转变为濒临失调，另外陆地生态环境及社会发展子系统发展水平较低。海洋系统的统筹水平由严重失调转变为轻度失调，另外海洋能源资源、生态环境及社会发展子系统发展水平仍较低。陆地及海洋系统的统筹度虽不断提高，但系统内部仍处于不协调状态，主要是陆地社会发展子系统及海洋各子系统发展水平不高所致。陆海系统的统筹度呈稳定增加，三门县陆海统筹水平由勉强协调转变为初级协调，由海洋滞后型转变为陆地主导型，表明三门县陆海系统协调发展程度在不断加深，但陆地系统、海洋系统发展水平较低，且陆海系统发展水平差距较大，制约了三门县陆海统筹水平的提升。

表 8.6　三门县陆海统筹度

年份	陆海子系统间统筹度				陆地系统统筹度	海洋系统统筹度	陆海系统统筹度
	能源资源	生态环境	经济水平	社会发展			
1990	0.467	0.408	0.685	0.318	0.292	0.142	0.515
1995	0.488	0.461	0.667	0.335	0.328	0.153	0.517
2000	0.519	0.507	0.682	0.347	0.360	0.173	0.536
2005	0.563	0.513	0.675	0.286	0.368	0.163	0.556
2010	0.582	0.558	0.688	0.296	0.396	0.173	0.567
2015	0.658	0.579	0.712	0.472	0.395	0.314	0.607
2019	0.687	0.657	0.725	0.537	0.442	0.370	0.643

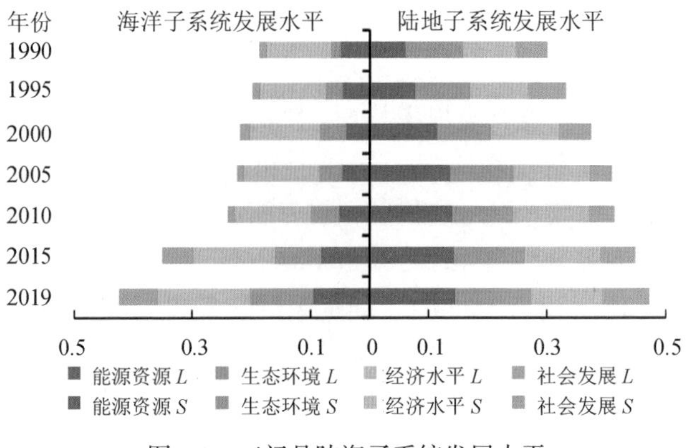

图 8.2　三门县陆海子系统发展水平

（2）临海市陆海统筹水平演变

由表 8.7 和图 8.3 可知，临海市陆海统筹水平变化具有以下特征：陆海子系统的统筹度呈较小幅波动增加，陆海能源资源、经济水平及社会发展统筹度基本呈增加态势，整体增幅分别为 32.690%、8.927% 和 8.129%，而陆海生态环境统筹度则呈倒“U”形变化，整体降幅为 0.850%，这主要是海洋生态环境子系统发展水平降低所致。陆地系统的统筹度呈较显著波动增加，海洋系统的统筹度呈稳定增加。陆地生态环境、经济水平及社会发展子系统发展水平不断提高，使得陆地系统统筹水平由濒临失调转变为勉强协调，但陆地能源资源子系统发展水平仍较低，制约着陆地协调统筹水平的提升。海洋生态环境及社会发展子系统发展水平不断提高，使得海洋系统统筹水平则由轻度失调转变为濒临失调，但海洋能源资源及经济水平子系统的发展水平仍较低，影响海洋系统统筹水平的提高。陆海系统的统筹度呈稳定增加态势，在临海市陆海统筹水平由初级协调转变为中级协调的过程中，始终维持陆地主导型的发展阶段。临海市陆海统筹水平不断提升，但海洋系统发展水平及统筹水平较低，且陆海系统发展水平差距较大，影响陆海统筹水平提升。

表 8.7　临海市陆海统筹度

年份	陆海子系统间统筹度				陆地系统统筹度	海洋系统统筹度	陆海系统统筹度
	能源资源	生态环境	经济水平	社会发展			
1990	0.407	0.790	0.689	0.778	0.496	0.347	0.686
1995	0.441	0.788	0.683	0.780	0.522	0.355	0.689

续表

年份	陆海子系统间统筹度				陆地系统统筹度	海洋系统统筹度	陆海系统统筹度
	能源资源	生态环境	经济水平	社会发展			
2000	0.384	0.822	0.686	0.783	0.461	0.367	0.691
2005	0.409	0.839	0.665	0.793	0.494	0.366	0.698
2010	0.574	0.843	0.665	0.771	0.590	0.421	0.721
2015	0.571	0.814	0.747	0.783	0.584	0.466	0.735
2019	0.540	0.783	0.750	0.841	0.599	0.445	0.740

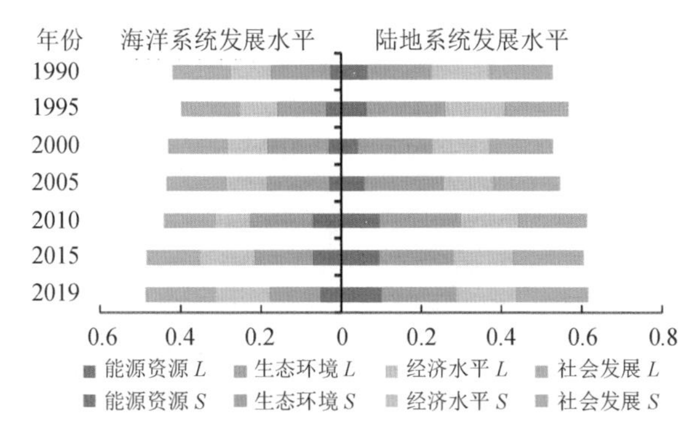

图 8.3 临海市陆海子系统发展水平

（3）台州市区陆海统筹水平演变

由表 8.8 和图 8.4 可知，台州市区陆海统筹水平变化具有以下特征：陆海子系统的统筹度基本呈增加态势，其中陆海生态环境、经济水平、社会发展子系统统筹度呈小幅波动增加，整体增幅分别为 26.705%、23.277% 和 24.238%，而陆海能源资源子系统统筹度则呈“U”形增加，整体增幅为 4.806%，而其变化趋势主要是因为海洋能源资源子系统发展水平的“U”形变化。陆地及海洋系统的统筹度呈稳定增加态势，陆地与海洋子系统发展水平不断提高，陆地与海洋系统统筹水平均由濒临失调转变为初级协调。陆海系统的统筹度呈稳定增加，在陆海统筹水平由初级协调转变为良好协调过程中，始终保持陆地主导型的发展特征。上述结果反映了台州市区陆地与海洋系统发展水平的不断提高，体现出陆海系统良好发展现状，但陆地与海洋系统间发展水平存在差异，影响了陆海统筹水平进一步提升。

表 8.8 台州市区陆海统筹度

年份	陆海子系统间统筹度				陆地系统统筹度	海洋系统统筹度	陆海系统统筹度
	能源资源	生态环境	经济水平	社会发展			
1990	0.737	0.635	0.669	0.646	0.497	0.407	0.677
1995	0.713	0.618	0.731	0.659	0.517	0.411	0.684
2000	0.683	0.637	0.771	0.689	0.535	0.431	0.699
2005	0.709	0.701	0.813	0.701	0.583	0.485	0.733
2010	0.726	0.736	0.759	0.759	0.591	0.520	0.746
2015	0.731	0.775	0.797	0.771	0.623	0.558	0.769
2019	0.772	0.805	0.825	0.802	0.670	0.614	0.801

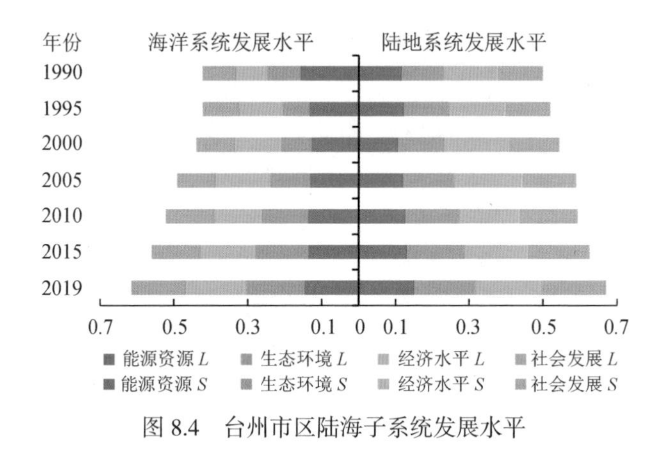

图 8.4 台州市区陆海子系统发展水平

（4）温岭市陆海统筹水平演变

由表 8.9 和图 8.5 可知，温岭市陆海统筹水平变化具有以下特征：陆海子系统的统筹度基本呈增加态势。其中陆海能源资源、社会发展统筹度呈较稳定增加，整体增幅分别为 39.212% 和 25.783%，陆海生态环境、经济水平系统统筹度则呈较缓慢增加，增幅分别为 5.954% 和 8.523%。陆地及海洋系统的统筹度稳定增加，陆地系统统筹水平由濒临失调变为勉强协调，但仍然受陆地社会发展子系统发展水平较低所限；海洋系统统筹水平由轻度失调转变为初级协调，但仍然受海洋社会发展、能源资源子系统发展水平较低的制约。陆海系统的统筹度呈稳定增加，在陆海统筹水平由初级协调转变为中级协调过程中，仅 2005 年变化为海洋主导型发展，其余时期均维持陆地主导型的发展阶段。陆地与海洋系统发展水平的差异及海洋能源资源子系统发展水平较低，制约着温岭市陆海统筹水平的提升。

表 8.9 温岭市陆海统筹度

年份	陆海子系统间统筹度				陆地系统统筹度	海洋系统统筹度	陆海系统统筹度
	能源资源	生态环境	经济水平	社会发展			
1990	0.533	0.739	0.704	0.543	0.407	0.370	0.645
1995	0.546	0.763	0.742	0.554	0.454	0.378	0.667
2000	0.659	0.752	0.750	0.591	0.488	0.450	0.694
2005	0.693	0.753	0.753	0.612	0.490	0.490	0.708
2010	0.715	0.766	0.759	0.618	0.507	0.508	0.719
2015	0.724	0.767	0.760	0.670	0.540	0.524	0.733
2019	0.742	0.783	0.764	0.683	0.572	0.530	0.747

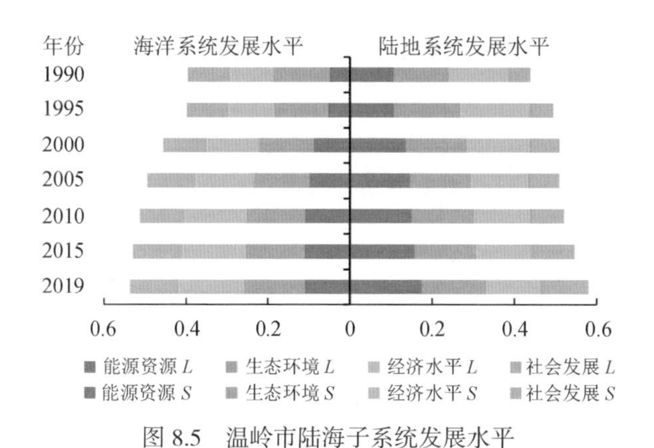

图 8.5 温岭市陆海子系统发展水平

（5）玉环市陆海统筹水平演变

由表 8.10 和图 8.6 可知，玉环市陆海统筹水平变化具有以下特征：陆海子系统的统筹度变化显著，其中陆海社会发展子系统统筹度呈快速增加态势，整体增幅为 110.545%；陆海经济水平统筹度较稳定增加，整体增幅为 16.404%；陆海能源资源、生态环境统筹度呈小幅波动增加，增幅分别为 9.914% 和 5.518%，体现出陆海子系统发展水平间的差异。陆地系统统筹度呈小幅波动增加，统筹水平由中度失调变为勉强协调，但仍然受较低的陆地社会发展子系统发展水平制约；海洋系统的统筹度稳定增加，统筹水平由轻度失调转变为濒临失调，但海洋社会发展水平较低，制约着海洋系统统筹水平的提升。陆海系统的统筹度呈稳定增加态势，陆海系统统筹水平由初级协调转变为中级协调，表明区域陆海系统协调发展程度不断提高。1990—2015 年，玉环市处于海洋主导型的发展阶段，而在 2019 年玉环市陆海系统发展水平差异变小，转变为陆地主导型，但陆海社会发展子系统的发展水平仍较低，陆地及海洋系统发展水平也较低，制约了玉环市陆海统筹水平的提升。

表 8.10　玉环市陆海统筹度

年份	陆海子系统间统筹度				陆地系统统筹度	海洋系统统筹度	陆海系统统筹度
	能源资源	生态环境	经济水平	社会发展			
1990	0.696	0.743	0.634	0.275	0.277	0.324	0.633
1995	0.709	0.737	0.659	0.254	0.251	0.348	0.635
2000	0.670	0.733	0.691	0.428	0.351	0.414	0.652
2005	0.718	0.751	0.683	0.460	0.386	0.440	0.665
2010	0.745	0.725	0.706	0.493	0.390	0.482	0.675
2015	0.728	0.771	0.701	0.546	0.442	0.487	0.695
2019	0.765	0.784	0.738	0.579	0.523	0.490	0.722

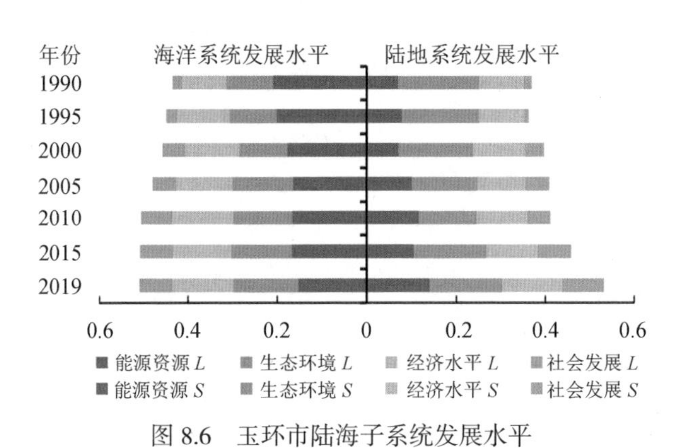

图 8.6　玉环市陆海子系统发展水平

8.4 小 结

本章通过构建陆海统筹水平综合评价模型，测度台州市陆海系统发展水平和陆海统筹水平，分析台州市陆海系统的演化过程，主要结论如下。

（1）台州市及各县（市、区）陆海系统综合发展水平、陆地系统及海洋系统发展水平均表现为逐渐提升，且陆海共生界面、陆海子系统发展水平均不断提升，反映出台州市及各县（市、区）陆海系统良好发展现状。

（2）台州市陆海系统及子系统的统筹度均表现为不断提升，陆海系统协调程度由初级协调转变为中级协调，基本维持陆域主导型的陆海发展阶段，反映出陆海系统关联及协调发展程度不断加强。

（3）台州市各县（市、区）陆海统筹水平存在较大空间分异，其中台州市区陆海统筹水平最高，由初级协调转变为良好协调；临海市、温岭市、玉环市陆海统筹水平由初级协调转变为中级协调；三门县陆海统筹水平最低，由勉强协调转变为初级协调，反映出各县（市、区）陆海系统及子系统发展水平的差异。

9 东海区大陆海岸带开发对陆海统筹水平的影响

9.1　海岸带开发对陆海统筹水平的多种影响路径

陆地与海洋系统演化受系统内力和人类活动的外力共同作用（任启平，2005）。自然状态下陆地与海洋系统通过大气圈、生物圈等圈层完成物质、能量及信息交换，在系统内力推动下实现陆海系统演变。海岸带开发活动的外部介入，对陆海生态环境、能源资源、经济水平和社会发展四个子系统均产生影响，加速了物质、能量及信息交换进程，致使陆海系统演变方向及速率发生显著改变。陆海系统作为复杂的巨系统，各子系统存在紧密联系，使海岸带开发对陆海子系统的影响存在多种路径，进而改变陆海统筹水平演变（图 9.1）。海岸带开发通过对陆海子系统产生影响，从而改变陆海系统发展水平及内部结构，使得陆海统筹水平产生变化。具体表现为：①海岸带开发通过强化陆海能源资源的运输与开发利用能力，加强陆海系统能源资源供给与需求的联系；②海岸带开发通过对陆海生态环境的影响，改变陆海系统的生态环境承载力，影响陆海系统可持续发展；③海岸带开发通过增强陆海经济关联作用，凝聚陆海系统发展合力。陆海经济发展可带动陆海能源资源、生态环境等子系统发展，不断优化陆海系统内部结构；④海岸带开发通过促进陆海社会发展，为陆海系统发展提供技术、人才等支撑，推动陆海系统高质量发展。

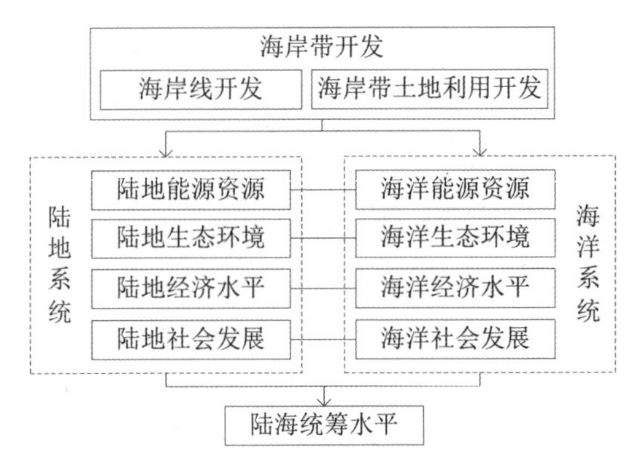

图 9.1 海岸带开发对陆海统筹水平影响机制

9.1.1 提升陆海能源资源的运输与开发利用能力

陆地与海洋系统的自然环境差异显著，使陆海系统能源资源存在互补性。海岸带开发可有效提升区域能源资源运输能力（图 9.2），提升区域陆海能源资源开发与利用能力，加速陆海系统间物质、能量流动进程，强化陆海系统能源资源供给与需求的联系。

（1）提升陆海能源资源运输能力

在陆地能源资源紧缺背景下，积极开发利用海洋能源资源，是保障能源资源安全、优化陆海能源资源结构的关键（史丹和刘佳骏，2013）。由于陆海系统在资源禀赋、能源蕴藏等方面存在差异，可以通过海洋运输、陆域运输、管道运输等方式，使得能源资源实现跨系统运输或仓储，对推动陆海经济与社会子系统良好运行发挥重要支撑作用（李靖宇和朱坚真，2017）。港口码头岸线、建设岸线的开发利用及沿海区域建设用地规模增加，能够促进区域港区建设，将内陆运输网络与海洋运输网络对接，拓展能源资源交通运输体系，扩大陆海系统能源资源运输规模。如我国作为制造业大国，对能源资源消耗巨大，是全球最大的石油、煤矿进口国，此类大宗能源资源运输需通过“海洋运输—港口仓储、运输—内陆运输”路径输送至我国内陆区域，体现出海岸带开发在陆海能源资源运输中的关键作用。

（2）促进陆海能源资源开发利用

海岸带开发可促进陆海能源资源运输，深化陆海系统能源资源供给与需求间的联系，使更多资金、技术等要素涌向海洋系统，促进海洋能源资源开发与利用。具体表现为：①促进海洋能源开发利用。海洋拥有丰富的可再生能源，对海洋潮汐、风能、热能的开发利用，可满足沿海区域能源消耗，缓解内陆区域能源供给压力；②促进海洋资源开发利用。围填海工程的实施及建设用地规模的增加，为海洋资源开发相关产业提供空间，并通过交通运输网络与市场需求对接，从需求侧推动陆海资源开发利用。以海洋渔业资源开发为例，通过"海上捕捞—海洋运输—陆地加工—内陆运输"的流程，有效实现海洋渔业资源与陆域市场需求的对接，促进海洋渔业资源开发利用。

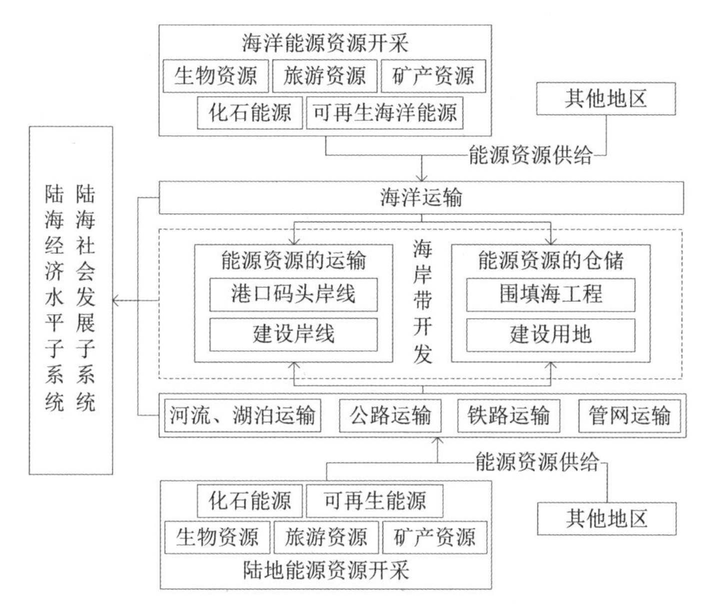

图 9.2 陆海能源资源的运输与开发利用

9.1.2 海岸带开发对陆海生态环境的影响

海岸带开发通过改变陆海系统生态环境承载力来影响陆海统筹水平演变。海岸带生态环境不仅受自然环境影响，同时也受到人类活动的干扰（赵蒙蒙等，2019）。海岸带开发对陆海生态环境有直接影响，也可通过陆海经济水平子系统产生间接影响，并随着区域经济发展理念及发展方式的转变而变化（图 9.3）。

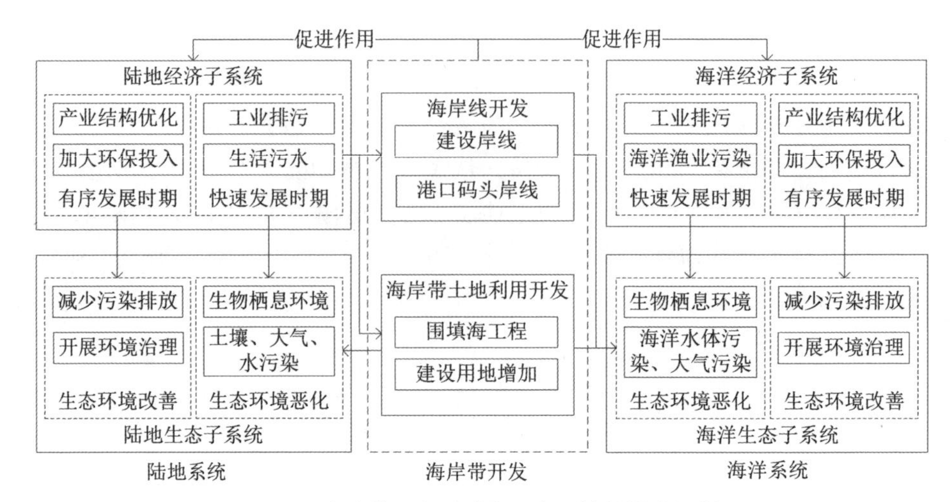

图 9.3 海岸带开发对陆海生态环境的影响机制

（1）生态环境的恶化

粗放式海岸带开发会导致生态环境恶化，包括海岸带开发活动的直接影响及陆海经济发展产生的间接影响。一方面，海岸线人工化及围填海工程实施，会侵占生物栖息环境，破坏生物洄游的通道，使区域生物多样性下降。如大规模开发自然岸线会侵占红树林生长环境，破坏潮间带生物栖息环境，降低区域抵抗自然灾害能力（张丽等，2020）。另一方面，陆海经济水平的快速发展，会对陆海生态环境产生消极影响。陆地范围内的农业生产、渔业养殖、工业发展及居民生活产生的大量陆源污染物，既影响陆地生态环境质量，又可通过排污管网等设施排向海洋环境，导致海洋水体富营养化、海洋低氧、酸化等问题（骆永明，2016）。海洋渔业、海洋资源开采、海洋运输等活动产生的污染物，通过海水入侵、潮汐作用等将海洋污染物搬运至近岸区域，加剧了区域生态环境污染。

（2）生态环境的改善

高强度海岸带开发，可快速提升区域陆海经济发展。陆海经济水平的提升可促进区域技术、发展理念的进步，有助于提升陆海生态环境。一方面，降低对生态环境影响。通过技术更新、产业结构升级等一系列措施，提升陆海能源资源利用效率，推动对废弃物回收再利用，减少陆海经济发展对生态环境的破坏。另一方面，加强对陆海生态环境的保护投入。通过政策法规的完善，实施生态修复工程，推动海洋生态环境治理。从 1982 年《中华人民共和国海洋环境保护法》的颁布，到 2016 年“蓝色海湾”工程实施（于小芹和余静，2020），我国正积极治理过去粗放式发展带来的生态环境问题。以江苏省盐城滨海湿地为例，大规模的海岸带开发，导致了湿地生态环境严重恶化，引起了政府与人们的注意，在加大盐城滨海湿地保护力度的同时，充分利用滨海风力发电优势，实现生态环境保护与经济社会的协同发展，积极改善区域生态环境（李加林等，2020）。

9.1.3 海岸带开发对陆海经济关系的影响

海岸带开发可加强陆海经济关联作用，加快陆海产业的空间集聚，强化陆海经济结构关联，有助于凝聚陆海经济发展合力，加快陆海系统的统筹发展。沿海地区经济发展不同于内陆，因具备海洋经济发展条件，能够通过开发海岸带促进海洋经济发展，使沿海地区经济结构和发展方向多元化（丘乐毅等，1986）。陆海系统发展过程中，陆海经济关联是陆海统筹发展的基础（唐红祥等，2020）。海岸带开发对陆海经济水平子系统的作用，主要包括促进陆海产业空间集聚与结构关联，深化陆海经济水平其他陆海子系统关联（图 9.4）。

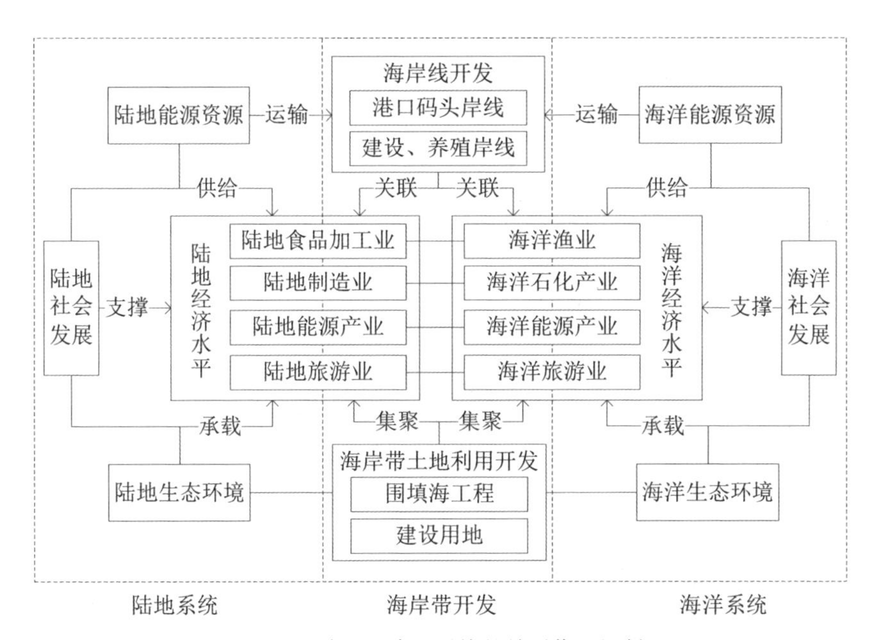

图 9.4 陆海经济子系统的关联作用机制

（1）促进陆海产业空间集聚与结构关联

海岸带开发会促进陆海产业空间集聚与结构关联，加强陆海经济关联。一方面，海岸线开发提升沿海区域的运输能力，推动海上运输业发展，加深陆海系统空间联系，促进海洋经济发展的起步。另一方面，以围填海工程、近岸建设用地规模增加的海岸带土地利用开发，为临港产业园发展提供空间，促进海上运输业、石油化工、渔业加工等海洋产业集中分布于港口区域，以制造业、服务业为主的陆地产业逐渐向港区转移，形成陆海产业空间集聚。产业空间集聚进程的不断推进，能够促进陆海产业融合与转型升级，深化陆海产业结构关联。以宁波市大榭港区为例，作为宁波—舟山港的重要组成，围绕大榭港形成的经济开发区，通过运输能源资源逐渐形成以能源中转、石油化工为主的产业结构，促进区域物流运输业、石油化工的陆海产业空间集聚和结构关联。

围填海工程的实施，使陆域用地规模扩张，促进港口码头、临港产业园建设，改变海岸带土地利用结构及规模，为陆海产业空间集聚提供土地资源。此外，海岸带土地利用结构的空间变化可促进沿海经济带发展。由于科学技术的发展，单位耕地、林地供给能力得到提升，使内陆区域耕地、林地等可承担更大规模生态产品及农产品需求，推动沿海耕地、养殖用地等用地转变为建设用地，促进沿海地带经济社会发展。海岸带开发通过上述两种路径，促进陆海产业的空间集聚，推动陆海产业结构关联。

（2）加强陆海经济水平与其他陆海子系统关联

陆海经济水平子系统是构成陆海系统的重要组成，并与其他子系统存在紧密联系，包括系统内部关联与跨系统关联两方面。具体关联方式为：①加强经济水平子系统与其他子系统的内部关联。海岸带开发促进物质、能量、信息的系统流动，经济子系统作为区域复合系统的核心（王好芳等，2003），在频繁的陆海系统交流过程中，深化与其他陆海子系统的内部关联作用。如海岸带开发活动，为海洋旅游发展提供便捷交通，实现“海洋生态环境、社会发展—海洋经济水平”的关联。②促进经济水平子系统与其他子系统的跨系统关联。海岸带开发活动打破了陆海空间阻碍，使陆海系统的能源资源、科技、资金等要素得以跨系统流动与共享（鲍捷和吴殿廷，2016），为陆地经济水平子系统发展提供充足的能源供给，为海洋经济水平子系统发展提供技术、资金等支撑。如海岸带开发可提升陆海能源资源运输能力，缓解陆地经济发展能源资源瓶颈，体现“海洋能源资源—陆地经济水平”的关联。

9.1.4　海岸带开发对陆海社会发展的影响

陆海社会发展子系统主要包括科学技术、教育水平、居民就业、人居环境等内容，海岸带开发可促进陆海社会发展子系统发展，推动陆海系统的高质量发展，进而提升陆海统筹水平。海岸带开发对陆海社会发展子系统的影响包括直接与间接两方面，直接影响表现为打破陆海社会发展交流空间阻碍，间接影响则是通过其他陆海子系统对陆海社会发展子系统而产生积极影响（图 9.5）。

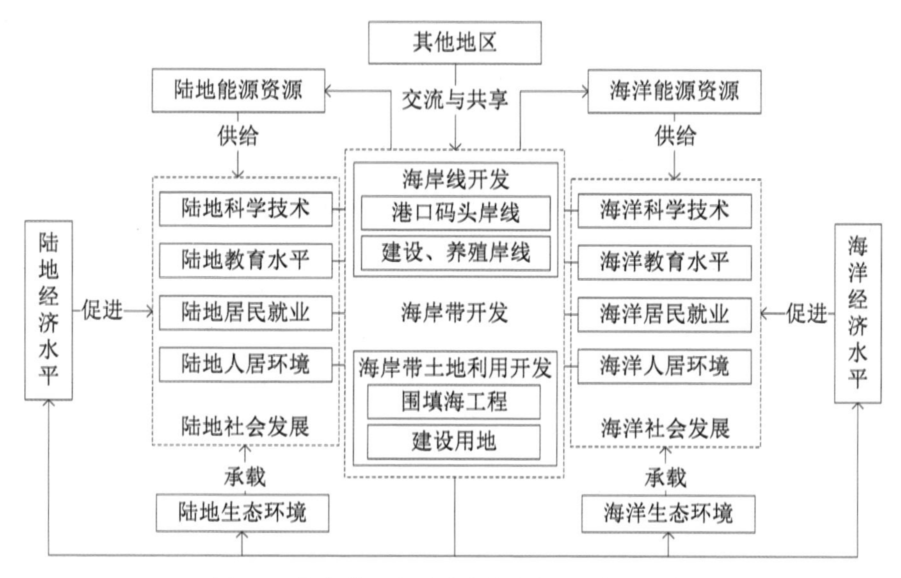

图 9.5　海岸带开发对陆海社会发展的促进机制

（1）打破陆海文化交流空间阻碍

海岸带开发促进沿海居民不断认识海洋，并逐渐形成独特的海洋文化。如“妈祖文化”等民俗节庆的形成，丰富了沿海居民的精神文化世界，并留下宝贵的海洋文化财富，构成陆海产业发展的重要生产力（刘晓彤，2013）。一方面，海岸带开发可促进海洋文化与陆地文化的交流。海岸带开发使人口从内陆向沿海地区迁移，丰富沿海地区的文化体系，连岛工程则有利于促进海岛文化与陆地文化的直接交流。另一方面，海岸带开发能够促进区域间文化交流。如形成于秦朝的“海上丝绸之路”，是中华文化与其他地区文化交流的重要通道。

（2）其他陆海子系统的带动作用

海岸带开发活动通过作用于陆海能源资源、生态环境、经济水平子系统而对陆海社会发展子系统产生间接影响。其中，陆海经济水平子系统发挥核心作用，对陆海教育水平、医疗保障、居民就业及科学研究等产生积极影响。如青岛市作为沿海发达地区，分布有各类高校及研究机构达30多所，在海洋科技研究领域具有重要地位。海岸带开发通过提高陆海能源资源与生态环境子系统的发展，有效提升区域居民生活质量。

9.2　海岸带开发与陆海统筹水平的统计学分析

9.2.1　海岸带开发与陆海统筹水平的相关分析

由表9.1可知，台州市及各县（市、区）海岸带开发强度与陆海统筹度存在显著相关。台州市海岸线开发强度与陆海统筹度的相关系数为0.964，海岸带土地利用开发强度与陆海统筹度的相关系数为0.953，海岸线开发强度与陆海统筹度的相关程度略高于海岸带土地利用开发强度。统计学结果显示，台州市及各县（市、区）海岸带开发与陆海统筹水平存在相关性。

表9.1　海岸带开发强度与陆海统筹度的相关分析

类型	指标	台州市	三门县	临海市	台州市区	温岭市	玉环市
海岸线开发强度	相关系数	0.964**	0.814*	0.964**	0.865*	0.893*	0.911**
	P值	0.000	0.026	0.000	0.012	0.031	0.004
海岸带土地利用开发强度	相关系数	0.953**	0.891**	0.947**	0.910**	0.762*	0.893**
	P值	0.001	0.007	0.001	0.004	0.047	0.007

注：** 表示在0.01水平（双侧）上显著相关；* 表示在0.05水平（双侧）上显著相关。

9.2.2　海岸带开发与陆海统筹水平的因果关系

相关分析结果显示，海岸带开发强度与陆海统筹水平间均呈显著相关。由于相关分析无法确定海岸带开发强度与陆海统筹水平间的因果关系，故本研究采用格兰杰因果检验，以确定两者的因果关系。格兰杰因果检验是基于统计学原理，从时间序列上确定变量间的因果关系（孔凡文等，2010），常用于经济学分析。本研究中使用Eviews软件，具体计算过程见表9.2。

表 9.2 格兰杰因果检验计算过程

计算过程	说明	检验方法
单位根检验	1. 当单位根检验通过时，表明变量为平稳的时间序列，可直接进行格兰杰因果检验。 2. 当单位根检验不通过时，表明变量为非平稳的时间序列，会导致“伪回归”，需进行协整检验	IPS（Im-Pesaran-Skin）、ADF（Augmented Dickey-Fuller）
格兰杰因果检验	通过判断显著性程度，来确定原假设是否成立	Granger Causality

注：本研究数据通过单位根检验，故直接进行格兰杰因果检验。

由表 9.3 可知，研究数据通过单位根检验，可直接进行格兰杰因果检验。根据表 9.4 结果，发现“海岸线开发强度不是陆海统筹度的格兰杰原因”与“海岸带土地利用开发强度不是陆海统筹度的格兰杰原因”两组假设的 P 值均小于 0.05，均拒绝原假设，表明海岸线及海岸带土地利用开发强度是导致陆海统筹水平变化的格兰杰原因。综合海岸带开发强度对陆海统筹水平影响机制的理论梳理及统计学分析结果可知，台州市海岸带开发会对陆海统筹水平演变产生影响。

表 9.3 单位根检验结果

检验方法	IPS		ADF	
	F 值	P 值	F 值	P 值
海岸线开发强度	-5.018	0.000	32.413	0.000
海岸带土地利用开发强度	-2.468	0.007	19.022	0.040
陆海统筹度	-3.127	0.001	23.360	0.010

表 9.4 海岸带开发强度与陆海统筹度的格兰杰因果检验结果

原假设	F 值	P 值	决策
LNX_2 不是 LNX_1 的格兰杰原因	0.058	0.811	接受
LNX_1 不是 LNX_2 的格兰杰原因	1.332	0.259	接受
LNY 不是 LNX_1 的格兰杰原因	0.001	0.975	接受
LNX_1 不是 LNY 的格兰杰原因	5.929	0.022	拒绝
LNY 不是 LNX_2 的格兰杰原因	0.314	0.580	接受
LNX_2 不是 LNY 的格兰杰原因	4.264	0.049	拒绝

注：LNX_1：海岸线开发强度；LNX_2：海岸带土地利用开发强度；LNY：陆海统筹度。

9.3　海岸带开发对陆海统筹水平的影响机制

陆海统筹水平由陆海子系统统筹水平构成，受到陆海子系统发展程度影响，因此，探究海岸带开发与陆海子系统的联系，有助于揭示海岸带开发对陆海统筹水平的影响机制。借助统计学相关分析方法，得到海岸带开发与陆海子系统发展水平的相关分析结果（表 9.5）。

由表 9.5 可知，台州市海岸带开发与陆海子系统发展水平存在复杂联系，陆海系统内部同样存在复杂联系。具体表现为：①海岸线及海岸带土地利用开发与海洋各子系统的相关系数介于 0.867~0.957，反映海岸带开发与海洋系统的紧密联系；②海岸线及海岸带土地利用开发与陆地生态环境、社会发展子系统存在显著相关，与陆地能源资源、经济水平子系统则无显著相关性，反映海岸带开发与部分陆地子系统存在紧密联系；③海洋经济水平子系统与陆地各子系统均存在显著相关，反映海洋经济与陆地系统发展的紧密联系，是联系海洋系统与陆地系统的重要通道；④海洋能源资源子系统与陆地能源资源、经济水平、社会发展子系统均存在显著相关，反映海洋能源资源对陆地经济社会发展的支撑作用；⑤海洋生态环境与陆地生态环境、社会发展子系统显著相关，以及海洋社会发展子系统与陆地生态环境、社会发展子系统显著相关，充分反映陆海生态环境及社会发展系统的复杂联系。上述分析结果反映了陆海系统内部结构的复杂性及多元性，共同构成陆海系统统筹发展的基础。根据海岸带开发与陆海子系统发展水平相关分析结果，绘制海岸带开发对陆海统筹水平影响路径（图 9.6）。

由图 9.6 可知，台州市海岸带开发对海洋系统、陆地生态环境及社会发展子系统产生直接影响，还可通过海洋系统对陆地能源资源、经济水平子系统产生间接影响。综合相关理论与统计学分析结果可知，台州市海岸带开发对陆海统筹水平的影响机制为：提升陆海能源资源的运输与利用能力，深化陆海经济关联程度，改善陆海生态环境，促进陆海社会发展。

表 9.5 海岸带开发强度与陆海子系统相关分析

类别	海岸线开发强度	土地利用开发强度	陆地资源利用	陆地生态环境	陆地经济水平	陆地社会发展	海洋能源资源	海洋生态环境	海洋经济水平	海洋社会发展
海岸线开发强度	1	0.973**	0.643	0.916**	0.739	0.97**	0.953**	0.893**	0.947**	0.957**
土地利用开发强度	0.973**	1	0.511	0.951**	0.63	0.966**	0.934**	0.908**	0.867*	0.944**
陆地资源利用	0.643	0.511	1	0.500	0.805*	0.667	0.781*	0.484	0.784*	0.663
陆地生态环境	0.916**	0.951**	0.500	1	0.702	0.903**	0.746*	0.797*	0.857*	0.902**
陆地经济水平	0.739	0.63	0.805*	0.702	1	0.714	0.807*	0.427	0.869*	0.666
陆地社会发展	0.97**	0.966**	0.667	0.903**	0.714	1	0.971**	0.91**	0.919**	0.97**
海洋能源资源	0.953**	0.934**	0.781*	0.746*	0.807*	0.971**	1	0.920**	0.946**	0.996**
海洋生态环境	0.893**	0.908**	0.484	0.797*	0.427	0.91**	0.920**	1	0.805*	0.951**
海洋经济水平	0.947**	0.867*	0.784*	0.857*	0.869*	0.919**	0.946**	0.805*	1	0.932**
海洋社会发展	0.957**	0.944**	0.663	0.902**	0.666	0.97**	0.996**	0.951**	0.932**	1

注：** 表示在 0.01 水平（双侧）上显著相关；* 表示在 0.05 水平（双侧）上显著相关。

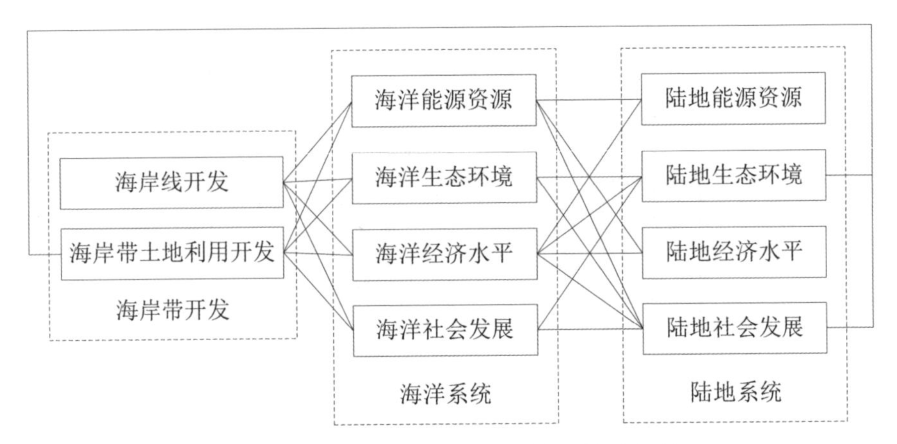

图 9.6　海岸带开发对陆海统筹水平影响机制

9.3.1　提升陆海能源资源的运输与开发利用能力

台州市海岸带开发对陆海能源资源子系统的影响表现为，提高陆海能源资源的运输与开发利用能力。结合台州市陆海系统发展水平综合评价结果(表 9.3)，研究期内台州市陆海共生界面的发展水平均不断提升，整体增幅达 54.846%，反映台州市陆海能源资源运输能力的提升。具体表现为：台州市海岸线开发主要用于渔业养殖、港口码头、防护建设等，港口码头与建设岸线的占比分别由 1990 年的 0.902%、15.576% 增加至 2019 年的 5.673%、34.187%，反映台州市港口码头建设、工厂建设、城镇建设活动的增加，促使台州市港口数量、规模不断扩大。台州市港口货物吞吐量由 1990 年的 430 万吨增加至 2019 年的 5091 万吨，铁路、公路运输量则由 1990 年的 1844 万吨增加至 2019 年的 23898 万吨，表明台州市陆海能源资源运输能力得到大幅提升；台州市陆海能源资源运输规模不断增加，为陆海社会经济发展提供充足的能源资源支撑。海洋能源资源的运输，促进海洋石油化工、海上运输业的快速发展，使得更多生产要素流向海洋系统，促进海洋能源资源开发利用。如三门县、温岭市及玉环市的潮汐、风力发电站建设，有效缓解了陆域能源供给压力，优化了陆海能源资源结构。

随着台州市海岸带开发强度的增加，陆海能源资源子系统的统筹度由 0.624 增加至 0.706，陆海能源资源统筹水平由初级协调转变为中级协调。台州市海岸带的开发会提升陆海能源资源运输能力，满足陆地经济社会发展的能源资源需求，不断优化陆海系统能源资源结构，深化陆海系统能源资源供给与需求间联系。上述过程反映出台州市海岸带开发对陆海能源资源子系统的影响路径为“海岸带开发—海洋能源资源运输—陆海经济社会发展—陆海能源资源开发利用—陆海统筹水平”。

9.3.2　深化陆海经济关联程度

由图 9.6 可知，台州市海岸带开发通过海洋经济子系统对陆地经济水平子系统产生影响，主要通过推动陆海产业空间集聚与陆海产业结构关联，深化陆海经济关联程度，构成陆海经济统筹发展的基础。

（1）推动陆海产业空间集聚

台州市港口码头岸线、建设岸线的占比增加会提升陆海能源资源运输能力，实现陆海经济在能源和资源上互补，促进台州市海上运输业等产业发展，推动海洋经济的起步。台州市围填海区域土地利用经历了“近岸滩涂、海域→养殖用地→陆域未利用地→建设用地”演变，为临港产业园建设提供了便利的运输基础和充足土地资源，促进了陆海产业的空间集聚。以临海市、台州市区及玉环市临港产业园发展历程为例，临海市通过围填海工程使陆域土地增加约 45km^2。其中，2005—2018 年临海市南洋及北洋镇围填海工程，促进该区域土地利用经历“近岸滩涂、海域→养殖用地→陆域未利用地→建设用地”演变，为临海市南洋及北洋临港工业园建设提供大规模土地资源。临海市临港工业园分布有海洋医药化工、汽车制造等众多产业。台州市区通过围填海工程，使得陆域土地规模增加近 75km^2，围填海区域土地利用经历着“近岸滩涂、海域→养殖用地→陆域未利用地→建设用地”演变，为台州湾循环经济产业集聚区及石化工业基地提供充足土地资源，推动了先进制造业、海洋医药、海洋石油化工等陆海产业发展。玉环市对海岸线开发利用推动陆地经济发展，如大麦屿港区的发展，推动玉环市陆地经济向海集聚，并围绕港区形成大麦屿经济开发区，以制造业、临港石化、海上运输业等产业为主。三门县、温岭市同样存在此类变化特征，说明台州市海岸带开发可有效促进陆海产业的空间集聚，促进生产要素在陆海产业间的流动。

（2）深化陆海产业结构关联

从经济结构来看，台州市海洋经济结构由 1990 年的 3:4:3 变为 2019 年的 2:3:5，而陆地经济结构由 1990 年的 3:4:3 变为 2019 年的 1:4:5，表明陆海经济结构在不断优化。从经济规模来看，台州市海洋经济总产值由 1990 年的 6.8 亿元增加至 2019 年的 519 亿元，而陆地经济总产值由 1990 年的 93.3 亿元增加至 2019 年的 4615 亿元，表现出陆海经济规模的快速增加。台州市陆海经济结构优化和规模扩张的变化主要是因为陆海产业空间集聚，促进海洋制造业、生物制药等新兴产业快速发展，传统的海洋渔业等低端产业不断淘汰或转型，优化海洋经济结构，促进陆海经济结构的深层关联。如海洋渔业逐渐转型为海洋休闲渔业，实现传统海洋渔业与海洋旅游业复合，过去的渔港逐渐转变为海洋旅游度假村，提升单位海洋渔业资源的经济效益，实现“海洋渔业 + 海洋旅游业 + 陆地服务业”的产业融合。台州市海岸带开发促进海洋产业起步，推动陆海产业空间集聚，实现海洋产业转型升级，深化了陆海产业结构关联。而陆海经济结构的关联及优化，推动了区域经济总量的快速发展。

台州市海岸线开发利用，可有效推动海上运输业、海洋渔业等海洋产业发展，并围绕港区逐渐形成临港产业园。而围填海工程为主的海岸带土地利用开发，可有效促进陆海产业的空间集聚，推动海洋传统产业的转型升级与海洋新兴产业发展，深化陆海经济在空间分布和产业结构上的联系，不断形成陆海经济发展合力，推动陆海经济水平的统筹发展。上述分析反映了台州市海岸带开发对陆海经济水平子系统的影响路径为“海岸带开发—海洋经济初期发展—陆海产业空间集聚—海洋产业转型升级、海洋新兴产业发展—加深陆海产业结构关联—陆海统筹水平”。

9.3.3　改善陆海生态环境

海岸带开发对陆海生态环境影响主要分为直接影响和间接影响。直接影响表现为陆海生态环境的恶化，近 30 年台州市海岸带高强度开发大量占用自然岸线及滩涂资源，对陆海生态环境产生了不利影响。间接影响是指台州市海岸带开发能够促进海洋经济发展，不断改善陆海生态环境。研究期内台州市对陆海生态环境保护的投入增幅达 260.617%，反映对陆海生态环境的重视正不断提升。结合表 9.3，台州市陆地与海洋生态环境子系统的发展水平均不断增加，表明台州市陆海生态环境不断改善，台州市海岸带开发可促进陆海生态环境的改善，并主要通过陆海经济水平子系统产生间接影响。主要表现为：①缓解陆地生态环境压力。海岸带开发促进海洋经济的快速发展，提升海洋经济发展地位，降低区域经济发展对陆地生态环境压力。②降低经济活动对生态环境的影响。台州市海洋产业转型升级及新兴产业的发展会促进区域发展方式的转变，降低对生态环境的不利影响。海洋旅游业、生态旅游业的兴起，促使人们充分挖掘陆海生态环境潜力，实现陆海生态与经济的协同发展。如临海市积极建设东矶岛海洋公园、海洋生态环境示范区，玉环市积极建设漩门湾湿地公园，不断推动生态发展。③海洋经济水平的提升，推动区域经济快速发展，有利于加大对生态环境保护的投入力度，在财政、技术、政策等方面得到更多支持。如台州市各县（市、区）不断加大对生态环境的保护力度，积极开展“蓝色海湾”“一打三整治”等行动，有效提升陆海生态环境质量，修复粗放式发展对生态环境的不利影响。上述分析反映了海岸带开发对陆海生态环境子系统的影响路径为“海岸带开发—海洋经济发展—缓解陆地生态环境压力、降低生态环境影响、加大生态环境保护力度—改善陆海生态环境—陆海统筹水平”。

9.3.4 促进陆海社会发展

台州市海岸带开发对陆海社会发展影响可分为直接影响和间接影响。直接影响是指促进陆海文化交流与融合，丰富区域陆海文化体系。如三门县对蛇蟠岛的围垦及玉环市对漩门湾的围填海工程，促进了海岛文化与陆地文化交流。而间接影响是指海岸带开发通过强化陆海能源资源支撑、提高陆海生态环境承受能力及提升陆海经济发展水平，对陆海社会发展子系统产生间接影响。主要表现为：①海岸带开发促进陆海能源资源流动，为实现陆海社会发展提供充足的能源资源供给；②海岸带开发通过提升海洋经济水平，不断改善陆海生态环境质量，提升区域生态环境承载力，改善沿海居民生活环境，促进陆海社会的可持续发展；③陆海经济结构的多元化，为区域劳动人口提供更多就业岗位，增加居民收入。如台州市海洋旅游业发展，为沿海渔民提供新的就业机会。此外，陆海经济水平的提升，有助于加大高等教育、科学研究的投入力度，提升区域科技水平。近年来，台州市积极引进诸多高校科研院所，如浙江大学台州研究院、中国科学院计算技术研究所台州分所等。上述分析反映了海岸带开发对陆海社会发展子系统的影响路径为“海岸带开发—陆海文化交流与融合—陆海统筹水平”及“海岸带开发—陆海能源资源、生态环境、经济发展—陆海社会发展—陆海统筹水平”。

基于海岸带开发对陆海统筹水平影响机制的理论梳理及统计学分析结果，台州市海岸带开发通过强化陆海能源资源子系统运输能力，促进陆海系统能源资源供给与需求间联系；通过促进陆海产业空间集聚与结构关联，不断深化陆海经济关联程度，优化陆海经济结构，推动陆海系统发展动力的融合与优化；通过海洋经济子系统，改善陆海生态环境，促进社会发展，缩短陆海子系统发展差距，从而优化陆海系统内部结构，提升陆海统筹水平。

9.4 陆海统筹水平提升对策

海岸带开发活动会影响陆海统筹水平演变，而合理控制海岸带开发活动，有利于推动海岸带空间有序开发和提升区域陆海统筹水平。同时，陆海系统内部结构优化与调整，可进一步提升区域陆海统筹水平。基于此，为优化台州市海岸带开发和提升陆海统筹水平，我们提出以下建议。

9.4.1 实行分类分级海岸线管控

依据海岸线一级分类，对自然及人工岸线实行分级管控，限制无序海岸线开发活动，具体内容为：积极推进自然岸线保护与修复工程。台州市应通过“长度 + 占比”的方式保护自然岸线，避免对自然岸线过度占用。依据区域生态环境保护需求，测算各类自然岸线理论长度，并对其实行禁止开发的海岸线管控。若自然岸线实际长度满足理论长度，则对超过部分的基岩岸线、淤泥质岸线、沙砾质岸线、河口岸线实行限制开发。若自然岸线实际长度不满足理论长度，则需对养殖岸线等人工化程度较低的海岸线开展海岸线整治工程。尤其对于台州市区、临海市此类大陆海岸线保有量少且海岸线开发强度高的区域，更应加强对现有自然岸线的严格保护，调整近岸渔业养殖规模或适当实行渔业养殖用地轮休制，逐渐恢复养殖岸线所具备的生态功能；提高人工岸线的集约利用，降低人工岸线对环境影响。依据人工化程度对港口码头岸线、建设岸线、养殖岸线实行优化开发管控，通过引进新技术提高港口码头运输能力，减少对其他岸线的占用，对过度开发的建设岸线及养殖岸线开展海岸线修复工程，促进海岸线合理开发利用。提倡离岸人工岛式岸线开发，适当开发利用海岛岸线（宫萌等，2019），如临海市对头门岛的开发利用，通过连岛工程将头门港区与大陆交通运输网络连接，推动地区海上运输业发展，并减少对大陆自然岸线占用。

9.4.2　合理控制海岸带土地利用开发

快速海岸带土地利用开发是实现区域发展重要方式，但高强度海岸带土地利用开发将制约陆海系统的健康发展。因此，需要合理控制海岸带开发强度，并实现海岸带可持续开发与利用。具体包括：开展陆海双域“双评价”。掌握台州市陆海土地利用开发现状与开发潜力，以国土空间规划“三条红线”为边界，限制海岸带开发活动的空间范围。综合“双评价”及“三条红线”结果，指导海岸带相关空间规划的制定；以海岸带土地利用开发强度来制约不合理海岸带开发。通过海岸带建设用地“规模＋占比”的组合条件，严格把控城镇建设用地边界，避免建设用地盲目占用耕地、林地、养殖用地等，提升区域建设用地的集约利用水平。由于台州市海岸带土地利用开发强度变化呈现“结构改变”与“规模扩张”两类特征，今后台州市应调整土地利用开发方式，对已完工围填海区域，各县（市、区）应注重对建设用地的合理规划、控制渔业养殖用地规模，适当保留部分未利用地，以实现今后海岸带土地长远开发利用；对其他陆地区域，各县（市、区）应注重对建设用地的集约利用，开展农村居民点整治及老旧区域改造。

9.4.3　“海陆一体化”的海岸带综合管理

“海陆一体化”的海岸带综合管理是将陆域和海域视为整体，通过“长度＋占比”方式控制海岸线开发活动以维持陆海格局，结合“规模＋占比”方式控制海岸带土地利用开发，从而实现对海岸线及海岸带土地利用开发的优化。具体包括：①确定海岸带开发基本内容。基于对陆地土地利用、海岸线开发、海域使用等动态监测，联合台州市各县（市、区）多部门确定海岸带开发基本内容，包括制定海岸带综合管理办法、建立海岸带地理信息平台、划分海岸带保护与开发区域的等级、组成海岸带管理的联合执法队伍等，为海岸带开发与管理工作确定基本准则。②坚持多规合一的理念。基于海岸带开发的基本内容，并综合国民经济与社会发展规划、城市总体规划及各类专项规划的内容，制定海岸带开发“一本规划”（高莉，2019），指导海岸带开发有序推进。

9.4.4 推动陆海统筹的区域协作

台州市各县（市、区）陆海系统发展水平存在较大差异，合理利用自身优势，并加强区域间合作分工，对有效提升台州市陆海统筹水平有积极意义。具体包括：强化各县（市、区）政府对陆海统筹的认识，构建区域间交流与共享平台，明确各地区及各部门分工；台州各县（市、区）均拥有较大规模港口，可根据陆海产业结构合理规划各港区职能，充分发挥台州港区在陆海统筹发展中的联动作用；充分发挥临海市、台州市区、温岭市、玉环市的制造业优势，形成陆海重点产业区域关联，发挥三门县、温岭市、玉环市的陆海生态优势，推动海洋旅游业发展；发挥临海市、台州市区在科学技术研究的优势，推动科学技术共享平台搭建，扩大临海市、台州市区的科技辐射范围，三门县、温岭市、玉环市应加强对先进技术投入与引入，共同促进台州市科学技术研究与引进；推动陆海生态环境一体化治理。加强台州市各县（市、区）陆海生态环境治理的区域协作，搭建陆海生态环境监测平台，建立入海河流断面交接机制（龙海燕和李爱年，2015），实行污染排放的跨域追责制度，制定陆海生态环境保护区划，控制污染物排放总量及类型，提升陆海生态环境承载力。

9.4.5 优化陆海能源资源开发与利用

台州市应提升海洋能源开发能力，合理利用陆海资源，实现陆海能源资源子系统的健康发展，具体内容为：加大对海洋能源开发投入，利用三门县、临海市、温岭市、玉环市在风力、潮汐等海洋可再生资源开发的基础，引进相关研究团队和新能源产业，提升海洋能源开发能力，合理调整风力电站、火力电站、核电站、潮汐电站的布局，形成“海洋可再生能源 + 化石能源 + 核能”的能源供给体系；提升陆海资源利用的效率及效益。以“利用效率 + 经济效益”为依据，注重陆海资源互补性，积极开展陆海资源调查评估，并制定陆海资源配置方案，推动陆海资源的区域间流动，避免陆海资源闲置。积极推广海洋牧场的养殖模式，科学利用海洋渔业资源；积极推动高耗能产业转型。各县（市、区）可通过能源消耗及资源利用情况，结合陆海产业发展实际，出台相关鼓励政策，帮助高耗能产业转型，优化陆海能源资源的消耗端。

9.4.6　加深陆海经济关联广度与深度

陆海经济水平子系统对提升陆海统筹水平发挥关键作用。加深陆海经济关联广度与深度是提升陆海统筹水平的重要举措。具体内容为：积极推进陆海产业融合，加深陆海经济关联深度。大力支持海洋医药、海洋能源等新兴产业发展，提升海洋经济水平，为陆海产业关联和融合提供更多路径。积极引导区域著名企业进行转型发展，如台州市海正药业向海洋生物制药产业的转变，并发挥著名企业的示范作用。扩大陆海产业集聚规模，增强临港产业园的增长极作用，带动区域产业向海聚合，实现更大规模的陆海产业空间集聚，逐步形成陆海产业发展带；充分挖掘陆海生态、文化的经济效益，加深陆海经济关联广度。充分挖掘台州市各县（市、区）陆海生态、文化潜力，推动海洋文化产业发展，积极发展生态旅游、海岛旅游，实现陆海生态环境、社会发展与陆海经济水平的关联；合理配置陆海生产要素，推动陆海经济协调发展。充分发挥台州港区的海洋运输能力，实现能源资源在经济发展过程中的合理调配。搭建陆海产业金融支持平台，实现资金在陆海产业间有效流转；加大陆海科技研发投入力度。整合陆海科研资源与团队，扩大陆海科研的融资渠道，搭建科研机构与企业的交流平台，加大科研成果转化的政策支持力度，加强同其他科研院所的交流学习。加强对海水淡化技术、海洋生物制药等重点技术研发，解决海洋新兴产业发展关键难题。

9.4.7　提升陆海社会发展水平

陆海社会发展直接反映区域科技水平、居民生活质量、受教育水平等方面，提升陆海社会发展是推动陆海统筹发展的重要内容。具体包括：陆海文化作为广大群众精神生活的宝贵财富，是陆海文化产业发展的根本，保护传统陆海文化，需要充分挖掘陆海文化共性，提升陆海文化融合和创新能力。支持以海洋生态、文化为主题的特色小镇、特色产业发展，改善区域居民生活质量，鼓励三门青蟹节此类产业节庆活动举办，推动文化产业发展；提升居民生活质量。以经济水平发展完善区域就业、医疗等社会保障体系，加大海洋文化的宣传力度，营造热爱海洋的社会氛围，积极建设涉海主题公园、乐园，丰富居民日常生活；重视高等教育投入。台州市社会发展水平提升离不开教育水平的支撑，台州市应加大对高等科研院所的引入力度，优化本土科技人才培养体系，加大科研成果专利保护力度。推广吉利汽车与台州学院的校企联合培养模式，为本土产业发展提供更多专业人才。

9.5 小 结

随着人类活动范围的扩张，自然状态下陆地与海洋系统关系受到干扰，从最初的海水制盐，到近海捕捞、海水养殖，再到港口运输业、海洋旅游业的发展，海岸带开发活动类型与强度不断变强，影响陆地与海洋系统演变。本章在梳理海岸带开发对陆海统筹水平影响机制的理论后，基于统计学分析方法，揭示台州市海岸带开发与陆海统筹水平的关系；同时，探究台州市海岸带开发对陆海统筹水平的影响机制，为优化台州市海岸带开发及提升陆海统筹水平提出建议。主要结论如下。

（1）海岸带开发活动对陆海系统发展有着显著影响。海岸带开发活动既会对陆海生态环境带来损害，也可改善陆海生态环境。海岸线的人工化建设，推动陆海能源资源运输效率，海岸带土地利用的开发促进陆海空间集聚与结构关联。陆海经济水平子系统发展可带动陆海生态环境、社会发展的进步。

（2）台州市海岸带开发对陆海统筹水平存在多元影响路径。海岸带开发促进陆海能源资源运输，强化陆海系统能源资源供给与需求的联系，促进陆海社会经济发展。海岸带开发促进陆海产业空间集聚与结构关联，提升陆海经济发展水平，带动陆海社会发展及生态环境子系统的共同进步，提升台州市陆海统筹水平。

（3）为优化台州市海岸带开发，提升陆海统筹水平，台州市应加强对海岸线及海岸带土地利用的综合管控，合理制定海岸带空间规划，实现海岸带有序开发。积极推动陆海统筹的区域协作，充分实现各县（市、区）在陆海统筹发展的优势互补，补齐陆海系统发展的短板。加大陆海经济关联广度与深度，以陆海经济水平提升带动陆海社会发展及生态环境的共同进步。

10 东海区大陆海岸带复合系统景观演变特征——以温州为例

10.1 景观类型划分

景观的涵义在不同学科领域中存在差异，生态学领域一般认为景观是指一组相互作用的生态系统在空间上的镶嵌组合，是具有内部相似性的空间异质性区域，也是具有分类意义的自然综合体（武文昊，2020；Forman，1995）。在当前海岸带景观特征的相关研究中，景观的类型往往基于研究区土地利用类型和开发利用特点来划定（童晨等，2020；陈心怡等，2021）。本研究使用的土地利用数据主要根据《土地利用现状分类》（GB/T 21010-2017）进行地类划分，具体划分为耕地、林地、草地、水域、城乡工矿居民用地、未利用土地、海域等七大一级类型，其下又分若干二级类型。基于该土地类型分类标准，本书将一级土地利用类型与景观类型一一对应，作为海岸带复合系统陆域部分的六种景观。海岸带地区不仅包括陆域，也包括一定范围的海域，因此，本研究在海岸带景观分类体系中加入海洋景观，构成共七种景观类型的海岸带复合系统景观分类体系（表 10.1）。基于该分类体系的 1990、1995、2000、2005、2010、2015 和 2018 年的温州海岸带景观类型分布情况如图 10.1 所示。

表 10.1 温州市海岸带地区景观类型分类体系

一级土地利用类型		二级土地利用类型	含义	对应景观类型
编号	名称	名称		
1	耕地	水田、旱地	指农作物种植土地，含熟耕地、新开荒地、轮歇地，以及种植农作物为主的果园、桑园、农林地等	耕地
2	林地	有林地、灌木林、疏林地、其他林地	生长乔木、灌木、竹类等天然或人工林地	林地
3	草地	高覆盖度草地、中覆盖度草地、低覆盖度草地	生长草本植物为主，覆盖度高于5%的草地	草地
4	水域	河渠、湖泊、水库坑塘、滩涂、滩地	天然陆地水域及人工修建的蓄水区、坑塘等水利设施，也包含沿海高低潮位之间的潮浸地带	水域
5	城乡工矿居民用地	城镇用地、农村居民点、其他建设用地	指城市乡村建筑景观为主的区域以及一些工矿交通用地	城乡工矿居民用地
6	未利用土地	沙地、裸土地、盐碱地、裸岩石质地	比较难以利用或目前还没有利用的土地	未利用土地
7	海域	—	大陆岸线至海岸功能区边界线之间的海洋景观	海域

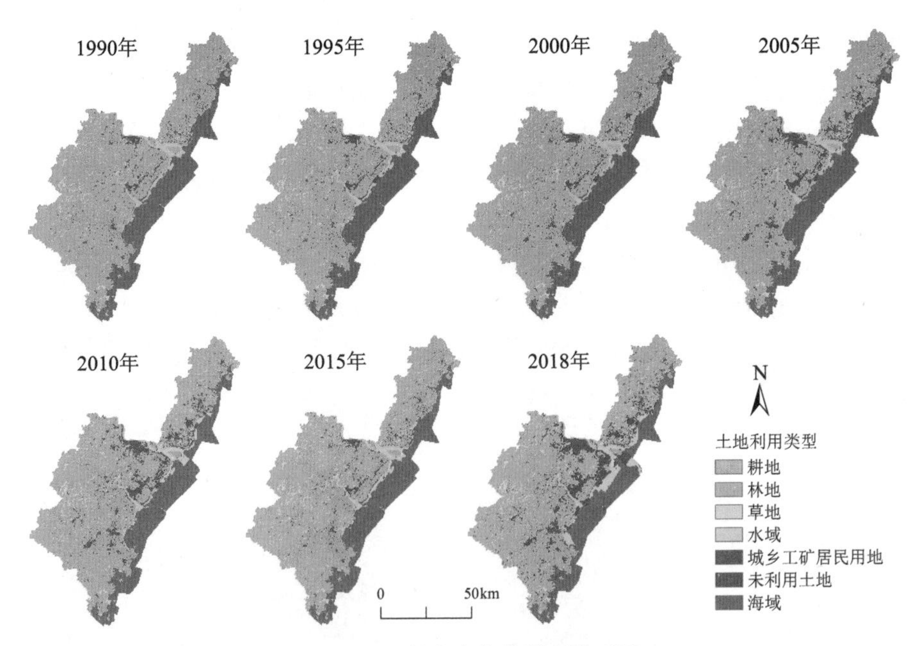

图 10.1 温州市海岸带景观类型图

10.2 景观面积变化特征

利用 ArcGIS 软件的空间分析功能，对温州市海岸带地区 1990—2018 年七种景观类型的面积进行统计并计算不同时段的增减量，统计结果如表 10.2 和表 10.3 所示；利用 Excel 软件对不同年份各景观类型面积所占研究区总面积的比重进行统计，结果如图 10.2 所示。

表 10.2 1990—2018 年温州市海岸带地区各类景观面积总量（单位：km^2）

景观类型	1990 年	1995 年	2000 年	2005 年	2010 年	2015 年	2018 年
耕地	1790.14	1772.79	1725.57	1530.50	1499.00	1399.02	1375.60
林地	3152.39	3182.32	3170.01	3160.59	3156.69	3122.00	3118.47
草地	234.05	228.43	244.84	243.23	244.06	242.47	243.22
水域	243.54	225.94	227.20	236.33	265.05	280.36	343.64
城乡工矿居民用地	213.66	219.72	266.55	464.05	498.25	694.86	730.89
未利用土地	2.35	8.01	1.87	1.87	1.87	1.87	1.87
海域	1318.70	1317.63	1318.80	1318.26	1289.91	1214.26	1148.41

表 10.3 1990—2018 年温州市海岸带地区各类景观面积增（减）量（单位：km^2）

景观类型	1990—1995 年	1995—2000 年	2000—2005 年	2005—2010 年	2010—2015 年	2015—2018 年
耕地	−17.35	−47.22	−195.07	−31.50	−99.98	−23.42
林地	29.93	−12.31	−9.42	−3.91	−34.68	−3.54
草地	−5.63	16.41	−1.61	0.83	−1.60	0.75
水域	−17.60	1.26	9.13	28.72	15.31	63.28
城乡工矿居民用地	6.06	46.83	197.51	34.20	196.61	36.03
未利用土地	5.66	−6.14	0.00	0.00	0.00	−0.01
海域	−1.07	1.17	−0.54	−28.35	−75.66	−65.85

根据研究结果可以发现，林地景观在温州市海岸带地区七大主要景观中占有最大比重，其多年平均面积为 3151.78km^2，约占研究区景观总面积的 45.31%。林地景观在空间上的分布与地形地貌因素关系密切，大规模的林地集中分布于研究区西部地势起伏度较高的丘陵区及中小起伏山地区。林地景观面积的变化呈现阶段性特征，总体上表现为先增后减态势。1990—1995 年，林地面积增加明显，净增量为 29.93km^2；1995 年之后，林地面积

出现减少趋势，减少速度先慢后快，其中2010—2015年林地规模缩减最明显，5年间其总面积减少约34.68km²。这种变化主要受20世纪90年代的退耕还林政策、21世纪初城镇建设用地大面积扩张和城镇化速度明显加快以及不合理的人为活动等影响。从区域景观整体来看，相比于耕地、城乡工矿居民用地等景观类型，林地景观自1990年以来面积动态变化较为平稳。

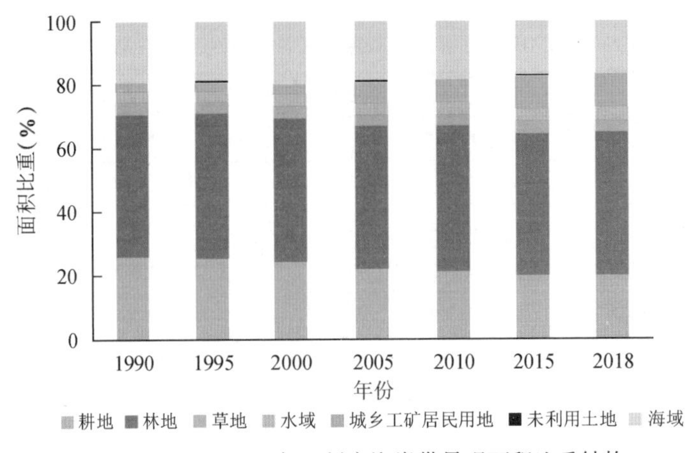

图 10.2 1990–2018 年温州市海岸带景观面积比重结构

除林地外，耕地景观在温州市海岸带地区也占有较大比重，其多年平均面积为1584.66km²，在研究区所有景观面积中占比约22.78%。总体来看，耕地呈集约化、连片化和规模化的分布特征，其空间分布与地势起伏度较低的平原、台地的分布保持一致，与城乡工矿居民用地的空间分布较为相似。具体来看，耕地主要分布于温州市沿海低地，如瓯江、飞云江、鳌江等河流两岸地势平坦的河漫滩上，在沿海地区多年耕种的滩涂上也分布有大量以人工养殖业为主的农用地，一些丘陵及小起伏山地中也零星分布有一些相对破碎独立的耕地。耕地景观的面积在1990年以来一直处于下降态势，1990年研究区耕地总面积为1790.14km²，到2018年总面积下降至1375.60km²，总下降率为23.16%，其中2000—2005年间下降速度最快，该阶段耕地总面积减少195.07km²，下降率约11.30%，这主要是由于该阶段内城乡工矿居民用地迅速增加，城镇扩张占用了大量耕地所导致的，侧面反映出21世纪初快速城市化进程对耕地景观演变的影响。

城乡工矿居民用地是所有景观类型中一直呈现增加态势的景观，其多年平均面积约为441.14km²，在研究区所有景观面积中占比约6.34%。1990—

2018 年，城乡工矿居民用地净增量约为 517.23km^2，增长率为 242.08%，其中 2000—2005 年、2010—2015 年两个阶段增长速度较快，各阶段净增量均近 200km^2。城乡工矿居民用地主要分布于地势较为低缓平和的沿海沿河平原和山区谷地，其周围往往分布有耕地景观。在空间分布形态方面，不同地区城乡工矿居民用地空间分布形态存在差异，如乐清市城乡工矿居民用地呈点状分散分布；主城区鹿城区城镇建设历史悠久，城乡工矿居民用地呈片状分布，并不断向四周扩散；瑞安市、龙湾区等地区城乡工矿居民用地呈条带状分布。

草地在区域所有景观类型中占比较少，其多年平均面积约 240.04km^2，占比约 3.45%，主要分布在研究区西部地势起伏度较高的丘陵和山地地区，另外在沿海平原及滩涂地区也有零星分布。草地景观的面积自 1990 年来变化幅度较小，演变特征总体上趋于稳定。景观面积呈现先小幅度减少后波动增加的变化态势，其中 1995—2000 年草地面积增加速度明显，净增量为 16.41km^2，其背后原因可能是 20 世纪末期，城乡建设用地的扩建以及人类对林地不合理的开发利用，导致部分林地消失或退化为草地景观。

未利用土地面积占研究区面积的比重十分微小，其多年平均面积仅 2.82km^2，在区域全部景观类型中占比仅 0.04%，分布于研究区内的中小起伏山地区。其面积在 20 世纪 90 年代初有明显的增加，面积增加区域主要位于瓯海区中部及鹿城区与瑞安市的西部山地，净增量达 5.66km^2，可能是林地遭破坏后退化所致。1995 年之后，未利用土地的面积迅速减少，并一直保持稳定，基本无变化。

水域多年平均面积约 260.29km^2，在研究区所有景观类型中占比约 3.74%，包含河流湖泊、水库坑塘、滩涂滩地等。水域面积在 20 世纪 90 年代初呈现规模缩减趋势，但 1995 年后逐年增加，增加速度先慢后快，1990—2018 年增加量为 100.10km^2，其中 2015—2018 年净增量最大，造成水域景观面积变化。出现该特征的原因主要是近年来温州市海岸带地区实施各项围填海工程，使得原有海域转变为沿海滩涂或人工养殖鱼塘、海岸滩涂及人工鱼塘。增加量最明显的区域主要集中于瑞安市和龙湾区的海岸带地区。

海域多年平均面积约 1275.14km^2，在 2005 年之前面积变化不明显，但在 2005 年后，尤其是 2010—2018 年，海域面积显著减少，净减量达 141.50km^2，说明该时期海岸带围填海工程大规模展开，使得原有海域在经人工干预后较快地转变为滩涂、盐场、养殖鱼塘、人工蓄水区等其他景观类型。

通过将研究区各县级行政区矢量边界数据与景观类型数据进行叠加，汇总得到各行政区陆域不同景观类型的面积（图 10.3）。图中景观代码 1 表示耕地、2 表示林地、3 表示草地、4 表示水域、5 表示城乡工矿居民用地、6 表示未利用土地。利用 Excel 软件将各行政区不同景观类型的多年平均值进行统计，可得到各行政区景观类型结构比重（表 10.4）及各景观类型在不同行政区的分布状况（表 10.5）。

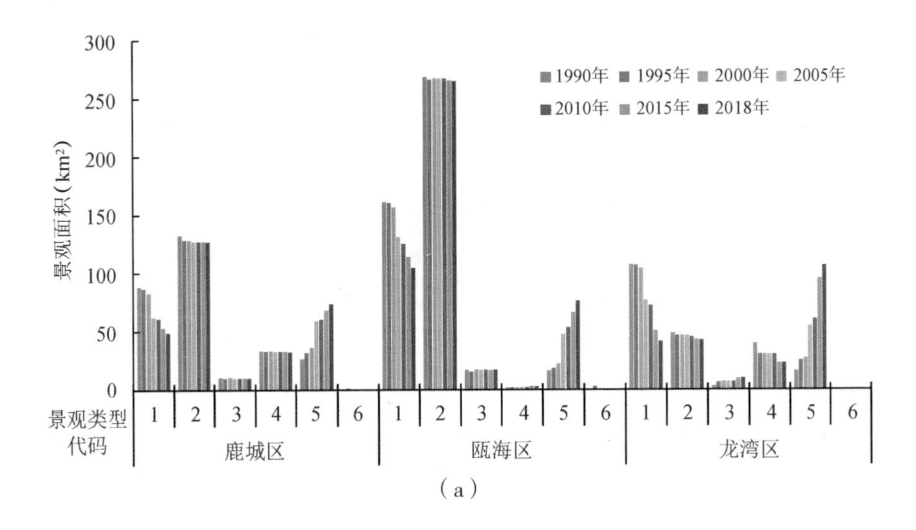

（a）

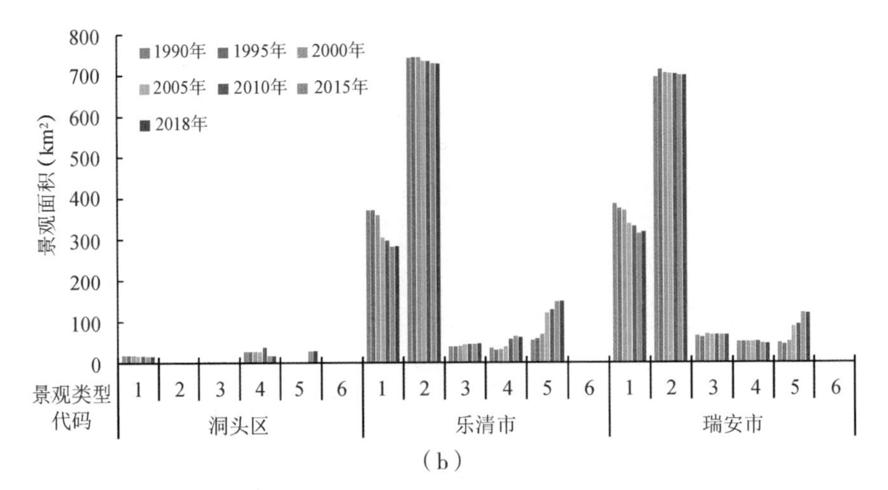

（b）

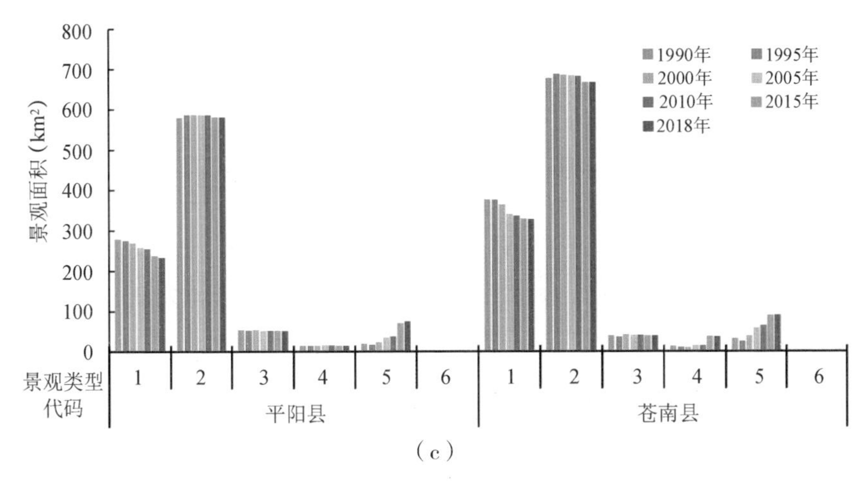

图 10.3 温州市海岸带各区县景观面积变化图

（a）鹿城区、瓯海区、龙湾区；（b）洞头区、乐清市、瑞安市；（c）平阳县、苍南县

表 10.4 温州海岸带县（区）域各景观类型比重（单位：%）

县级行政区	耕地	林地	草地	水域	城乡工矿居民用地	未利用土地
鹿城区	23.63	43.86	3.62	11.30	17.41	0.18
瓯海区	29.22	57.19	3.67	0.53	9.23	0.16
龙湾区	36.72	20.93	3.42	13.62	25.31	0
洞头区	32.10	1.30	5.69	46.56	15.91	0
乐清市	25.89	58.73	3.43	3.66	8.29	0.02
瑞安市	27.88	56.30	5.30	3.99	6.46	0.07
平阳县	27.26	61.72	5.42	1.50	4.10	0.03
苍南县	30.60	59.43	3.37	1.63	4.92	0.05

表 10.5 各景观类型的区县分布（单位：%）

景观类型	鹿城区	瓯海区	龙湾区	洞头区	乐清市	瑞安市	平阳县	苍南县
耕地	4.38	8.61	5.06	1.13	20.52	22.00	16.27	22.04
林地	4.10	8.49	1.45	0.02	23.44	22.37	18.56	21.56
草地	4.48	7.23	3.14	1.34	18.12	27.91	21.59	16.19
水域	15.09	1.12	13.51	11.81	20.89	22.65	6.47	8.46
城乡工矿居民用地	11.68	9.85	12.60	2.03	23.75	18.44	8.84	12.82
未利用土地	16.02	22.38	—	—	8.62	27.67	7.59	17.72

在所属行政区方面，林地主要分布于辖区内山地丘陵面积较大的县区，主要包含瑞安市、乐清市、平阳县及苍南县，具体分布于瑞安市西部、乐清市西北部、平阳县中西部及苍南县中西部及东南沿海地区。据统计结果，丘陵及中小起伏山地等地势较陡的地貌类型在瑞安、乐清、平阳及苍南所有地貌类型中的比重分别为74.73%、79.07%、81.27%、78.34%，其境内林地景观多年平均面积分别为702.97、736.69、583.36和677.48km^2。温州市海岸带林地景观约85.93%分布于以上四区县，林地景观丰富区与地势起伏度较大的地貌类型分布区有着较明显的一致性。

在各县级行政区耕地景观比重结构方面，龙湾区耕地比重最大，其多年平均耕地面积约80.05km^2，龙湾区耕地面积约占其辖区总面积的36.72%。此外瓯海区、苍南县、洞头区陆连岛部分的耕地在其辖区内的比重也相对较高。从耕地景观的行政区分布角度看，温州市海岸带耕地景观主要分布于乐清、瑞安、平阳和苍南等区县，这与以上区县辖区范围大、平坦地貌区相对较多等因素有关。龙湾、瓯海等地虽然耕地在其辖区内比重大，但受辖区面积限制，耕地面积占比在整个研究区域内相对较低。

草地景观的分布与林地类似，主要分布山地丘陵等受人为因素干扰较弱的地貌区。各区县中草地分布较多的有瑞安市和平阳县。草地景观有27.91%分布于瑞安市、21.59%分布于平阳县，这与以上区县山地丘陵广布的地形特征有密切关系。

城乡工矿居民用地在各区县的分布较为均衡，研究区内23.75%的城乡工矿居民用地分布于乐清市境内，18.44%分布于瑞安市境内；城乡工矿居民用地景观类型在辖区内占较大比重的区县为龙湾区和鹿城区，分别为25.31%和17.41%，这是因为二者为温州主要城区，开发强度大，土地利用程度较高。

未利用土地多为沙地、裸岩石质地，主要分布在中小起伏山地地区，其中27.67%分布于瑞安境内山区，22.38%分布于瓯海区境内山区。此外，在平阳、苍南、鹿城等区县也有少量分布，而地势较低平、开发度较大的洞头连岛区、龙湾区等地鲜有未利用土地存在。

10.3　景观转移特征

利用ArcGIS软件将不同年份的景观类型数据进行叠加，可以得到温州市海岸带地区不同时段景观转变情况，由此制作景观转移矩阵如表10.6所示。

表 10.6 1990—2018 年温州市海岸带景观转移矩阵（单位：km^2）

时段	转出类型	转入类型							合计
		耕地	林地	草地	水域	城乡工矿居民用地	未利用土地	海域	
1990—1995 年	耕地	—	53.380	5.250	1.171	15.143	—	0.008	74.951
	林地	26.770	—	8.968	0.515	7.255	6.093	0.008	49.609
	草地	1.630	24.216	—	—	0.001	0.043	0.008	25.897
	水域	3.333	0.529	5.782	—	9.967	—	0.109	19.720
	城乡工矿居民用地	25.786	0.522	0.001	0.002	—	—	—	26.310
	未利用土地	—	0.472	—	—	—	—	—	0.472
	海域	0.080	0.421	0.269	0.431	0.005	—	—	1.207
	合计	57.599	79.539	20.270	2.118	32.371	6.136	0.133	198.165
1995—2000 年	耕地	—	3.435	1.769	2.240	45.870	—	0.080	53.394
	林地	4.926	—	24.442	0.529	1.705	—	0.421	32.024
	草地	0.039	9.459	—	0.069	0.012	—	0.269	9.849
	水域	0.117	0.471	—	—	0.591	—	0.425	1.605
	城乡工矿居民用地	1.082	0.251	0.001	0.016	—	—	0.005	1.354
	未利用土地	—	6.093	0.043	—	—	—	—	6.136
	海域	0.008	0.008	0.009	0.006	0.001	—	—	0.031
	合计	6.171	19.717	26.264	2.860	48.180	—	1.202	104.394
2000—2005 年	耕地	—	3.570	0.112	9.722	184.684	—	0.003	198.092
	林地	2.500	—	6.430	2.697	16.488	—	0.030	28.144

续表

时段	转出类型	转入类型							合计
		耕地	林地	草地	水域	城乡工矿居民用地	未利用土地	海域	
2000—2005 年	草地	0.274	6.461	—		1.411	—	0.020	8.166
	水域	0.238	8.468	—	—	0.806	—	0.028	9.540
	城乡工矿居民用地	0.015	0.222	0.012	6.181	—	—	—	6.430
	未利用土地	—	—	—	—	—	—	—	—
	海域	—	0.001	0.068	—	0.550	—	—	0.619
	合计	3.027	18.722	6.622	18.599	203.939	—	0.081	250.991
2005—2010 年	耕地	—	0.319	—	—	31.269	—	—	31.588
	林地	0.003	—	0.836	0.375	3.400	—	0.001	4.615
	草地	—	0.002	—	—	—	—	—	0.002
	水域	—	0.389	—	—	0.161	—	0.959	1.509
	城乡工矿居民用地	0.080	—	—	0.548	—	—	0.002	0.630
	未利用土地	—	—	—	—	—	—	—	—
	海域	—	—	—	29.307	—	—	—	29.307
	合计	0.084	0.710	0.836	30.231	34.829	—	0.962	67.652
2010—2015 年	耕地	—	0.745	0.258	1.542	98.738	—	0.005	101.287
	林地	0.626	—	1.497	1.544	32.332	—	0.206	36.204
	草地	—	0.445	—	—	7.838	—	0.022	8.305
	水域	0.214	0.215	3.349	—	41.289	—	4.661	49.729

续表

时段	转出类型	转入类型							合计
		耕地	林地	草地	水域	城乡工矿居民用地	未利用土地	海域	
2010—2015 年	城乡工矿居民用地	0.459	0.056	—	4.189	—	—	—	4.704
	未利用土地	—	—	—	—	—	—	—	—
	海域	0.008	0.061	1.604	57.766	21.113	—	—	80.553
	合计	1.307	1.522	6.708	65.041	201.309	—	4.894	280.782
2015—2018 年	耕地	—	30.964	1.060	1.930	40.431	0.004	0.409	74.798
	林地	30.187	—	10.899	3.174	8.723	0.076	1.064	23.936
	草地	1.057	11.587	—	0.141	1.040	0.006	0.350	13.125
	水域	2.459	0.993	1.120	—	10.270	—	1.535	13.918
	城乡工矿居民用地	17.134	5.066	1.299	2.940	—	—	0.261	9.566
	未利用土地	0.005	0.093	0.005	—	—	—	0.001	0.099
	海域	0.489	1.298	0.431	68.767	2.019	0.009	—	72.523
	合计	51.331	50.000	14.815	76.952	62.484	0.095	3.620	207.965

根据研究结果可知，30 年来温州市海岸带景观类型转移具有明显的阶段性和指向性，转变较为明显的有耕地、林地、城乡工矿居民用地等景观类型。1990—1995 年主要以其他景观类型向林地景观的转变为主，共 79.539km^2 的其他景观类型转变为林地景观，其中耕地转向林地的面积最多，达 53.380km^2；城乡工矿居民用地转为林地的面积也较多，为 24.216km^2。在景观转出类型中，耕地景观的转出量最大，约 74.951km^2，主要转向林地和城乡工矿居民用地等景观类型。耕地景观的大量转出与林地景观的大量转入主要受 20 世纪 90 年代退耕还林政策的影响。1995 年后，景观转移特征主要表现为其他景观类型向城乡工矿居民用地的转移，其中城乡工矿居民用地在 2000—2005 年及 2010—2015 年两个阶段的转入量较大，分别有 203.939 和 201.309km^2 的其他景观类型转变为城乡工矿居民用地。所有景观中，耕地向城乡工矿居民用地的转移面积最大，其在 2000—2005 年转移量约 184.684km^2，在 2010—2015 年转移量约 98.738km^2。此外海域向水域和城乡工矿居民用地的转变也较为明显，主要集中在 2005 年之后，2005—2018 年共有 155.84km^2 的海域转变为水域，约 23.132km^2 的海域转变为城乡工矿居民用地，这主要是因为近年来在海洋经济快速发展的背景下，围填海工程大范围开展，大量沿岸海域经人工干预转变为沿海滩涂、蓄水塘、盐场、海水养殖场等水域景观类型。1990 年以来不同阶段景观转变的剧烈程度也有明显差异，其中 2010—2015 年阶段的景观转移量最多，景观转移总面积约为 280.782km^2，城乡工矿居民用地的转入和耕地与海域的转出是此阶段景观转移的最显著特征。

10.4　地貌特征对景观演变的影响

10.4.1　窗口递增分析法提取地势起伏度

地势起伏度是指某一确定区域内最高点与最低点的高差，是用于识别区域地形地貌类型的重要指标（王玲和吕新，2009）。本章基于前人研究经验（曹伟超等，2011；王让虎等，2016），选取窗口递增分析法提取研究区的地势起伏度。窗口递增分析法目前已被广泛用于地势起伏度的提取研究中，主要借助 ArcGIS 软件的邻域分析功能来实现，具体原理是：针对栅格数据，开辟一个有固定分析半径的窗口，在该窗口内进行诸如均值、极值、标准差等一系列统计运算，或与其他层面信息进行复合分析，通过分析窗口在栅格数据中的连续移动，来完成整个区域的计算工作，从而实现栅格数据在水平方向上的扩展分析。在 ArcGIS 软件中，一共有四种用于邻域分析的窗口，分别为矩形、圆形、环形和楔形窗口。本章采用矩形分析窗口，利用 ArcGIS 软件的邻域分析模块下的焦点统计工具计算 Range 统计量（邻域内最大值与最小值之差），以 3 像元 ×3 像元大小的窗口为初始窗口，移动步距为 2，进行窗口实验。一共进行了 50 次，分别得到 $n \times n$（n=3，5，7，...，97，99，101）像元矩形窗口下的研究区地势起伏度值，并整理得到不同窗口大小下研究区的平均地势起伏度值，如表 10.7 所示。

表 10.7 不同分析窗口下研究区平均地势起伏度

窗口大小（像元 × 像元）	面积（km^2）	平均地势起伏度（m）	窗口大小（像元 × 像元）	面积（km^2）	平均地势起伏度（m）	窗口大小（像元 × 像元）	面积（km^2）	平均地势起伏度（m）
3 × 3	0.0081	18.9624	27 × 27	0.6561	151.5624	79 × 79	5.6169	288.8421
5 × 5	0.0225	35.3565	29 × 29	0.7569	159.1625	81 × 81	5.9049	292.5431
7 × 7	0.0441	50.0256	31 × 31	0.8649	166.4663	83 × 83	6.2001	296.1674
9 × 9	0.0729	63.3825	33 × 33	0.9801	173.4953	85 × 85	6.5025	299.7184
11 × 11	0.1089	75.7025	...	...	...	87 × 87	6.8121	303.1993
13 × 13	0.1521	87.1679	49 × 49	2.1609	221.9410	89 × 89	7.1289	306.6123
15 × 15	0.2025	97.9095	51 × 51	2.3409	227.2202	91 × 91	7.4529	309.9625
17 × 17	0.2601	108.0277	53 × 53	2.5281	232.3585	93 × 93	7.7841	313.2490
19 × 19	0.3249	117.6041	...	...	...	95 × 95	8.1225	316.4742
21 × 21	0.3969	126.6997	73 × 73	4.7961	277.2600	97 × 97	8.4681	319.6397
23 × 23	0.4761	135.3640	75 × 75	5.0625	281.2028	99 × 99	8.8209	322.7477
25 × 25	0.5625	143.6400	77 × 77	5.3361	285.0629	101 × 101	9.1809	325.7994

10.4.2 均值变点分析法确定最佳统计单元

据前人研究经验（曹伟超等，2011；张馨璟等，2020），地势起伏度与分析窗口的面积的关系呈 logarithmic 曲线。该曲线中平均地势起伏度先随窗口面积的递增而迅速增加，之后起伏度增加速度减缓，因此必然在该曲线上存在一个由陡变缓的拐点，其所对应的窗口大小便是确定区域地势起伏度值的最佳统计单元。该拐点可由统计学上的均值变点分析法来确定，避免因目视判定而导致的误差。均值变点分析法确定拐点的过程如下。

根据得到的不同分析窗口下研究区的平均地势起伏度统计结果，利用 Excel 软件对窗口大小与平均地势起伏度进行对数方程拟合，拟合结果如图 10.4 所示，得到方程 y=50.346 ln$x$+192.58，决定系数 R^2=0.9592，拟合效果较为良好。可以看出平均地势起伏度随窗口面积的递增而呈现由快速增长向缓慢增长的态势，曲线在窗口大小为 1km^2 之前出现了拐点。

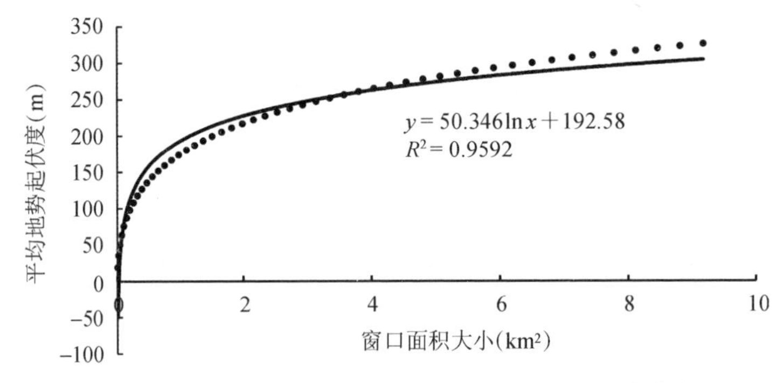

图 10.4 分析窗口与平均地势起伏度对应关系拟合曲线

计算各窗口下单位面积平均地势起伏度序列 T。

$$T_n=t_n/S_n \ (n=3, 5, 7, \ldots, 97, 99, 101) \qquad (10.1)$$

式中，T_n 为单位面积平均地势起伏度，t_n 为不同窗口下的地势起伏度值，S_n 为窗口面积。

对序列 T 取其对数 ln$T$，得到序列为 X。

令 n=2，...，N（N 为样本总数，本实验中 N 为 50）。对任一 n，将样本序列 X 分为两段，分别为 X_1，X_2，...，X_{n-1} 和 X_n，X_{n+1}，...，X_N。分别计算每段序列的算术平均值和离差平方和之和。每段序列算术平均值分别记为 $\overline{X}_{n1}$ 和 $\overline{X}_{n2}$，离差平方和之和记为 S_n

$$S_n=\sum_{t=1}^{n-1}\left(X_t-\overline{X}_{n1}\right)^2+\sum_{t=1}^{n}\left(X_t-\overline{X}_{n2}\right)^2 \qquad (10.2)$$

计算序列 X 的总体算术平均值和离差平方和 S，其中

$$S=\sum_{t=1}^{n}X_t-\overline{X} \qquad (10.3)$$

对任一 n，计算样本总体离差平方和 S 与分段样本离差平方和之和 S_n 的差值 $S-S_n$。在拐点影响下 $S-S_n$ 有一个最大值，这个最大值所对应的窗口大小即为最佳统计单元。根据上述方法计算得到样本总体算术平均值为 4.8313，离差平方和 S=47.0776。根据上述方法得到的窗口面积与 $S-S_n$ 的对应关系如表 10.8 所示。利用统计软件做出 $S-S_n$ 的拟合变化曲线如图 10.5 所示。

表 10.8 均值变点分析统计结果

n	S_n	$S-S_n$	n	S_n	$S-S_n$	n	S_n	$S-S_n$
2	45.8884	1.1892	14	20.3029	26.7747	39	44.5909	2.4867
3	39.4654	7.6122	15	20.3365	26.7411	40	46.0958	0.9818
4	34.4801	12.5975	16	20.5106	26.5671	41	47.6207	−0.5431
5	30.5423	16.5353	17	20.8109	26.2667	42	49.1643	−2.0867
6	27.9557	19.1219	...	...	...	43	50.7255	−3.6478
7	25.8828	21.1948	25	26.5608	20.5168	44	52.3032	−5.2256
8	24.2342	22.8434	26	27.5906	19.4870	45	53.8965	−6.8189
9	22.9420	24.1357	27	28.6722	18.4054	46	55.5045	−8.4269
10	21.9532	25.1244	...	...	...	47	57.1263	−10.0487
11	21.2260	25.8517	36	40.2089	6.8688	48	58.7610	−11.6834
12	20.7263	26.3513	37	41.6460	5.4316	49	60.4081	−13.3304
13	20.4264	26.6512	38	43.1072	3.9705	50	62.0666	−14.9890

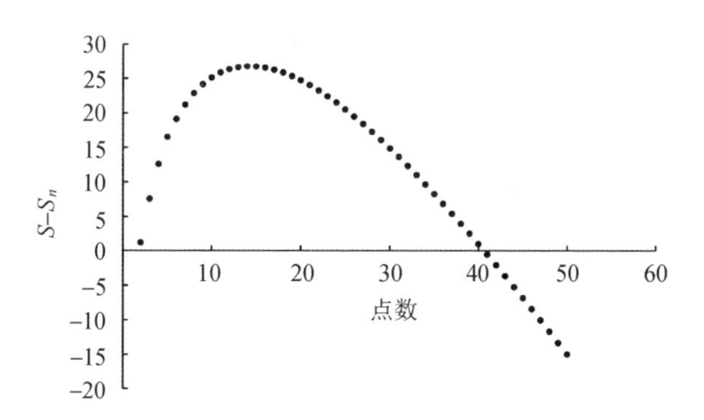

图 10.5 $S-S_n$ 值的拟合变化曲线

根据均值变点分析法的统计结果，可以看出 $S-S_n$ 在第 14 个点处达到了最大值，为 26.7747。因此，对于地势起伏度与窗口面积关系曲线，当 n 为 14 时，其对应的 29 像元 ×29 像元窗口为确定研究区地势起伏度值的最佳统计单元，窗口面积为 0.7569km^2。29 像元 ×29 像元窗口实验的结果（图 10.6）即为最终的研究区地势起伏度数据，可见研究区最大地势起伏度为 851m，最小地势起伏度为 0m。

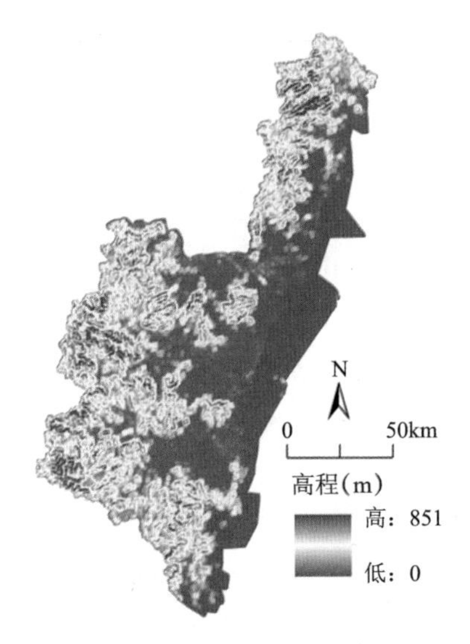

图 10.6 29 像元 ×29 像元窗口下研究区地势起伏度值

10.4.3 地貌类型划分依据

识别区域地形地貌类型的关键指标是高程值及地势起伏度值，李炳元等（2008）以我国陆地部分为研究区，依据地势起伏度与海拔高度两个指标一共划分了 28 个中国陆地基本地貌类型。将此分类系统应用到中国地貌图（1:4000000）中，能较好体现中国地貌的基本结构。该分类系统依据高程值划分出 5 个海拔高度级别，分别为低海拔（<1000m）、中海拔（1000~2000m）、亚高海拔（2000~4000m）、高海拔（4000~6000m）和极高海拔（>6000m）。依据地势起伏状况共划分出两大一级地貌形态类型，分别为平原和山地，平原一级类型下又根据地势起伏程度划分出平原和台地两大二级类型；山地一级类型下又划分出丘陵（地势起伏度 <500m）、小起伏山地（地势起

伏度 200~500m）、中起伏山地（地势起伏度 500~1000m）、大起伏山地（地势起伏度 1000~2500m）和极大起伏山地（地势起伏度 >2500m）五个二级类型。

温州市海岸带位于我国东南沿海地区，海拔高度整体较低。利用 ArcGIS 软件的栅格统计功能对研究区高程值进行划分，结果显示研究区 80.33% 的区域高程值低于 1000m，属于低海拔地区，研究区内最高海拔为 1262m。海拔因素对于区域整体地貌类型鉴别的影响较小，因此本章主要依据地势起伏度对研究区地貌类型进行划分，基于中国大陆基本地貌类型分类体系及前人研究经验（韩海辉等，2012；田鹏等，2020），确定温州市海岸带地区地貌类型分类体系如表 10.9 所示。

表 10.9 温州市海岸带地貌类型分类标准

地势起伏度范围（m）	<30	30~50	50~200	200~500	500~1000
地貌类型	平原	台地	丘陵	小起伏山地	中起伏山地

10.4.4 不同地貌基底上景观动态变化分析

在 ArcGIS 软件支持下，将 29 像元×29 像元窗口下栅格邻域分析后的数据利用栅格转面功能转变为矢量数据，将陆域地貌类型矢量数据用研究区边界进行裁剪，并利用交集取反工具提取出海域范围，最终得到温州市海岸带地貌类型图（图 10.7）。对各地貌类型面积进行统计，结果如表 10.10 所示。

根据统计结果，温州市海岸带地区地貌类型以丘陵、小起伏山地、平原为主。其中小起伏山地的比重最大，总面积为 2797.22km^2，占比 40.19%；其分布广泛，主要集中于研究区西部接近内陆的地区，另外在研究区南部苍南沿海地区也有大量小起伏山地分布。丘陵是平原或台地向山地转变的过渡区，其地势起伏度小于 200m，相比较中小起伏山地而言更易受到人类活动的影响，其面积总量约为 1453.147km^2，占比 20.88%，分布较广泛，研究区各县区均包含有丘陵地貌。平原地貌在研究区内的比重也相对较高，约占 16.28%，主要集中于研究区东部沿海地区，是陆地向海洋的过渡区，地势低平缓和，城镇、耕地广泛分布，开发度较大。除沿海平原外，研究区内主要河流沿岸也分布有大面积平原，如瓯江、鳌江、飞云江等河流沿岸。

研究区内台地和中起伏山地的比重相对较小，台地主要为平原向丘陵的过渡区，地势起伏度区间较小，因而总体面积较小，约占区域面积的3.96%。而温州海岸带地区海拔总体较低，地形特征总体上较低平缓和，因此起伏度在500m以上的山地范围较小，零星分布在瑞安、平阳等区县的西部山区。地形相对较陡的地貌环境不易于受农业生产及其他人类活动的影响，往往林地资源丰富。

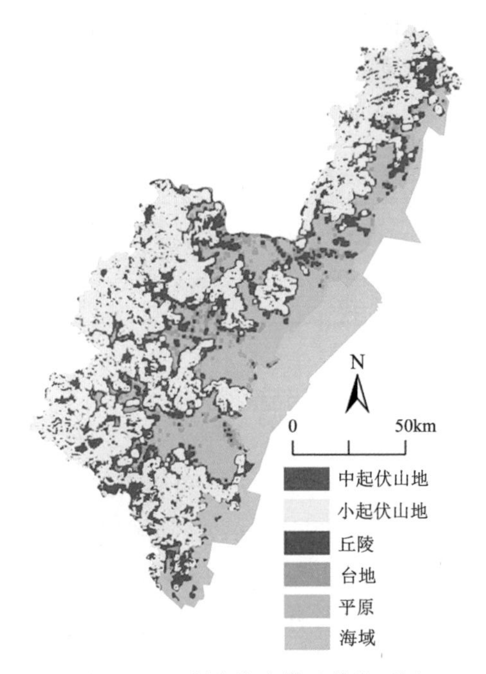

图 10.7 温州市海岸带地貌类型图

表 10.10 温州市海岸带地区各地貌类型比重

地貌类型	海域	平原	台地	丘陵	小起伏山地	中起伏山地
起伏度范围（m）	0	<30	30~50	50~200	200~500	500~1000
面积（km^2）	1228.997	1132.985	275.323	1453.147	2797.220	72.547
比重（%）	17.66	16.28	3.96	20.88	40.19	1.04

将温州市海岸带地貌类型数据与行政区边界数据进行叠加，可统计得到不同地貌类型在各县级行政区中的规模分布情况，结果如表10.11和图10.8所示。

表 10.11 各行政区不同地貌类型比重

县（区、市）	平原		台地		丘陵		小起伏山地		中起伏山地		面积合计（km^2）
	面积（km^2）	比重（%）	面积（km^2）	比重（%）	面积（km^2）	比重（%）	面积（km^2）	比重（%）	面积（km^2）	比重（%）	
鹿城区	46.890	15.98	37.926	12.93	91.046	31.03	117.188	39.95	0.319	0.11	293.369
龙湾区	127.792	56.61	14.005	6.20	48.406	21.44	35.540	15.74	—	—	225.743
瓯海区	81.267	17.42	20.437	4.38	116.018	24.87	246.888	52.93	1.800	0.39	466.410
洞头区（连岛部分）	52.175	74.07	7.348	10.43	10.913	15.49	—	—	—	—	70.436
瑞安市	244.093	19.50	72.111	5.76	265.628	21.22	647.827	51.76	21.886	1.75	1251.546
乐清市	221.626	17.25	47.248	3.68	336.499	26.19	656.897	51.13	22.505	1.75	1284.775
平阳县	142.124	14.90	36.592	3.84	231.904	24.31	525.892	55.13	17.471	1.83	953.983
苍南县	217.016	18.31	39.656	3.35	352.730	29.77	566.987	47.85	8.566	0.72	1184.956

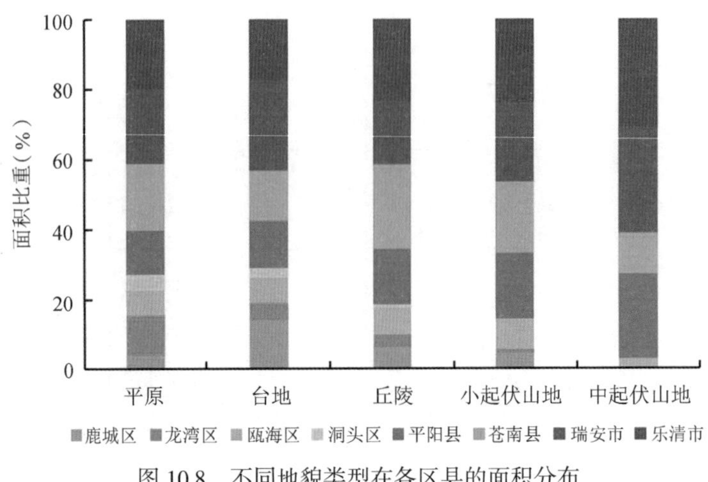

图 10.8　不同地貌类型在各区县的面积分布

从行政区地貌类型结构角度看，研究区内六个区县以小起伏山地为主要地貌类型，分别位于乐清市的西部及北部，鹿城、瓯海、瑞安、平阳等区县的西部，以及苍南县的西部及东南沿海地区。小起伏山地的分布特征与林草地景观的分布有着较强的一致性。以平原为主要地貌特征的区县是洞头连岛部分及龙湾区，平原地貌在其他区县亦有广泛分布，主要位于乐清市东南部乐清湾沿岸、瓯海区中部、鹿城区与瑞安市东部，以及苍南县的东北部。平原的空间分布特征与耕地、城乡工矿居民用地的分布有着较强的一致性。中起伏山地在各个区县的分布均较少，相比较其他区县，平阳县的中起伏山地在其辖区内的比重最高，为 1.83%。丘陵属于平原及台地向山地的过渡区，在各个区县的地貌类型结构中均占有一定比重。

从各地貌类型在不同行政区间的分布角度来看，研究区内超过 70% 的平原分布于平阳、苍南、瑞安、乐清等区县，其中瑞安市平原分布面积最大，面积为 244.09km^2，占研究区平原总面积的 21.54%；接近一半的丘陵地貌分布于苍南县和乐清市境内，而丘陵在龙湾、鹿城、瓯海、洞头连岛区的分布甚少，丘陵在洞头连岛地区的分布面积仅占 0.75%；小起伏山地在平阳县、苍南县、瑞安市、乐清市等地的分布较多，其中以上四区县的分布面积总和占小起伏山地总面积的 85.71%。不同地貌类型在各县区的分布结构受各县区地势起伏状况的影响，也受到各县区辖区范围大小的影响。

将不同阶段内景观转移数据与地貌类型数据进行叠加，可整理得到各地貌类型基底上景观类型转变的面积差异（图 10.9 和表 10.12）。

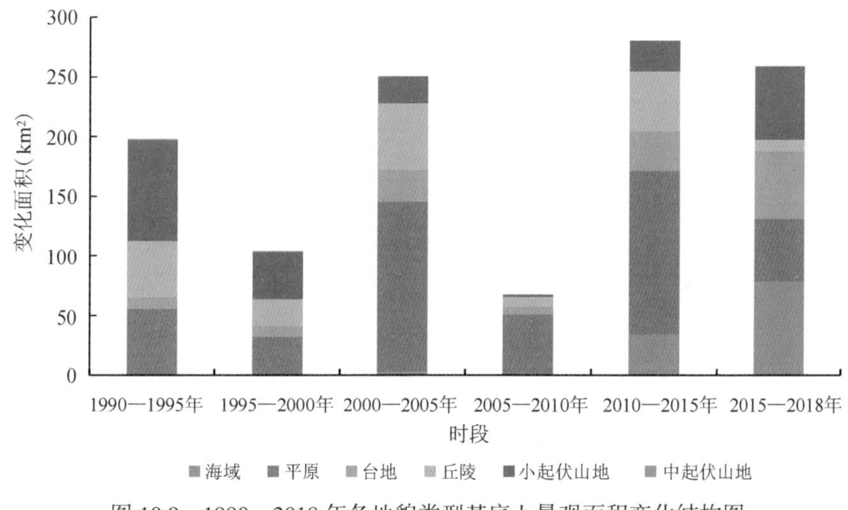

图 10.9　1990—2018 年各地貌类型基底上景观面积变化结构图

表 10.12　1990—2018 年各地貌类型基底上景观转变数量（单位：km^2）

地貌类型	时段						合计
	1990—1995 年	1995—2000 年	2000—2005 年	2005—2010 年	2010—2015 年	2015—2018 年	
海域	0.782	0.780	3.762	0.494	34.774	79.618	120.209
平原	55.190	31.643	141.639	50.432	136.705	51.761	467.370
台地	9.521	8.881	26.569	6.680	33.353	56.715	141.718
丘陵	47.502	22.412	56.306	8.246	50.142	9.786	194.394
小起伏山地	84.416	40.079	22.520	1.800	25.626	61.062	235.503
中起伏山地	0.754	0.600	0.195	0.000	0.182	0.354	2.085
合计	198.165	104.394	250.991	67.652	280.782	259.296	1161.279

根据统计结果可发现，地貌因素对景观动态变化的影响较明显，1990—2018 年研究区景观转移面积共计 1161.28km^2，约 609.09km^2 的景观变化发生在地势较低平的平原与台地地貌基底上，其比重约为 52.45%。研究区内中小起伏山地的总面积为 2869.77km^2，但发生在中小起伏山地上的景观变化面积仅为 237.588km^2。通过计算各地貌类型基底上景观变化的面积与各地貌类型总面积的比值，可定量分析地貌因素在景观演化过程中的作用。结果显示台地地貌基底上景观转变面积占台地总面积的 51.47%；其次为平原，占比约 41.25%；而丘陵地貌区景观转变面积占其总面积的 13.38%，小起伏

山地占 8.42%，中起伏山地占 2.87%。由此可见景观转变的规模随着地势起伏度的降低而不断增加，地势起伏不明显的平原台地受人为活动影响较大，发展历史悠久且便于开发，而起伏度较大的山区既不便于农业耕作，又不适合大规模城镇选址，故受人为活动干扰的机会小，多年来景观变化并不显著。此外海域范围内景观变动比率约 9.78%，海域范围内景观变化的主要原因是围填海工程的开展导致原有海域逐年向人工建设景观转变。

利用 Excel 软件可分别统计各地貌类型基底上自 1990 年以来不同阶段中景观的主要演化方向，其具体衡量标准是各阶段转变面积超过 $3km^2$ 的转移类型。统计结果如图 10.10—10.15 所示。不同阶段内各地貌类型上景观转变的剧烈程度不同，1990—1995 年以及 2010—2015 年两个阶段内景观转变程度较为剧烈，主要集中于丘陵、小起伏山地和平原地貌区，均含有 6 个转移面积超过 $3km^2$ 的转变类型。1990—1995 年，小起伏山地上耕地向林地的转变最为显著，转变面积超过 $25km^2$；其次为丘陵地貌区的耕地向林地的转变，面积在 $15km^2$ 以上；平原基底上的景观转移以城乡工矿居民用地向耕地的转变。2010 年之后城镇化速度明显加快，2010—2015 年景观转移主要表现为其他地貌类型向城乡工矿居民用地的转变；平原地貌基底上主要是耕地向城乡工矿居民用地的转移，转变面积超过 $60km^2$；丘陵地貌基底上也以耕地向城乡建设用地的转变为主，面积相对较少，约 $20km^2$；小起伏山地上的景观转移以林地向城乡工矿居民用地的转移为主。2015—2018 年，景观类型的转变以平原地区耕地景观向城镇工矿居民用地的转变为主，此外在小起伏山地区耕地与林草地之间互相转移的特征也较为显著。

综上，地形地貌因素对景观动态变化的幅度和指向有较为突出的影响，大规模的景观变化出现在地势起伏度较低的地貌基底上，如平原和台地；而不同地貌基底上景观转变的指向性也有所差异，如平原台地基底上多以耕地向城镇工矿居民用地的转移为主要特征，而中小起伏山地区则多以耕地和林草地之间的互相转移为主要特征。

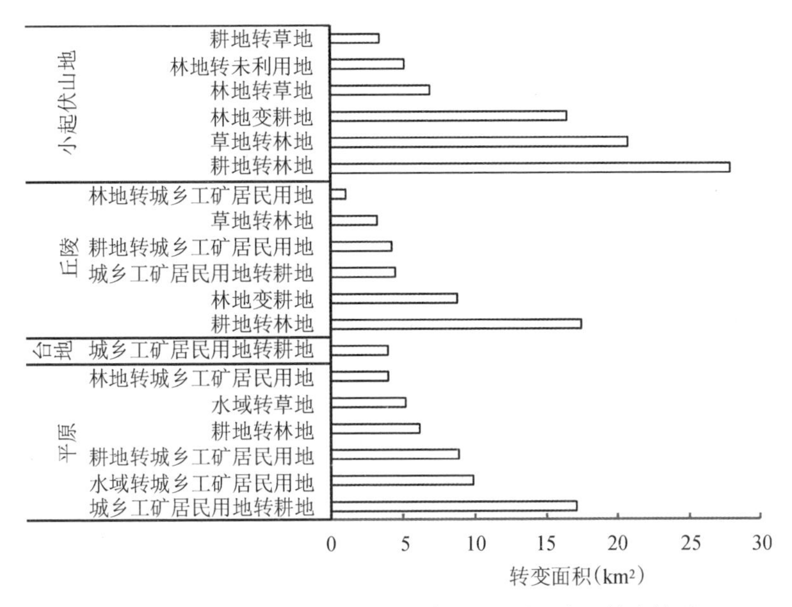

图 10.10　1990—1995 年不同地貌基底上景观主要转变情况

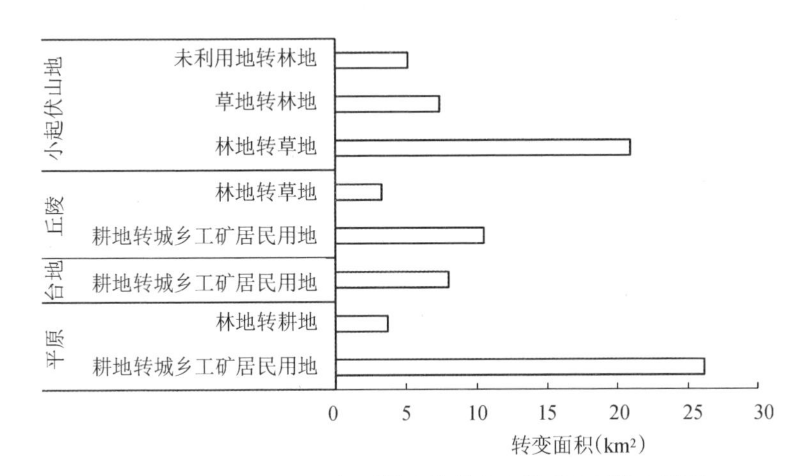

图 10.11　1995—2000 年不同地貌基底上景观主要转变情况

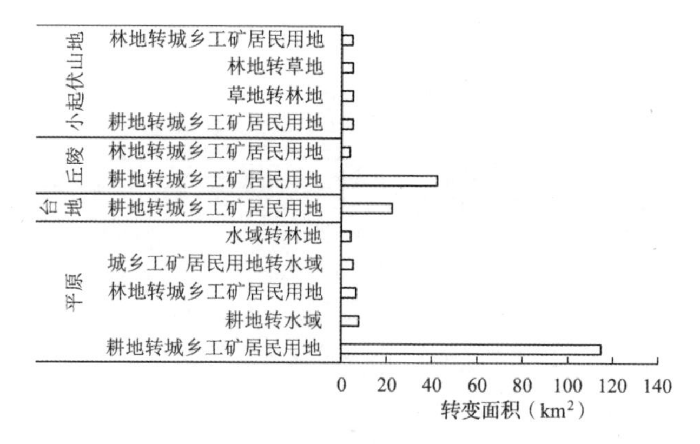

图 10.12　2000—2005 年不同地貌基底上景观主要转变情况

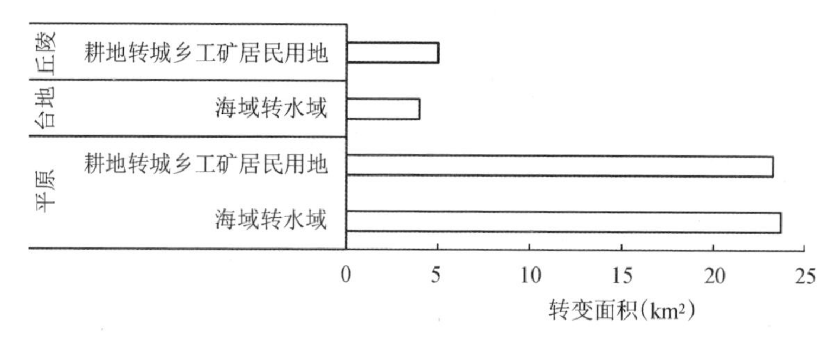

图 10.13　2005—2010 年不同地貌基底上景观主要转变情况

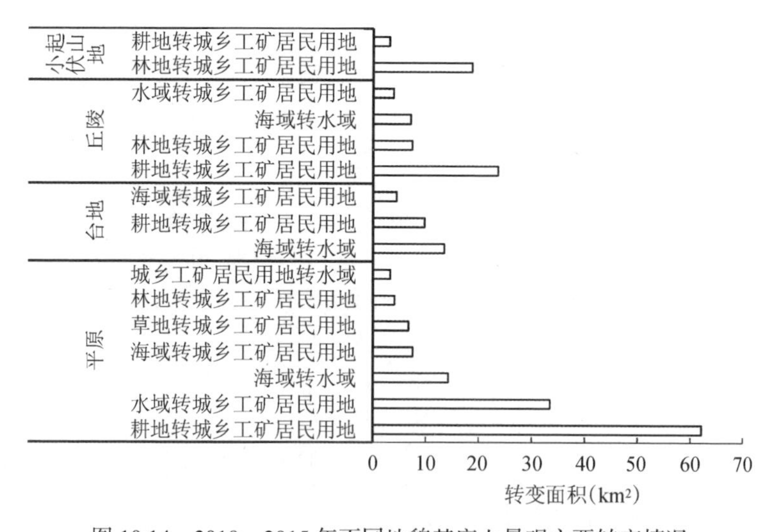

图 10.14　2010—2015 年不同地貌基底上景观主要转变情况

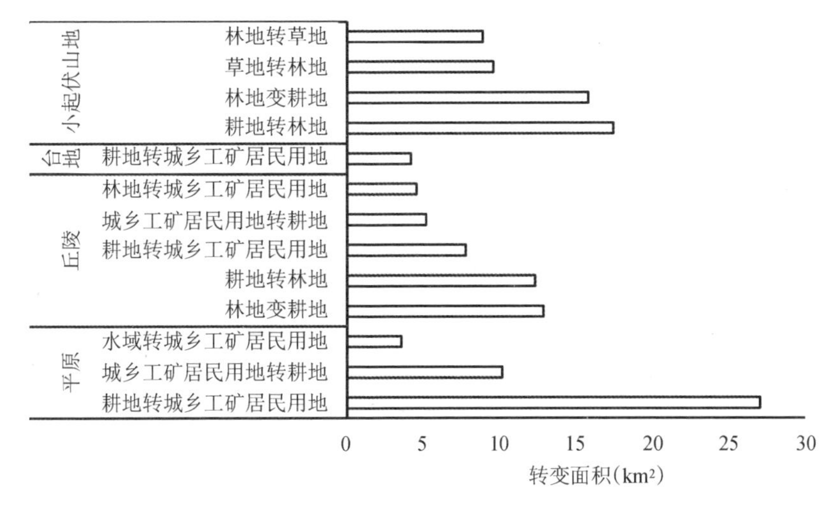

图 10.15 2015—2018 年不同地貌基底上景观主要转变情况

10.5 景观空间格局特征

景观生态学领域在对景观空间格局特征的长期研究中逐渐产生众多定量的评价指标，即景观指数。景观指数是指能够高度浓缩景观格局信息，反映其结构组成和空间配置某些方面特征的简单定量指标（邬建国，2007）。景观格局特征可以在单个斑块（path）、由若干斑块组成的斑块类型（class）、包括若干斑块类型的整个景观镶嵌体（landscape）三个层面上进行分析。景观指数的计算通常需要借助 Fragstats 软件对研究区土地利用类型栅格数据进行分析，从而得到不同时期研究区在类型尺度、景观尺度上的各项景观指数值，以此来反映一段时间内研究区景观格局的动态变化特征。

在实证研究中，景观格局指数的选取通常遵循全面性、有效性、便捷性的原则，选取适用范围广、解释力度强、便于在不同时期内进行比较的指数。常用的景观指数有斑块数量（*NP*）、斑块密度（*PD*）、蔓延度指数（*CONTAG*）、集聚度指数（*AI*）、香农多样性指标（*SHDI*）等。本研究中共选取了 15 种景观指数，分别在类型尺度和景观镶嵌体整体尺度上进行了计算，各项指数的含义、取值范围及应用尺度如表 10.13 所示。

表 10.13 景观格局指数含义、取值范围与应用尺度

景观指数	景观指数全称	含义	单位 / 取值范围	应用尺度
TA	Total Landscape Area	景观面积	ha > 0	景观
NP	Number of Patches	斑块数量	$n \geqslant 1$	类型 / 景观
PD	Patch Density	斑块密度	*n*/100ha	类型 / 景观
LPI	Largest Patch Index	最大斑块占景观面积比例	%	类型 / 景观
TE	Total Edge	总边缘长度	m	类型 / 景观
ED	Edge Density	边缘密度	m/ha	类型 / 景观
LSI	Landscape Shape Index	景观形状指数	当景观中斑块形状越复杂或偏离正方形时，LSI 越大	类型 / 景观
CONTAG	Contagion Index	蔓延度指数	%	景观
SHDI	Shannon's Diversity Index	香农多样性指标	[0,1]	景观
SHEI	Shannon's Evenness Index	香农均匀度指标	[0,1]	景观
AI	Aggregation Index	聚集度指数	%	类型 / 景观
CA	Total Class Area	斑块类型面积	ha > 0	类型
PLAND	Percentage of Landscape	斑块所占景观面积比例	%	类型
COHESION	Patch Cohesion Index	斑块结合度	%	类型 / 景观
DIVISION	Landscape Division Index	景观分割度	%	类型 / 景观

景观面积（*TA*）的计算可直观反映研究区所占土地面积的总量，是研究和分析的最大尺度，也是计算其他指标的基础。由于研究区范围总体无明显变化，景观镶嵌体总面积在研究时间尺度内变动微小，而微小的波动会被视为土地利用数据切割、整理时的误差。

斑块数量（*NP*）主要用于描述景观的异质化及破碎程度，可应用于类型尺度和景观尺度。它在类型尺度上反映的是景观中某一特定类型的斑块总数；在景观尺度上反映的是景观镶嵌体中单个斑块的总和。在一定时间内，*NP* 值呈增大趋势，则景观内部出现破碎分离态势，景观异质化程度增强；反之则景观内部出现聚合连结态势，景观连通性和同质化水平上升。

斑块密度（*PD*）的计算公式为 $PD=NP/A$，即区域内所有景观或某类景观的斑块数量与区域内所有景观或某类景观的面积之比。它通常用于反映景观的异质破碎化程度，一定时期内斑块密度 *PD* 的变化与斑块数量的变化

成正比，*PD* 值越大，景观镶嵌体整体或某一景观类型的异质化水平越高。

最大斑块占景观面积比例（*LPI*）有助于确定景观的模地或优势类型等，反映景观内部是否存在某一种或某几种主要类型、某一景观类型内部是否存在某一面积占比突出的斑块，可从侧面反映景观内部各类型面积的均衡化程度或某一景观类型内部各斑块面积的差异情况，也可用于判别区内人类活动的方向和强度。*LPI* 值越大，表明景观内部各类型间面积差距越大；*LPI* 值越小，则景观内部各个类型的面积相对均匀。

总边缘长度（*TE*）和边缘密度（*ED*）是反映景观集聚性或破碎性情况的另一组指标，景观内部斑块越多，总边缘长度就越长，边界密度增加，景观趋于分离，破碎化程度加强。

景观形状指数（*LSI*）以正方形为参考，可分析研究区内各景观类型斑块的形状多样性和复杂性。其值越大，表明斑块形状越复杂；其值越小，表明斑块几乎均接近正方形，斑块形状较为单一。

蔓延度指数（*CONTAG*）仅应用于景观尺度。其值较小时，表明景观中存在许多小拼块；其值趋于 100 时，表明景观中有连通度极高的优势拼块类型存在。其生态意义是描述景观内部不同类型的团聚程度或延展趋势。

香农多样性指标（*SHDI*）与香农均匀度指标（*SHEI*）可对照分析，二者均仅用于景观尺度。*SHDI* 为各景观类型的面积比乘以其值的自然对数之后的和的负值。*SHDI* 为 0，表示整个景观仅由一个拼块组成；*SHDI* 增大，说明拼块类型增加或各拼块类型在景观中呈均衡化趋势分布。*SHEI* 值介于 0 到 1 之间，*SHEI* 为 0 表明景观仅由一种拼块组成，无多样性；*SHEI* 为 1 表明各拼块类型均匀分布，有最大多样性。*SHDI* 和 *SHEI* 的变化方向一致，即 *SHDI* 越接近于 1，*SHEI* 也越接近于 1，表明区域内景观多样性程度增强，景观类型的空间分布趋于均衡。

聚集度指数（*AI*）直观反映景观的集聚化水平，*AI* 值越大，则景观镶嵌体内部同种类型景观在空间上的分布较为集中，呈现出组团式的空间分布特征；反之则呈现离散分布特征。

斑块类型面积（*CA*）和斑块所占景观面积比例（*PLAND*）是在类型尺度上常用的两种分析指标，*CA* 表示景观中某一类型的总面积，*PLAND* 指这种景观类型在这个景观镶嵌体中的比重，可反映其是否为区域内部的优势类。

斑块结合度（*COHESION*）和景观分割度（*DIVISION*）为一组相对指标，反映景观或景观类型内部各类型或各斑块的集聚程度和分离程度。本研究中，这两种指标主要用于类型尺度上景观格局特征的分析。

依据以上景观格局指数计算原理，本研究在景观尺度下共选取了 *TA*、*NP* 等 11 项指数，Fragstats 软件的计算结果如表 10.14 所示。在类型尺度下共选取了 *CA*、*PLAND* 等 11 项指数，利用景观指数计算软件 Fragstats 分别得到温州海岸带地区耕地、林地、草地、水域、城乡工矿居民用地、未利用土地、海域等七大景观类型的历年景观指数值，结果如表 10.15—10.21 所示。

表 10.14　景观尺度下温州海岸带地区历年景观指数

景观格局指数	1990 年	1995 年	2000 年	2005 年	2010 年	2015 年	2018 年
TA	695554.56	695554.56	695554.56	695554.56	695554.56	695554.56	696130.56
NP	1400	1415	1469	1488	1502	1587	1584
PD	0.2013	0.2034	0.2112	0.2139	0.2159	0.2282	0.2275
LPI	31.9785	32.3595	32.1972	32.1938	32.1773	31.8493	33.0906
TE	6948000	6885120	7075680	7350720	7433760	7637280	7623840
ED	9.9892	9.8987	10.1727	10.5681	10.6875	10.9801	10.9517
LSI	23.0618	22.8736	23.444	24.2672	24.5158	25.125	25.0848
CONTAG	46.7505	46.8385	46.1445	44.1977	43.6732	42.103	41.5096
SHDI	1.3607	1.3586	1.3722	1.4167	1.4299	1.4612	1.4800
SHEI	0.6993	0.6982	0.7052	0.7281	0.7348	0.7509	0.7606
AI	75.6004	75.8249	75.1626	74.2199	73.9391	73.2457	73.3295

根据表 10.14 中相关数据可知，1990—2018 年温州市海岸带地区景观格局特征总体上趋向于破碎异质化。与 1990 年研究区各项景观指数值相比，2018 年温州市海岸带地区斑块数量 *NP*、斑块密度 *PD*、边缘长度 *TE*、边缘密度 *ED*、香农多样性指数 *SHDI* 及香农均匀度指数 *SHEI* 等指数均具有明显的升高趋势，如斑块密度 *PD* 由 1990 年的 0.2013 上升为 2018 年的 0.2275，香农多样性指数 *SHDI* 由 1990 年的 1.3607 上升为 2018 年的 1.4800；而在蔓延度指数 *CONTAG*、集聚度指数 *AI* 等方面，则呈现出明显的指数下降趋势，具体数据为 *CONTAG* 由 1990 年的 46.7505 下降至 2018 年的 41.5096，*AI* 由 1990 年的 75.6004 下降为 2018 年的 73.3295。上述不同类型指数的两种变化趋势反映出 1990—2018 年间，研究区景观趋于破碎、空间分布特征由集中组团式分布逐渐转向离散分布，景观类型的内部连通程度和聚集程度都有所降低，不同类型景观的空间分布趋于均衡化，各类景观交错混杂，景观

内部斑块数量增加、密度值上升，进一步增强了景观镶嵌体的多样化程度和复杂性程度。

温州市海岸带地区景观格局演变在研究时间序列内总体呈破碎化态势，但也具有一定的阶段性特征，主要以1995年和2015年为界。1990—1995年，研究区景观格局出现短暂的小幅度集聚化趋势，该阶段蔓延度指数*CONTAG*与集聚度指数*AI*分别由46.7505上升至46.8385、由75.6004上升至75.8249，与此同时景观内部斑块边缘长度*TE*和边界密度*ED*有较明显的下降趋势，均匀度指数*SHEI*和多样性指数*SHDI*亦出现小幅度下降。致使该阶段内景观格局出现小幅度集聚同质化的原因主要是20世纪90年代初，在退耕还林政策影响下，耕地与建设用地逐渐转变为成片的林地，林地景观出现明显集聚，内部连通性有所增强，空间分布相对集中。1995—2015年，温州海岸带城镇化快速发展，景观演变出现明显的破碎化趋势，城市建设用地比重不断增加，与耕地、林地交错混杂分布，集中连片分布的景观比重减小，景观破碎异质化程度不断加强，此阶段内*NP*、*PD*、*TE*、*ED*、*SHDI*与*SHEI*均有明显的上升趋势。2015—2018年，景观破碎化速度明显减慢，斑块数量*NP*、斑块密度*PD*、边界长度*TE*和边界密度*ED*虽保持一个较高水平，但出现小幅度减小，此阶段内集聚化指标*AI*呈现由下降变为上升的转折，景观集聚化水平出现小幅度提升，反映出此阶段景观破碎化速度降低，部分类型景观的空间分布由离散转为相对集聚。

根据类型尺度下研究区七大景观类型相应景观指数的计算结果，可发现空间格局演变规律较为显著的景观类型有耕地、林地、城乡工矿居民用地等。1990—2018年，耕地景观格局演变总体上趋于破碎化且在景观镶嵌体中所占比重总体上呈降低态势。1990年温州市海岸带耕地面积广阔，占比约25.5%，至2018年耕地比重已不足20%，耕地景观内部零碎斑块数量和密度不断增加。集聚度指数*AI*由1990年的66.5922降为2018年的56.7256，斑块结合度*COHESION*由1990年的95.3814下降至2018年的91.8177。与此同时景观分割度由1990年的0.9923上升至2018年的0.9973。最大斑块指数在1995年之前短暂上升，之后逐渐降低，至2018年下降到3.5646，连片集聚的大范围耕地比重减小，分散分布的破碎耕地斑块增加，斑块形状也由规则转变为多样。*LSI*指数不断升高，斑块复杂程度日益加强。耕地景观的边界长度*TE*和边界密度*ED*的变化以2010年为界，在2010年之前呈现不断升高态势，在2010年之后边界总长和密度均开始降低，这主要归因于近年来耕地面积逐年减少、耕地斑块数量和密度逐年降低的土地利用变化趋势。

表 10.15 类型尺度下耕地历年景观指数

景观	景观格局指数	1990 年	1995 年	2000 年	2005 年	2010 年	2015 年	2018 年
耕地	*CA*	177269.76	175956.48	171256.32	152547.84	149460.48	139392	136673.28
	PLAND	25.4861	25.2973	24.6216	21.9318	21.488	20.0404	19.6333
	NP	457	479	488	520	526	542	541
	PD	0.0657	0.0689	0.0702	0.0748	0.0756	0.0779	0.0777
	LPI	4.5944	4.8064	4.6110	3.9385	3.9054	3.6934	3.5646
	TE	5007840	5010720	5079840	5107680	5143200	5044320	4979520
	ED	7.1998	7.2039	7.3033	7.3433	7.3944	7.2522	7.1531
	LSI	29.8750	30.0743	30.8382	32.8834	33.3148	33.9359	33.6903
	COHESION	95.3814	95.2883	95.1964	93.0712	92.7159	92.0056	91.8177
	DIVISION	0.9923	0.9924	0.9930	0.9964	0.9966	0.9971	0.9973
	AI	66.5922	66.3024	64.8676	60.2645	59.1399	56.9826	56.7256

表 10.16 类型尺度下海岸带地区林地历年景观指数

景观	景观格局指数	1990 年	1995 年	2000 年	2005 年	2010 年	2015 年	2018 年
林地	*CA*	317422.08	320048.64	318896.64	317905.92	317514.24	313850.88	312791.04
	PLAND	45.6358	46.0134	45.8478	45.7054	45.6491	45.1224	44.9328
	NP	114	118	119	128	130	121	105
	PD	0.0164	0.0170	0.0171	0.0184	0.0187	0.0174	0.0151
	LPI	31.9785	32.3595	32.1972	32.1938	32.1773	31.8493	33.0906

续表

景观	景观格局指数	1990 年	1995 年	2000 年	2005 年	2010 年	2015 年	2018 年
林地	*TE*	5132640	5078400	5129760	5096640	5098080	5210880	5219040
	ED	7.3792	7.3012	7.3751	7.3274	7.3295	7.4917	7.4972
	LSI	24.5064	24.1610	24.3814	24.3447	24.3489	24.9103	24.9658
	COHESION	99.3168	99.3173	99.3151	99.3050	99.3064	99.3089	99.3702
	DIVISION	0.8866	0.8841	0.8851	0.8854	0.8855	0.8879	0.8798
	AI	79.7796	80.1568	79.8951	79.9496	79.9210	79.2854	79.1664

表 10.17　类型尺度下草地历年景观指数

景观	景观格局指数	1990 年	1995 年	2000 年	2005 年	2010 年	2015 年	2018 年
草地	*CA*	22694.40	22003.20	23708.16	23592.96	23639.04	23662.08	24030.72
	PLAND	3.2628	3.1634	3.4085	3.3920	3.3986	3.4019	3.4520
	NP	394	360	406	392	393	393	389
	PD	0.0566	0.0518	0.0584	0.0564	0.0565	0.0565	0.0559
	LPI	0.1093	0.1424	0.1722	0.1722	0.1722	0.1722	0.1688
	TE	1384320	1327200	1448640	1424160	1427040	1409760	1416960
	ED	1.9902	1.9081	2.0827	2.0475	2.0517	2.0268	2.0355
	LSI	23.0794	22.4839	23.4000	23.3750	23.0615	22.7846	22.9538
	COHESION	50.2438	52.8449	52.8461	53.6191	53.5872	53.8794	54.2559
	DIVISION	1	1	1	1	1	1	1
	AI	27.0582	27.9221	26.9443	27.8226	27.8309	28.8084	29.3914

表 10.18 类型尺度下水域历年景观指数

景观	景观格局指数	1990 年	1995 年	2000 年	2005 年	2010 年	2015 年	2018 年
水域	*CA*	24698.88	22970.88	23155.20	24053.76	27048.96	28154.88	34652.16
	PLAND	3.5510	3.3025	3.3290	3.4582	3.8888	4.0478	4.9778
	NP	104	101	105	113	112	108	112
	PD	0.0150	0.0145	0.0151	0.0162	0.0161	0.0155	0.0161
	LPI	2.4512	1.3846	1.3846	1.1461	1.2952	0.9971	1.1882
	TE	715680	681120	697440	776160	798240	765600	769920
	ED	1.0289	0.9792	1.0027	1.1159	1.1476	1.1007	1.1060
	LSI	11.9242	11.7344	12.0000	13.0769	12.6522	11.9857	10.9359
	COHESION	93.2227	90.3945	90.2041	88.6119	89.0952	88.3994	89.5628
	DIVISION	0.9994	0.9997	0.9997	0.9998	0.9997	0.9998	0.9997
	AI	65.3032	64.4041	63.8232	61.1962	64.7214	67.6074	73.5495

表 10.19 类型尺度下城乡工矿居民用地历年景观指数

景观	景观格局指数	1990 年	1995 年	2000 年	2005 年	2010 年	2015 年	2018 年
城乡工矿居民用地	*CA*	21381.12	21980.16	26449.92	45457.92	48798.72	68820.48	72852.48
	PLAND	3.0740	3.1601	3.8027	6.5355	7.0158	9.8943	10.4653
	NP	324	344	345	329	335	417	426
	PD	0.0466	0.0495	0.0496	0.0473	0.0482	0.0600	0.0612
	LPI	0.3909	0.4571	0.5631	1.0600	1.4707	2.2326	2.3499

续表

景观	景观格局指数	1990 年	1995 年	2000 年	2005 年	2010 年	2015 年	2018 年
城乡工矿居民用地	*TE*	1188960	1178400	1331040	1831200	1927680	2367840	2375040
	ED	1.7094	1.6942	1.9136	2.6327	2.7714	3.4042	3.4118
	LSI	20.3770	19.8710	20.4559	21.5056	21.6667	22.5818	22.0442
	COHESION	68.0952	65.4830	70.8150	84.3907	86.5994	87.8395	87.5656
	DIVISION	1.0000	1.0000	0.9999	0.9997	0.9996	0.9992	0.9991
	AI	34.1504	36.6197	40.6194	52.6834	53.6085	59.5157	61.7131

表 10.20 类型尺度下未利用土地历年景观指数

景观	景观格局指数	1990 年	1995 年	2000 年	2005 年	2010 年	2015 年	2018 年
未利用土地	*CA*	138.24	760.32	115.20	115.20	115.20	115.20	138.24
	PLAND	0.0199	0.1093	0.0166	0.0166	0.0166	0.0166	0.0199
	NP	3	11	2	2	2	2	2
	PD	0.0004	0.0016	0.0003	0.0003	0.0003	0.0003	0.0003
	LPI	0.0132	0.0364	0.0132	0.0132	0.0132	0.0132	0.0132
	TE	9600	41280	7680	7680	7680	7680	8640
	ED	0.0138	0.0593	0.0110	0.0110	0.0110	0.0110	0.0124
	LSI	2.0000	3.5833	1.6000	1.6000	1.6000	1.6000	1.8000
	COHESION	37.7171	52.8408	43.1052	43.1052	43.1052	43.1052	44.8483
	DIVISION	1	1	1	1	1	1	1
	AI	28.5714	42.5926	40.0000	40.0000	40.0000	40.0000	42.8571

表 10.21 类型尺度下海域历年景观指数

景观	景观格局指数	1990 年	1995 年	2000 年	2005 年	2010 年	2015 年	2018 年
海域	*CA*	131950.08	131834.88	131973.12	131880.96	128977.92	121559.04	114992.64
	PLAND	18.9705	18.9539	18.9738	18.9605	18.5432	17.4766	16.5188
	NP	4	2	4	4	4	4	9
	PD	0.0006	0.0003	0.0006	0.0006	0.0006	0.0006	0.0013
	LPI	18.9572	18.9506	18.9605	18.9473	18.5299	17.4633	12.7259
	TE	456960	453120	456960	457920	465600	468480	478560
	ED	0.6570	0.6515	0.6570	0.6584	0.6694	0.6735	0.6875
	LSI	4.9474	4.9145	4.9474	4.9539	5.0733	5.2329	5.3662
	COHESION	99.2371	99.2456	99.2372	99.2367	99.2218	99.1811	98.6392
	DIVISION	0.9641	0.9641	0.9640	0.9641	0.9657	0.9695	0.9824
	AI	94.6912	94.7308	94.6921	94.6795	94.4686	94.0611	93.6992

林地景观是研究区内占比最大的景观类型，其 *PLAND* 指数常年维持在 40% 以上。林地规模的变化以 1995 年为界，在此之前呈现扩张特征，在此之后呈现规模缩减特征。林地景观格局的空间演变呈现初期集聚化和后期破碎化的特征。在 2010 年前后林地景观斑块数量和密度达到峰值；林地景观的集聚度指数 *AI* 在 1995 年前后达到最大值，为 80.1568，表明 1990—1995 年林地的空间分布趋于集聚，出现许多组团式分布的大规模林地，其主要原因是该阶段大量耕地与建设用地向林地的转移。在 1995 年后，林地空间分布趋于破碎异质化，*AI* 值在 2018 年下降至 79.1664，为 30 年来最低值；2015 年后，林地景观的分割度指数 *DIVISION* 呈现明显的下降趋势，相对应的斑块结合度指数 *COHESION* 和最大斑块指数 *LPI* 出现明显上升趋势，表明近年来破碎化分布的林地间连通性状况有所改善，林地景观内部最大斑块比重上升，通达性程度有所加强，破碎化发展速率有所减缓。

城乡工矿居民用地规模的变化在近 30 年来快速城镇化进程中呈现单一的规模扩张特征，在全部景观中的比重逐年增加，其在 1990 年仅占比 3.07%，至 2018 年已增长至 10.47%，空间分布具有十分显著的集聚同质化特征，景观内部连通性不断加强。集聚度指数 *AI* 与斑块结合度指数 *COHESION* 均在 2018 年达到峰值，分别为 61.7131 和 87.5656，与 1990 年的水平相比，上升率分别为 81% 和 29%。分割度指数 *DIVISION* 则在 2018 年降到最小值，为 0.9991，表明城乡工矿居民用地在近 30 年内由离散破碎小块分布逐渐转变为连片集中组团式大规模分布。景观形状指数 *LSI* 由初期的 20.377 上升至后期的 22.0442，表明景观斑块的复杂性程度不断增强，斑块形状趋于多样化。

10.6 小 结

本章以温州市海岸带为研究区，基于中国科学院地理所资源环境科学与数据中心提供的土地利用数据和图新云 GIS 网站提供的数字高程数据等基础数据，将研究区土地利用类型与景观类型一一对应，并在 ArcGIS 软件的支持下，运用地质统计学方法对温州海岸带复合系统景观面积动态变化特征进行研究，系统分析了温州市海岸带各类型景观间的转移规律；综合运用窗口递增分析法和均值变点分析法提取研究区地势起伏度，通过研究区景观转移数据与地貌类型数据叠加，分析讨论了温州市海岸带地形地貌因素对景观动态变化的影响；运用 Fragstats 软件，分别从景观镶嵌体整体角度和景观类型角度对温州市海岸带地区景观空间格局特征进行了分析。

主要结论如下。

（1）30年来温州海岸带地区景观动态变化显著，各类景观面积随时间的变化特征存在差异，最显著的特征是耕地景观规模逐年缩减、城乡工矿居民用地景观面积逐年增加以及林地景观先增后减，景观的空间转移具有显著的阶段性、指向性特征。以1995年为界，转移特征表现为1995年之前耕地向林地的转移和1995年后耕地、林地、草地等景观集中向城乡工矿居民用地的转移，景观转移规模最大的时段是2010—2015年，该时段内景观出现转移变化的区域共计280.782km^2。

（2）温州市海岸带地区地貌类型以丘陵、小起伏山地、平原为主，地势西高东低，地貌因素对景观动态变化的幅度与指向产生影响，景观转变的幅度随着地势起伏度的降低而不断增加。平原和台地地貌基底上景观变化最为显著，其中台地地貌基底上约51.47%的区域发生过景观更替，而平原地貌基底上约41.25%的区域有过景观类型的转变。不同地貌基底上景观转变的指向性也存在差异。平原台地基底上多以耕地与城镇工矿居民用地之间的互相转移为主要特征，而中小起伏山地区则多以耕地和林草地之间的互相转移为主要特征。

（3）30年来温州海岸带地区景观格局特征总体上趋向于破碎异质化。1995年前表现为小幅度空间集聚化，1995—2015年表现为快速破碎异质化，2015年后破碎化速度减慢，部分景观类型由空间分散转为相对集聚；空间格局演变规律较为显著的景观类型有耕地、林地、城乡工矿居民用地等，其景观格局随时间的演变规律有各自的特殊性。

11 东海区大陆海岸带复合系统开发利用特征——以温州为例

11.1 陆域土地开发利用强度

11.1.1 土地开发利用动态度分析

利用 ArcGIS 软件对研究区不同土地利用类型的面积进行统计，根据前文 4.1.2“土地利用动态度”一节中的式（4.2）和式（4.3），计算 1990—2018 年温州市土地开发利用单一动态度和综合动态度，结果如表 11.1 和表 11.2 所示。

根据计算结果可知，温州市海岸带地区耕地面积在 30 年来一直呈缩减趋势，2000—2005 年缩减速度最快；在退耕还林政策影响下，林地面积在 1995 年之前有所增加，但 1995 年后一直处于减少状态，2010 年之后减少速度加快；草地面积的波动幅度相对较小；水域面积在 2005 年后呈现快速增加态势，这主要是因为围填海工程的实施，使得沿海滩涂面积和人工蓄水库、坑塘等面积的增加；城乡工矿居民用地面积一直处于增加趋势，在 20 世纪 90 年代增加速度较慢，进入 21 世纪后其面积迅速增加，尤其是 2000—2005 年增加速度达到顶峰，动态度达 14.82%；未利用土地面积在区域中所占比重较小，但其在 20 世纪 90 年代的动态变化较显著，1990—1995 年在瑞安、平阳、瓯海等地的山区中大量林地变为未利用土地，在此期间未利用土地动态度达 48.292%，1995 年后未利用土地面积开始减少并趋于稳定，进入 21 世纪未利用土地的面积几乎不变。

表 11.1　1990—2018 年温州市海岸带地区土地开发利用单一动态度（单位：%）

地类名称	1990—1995 年	1995—2000 年	2000—2005 年	2005—2010 年	2010—2015 年	2015—2018 年
耕地	−0.194	−0.533	−2.261	−0.412	−1.334	−0.335
林地	0.190	−0.077	−0.059	−0.025	−0.220	−0.023
草地	−0.481	1.437	−0.132	0.069	−0.131	0.062
水域	−1.445	0.111	0.803	2.431	1.155	4.514
城乡工矿居民用地	0.567	4.262	14.820	11.289	7.892	1.037
未利用土地	48.292	−15.320	0	0	0	−0.092

表 11.2　1990—2018 年温州市海岸带地区土地开发利用综合动态度（单位：%）

地类名称	1990—1995 年	1995—2000 年	2000—2005 年	2005—2010 年	2010—2015 年	2015—2018 年
耕地	4.19	3.01	11.48	2.06	6.76	5.35
林地	1.57	1.01	0.89	0.15	1.13	0.77
草地	11.06	4.31	3.34	0	3.40	5.41
水域	8.10	0.71	4.20	0.64	18.68	4.96
城乡工矿居民用地	12.31	0.62	2.41	0.14	0.85	1.38
未利用土地	20.07	76.61	0	0	0	5.27

土地开发利用综合动态度是土地利用类型在一定阶段内的全部转变量占初始时期该土地利用类型面积的比重，可反映一定阶段内某地类变化的剧烈程度。研究结果显示，耕地在 2000—2005 年变化最为剧烈，该阶段耕地土地开发利用综合动态度为 11.48%；研究区林地面积基数较大，其变化幅度整体来看并不突出，因此综合动态度相对较小；草地面积在 1995 年之前有较剧烈的变动，水域面积在 2010 年后变动比较剧烈；城乡工矿居民用地的变动剧烈期主要是 1990—1995 年，在此期间有大量城乡工矿居民用地转变为耕地，1995 年后，尤其是进入 21 世纪后，在快速城镇化背景下，仅少量城乡工矿居民用地发生转变，大多数情况是其他土地利用类型向城乡工矿居民用地转变，因此近年来其综合动态度普遍不高；未利用土地在 20 世纪 90 年代变动比较剧烈，2000 年后基本保持稳定，但在 2015—2018 年其面积再次出现小幅度减少，综合动态度有所上升。

11.1.2 土地利用结构分析

土地利用结构量化分析主要包括信息熵及均衡度指数的测算，土地利用信息熵模型可以更加深入系统地反映土地利用的结构特征，其计算公式如下（陈彦光和刘继生，2001）。

假定各类土地利用类型面积为 A_1，A_2，A_3，…，A_n，区域土地总面积为 A，则 $A=\sum_i A_i$（$i=1, 2, 3, \ldots, N$），定义“概率”$P_i=A_i/A$，则土地利用结构信息熵为

$$H=-\sum_{i=1}^{N} P_i \lg P_i \tag{11.1}$$

式中，H 为信息熵，可反映土地利用均衡程度，熵值越高，表明土地利用的职能类越多，各职能类的面积相差越小。当 $A_1=A_2=\cdots=A_n$ 时，$P_1=P_2=\cdots=P_n=1/N$，此时 H 达到最大值，表示为 H_m，则

$$H_m=\lg N \tag{11.2}$$

土地利用实际信息熵与最大信息熵的比值即为均衡度，均衡度是更加完善的表征土地利用结构特征的指数。均衡度模型考虑到不同区域土地利用类型划分存在差异的情况，使得土地利用类型数不一致的区域间的土地利用均质性具有可比性。其计算公式（陈彦光和刘继生，2001）为：

$$J=\frac{H}{H_m}=\frac{-\sum_{i}^{N} P_i \lg P_i}{\lg N} \tag{11.3}$$

式中，J 表示均衡度，J 值越大，表明城市土地利用的均质性越强。

根据土地开发利用结构信息熵与均衡度指数计算得到温州海岸带地区陆域土地开发利用信息熵与均衡度指数的动态变化情况（图 11.1）。由研究结果可看出，1990 年以来温州市陆域土地开发利用结构信息熵与均衡度指数均呈现上升趋势，结构信息熵指数在 20 世纪 90 年代有较小幅度下降，说明该阶段不同职能地类的面积差距有所增大，进入 21 世纪后结构信息熵指数快速上升，于 2018 年达到 0.5378，表明 2000 年后不同土地利用类型面积差距有所减小。与此特征类似，均衡度指数也于 20 世纪 90 年代小幅度下降，进入 21 世纪后显著提升。信息熵与均衡度指数的变化规律反映了近年来区域内不同类型土地利用面积的差距在不断减小，土地利用均衡化程度有所提升、均质性增强。这种变化与近年来占区域整体比重较大的林地、

耕地面积的不断减少和占区域整体比重较小的城乡工矿居民用地面积的不断增加有密切关系。

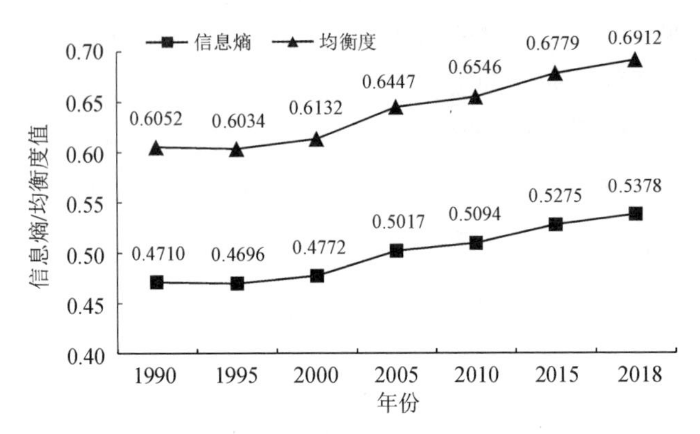

图 11.1　历年土地开发利用结构信息熵及均衡度指数

11.1.3　土地开发利用程度指数评价

本研究根据前文 4.1.3“土地利用强度指数”一节中的相关研究方法，在前人研究成果的基础上（庄大方和刘纪远，1997；冯佰香等，2017），确定温州海岸带陆域不同土地类型的开发利用程度分级指数（表 11.3），并根据土地利用程度指数计算公式计算得到 1990 年以来温州市海岸带陆域土地开发利用程度指数及变化情况（表 11.4 和表 11.5）。

表 11.3　研究区不同地类土地开发利用程度指数分级

土地利用类型	城乡工矿居民用地	耕地	林地	草地	水域	未利用土地
分级指数	5	4	3	3	2	1
开发利用程度	高	较高	中	中	低	较低

表 11.4　研究区陆域土地开发利用程度指数

年份	1990	1995	2000	2005	2010	2015	2018
土地开发利用程度指数	334.94	334.95	335.98	339.36	339.31	343.63	342.83

表 11.5　研究区陆域土地开发利用程度指数在不同阶段的变化情况

时段	1990—1995年	1995—2000年	2000—2005年	2005—2010年	2010—2015年	2015—2018年
变化量	0.0118	1.0265	3.3821	−0.0527	4.3232	−0.8001
变化率（%）	0.0035	0.3065	1.0066	−0.0155	1.2741	−0.2328

根据研究结果显示，温州市海岸带土地开发利用的程度处于中等水平，总体上呈提升态势，尤其是在 2010 年后，开发利用程度指数迅速升高，2010—2015 年其变化率为 1.274%，表明该阶段土地开发利用强度不断升高，人类活动对不同地类面积及变化的影响增强。但 2015 年后土地开发利用程度指数出现小幅下降，下降率约 0.233%，

通过不同县级行政区各土地利用类型面积数据可分别计算各区县土地开发利用程度指数，进而反映不同区县土地开发利用强度的空间差异，结果如表 11.6 所示。利用 Excel 软件汇总各行政区自 1990 年以来土地开发利用程度指数总体变化量及变化率，结果如图 11.2 所示。在 ArcGIS 软件支持下，可得到研究区各区县 2018 年土地开发利用程度指数空间分异图（图 11.3），便于反映研究区各区县土地开发利用强度的空间差异性。

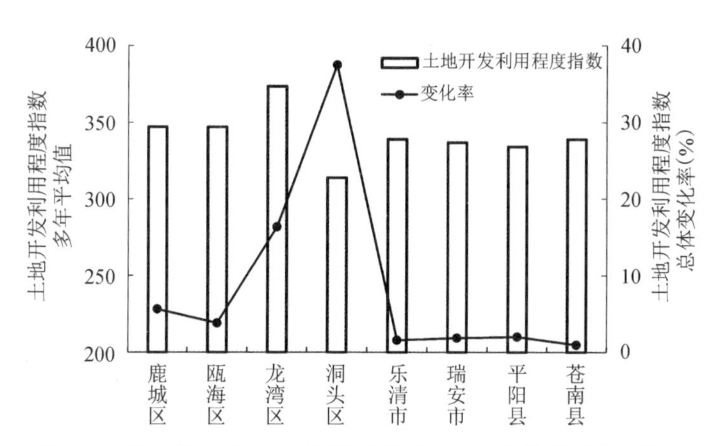

图 11.2　各区县土地开发利用程度指数多年平均值及总体变化率

表 11.6　各县区土地开发利用程度指数

区（市 / 县）	1990 年	1995 年	2000 年	2005 年	2010 年	2015 年	2018 年	均值	总体变化量	总体变化率（%）
鹿城区	336.787	339.269	341.392	350.387	350.783	353.237	355.748	346.800	18.961	5.630
瓯海区	341.219	340.517	342.620	348.041	349.295	352.028	354.205	346.847	12.986	3.806
龙湾区	346.648	358.663	359.224	372.451	375.633	398.200	403.356	373.454	56.708	16.359
洞头区（灵昆）	285.141	285.152	285.259	287.255	271.976	389.354	391.952	313.727	106.810	37.459
乐清市	335.708	336.722	337.291	340.806	339.412	340.552	341.014	338.786	5.307	1.581
瑞安市	334.518	332.782	333.760	336.927	337.338	340.685	340.725	336.676	6.207	1.856
平阳县	331.994	331.002	331.637	332.842	333.242	338.095	338.667	333.926	6.673	2.010
苍南县	337.398	336.441	337.745	338.784	339.396	340.493	340.636	338.699	3.238	0.960

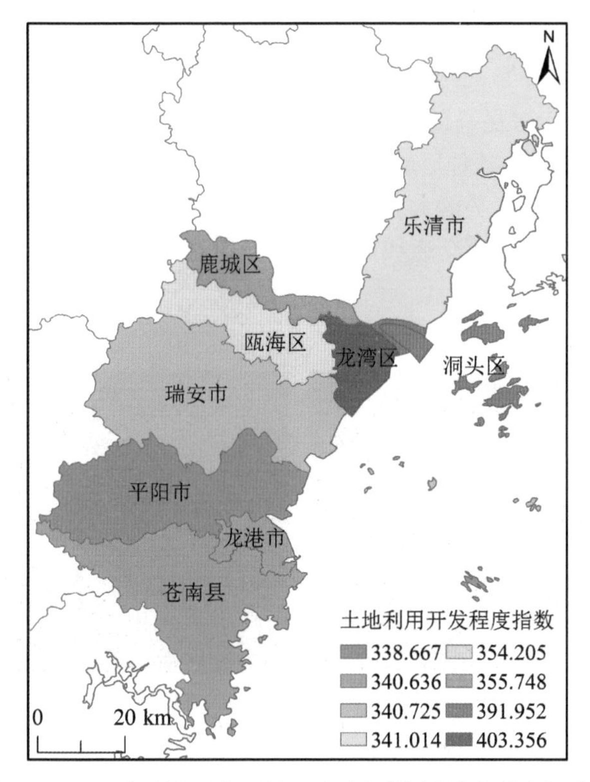

图 11.3 2018 年研究区各区县土地开发利用程度指数空间分异

根据研究结果可知，1990 年以来各县区土地开发利用程度总体上呈现提高态势。20 世纪 90 年代土地开发利用程度指数增速普遍较慢，甚至不少区县如瑞安、苍南、瓯海等地的土地开发利用程度指数出现下降，主要原因是 20 世纪 90 年代退耕还林政策的影响以及当时城镇化水平相对较低、城市扩张缓慢、海岸开发工程及围填海工程数目较少等。21 世纪以来，温州市各县区城镇化水平迅速提升，土地开发利用程度指数也在逐年上升，2010 年以后上升趋势愈发明显。从土地开发利用程度指数多年平均值角度看，龙湾区有着相对较高的土地开发利用程度指数值，其多年来土地开发利用程度指数平均值为 373.454。2018 年，龙湾区土地开发利用程度指数已达到 403.356。龙湾区属于温州市主城区之一，又临近海洋，30 年来人口不断聚集，城市乡村建设用地规模在不断扩大，沿海围填海面积及滩涂围垦面积不断增加，对海岸土地、植被、滩涂等资源的利用程度较高，因而其开发强度相对突出。从土地开发利用程度指数变化率角度看，洞头区连岛部分的变化率最突出，为37.46%。洞头连岛部分主要是灵昆岛，其原本面积相对较小，但在近年来围填海等人类活动的影响下，其面积快速增加。图11.4展示了1990年和2015年灵昆岛的遥感影像对比图，可见岛屿东侧原有滩涂及海域已被人工开发改造，各种厂矿、建筑、道路等人工设施已代替了原有景观。近年来，洞头经济水平的大幅提升、撤县设区政策、温州地铁1号线、南口大桥及灵昆特大桥等交通线路的开通，均对灵昆岛土地开发利用强度的提升造成显著影响。

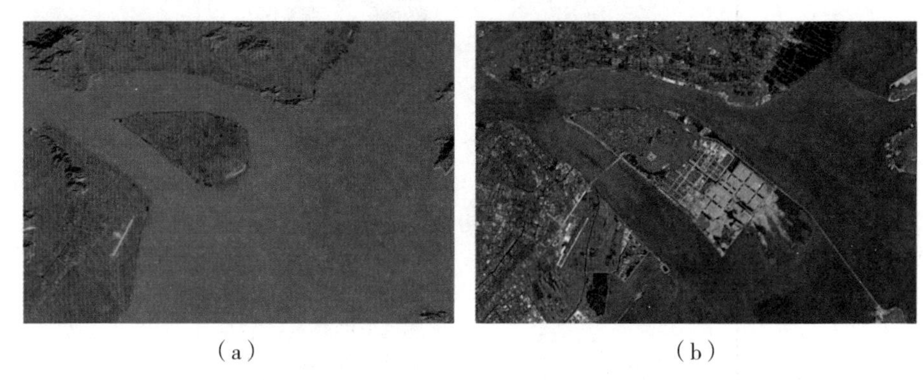

（a）　　（b）

图11.4　（a）1990年与（b）2015年洞头灵昆岛遥感影像对比

基于研究区不同时期土地利用类型面积数据，运用统计学方法，在ArcGIS软件的支持下，构建了覆盖温州海岸带陆域部分的70行×70列渔网面，渔网面共包含4900个网格单元，每个网格面积约3.732km^2。同时计算了各网格单位面积土地开发利用程度指数，利用简单克里金插值方法对研究区不同时期土地开发利用程度指数进行空间插值，可得到1990—2018年研究区土地开发利用程度指数空间分异状况，并依据土地开发利用程度指数值对历年温州市海岸带陆域土地开发利用强度进行分级，从而反映1990年以来研究区土地开发利用强度的空间差异特征。具体分级标准见表11.7，分级结果如图11.5所示。研究结果显示，研究区自1990年以来土地开发利用强度总体上不断增强，土地开发利用高强度区域和较高强度区域的面积在不断扩大。从空间分布来看，高强度区主要集中于研究区东侧，典型地区有瓯江口、飞云江口及鳌江口等平原地区，是城乡工矿居民用地和耕地的集中分布区，而较低强度及低强度区则主要分布于研究区西侧和东南沿海的山地丘陵区，地势起伏度相对较大，受人类开发活动的影响较小，林地和草地广泛分布，部分地区还保存有少量未利用土地。

表 11.7　温州海岸带陆域土地开发利用强度等级分级标准

土地开发利用程度指数 K 值	$K < 100$	$100 \leqslant K < 200$	$200 \leqslant K < 300$	$300 \leqslant K < 400$	$K \geqslant 400$
土地开发利用强度等级	低	较低	中	较高	高

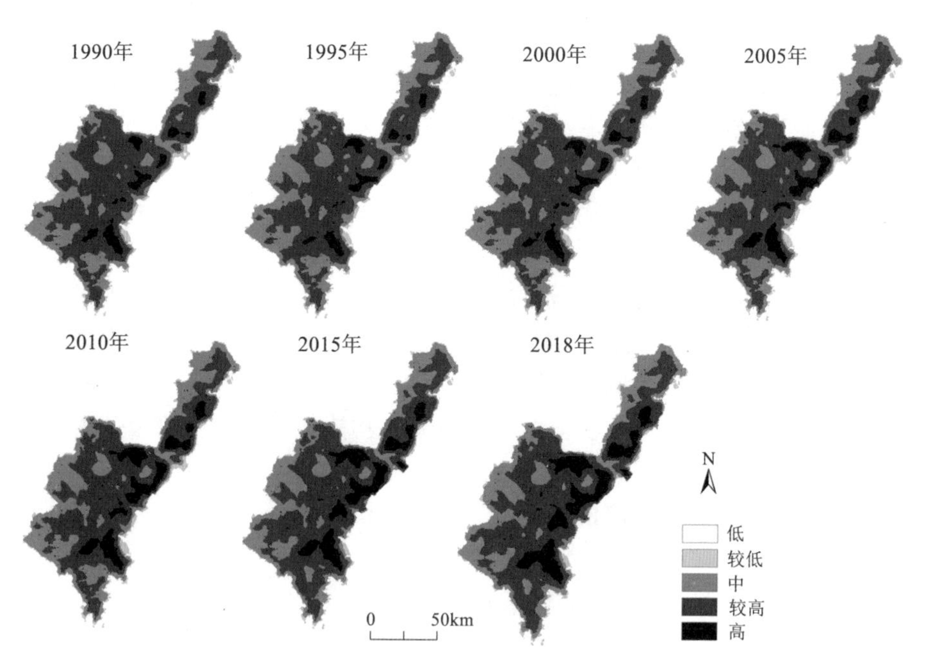

图 11.5　1990—2018 年研究区土地开发利用程度空间分异图

11.2　海域使用结构特征

11.2.1　温州海洋功能区划概况

海洋功能区是指依据国家相关法律法规以及近岸海域区位、资源、环境等自然属性，结合区域社会经济发展的具体要求，将海域整体划分出类型不同且具有特定主导功能或一定功能顺序的海域单元。海洋功能区的划分可为区域海洋经济建设、海洋资源开发与保护、海洋管理等方面提供依据。温州市海洋功能区划方案主要依据《浙江省海域使用管理条例》《浙江省海洋环境保护条例》《浙江省无居民海岛开发利用管理办法》《浙江省海洋功能区划》《浙江海洋经济发展示范区规划》《温州市国民经济和社会发展第十二个五年规划纲要》《温州市城市总体规划》《温州市土地利用总体规划》等相关文件进行制定，其中《浙江省海洋功能区划》是温州市进行辖区内海域基本功能区划分的一个重要参考。

近年来，浙江省关于海洋功能区的规划主要包含两个阶段。第一阶段为国务院 2006 年批准实施的浙江省海洋功能区划方案，该规划在遵循自然属性为主、保护海洋生态环境、保障国防安全、体现前瞻性等原则的基础上，将浙江全省沿岸海域共划分出 10 个一级功能区类型，并进一步细分出 34 个二级类型（表 11.8），其中一级功能区包括港口航运区、渔业资源利用和养护区、矿产资源利用区、旅游区、海水利用区、海洋能利用区、工程用海区、海洋保护区、特殊利用区、保留区等类型。第二阶段为 2012 年 10 月浙江省人民政府出台的《浙江省海洋功能区划（2011—2020 年）方案》，该规划方案在 2006 年浙江海域功能区分类标准的基础上，进一步根据浙江海洋经济发展现状、海域资源开发利用新要求、海洋保护等方面将浙江海域功能区划分为海岸基本功能区和近海基本功能区两大类。海岸基本功能区指依托海岸线，向海有一定宽度的海洋基本功能区；近海基本功能区指海岸基本功能区向海一侧的外界与省（区、市）海域外部管理界线之间的海洋基本功能区。该方案将海洋基本功能区分为 8 个一级类型，其下又细分出若干二级类型。具体分类体系如表 11.9 所示。

表 11.8　浙江省海洋功能区分类体系（2006 年）

一级类型		二级类型	
代码	功能区类型	代码	功能区类型
1	港口航运区	1.1	港口区
		1.2	航道区
		1.3	锚地区
2	渔业资源利用和养护区	2.1	渔港和渔业设施基地建设区
		2.2	养殖区
		2.3	增值区
		2.4	捕捞区
		2.5	重要渔业品种保护区
3	矿产资源利用区	3.1	油气区
		3.2	固体矿产区

续表

一级类型		二级类型	
代码	功能区类型	代码	功能区类型
4	旅游区	4.1	风景旅游区
		4.2	度假旅游区
5	海水利用区	5.1	盐田区
		5.2	海水综合利用区
6	海洋能利用区	6.1	潮汐能区
		6.2	潮流能区
		6.3	波浪能区
		6.4	温差能区
		6.5	风能区
7	工程用海区	7.1	海底管线区
		7.2	石油平台区
		7.3	围海造地区
		7.4	海岸防护工程区
		7.5	跨海桥梁区
		7.6	其他工程用海区
8	海洋保护区	8.1	海洋和海岸自然生态保护区
		8.2	生物物种自然保护区
		8.3	自然遗迹和非生物资源保护区
		8.4	海洋特别保护区
9	特殊利用区	9.1	科学研究试验区
		9.2	军事区
		9.3	排污区
		9.4	倾倒区
10	保留区	10.1	保留区

表 11.9　浙江省海洋功能区分类体系（2011—2020 年）

一级类基本功能区		二级类基本功能区	
代码	功能区类型	代码	功能区类型
1	农渔业区	1.1	农业围垦区
		1.2	养殖区
		1.3	增殖区
		1.4	捕捞区
		1.5	水产种质资源保护区
		1.6	渔业基础设施区
2	港口航运区	2.1	港口区
		2.2	航道区
		2.3	锚地区
3	工业与城镇用海区	3.1	工业用海区
		3.2	城镇用海区
4	矿产与能源区	4.1	油气区
		4.2	固体矿产区
		4.3	盐田区
		4.4	可再生能源区
5	旅游休闲娱乐区	5.1	风景旅游区
		5.2	文体休闲娱乐区
6	海洋保护区	6.1	海洋自然保护区
		6.2	海洋特别保护区
7	特殊利用区	7.1	军事区
		7.2	其他特别利用区
8	保留区	8.1	保留区

基于浙江省海洋功能区类型划分标准，温州市政府结合温州市海域区位及资源环境条件、经济发展要求、海域开发利用现状等因素，整体规划，统筹考虑，于 2016 年 6 月出台了《温州市海洋功能区划（2013—2020 年）》文本（报批稿）。海洋功能区的划分严格贯彻尊重自然、科学发展、保障重点、保护生态、陆海统筹等原则，旨在促进温州海域经济、社会、生态效益最大化，构建出一个良好有序的海洋生态空间。根据区划文本，区划范围内海域面积（不包括海岛面积）约 8649km^2，北界从温州市与台州市海域行政区域界

线向海延伸到领海外部界线；南界为《浙江省海洋功能区划（2011—2020年）》南部界线，往东延伸到领海外部界线；向陆一侧以《浙江省海洋功能区划（2011—2020年）》确定的海岸线为界。具体功能区分类体系与《浙江省海洋功能区划（2011—2020年）》中的分类标准（表11.9）相一致。

《温州市海洋功能区划（2013—2020年）》按照国家海洋发展战略和浙江省海洋经济发展示范区建设的总体部署，统筹海域和陆域两大系统，优化海洋资源配置，按地理区位将温州辖区海域共划分出五大基本功能区，包括乐清湾海岸基本功能区、三江口海岸基本功能区、苍南中南部海岸基本功能区、洞头列岛海岸基本功能区和近海基本功能区等。本研究主要侧重于温州市大陆海岸带地区陆海复合系统发展变化的研究，因此距离陆地较远，受诸如海洋工业、海域资源开发、捕捞养殖、海上交通运输等人文经济活动影响较小，与陆域联系较弱的近海功能区未列入研究范围之内。

温州大陆海岸带地区海域子系统主要包含有乐清湾、三江口、苍南中南部海岸基本功能区三个组成部分。乐清湾海岸基本功能区位于温州海域最北端，主要包括乐清湾海域、南乐清湾海域两部分。乐清湾海域适于开展海水养殖、娱乐休闲等活动，而南乐清湾港口、岸线、沿岸滩涂优势明显，易于海洋资源开发，对于带动区域海洋产业与海洋经济发展意义重大。乐清湾海岸基本功能区含农渔业区7处，具体为上埠头渔业基础设施区、东山渔业基础设施区、二坑渔业基础设施区、大横浦渔业基础设施区、清江渔业基础设施区、乐清湾养殖区、乐清湾水产种质资源保护区等；含港口航运区3处，具体为乐清港口区、乐清湾航道区、乐清湾锚地区等；含工业与城镇用海区1处，即乐清工业与城镇用海区；含海洋保护区1处，即西门岛海洋特别保护区。

三江口海岸基本功能区位于温州海域中部，位于瓯江、飞云江、鳌江的出海口处，分口内段和口外海滨段两部分。口内段主要为河口以西部分及三江流域，城市生活、交通运输、娱乐休闲是其主要功能；口外海滨段为河口口岸至海岸基本功能区外侧边界，距陆较近一侧承担着接受口内段产业外迁的职责，靠海一侧为传统渔业捕捞区。其沿岸行政区包含龙湾区、瑞安市、平阳县、龙港市（原隶属于苍南县，2019年撤镇设市）等。从功能区类型角度看，三江口海岸基本功能区包含有农渔业区、港口航运区、工业与城镇用海区、海洋保护区等四个类型。农渔业区具体包括瓯江口南侧农业围垦区（A1-22-1）、温州浅滩南侧农业围垦区（A1-22-2）、瓯江南口养殖区（A1-22-3）、灵昆南渔业基础设施区（A1-22-4）、蓝田浦渔业基础设施区（A1–22–5）、瓯飞农业围垦区（A1–24–1）、丁山农业围垦区（A1–24–2）、丁山北养殖区（A1–24–3）、丁山南养殖区（A1–24–4）、瓯飞捕捞区（A1–24–5）、飞云江口渔业基础设施区（A1–24–6）、飞鳌养殖区（A1–25–1）、飞鳌捕捞区（A1–25–2）、飞鳌水产种质资源保护区（A1–25–3）、江南涂农业围垦区（A1–26–1）等；港口航运区具体包括瓯江口港口区（A2–19–1）、瓯江口航道区（A2–19–2）、瓯江口磐石锚地区（A2–19–3）、飞云江港口区（A2–21–1）、飞云江航道区（A2–21–2）、飞云江锚地区（A2–21–3）、鳌江口港口区（A2–22–1）、鳌江口航道区（A2–22–2）等；工业与城镇用海区具体包括温州浅滩工业与城镇用海区（A3–29）、瓯飞工业与城镇用海区（A3–32）、飞鳌滩工业与城镇用海区（A3–33）、江南涂工业与城镇用海区（A3–34）等；海洋保护区具体包括温州树排沙海洋特别保护区（A6–4）。

苍南中南部海岸基本功能区包括苍南县所辖的除鳌江口及江南涂海域外的南侧海岸海域。该海域沿岸多基岩质自然岸线，海洋环境质量较好，滨海特色旅游业是该海域海洋产业的主要发展方向。苍南中南部海岸基本功能区主要包含 4 个一级功能区类型，包括农渔业区、港口航运区、旅游休闲娱乐区、保留区等。其中，农渔业区具体包含大渔湾农业围垦区（A1–27–1）、大渔湾养殖区（A1–27–2）、大渔湾渔业基础设施区（A1–27–3）、沿浦湾养殖区（A1–28–1）、沿浦湾水产种质资源保护区（A1–28–2）、沿浦湾渔业基础设施区（A1–28–3）等；港口航运区包含舥艚港口区（A2–23–1）、舥艚航道区（A2–23–2）、霞关港口区（A2–24–1）、霞关航道区（A2–24–2）等；旅游休闲娱乐区包含炎亭旅游休闲娱乐区（A5–17）、渔寮旅游休闲娱乐区（A5–18）、霞关旅游休闲娱乐区（A5–19）等；保留区包含石坪—赤溪保留区（A8–11）和大尖山保留区（A8–12）。

根据《温州市海洋功能区划（2013—2020 年）》文本，可整理得到温州市海域各类海岸基本功能区的面积数据（表 11.10；图 11.6）。由于区划文本中海域面积数据未按温州四大海岸基本功能区分别进行统计，故该面积数据的统计范围要略大于本研究中海域子系统的范围，除涵盖乐清湾、三江口、苍南中南部海岸基本功能区外，也包含有洞头列岛海岸基本功能区。统计结果表明，温州市海岸基本功能区涵盖六个一级类型，分别为农渔业区、港口航运区、工业与城镇用海区、旅游休闲娱乐区、海洋保护区和保留区。其中用海面积较大的功能区类型为农渔业区、保留区和港口航运区，其面积分别为 713.82、555.82 和 472.2km^2。农渔业区分布范围广，大规模的农渔业区集中于三江口海岸基本功能区内。农渔业区中又以捕捞区、养殖区和农业围垦区为主要功能区，其面积分别为 352.37、217.21 和 111.82km^2。而水产种质资源保护区、渔业基础设施区和增殖区的比重则相对较小。保留区主要分布于苍南中南部海岸基本功能区和洞头列岛海岸基本功能区内。港口航运区主要分布于乐清湾海岸基本功能区南部、三江口海岸基本功能区内鳌江、飞云江、瓯江的口内段，以及苍南中南部海岸基本功能区的霞关镇沿岸。港口航运区内占比较大的二级功能区类型为港口区，其面积为 356.05km^2，占比约 75.4%。海岸基本功能区中海洋保护区和旅游休闲娱乐区的用海面积相对较小。

表 11.10 海岸基本功能区面积

温州海岸基本功能区类型			面积统计	
代码	一级类型	二级类型	数量（个）	面积（km^2）
A1	农渔业区	农业围垦区	6	111.82
		养殖区	9	217.21
		增殖区	1	0.36
		捕捞区	3	352.37
		水产种质资源保护区	3	21.34
		渔业基础设施区	12	10.72
		合计	34	713.82
A2	港口航运区	港口区	7	356.05
		航道区	7	50.74
		锚地区	8	65.41
		合计	22	472.20
A3	工业与城镇用海区	—	7	189.25
A4	矿产与能源区	—	—	—
A5	旅游休闲娱乐区	—	3	59.64
A6	海洋保护区	—	4	59.74
A7	特殊利用区	—	—	—
A8	保留区	—	5	555.82
合计			75	2050.47

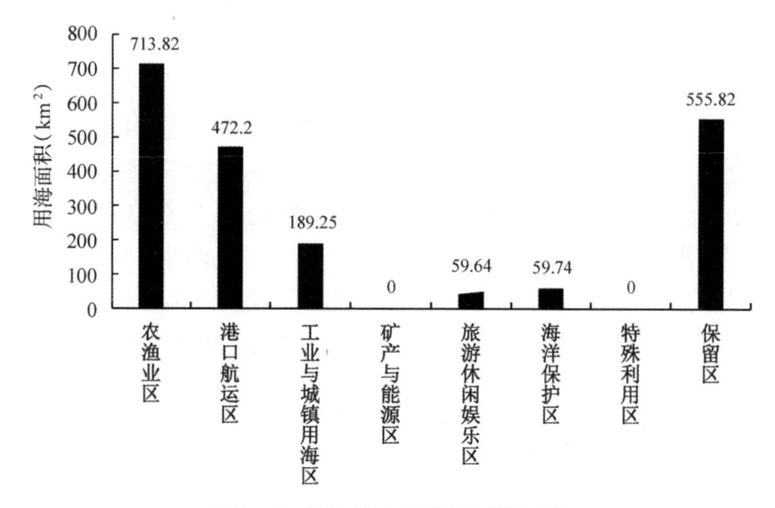

图 11.6 海岸基本功能区用海面积

11.2.2 温州市海域使用多样性评价

为了探讨温州市海域近年来使用类型多样化水平及其变化情况，本研究通过收集不同时间段温州海域各用海功能区的面积数据，运用海域使用多样性指数定量分析海域使用类型的多元化程度及其随时间的变化趋势。

本节内容所使用的基础数据为自然资源部海域海岛动态监管系统多年来对温州市海域各用海类型用海面积的实际监测数据。我们整理出 2010 年、2013 年和 2020 年三个时期温州市海域不同类型的用海面积，并运用吉布斯—马丁公式（Gibbs-Martin equation）计算不同时期温州海域使用多样性指数，其计算公式（张海生，2013）为：

$$G_m = 1 - \frac{\sum_{i=1}^{n} X_i^2}{\sum_{i=1}^{n} X_i^{\ 2}} \tag{11.4}$$

式中，G_m 表示海域使用多样性指数；X_i 为第 i 种海域使用类型的面积；n 为海域利用类型数。当 $G_m < 1$ 且值越大时，表明海域使用类型多样性越好。具体计算结果如表 11.11 所示。由于基础数据是对温州海域全域用海类型进行整体统计，并不是按照《温州市海洋功能区划（2013—2020 年）》中规定的五大基本功能区范围分别进行统计，故该数据值的统计范围略大于本

研究中海域子系统的范围。为确保研究数据的可靠性与准确性，本研究依然选择采用此数据进行海域使用多样性指数的计算。

根据统计结果，温州海域使用类型主要包含渔业用海、工业用海、交通运输用海、旅游娱乐用海、海底工程用海、排污倾倒用海、造地工程用海、特殊用海和其他用海等九大类。其中，占比最大的用海类型为渔业用海，其次为工业用海，造地工程用海和交通运输用海的比重相对较高，比重较低的用海类型为排污倾倒用海。除排污倾倒用海多年来面积保持不变外，其他各用海类型面积均显著增加，表明 2010 年以来温州市对海域的开发利用程度明显得到提升。在海域使用多样性方面，2010 年温州市海域使用多样性指数为 0.5825，2013 年为 0.6032，到 2020 年达到 0.6658，呈现明显上升趋势，其总体变化率为 14.3%，表明近年来温州市海域使用趋于多元化、均衡化。

表 11.11　不同时期温州海域使用多样性指数

年份	用海类型情况		海域使用多样性指数
	类型	面积（ha）	
2010	渔业用海	9770.2141	0.5825
	工业用海	3689.7963	
	交通运输用海	965.0355	
	旅游娱乐用海	281.3828	
	海底工程用海	31.4811	
	排污倾倒用海	1.1118	
	造地工程用海	1375.4301	
	特殊用海	65.6579	
	其他用海	199.4212	
2013	渔业用海	12644.9372	0.6032
	工业用海	4414.3606	
	交通运输用海	1662.2760	
	旅游娱乐用海	282.9648	
	海底工程用海	31.4811	
	排污倾倒用海	1.1118	
	造地工程用海	2192.7306	
	特殊用海	98.0563	

续表

年份	用海类型情况		海域使用多样性指数
	类型	面积（ha）	
2013	其他用海	392.7106	0.6032
2020	渔业用海	14743.0372	0.6658
	工业用海	6005.5796	
	交通运输用海	2738.7665	
	旅游娱乐用海	337.0561	
	海底工程用海	197.8578	
	排污倾倒用海	1.1118	
	造地工程用海	3011.2880	
	特殊用海	870.5767	
	其他用海	581.9512	

基于不同时期温州市海域各用海类型的面积监测数据，可得到 2010 年和 2020 年两个时间点的海域使用类型结构对比图（图 11.7）。据此可知，2010 年温州市海域用海类型中渔业用海占据明显的主导地位，比重为 59.65%，渔业用海面积与其他类型海域面积的差距十分显著。另外，工业用海所占比重也较大，为 22.53%。渔业用海和工业用海总面积占比超过温州海域面积的 80%，而其他用海类型的比重相对较小。到 2020 年，温州市海域虽仍以渔业用海和工业用海为主导用海类型，但二者在所有用海类型中的面积占比已出现明显下降，渔业用海占比由 2010 年的 59.65% 下降至 51.75%，工业用海由 2010 年的 22.53% 下降至 21.08%；其余用海类型的面积占比总和由 2010 年的不足 20% 上升至 27.17%，其中比较突出的是交通运输用海和造地工程用海比重的增加。对比 2010 年和 2020 年两个时间点温州市海域的使用类型结构可发现，虽然温州市海域各用海类型占比存在明显的差异，但近 10 年来温州各类用海类型海域面积占比差距在不断缩小，海域使用结构趋向于均衡化。交通运输用海和造地工程用海比重的上升也反映出 2010 年以来温州市海洋经济的迅速发展以及海域开发围海造陆进程的不断加快。

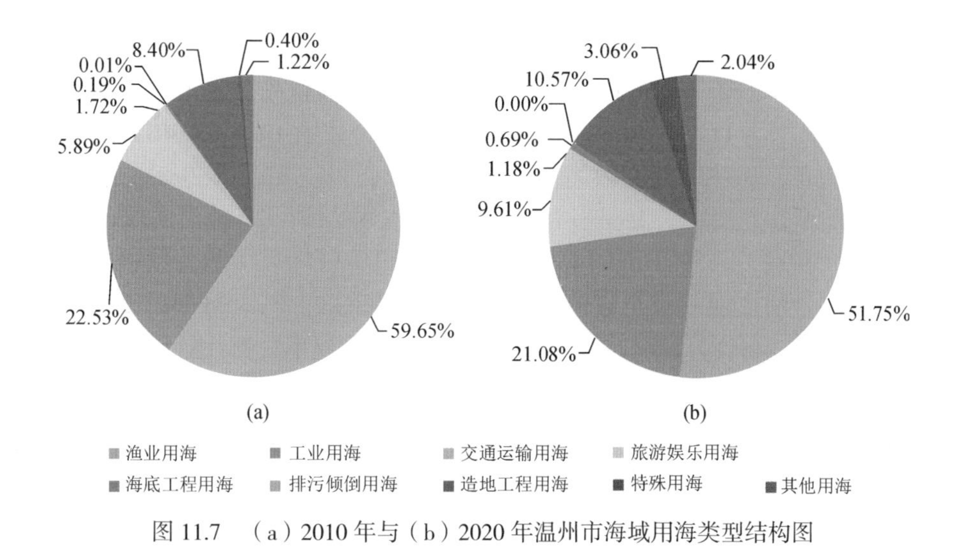

图 11.7 （a）2010 年与（b）2020 年温州市海域用海类型结构图

11.2.3 温州市海域空间利用特征及城际对比

21 世纪初，为了贯彻党的十六大提出的“实施海洋开发”战略部署，提高我国对于近海海域基本情况的认知，推进我国海洋综合管理与保护，发展海洋经济，建设海洋强国，我国国家海洋局提出开展“我国近海海洋综合调查与评价”的专项计划（简称“908”专项），并于 2003 年 9 月经国务院审批通过。国家海洋局于 2004 年 10 月开始部署“908 专项”在沿海地区的任务。浙江省的“908 专项”工作始于 2005 年下半年，于 2006 年起全面展开。2010 年 10 月，浙江省海域现场调查与实验室分析工作全部完成，并于 2011 年 6 月完成了评价类项目成果的编制，其主要成果《浙江省海洋环境资源基本现状》一书是本研究对于新区划出台之前温州市海域功能分区研究的主要依据。由于浙江“908 专项”工作的开展略早于 2006 年国务院批准实施的浙江省海洋功能区划方案，《浙江省海洋环境资源基本现状》中对于浙江海域功能区的分类与同时期出台的《浙江省海洋功能区划（2006）》的分类标准略有不同，主要包含渔业用海、交通运输用海、工业用海、旅游娱乐用海、海底工程用海、排污倾倒用海、造地工程用海、特殊用海等 8 个一级类，其下又细分若干二级类型。对浙江省海域现场勘测工作于 2010 年全部完成。基于“908 专项”调查的实测数据，本研究将温州市海域空间利用情况与浙江其他临海地级市进行横向对比，从而反映温州海域空间利用特征与周边地市的差异性。

据“908 专项”实测调查统计结果，温州市确权项目用海个数为 361 宗，用海面积达 112.1691km²；未确权项目用海个数为 1071 个，用海面积达 260.6971km²；总计用海个数为 1432 宗，用海面积达 372.8662km²。从海域使用项目总数方面看，温州市海域使用项目总数与浙江其他沿海城市如宁波市（1459 宗）、舟山市（1469 宗）、台州市（1141 宗）的总数相当（这三个城市分别占浙江省全省海域使用项目总数的 23.9%、24.3%、24.5%、19.0%）。从用海项目确权情况来看，温州市的确权率为浙江省最低，仅为 25.2%，而浙江省用海项目确权率最高的市为舟山市，高达 77.1%。

温州市海域空间利用情况及其与浙江沿海其他地市的对比如表 11.12 所示。表中各地级市海域使用总面积为各单个项目用海面积之和，海域使用总面积占所属地级市海域总面积的比重为该市的海域使用率。通过概化方法将已经失去利用价值的空白海域面积与已使用海域面积叠加，可得到海域开发利用总面积，其占地市海域总面积的比重为海域利用率。统计该值便于进一步了解各个地市海域实际可持续开发利用的空间。

表 11.12 温州市海域使用率、利用率及其与浙江沿海地级市的比较

地级市	海域总面积（km²）	已使用海域面积（km²）	海域使用率（%）	海洋开发总面积（km²）	海域利用率（%）
温州市	8624.9096	731.8884	8.49	1078.8141	12.51
舟山市	19146.5014	1782.7582	9.31	3739.0120	19.53
台州市	6710.9858	579.0393	8.63	817.4124	12.18
嘉兴市	1679.8338	215.7198	12.84	394.7609	23.50
宁波市	8038.9250	695.5135	8.65	1129.4844	14.05

据“908 专项”统计结果可知，温州市已使用海域面积达 731.8884km²，概化叠加失去利用价值空白海域后的海洋开发总面积为 1078.8141km²，海域使用率为 8.49%，海域利用率为 12.51%，与浙江其他沿海地级市相比均较低，表明温州市海域当前开发利用还不充分，未来可持续开发利用的空间还较为广阔。浙江省沿海地级市中，海域空间利用效率最大的地级市为嘉兴市，其海域使用率与利用率均居浙江沿海地级市之首。

从海域不同等深线和距岸线不同距离的角度出发，可得到温州市不同等深线海域和海岸线外扩不同距离海域的开发利用情况，如表 11.13 和 11.14 所示，统计结果可用于分析温州市海域内部开发利用状况的空间分异特征。

通过收集浙江其他沿海地市的同类型数据，可得到浙江沿海地市间海域内部开发利用情况空间分异特征的对比情况，结果如图 11.8 和 11.9 所示。

表 11.13 温州市海域不同等深线区域用海状况

等深线范围（m）	海域总面积（km^2）	已使用海域面积（km^2）	海域使用率（%）	海洋开发总面积（km^2）	海域利用率（%）
海岸线 ~0	656.0728	281.5933	42.9	358.8357	54.7
0~10	1788.6218	181.7658	10.2	342.0635	19.1
10~20	2738.9052	226.4663	8.3	339.8473	12.4

表 11.14 温州市海岸线外扩不同距离海域用海状况

离岸距离（km）	海域总面积（km^2）	已使用海域面积（km^2）	海域使用率（%）	海洋开发总面积（km^2）	海域利用率（%）
≤ 0.05	487.6438	221.4174	45.4	340.2384	69.8
0.05~1	436.7394	96.2511	22.0	171.1556	39.2
1~2	770.1524	118.8156	15.4	191.5785	24.9
2~3	649.4890	67.8088	10.4	92.6249	14.3
3~5	1100.0266	76.4855	7.0	93.2516	8.5

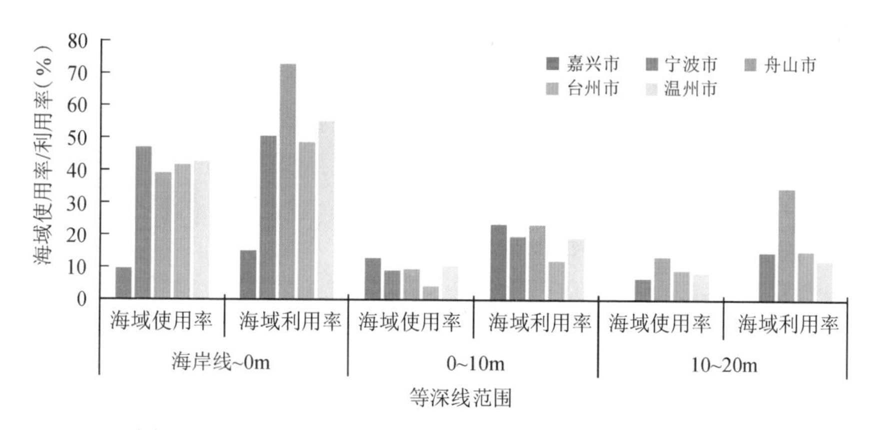

图 11.8 浙江省沿海地市不同等深线范围海域空间利用状况

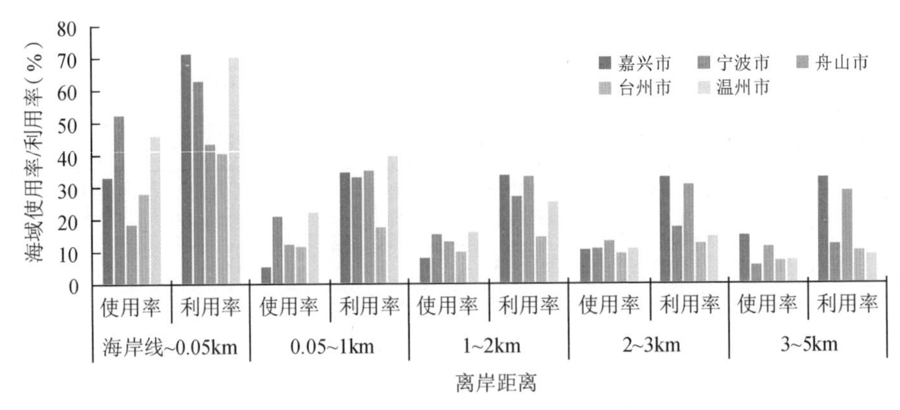

图 11.9　浙江省沿海地市离岸不同距离海域空间利用状况

据研究结果可知，海域内部的开发利用呈现明显的空间分异特征，具体表现为海域开发利用效率随海域深度值的增加而降低，且随与海岸距离的增加而降低。以温州市为例，等深线范围为海岸线至 0m 的海域使用率和利用率分别为 42.9% 和 54.7%，而随着等深线范围的扩大，海域使用率和利用率也呈现明显的下降趋势；与岸线间距离不超过 0.05km 的海域，其海域使用率和利用率分别为 45.4% 和 69.8%，而距岸 3km~5km 范围内的海域，其使用率与利用率均不超过 10%。在地市比较方面，等深线范围为海岸线至 0m 的海域中，各市开发利用效率均比较高；对于深度较深的海域，开发利用效率较高的地市为舟山市，其对 10km~20m 深海域的利用率接近 40%；在距离海岸线较近的海域内部，开发利用效率较高的地市有嘉兴市、宁波市和温州市，而对于远海区，嘉兴市和舟山市有着相对较高的开发利用水平。

11.3　海岸线变迁及开发强度

11.3.1　岸线提取与类型划分

在岸线类型划分方面，我们主要基于前人研究成果，将岸线划分为自然岸线及人工岸线两大类，其中自然岸线包含基岩岸线、砂砾质岸线、淤泥质岸线及河口岸线，人工岸线包括养殖岸线、港口码头岸线、城镇与工业建设岸线及防护岸线。基于前文的经验及前人的研究成果，我们对温州市岸线类型进行区分。首先对预处理后的不同时期遥感图像进行单波段的边缘检测，使水陆有明显界线。在此基础上，进行人机交互解译，运用 ArcGIS 软件的构造线功能提取水边线，并收集海岸带地区潮汐及坡度资料，对水边线进行一定的调整，从而确定最终海岸线的位置。岸线提取与分类结果如图 11.10 所示。根据海岸线提取结果可得到 1990—2018 年温州市各类型岸线长度数据，结果如表 11.15 所示。

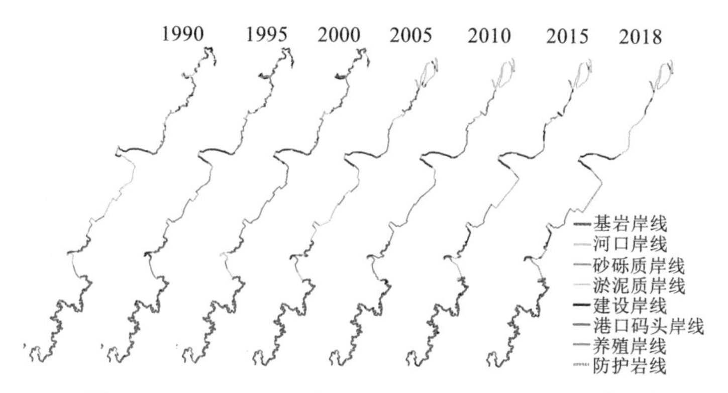

图 11.10 1990—2018 年温州市海岸带地区岸线变迁图

表 11.15 1990—2018 年温州市各类型海岸线长度（单位：km）

岸线类型		1990 年	1995 年	2000 年	2005 年	2010 年	2015 年	2018 年
自然岸线	基岩岸线	193.217	176.599	196.961	158.512	141.116	140.741	134.202
	砂砾质岸线	4.492	4.266	7.216	3.964	5.337	5.812	5.458
	淤泥质岸线	53.596	12.384	34.227	103.529	78.652	61.113	81.861
	河口岸线	7.840	5.745	5.694	7.740	7.248	7.655	7.370
人工岸线	养殖岸线	66.711	114.836	115.288	61.866	103.047	53.352	38.608
	港口码头岸线	0	0	0.943	1.121	2.547	8.256	7.866
	城镇与工业建设岸线	33.213	48.704	25.336	32.112	37.098	57.564	47.073
	防护岸线	40.205	21.655	3.251	11.096	0.979	48.280	53.864
总计		399.274	384.189	388.916	379.941	376.023	382.774	376.301

根据研究结果可知，研究区海岸线在 1990—2018 年总长度有明显的变化，总体上趋于缩短态势。其在 1990 年时的长度为 399.274km，受人为开发活动的影响较小。自然岸线长度较长并在总岸线长度上比重较大。岸线相对曲折，随着人为开发程度不断加强，至 2018 年岸线总长度已缩减至

376.301km，总长度减少约 23km。

在岸线位置变化方面，乐清市东南沿海以及瓯江口至飞云江口海岸段海岸线在空间上有明显地向海一侧推移的趋势。此处岸线起初多为自然岸线中的淤泥质岸线，1990 年以来受人类开发活动的影响较大，各种围海造陆、围海养殖及海洋资源开发工程的修建，使得大面积海域逐渐转变为人工景观，岸线明显向海域一侧推进。而温州东南部苍南县沿岸多基岩岸线，开发利用难度较大，人为因素对于岸线变迁的影响较小，因此温州东南部苍南县岸线自 1990 年以来的变化特征并不明显。

在各类型岸线动态变化方面，自然岸线中基岩岸线总体上逐年减少，30 年间减少约 59km；砂砾质岸线与河口岸线的变化相对稳定，淤泥质岸线在近年来比重有所上升，2015—2018 年间乐清湾海域淤泥堆积现象比较明显。人工岸线中养殖岸线长度变化呈现先增后减的特征，其在 1995—2010 年比重较大，2010 年后占比有所下降；港口码头岸线总体上比重不断增加；防护岸线在 2000—2010 年比重较低，近年来其比重出现上升趋势，瓯江、鳌江出海口南侧在近年来增加了较多防护设施，致使防护岸线这一人工岸线的长度不断增加；城镇与工业建设岸线长度波动比较明显，其占比最大时期为 2015 年前后。在岸线类型比重方面，基岩岸线虽不断减少，但其长度仍然占据优势，2018 年基岩岸线占比约 36%，而在 1990 年时的比重约为 48%。在空间分布上，基岩岸线主要分布在温州南部苍南县沿岸地区。

11.3.2 岸线变迁强度指数评价

岸线变迁强度指数可表现海岸线变化程度，其计算公式为（叶梦姚等，2017）

$$LCI_{ij}=\frac{L_j-L_i}{L_i}\times 100\% \tag{11.5}$$

式中，LCI_{ij} 为岸线变迁强度；L_i 和 L_j 分别为第 i 和 j 年的岸线长度。LCI_{ij} 值的正负可以表示岸线的缩短与增长，LCI_{ij} 绝对数值的大小可以表示海岸线变迁强度。岸线变迁强度指数计算结果如表 11.16 所示。

研究数据显示，2010—2015 年海岸带区域出现大规模的防护设施，使得防护岸线迅速增加，岸线变迁强度指数高达 4833.21%。与 2010 年相比，2015 年温州市港口码头岸线长度增长率约 224.2%，港口码头岸线长度在

2005—2015 年增速最快。近年来其外围被防护设施包围，海岸线出现向海一侧位移的趋势。随着防护岸线比重的增大，港口码头岸线的比重相应减小。此外，变化较为明显的岸线类型还有淤泥质岸线，其在 1995—2005 年所占比重增长较快。按阶段来看，1990—1995 年岸线变迁主要表现为养殖岸线和城镇工业建设岸线的增加，1995—2000 年表现为淤泥质岸线的增加，2000—2005 年表现为淤泥质岸线和防护岸线的增加，2005—2010 年主要表现为港口码头岸线比重的增加，2010—2015 年主要表现为港口码头岸线与防护岸线的同时增加，2015—2018 年主要表现为淤泥质岸线的增加。

表 11.16　1990—2018 年温州市各类型岸线变迁强度指数（单位：%）

<table>
<tr><th colspan="2">岸线类型</th><th>1990—1995 年</th><th>1995—2000 年</th><th>2000—2005 年</th><th>2005—2010 年</th><th>2010—2015 年</th><th>2015—2018 年</th><th>1990—2018 年</th></tr>
<tr><td rowspan="4">自然岸线</td><td>基岩岸线</td><td>−8.60</td><td>11.53</td><td>−19.52</td><td>−10.97</td><td>−0.27</td><td>−4.65</td><td>−30.54</td></tr>
<tr><td>沙砾质岸线</td><td>−5.02</td><td>69.13</td><td>−45.06</td><td>34.64</td><td>8.89</td><td>−6.09</td><td>21.50</td></tr>
<tr><td>淤泥质岸线</td><td>−76.89</td><td>176.38</td><td>202.48</td><td>−24.03</td><td>−22.30</td><td>33.95</td><td>52.74</td></tr>
<tr><td>河口岸线</td><td>−26.72</td><td>−0.89</td><td>35.95</td><td>−6.36</td><td>5.62</td><td>−3.73</td><td>−5.99</td></tr>
<tr><td rowspan="4">人工岸线</td><td>养殖岸线</td><td>72.14</td><td>0.39</td><td>−46.34</td><td>66.57</td><td>−48.23</td><td>−27.64</td><td>−42.13</td></tr>
<tr><td>港口码头岸线</td><td>—</td><td>—</td><td>18.82</td><td>127.19</td><td>224.20</td><td>−4.73</td><td>—</td></tr>
<tr><td>城镇与工业建设岸线</td><td>46.64</td><td>−47.98</td><td>26.74</td><td>15.53</td><td>55.17</td><td>−18.22</td><td>41.73</td></tr>
<tr><td>防护岸线</td><td>−46.14</td><td>−84.99</td><td>241.34</td><td>−91.18</td><td>4833.21</td><td>11.56</td><td>33.97</td></tr>
</table>

11.3.3　岸线多样性指数评价

岸线多样性指数主要用于反映岸线类型的多样性及开发利用的趋势，计算公式为（李加林等，2019b）

$$H = -\sum_{i=1}^{n} C_i \log_2 C_i \tag{11.6}$$

式中，H 表示岸线多样性指数；C_i 是第 i 类的岸线占总岸线长度百分比；n 是岸线的类型数量。某区域各岸线差异越小，H 值愈大；当研究区只有单一类型岸线时，H 值为 0。岸线多样性指数计算结果如图 11.11 所示。

岸线多样性指数总体上呈现先降低后升高的变化特征，1990—2000 年岸线类型多样化程度有所降低，至 2000 年降到最低值 1.857，表明该阶段某一类或某几类岸线的比重不断提高，其他岸线比重不断降低，岸线利用趋于单一化。2000 年后岸线多样性指数总体上呈现上升趋势，在 2015 年时达到峰值，岸线多样性指数在 2010 年至 2015 年间上升幅度最显著，此阶段岸线多样性指数的上升率约为 16.5%，反映出此阶段岸线类型多元化，各类岸线空间分布均衡化。

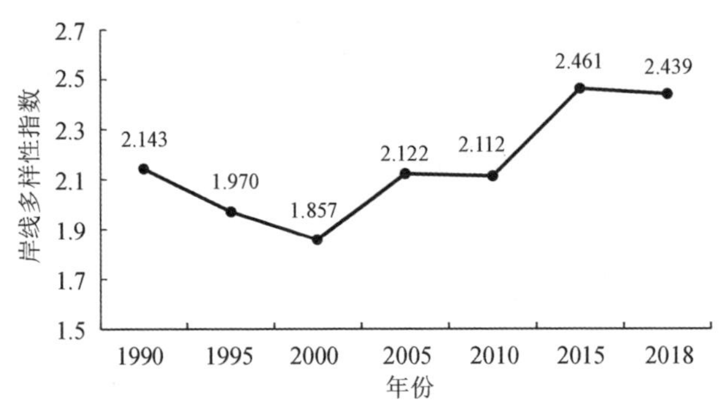

图 11.11　1990—2018 年研究区岸线多样性指数

11.3.4　岸线人工化指数评价

岸线人工化指数可评估人类活动在海岸线开发利用过程中的干扰程度，反映自然岸线向人工岸线的转变情况。计算公式为（叶梦姚等，2017）

$$IA = \frac{M}{L} \tag{11.7}$$

式中，IA 为人工化指数；M 为研究区人工岸线的长度；L 为岸线的总长度。岸线人工化指数计算结果如图 11.12 所示。

数据显示，1995 年岸线人工化程度最高，人工化指数为 48.2，人工岸线长度占比最大，主要原因是 1990—1995 年养殖岸线和城镇工业建设岸线长度有明显的增加；2005 年岸线人工化程度有所降低，主要归因于该时期淤泥质岸线比重出现明显的上升。2015 年以来岸线人工化指数总体上保持较高水平，但近年来出现降低趋势。总体上来看，人工岸线比重在 30 年间未超过 50%，自然岸线依旧占据主体地位。

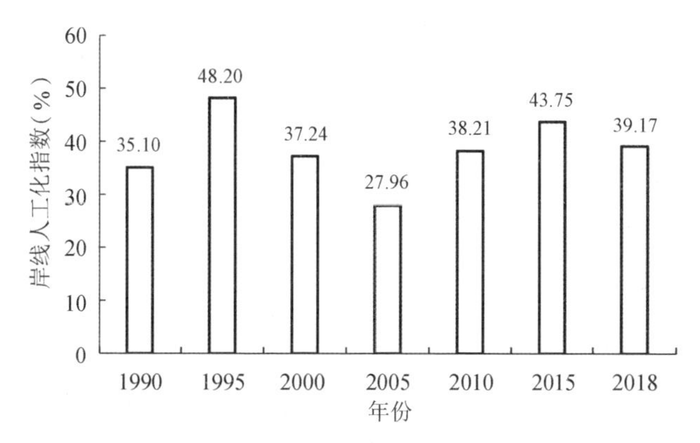

图 11.12 1990—2018 年研究区岸线人工化指数

11.3.5 岸线开发利用主体度评价

岸线开发利用主体度表示某主体类型的岸线占比，可反映某类岸线的重要性程度，是岸线组成结构的测度方式。依据前人研究成果（李加林等，2019b），从某类岸线占总岸线长度的比例出发，将区域岸线结构类型划分为单一主体结构、二元或三元结构、多元结构、无主体结构等四种类型。当某一类岸线比例高于 0.45 时，则将岸线结构视作单一主体结构；当不存在任一岸线的比例超过 0.45，但有两类或两类以上的岸线比例在 0.2 以上时，则将岸线结构视作二元、三元结构；当不存在任一岸线比例超过 0.45，且只有一类岸线比例在 0.2 以上时，将其视作多元结构；当不存在比例高于 0.2 的岸线时，则视岸线结构为无主体结构。岸线开发利用主体度评价结果如表 11.17 所示。

研究表明，2000 年之前岸线结构特征表现为单一主体结构，基岩岸线在所有岸线类型中占据着绝对优势；此后岸线类型趋于多样化，其在 2005、2010 和 2018 年三个时期表现为二元、三元结构，主体岸线类型为基岩岸线、淤泥质岸线和养殖岸线。在 2015 年时岸线多样化程度最高，此时不存在比例超过 0.45 的岸线类型，超出 0.2 的岸线类型也仅基岩岸线一类，岸线利用达到最均衡，岸线结构表现为多元结构，各类型岸线所占比重差异最小。

表 11.17 1990—2018 年研究区各类型岸线所占比例及岸线开发利用主体度

岸线类型		1990 年	1995 年	2000 年	2005 年	2010 年	2015 年	2018 年
自然岸线	基岩岸线	0.484	0.460	0.506	0.417	0.375	0.368	0.357
	沙砾质岸线	0.011	0.011	0.019	0.010	0.014	0.015	0.015
	淤泥质岸线	0.134	0.032	0.088	0.272	0.209	0.160	0.218
	河口岸线	0.020	0.015	0.015	0.020	0.019	0.020	0.020
人工岸线	养殖岸线	0.167	0.299	0.296	0.163	0.274	0.139	0.103
	港口码头岸线	0.000	0.000	0.002	0.003	0.007	0.022	0.021
	城镇与工业建设岸线	0.083	0.127	0.065	0.085	0.099	0.150	0.125
	防护岸线	0.101	0.056	0.008	0.029	0.003	0.126	0.143
开发利用主体度		单一主体结构	单一主体结构	单一主体结构	二元结构	三元结构	多元结构	二元结构

11.4 小 结

本章以温州市海岸带为研究区，以土地利用数据和遥感影像数据为基础数据，借助 ArcGIS 和 ENVI 软件对基础数据进行相应处理，综合运用土地开发利用动态度模型、结构信息熵与均衡度模型、土地开发利用强度指数、海域使用多样性指数以及评价岸线变迁及开发强度的多种指数，对自 1990 年以来温州市海岸带复合系统从陆域土地开发利用强度、海域使用结构特征、海岸线变迁及开发强度三个方面展开研究。主要结论如下。

（1）温州市海岸带复合系统陆域子系统内部不同土地利用类型在不同阶段内规模变化的幅度存在差异，最突出的特征是 2000—2005 年耕地的大幅度缩减和 2000—2010 年城乡工矿居民用地的大幅扩张；1990—2018 年陆域子系统内部不同土地利用类型的规模差距在不断减小，土地利用结构信息熵和均衡度均呈不断上升趋势，土地利用均衡化程度有所提升、均质性增强；温州海岸带陆域土地开发利用强度处于中等水平，并呈现逐年上升趋势。

（2）2010 年以来温州市海域使用多样性指数呈现逐年上升趋势，不同用海类型占比差距缩小，海域使用趋于多元化、均衡化；温州海域使用率与利用率与周边其他沿海地级市相比均较低，对海域的开发利用还不充分，未来继续开发利用的空间还较为广阔。

（3）1990 年以来温州市岸线具有不断向海一侧推进的趋势，推进幅度较大的区域集中在乐清市东南沿海以及瓯江口至飞云江口海岸段，主要原因是围海造陆、围海养殖以及海洋资源开发工程的修建。1990 年以来温州海岸线开发利用类型总体上趋于多样化，空间分布趋于均衡化，海岸线开发利用主体结构由初期的单一主体结构演变为后期的二元、三元和多元结构。2015 年岸线多样化程度最高，近年来岸线开发利用强度总体较强但有降低趋势。

12

东海区大陆海岸带复合系统协调发展水平评价——以温州为例

12.1 海岸带复合系统综合发展水平评价方法

12.1.1 指标选取原则

（1）全面性原则

海岸带地区是包含陆域系统和海域系统的交叉过渡地带，是典型的复合系统，选取适当的评价指标是为了全面、系统、多层次、多角度地分析温州市海岸带陆海复合系统的协调发展状况，探究陆域子系统与海域子系统之间的耦合联系。陆域和海域子系统发展水平评价指标的选取必须遵循全面性原则，从经济发展、社会发展、生态环境等维度出发，分别选取代表性强、解释力度大的评价指标，并尝试将本研究中第 10 章、第 11 章的部分研究结果融入指标体系的构建中，使各部分研究成果融会串联，将已获得的实证研究成果运用到后续新内容的研究中，从而加强各章节间的联系。通过全面性原则构建的指标体系能够较为系统全面地评价陆海子系统的发展过程，真正反映陆海复合系统的综合发展水平。

（2）科学性原则

指标的选取并非随意，往往需遵循科学性原则，选取普适性较强、运用度较广、被学科领域普遍接受认可的、具有一定可信度的指标。为更好地遵循科学性原则，本研究借鉴前人研究成果，在陆域子系统方面，收集了前人对沿海城市综合竞争力、沿海城市可持续发展水平、城市经济社会生态复合系统耦合协调性等方面进行评价时选用的指标，在海域子系统方面，收集了前人对海洋海岸可持续发展、海洋生态文明发展水平、海洋资源环境承载力及海洋生态健康水平等方面进行评价时选用的指标，从而确保构建的陆海子系统综合发展水平评价指标体系具有科学性和有效性。

（3）可操作性原则

在收集整理前人研究中相关评价指标的基础上，运用频数分析法自上而下地选择出现频数较高的指标，并结合海岸带地区的实际情况，剔除不符合海岸带地区特征的评价指标，参考历年《温州统计年鉴》、历年温州市各区县《国民经济与社会发展统计公报》、历年《浙江自然资源与环境统计年鉴》、《温州市环境状况公报》等统计资料，剔除一些数据获取难度较大或某些年份存在较大数据缺失的指标类型，最终确定出既符合一般意义上复合系统发展评价标准，又能反映海岸带地区特殊性的科学合理的指标体系。

12.1.2　指标体系构建

按照指标选取原则，本研究分别构建了陆域子系统和海域子系统综合发展水平的评价指标体系，如表 12.1 和 12.2 所示。其中陆域子系统综合发展水平的评价主要从经济发展、社会文化以及资源环境等三方面展开，共包含 30 个评价指标，按其性质可分为正向指标、负向指标和适中型指标三大类。对于任一指标，其数值越大，对区域综合发展水平的提高越有利，则将此指标归为正向指标，即数值越大越好的指标，如人均生产总值、人均公园绿地面积等；其数值越大，对区域综合发展水平的提高阻碍越大，则将此指标归为负向指标，即数值越小越好的指标，如城镇登记失业率、单位 GDP 能源消耗等。而对于某类特殊指标，其值过高或过低均不利于区域综合发展水平的提高，唯有保持一个适中值才是对区域可持续发展最有利的，则划归为适中型指标，如人口自然增长率指标。若人口自然增长率过高，则可能加大区域资源环境的压力，人口数量超出区域环境人口容量时会对区域的发展产生明显的阻力；若人口自然增长率过低，则可能无法满足社会经济发展对劳动力数量的要求，因此，人口自然增长率唯有保持一个合理的水平，才能最有效地促进区域可持续健康发展。

海域子系统综合发展水平的评价主要从海洋经济发展、海洋资源开发与利用、海洋生态文明等三个方面展开，共包含 28 个指标，按照指标性质将其划分为正向指标和负向指标两大类。

表 12.1 陆域子系统发展水平综合评价指标体系

目标层	一级指标层	二级指标层	要素层	指标性质
陆域子系统发展水平综合评价	A 经济发展	总量结构	A1 人均生产总值（按常住人口）（元）	正向指标
			A2 地区生产总值增长率（%）	正向指标
			A3 人均工业总产值（万元）	正向指标
			A4 第三产业增加值占 GDP 比重（%）	正向指标
		金融财政	A5 固定资产投资强度（万元 /km^2）	正向指标
			A6 人均实际利用外资金额（美元）	正向指标
			A7 人均财政收入（万元）	正向指标
		经济贸易	A8 人均社会消费品零售额（万元）	正向指标
	B 社会文化	社会民生	B9 人口自然增长率（‰）	适中型指标
			B10 城镇居民人均可支配收入（元）	正向指标
			B11 农村居民人均纯收入（元）	正向指标
			B12 非私营单位就业人员平均工资（元）	正向指标
			B13 每万人医生数（人）	正向指标
			B14 城镇居民人均住房建筑面积（m^2）	正向指标
			B15 城镇登记失业率（%）	负向指标
		科教文化	B16 教育支出占公共财政预算支出比重（%）	正向指标
			B17 专利授权量（项）	正向指标
		城乡建设	B18 城镇化水平（%）	正向指标
			B19 每万人高速公路里程（km）	正向指标
	C 资源环境	资源条件	C20 人均农作物播种面积（m^2）	正向指标
			C21 人均水资源占有量（$\times 10^4 m^3$）	正向指标
			C22 土地开发利用强度（陆域土地开发利用程度指数）	正向指标
		资源消耗	C23 单位 GDP 能耗（吨标准煤 / 万元）	负向指标
			C24 人均生活用电消耗（万千瓦时）	负向指标
		生态环境	C25 建成区绿化率（%）	正向指标
			C26 人均公园绿地面积（m^2）	正向指标
			C27 环保投资占财政公共预算支出比重（%）	正向指标
			C28 城镇生活污水厂集中处理率（%）	正向指标
			C29 公路绿化率（%）	正向指标
			C30 林草地占区域总面积比重（%）	正向指标

表 12.2 海域子系统发展水平综合评价指标体系

目标层	指标层	要素层	指标性质
海域子系统发展水平综合评价	a 海洋经济发展	a1 渔业产值占第一产业产值比重（%）	正向指标
		a2 海洋机动渔船数（艘）	正向指标
		a3 海洋旅客运输量（万人）	正向指标
		a4 涉海货运总量（万吨）	正向指标
		a5 涉海货物周转量（万吨公里）	正向指标
		a6 温州港货物吞吐量（万吨）	正向指标
		a7 温州港旅客吞吐量（万人）	正向指标
		a8 温州港国际标准集装箱吞吐量（万 TEU）	正向指标
		a9 滨海旅游入境游客数（人次）	正向指标
		a10 滨海旅游业务收入（亿元）	正向指标
	b 海洋资源开发与利用	b11 海水养殖面积（ha）	正向指标
		b12 人均海域面积（m^2）	正向指标
		b13 海洋生物制药业产值（万元）	正向指标
		b14 单位面积海域矿业产量（t/km^2）	正向指标
		b15 单位面积海域捕捞业产量（t/km^2）	正向指标
		b16 单位面积海域养殖业产量（t/km^2）	正向指标
		b17 港口码头岸线长度占总岸线比重（%）	正向指标
		b18 海岸线人工化程度（岸线人工化指数）	正向指标
		b19 海水利用量（万吨）	正向指标
		b20 海水淡化日产量（设计产量）（t/d）	正向指标
	c 海洋生态文明	c21 重度污染海域占比（%）	负向指标
		c22 清洁、较清洁海域占比（%）	正向指标
		c23 一二类水质海域面积百分比（%）	正向指标
		c24 海洋保护区面积占海域总面积比重（%）	正向指标
		c25 赤潮累计面积（km^2）	负向指标
		c26 海洋生物物种总数（种）	正向指标
		c27 天然湿地总面积（$\times 10^4$ha）	正向指标
		c28 海域景观分离度（DIVISION 景观破碎化指数）	负向指标

12.1.3 指标原始值确定及标准化方法

指标原始值主要通过查询历年官方统计数据获取。其中，陆域子系统综合发展水平评价的指标原始数据主要来源于历年《温州统计年鉴》，部分数据补充自历年温州市各区县《国民经济与社会发展统计公报》以及本书第 10 章、第 11 章的研究结果。海域子系统综合发展水平评价的指标原始数据主要来源于历年《浙江自然资源与环境统计年鉴》，部分数据补充自《中国海洋统计年鉴》、历年《温州市环境状况公报》、历年《温州市统计年鉴》以及本书第 8 章、第 9 章的研究结果。基于可操作性原则，考虑到 2010 年之前和 2018 年之后海域子系统相关数据收集较为困难，故本书将陆海复合系统发展水平评价研究的时间范围划定为 2010—2018 年。

通过查询整理统计资料，可得到研究区陆域和海域子系统各县级行政区在 2010—2018 年共 9 年的指标原始数据，并通过极差标准化的方法对原始数据进行标准化处理以消除量纲。极差标准化的总体思路是以每一县区为单位，对任一指标 X，进行 2010—2018 年原始数据的纵向对比。对于正向指标，原始数值最大的年份，指标 X 标准化后的值为 1；原始数值最小的年份，指标 X 标准化后的值为 0。原始数值越接近最大值，标准化后的值越接近 1。对于负向指标则相反，即原始数值越小，标准化后的值越接近 1。对于适中型指标则将该指标在研究时间序列内的原始数值与设定的适中值进行对比，越接近适中值，标准化后的值越接近 1。具体标准化方法如下。

对于正向（越大越好）指标的标准化：

$$X'_{ij}=\frac{X_{ij}-\min X_{ij}}{\max X_{ij}-\min X_{ij}} \tag{12.1}$$

对于负向（越小越好）指标的标准化：

$$X'_{ij}=\frac{\max X_{ij}-X_{ij}}{\max X_{ij}-\min X_{ij}} \tag{12.2}$$

对于适中型指标的标准化：

$$X'_{ij}=\frac{\max X_{ij}-X_{ij}}{\max X_{ij}-\lambda}$$

$$X'_{ij}=\frac{X_{ij}-\min X_{ij}}{\lambda-\min X_{ij}} \tag{12.3}$$

式中，X_{ij} 代表第 i 年第 j 项指标的原始值（i=1，2，…，m；j=1，2，…，n）；

X'_{ij}代表第 i 年第 j 项指标的无量纲化之后的值；$\max X_{ij}$ 及 $\min X_{ij}$ 分别代表第 i（i=1，2，…，m）年中第 j 项指标的最大值及最小值。λ 代表 X_{ij} 的适度值。本研究涉及的适中型指标为人口自然增长率。通过查阅《浙江省统计年鉴》可发现，自 2010 年以来浙江省人口自然增长率稳定在 5‰ 左右，故将其适度值 λ 定为 5‰，将陆域各县区历年人口自然增长率与适度值进行比较，按照适中型指标的标准化方法完成人口自然增长率指标的归一化处理。

12.1.4　指标权重确定方法

在指标权重确定方面，本书结合前人研究经验，综合考虑主观赋权法与客观赋权法的优势性与局限性，最终选用熵权法来确定各项指标的权重。相对于人为主观臆断影响较大的主观赋权法，熵权法以实际客观数据为支撑，指标权重高低受人为因素的影响较小。信息熵这一概念最初借用于热力学领域，由香农（C.E. Shannon）于 1948 年提出，并用于表征信息源的不确定度。熵值在统计学中是判断信息不确定性的一个重要依据。对于指标而言，熵的变异程度即离散程度决定指标对综合评价的影响程度，离散程度越大的指标对综合评价的影响也越大，其权重也就越大。其计算公式如下（王赟潇，2018）。

计算 X_{ij} 的比重 P_{ij} 为

$$P_{ij} = \frac{X'_{ij}}{\sum_{i=1}^{m} X'_{ij}} \tag{12.4}$$

计算第 j 项指标的熵值 H_j 为

$$H_j = -k\sum_{i=1}^{n} P_{ij} \ln P_{ij} \tag{12.5}$$

$$k = \frac{1}{\ln m} \tag{12.6}$$

计算第 j 项指标的差异性系数 d_j：

$$d_j=1-H_j \tag{12.7}$$

计算第 j 项指标的权重 W_j：

$$W_j = \frac{d_j}{\sum_{i=1}^{n} d_j} \tag{12.8}$$

式（12.4）中，X'_{ij} 代表第 i 年第 j 项指标的无量纲化之后的值。

基于上述方法可实现指标原始数据的标准化处理和各项指标权重值的确定。在陆域子系统方面，本书基于陆域子系统内 8 个县级行政区各自原始数据，计算得出基于每一行政区原始数据的指标权重。为方便区际对比，使得指标权重对于陆域各县级行政区具有普遍适用性，本书对 8 个行政区指标权重值进行均值化处理，以此作为陆域子系统各评价指标的最终权重，权重分布结果如表 12.3 所示。根据计算结果，在陆域子系统中第三产业增加值占 GDP 比重、人均实际利用外资金额、城镇化水平、每万人高速公路里程、土地开发利用强度以及环保投资占财政公共预算支出比重等几项指标权重较大，对于陆域子系统综合发展水平有着较大的影响。在海域子系统方面（表 12.4），海洋生物制药业产值、单位面积海域矿业产量、单位面积海域养殖业产量、港口码头岸线长度占总岸线比重、海岸线人工化程度以及海洋保护区面积占海域总面积比重等几项指标权重值较大，对于海域综合发展水平的评价影响显著。

表 12.3 陆域子系统发展水平综合评价指标权重值

指标代码	指标权重值								权重均值
	鹿城区	龙湾区	瓯海区	洞头区	瑞安市	乐清市	平阳县	苍南县	
A1	0.027	0.032	0.031	0.043	0.019	0.024	0.028	0.029	0.029
A2	0.024	0.018	0.018	0.015	0.031	0.020	0.016	0.036	0.022
A3	0.022	0.026	0.023	0.015	0.032	0.029	0.031	0.029	0.026
A4	0.074	0.048	0.027	0.031	0.030	0.035	0.039	0.042	0.041
A5	0.017	0.019	0.026	0.017	0.017	0.015	0.019	0.020	0.019
A6	0.048	0.031	0.028	0.086	0.020	0.034	0.047	0.028	0.040
A7	0.022	0.030	0.029	0.026	0.024	0.022	0.022	0.033	0.026
A8	0.019	0.023	0.035	0.025	0.024	0.029	0.029	0.027	0.026
B9	0.027	0.024	0.017	0.039	0.023	0.011	0.023	0.028	0.024
B10	0.026	0.030	0.026	0.025	0.022	0.023	0.024	0.025	0.025
B11	0.029	0.031	0.028	0.029	0.026	0.027	0.027	0.029	0.028
B12	0.022	0.029	0.022	0.022	0.022	0.024	0.025	0.028	0.024

续表

指标代码	指标权重值								权重均值
	鹿城区	龙湾区	瓯海区	洞头区	瑞安市	乐清市	平阳县	苍南县	
B13	0.041	0.019	0.021	0.022	0.044	0.017	0.030	0.026	0.028
B14	0.017	0.039	0.036	0.040	0.032	0.040	0.023	0.045	0.034
B15	0.025	0.023	0.034	0.023	0.022	0.040	0.012	0.027	0.026
B16	0.017	0.023	0.026	0.018	0.023	0.022	0.023	0.013	0.021
B17	0.030	0.041	0.032	0.030	0.020	0.024	0.032	0.020	0.029
B18	0.069	0.079	0.072	0.061	0.067	0.069	0.061	0.108	0.073
B19	0.046	0.035	0.089	0.000	0.155	0.055	0.091	0.036	0.064
C20	0.025	0.039	0.029	0.036	0.034	0.036	0.051	0.036	0.036
C21	0.033	0.035	0.020	0.030	0.021	0.022	0.028	0.036	0.028
C22	0.087	0.085	0.084	0.070	0.072	0.075	0.073	0.079	0.078
C23	0.016	0.021	0.012	0.014	0.016	0.017	0.025	0.017	0.017
C24	0.032	0.039	0.042	0.018	0.024	0.027	0.020	0.023	0.028
C25	0.024	0.025	0.023	0.018	0.016	0.023	0.018	0.020	0.021
C26	0.018	0.018	0.017	0.056	0.013	0.023	0.057	0.019	0.028
C27	0.118	0.061	0.083	0.092	0.051	0.103	0.044	0.046	0.075
C28	0.016	0.017	0.016	0.018	0.020	0.039	0.013	0.026	0.021
C29	0.018	0.041	0.025	0.031	0.051	0.022	0.021	0.016	0.028
C30	0.013	0.018	0.032	0.051	0.028	0.051	0.048	0.056	0.037
合计	1	1	1	1	1	1	1	1	1

表 12.4　海域子系统发展水平综合评价指标权重值

指标代码	权重	指标代码	权重	指标代码	权重	指标代码	权重
a1	0.027	a8	0.022	b15	0.043	c22	0.016
a2	0.039	a9	0.039	b16	0.054	c23	0.023
a3	0.030	a10	0.041	b17	0.091	c24	0.046
a4	0.033	b11	0.021	b18	0.106	c25	0.022
a5	0.022	b12	0.031	b19	0.021	c26	0.041
a6	0.026	b13	0.058	b20	0.023	c27	0.019
a7	0.015	b14	0.052	c21	0.024	c28	0.014

12.1.5　综合发展水平评价方法

海岸带复合系统各项指标原始数据经过标准化归一处理后，结合熵权法确定的指标权重，采用综合指数法分别对陆域子系统和海域子系统的综合发展水平进行评估：

$$P = \sum_{i}^{n} W_i P_i \qquad (12.9)$$

式中，W_i 为第 i 个指标的权重；P_i 为各评价指标标准化后的值；P 为综合发展指数。

12.2　海岸带复合系统发展水平综合评价

12.2.1　陆域子系统发展水平综合评价

（1）时间变化特征

结合陆域子系统 8 个区县 2010—2018 年的指标标准化数据，运用综合指数法可得到各区县历年综合发展指数值。

鹿城区作为温州市政府所在地，是温州的政治、经济、文化中心，开发历史悠久，总面积约 293km²，是全国投资潜力百强区、新型城镇化质量百强区，在 2010—2018 年的综合发展指数如表 12.5 所示。据研究结果可知，鹿城区综合发展水平在 2010—2015 年稳步提升，2015—2016 年有所下降，2016 年之后继续上升，并在 2018 年达到峰值，达 0.660。相比较 2010 年，综合发展指数上升率为 132%。在各指标发展指数方面，土地开发利用强度、每万人高速公路里程和城镇化水平等指标的发展指数较高，其在 2018 年的发展指数分别为 0.078、0.064 和 0.062。鹿城区作为温州市的老城区，建于东晋太宁元年，有着较为悠久的开发历史和较完善的基础设施。相比较其他区县，鹿城区市政建设更加全面、城镇化水平更高、交通通达度较高、社会保障体系和公共福利制度也更加健全。统计数据显示，鹿城区 2018 年城镇化水平超过 80%，每万人拥有医生数为 105 人，城镇居民人均可支配收入达 62507 元，均明显高于其他区县同期水平。鹿城区也存在一些不利于其综合发展水平提升的因素。鹿城区城市人口众多，但可利用土地却很有限，人均住房面积在 2018 年的数值仅为 34.57m²，低于其他 7 个区县；人口众多，其人均资源占有量也显现出明显的劣势；与其他区县相比，诸如人均农作物播种面积、人均水资源占有量等指标的发展指数相对较低。

表 12.5 鹿城区陆域子系统综合发展指数

指标代码	发展指数								
	2018 年	2017 年	2016 年	2015 年	2014 年	2013 年	2012 年	2011 年	2010 年
A1	0.009	0.004	0.000	0.029	0.024	0.021	0.017	0.014	0.006
A2	0.014	0.018	0.018	0.018	0.005	0.003	0.000	0.019	0.022
A3	0.014	0.011	0.000	0.024	0.025	0.024	0.026	0.005	0.011
A4	0.036	0.041	0.015	0.001	0.000	0.002	0.002	0.004	0.004
A5	0.018	0.017	0.019	0.015	0.014	0.010	0.007	0.008	0.000
A6	0.008	0.002	0.003	0.029	0.022	0.008	0.040	0.000	0.007
A7	0.027	0.019	0.013	0.011	0.010	0.009	0.007	0.008	0.000
A8	0.020	0.022	0.026	0.021	0.017	0.012	0.010	0.008	0.000
B9	0.012	0.003	0.010	0.024	0.014	0.008	0.006	0.000	0.020
B10	0.025	0.021	0.018	0.015	0.011	0.009	0.006	0.004	0.000
B11	0.028	0.024	0.020	0.017	0.014	0.008	0.006	0.003	0.000
B12	0.024	0.021	0.021	0.019	0.016	0.014	0.008	0.004	0.000
B13	0.028	0.023	0.018	0.015	0.010	0.006	0.002	0.000	0.001
B14	0.034	0.018	0.018	0.012	0.011	0.020	0.020	0.016	0.000
B15	0.000	0.002	0.011	0.015	0.014	0.014	0.024	0.026	0.025
B16	0.000	0.009	0.018	0.013	0.010	0.009	0.011	0.021	0.018
B17	0.029	0.018	0.014	0.010	0.005	0.015	0.010	0.000	0.002
B18	0.062	0.060	0.064	0.073	0.001	0.000	0.000	0.003	0.004
B19	0.064	0.000	0.004	0.008	0.009	0.013	0.016	0.018	0.016
C20	0.006	0.007	0.000	0.022	0.021	0.036	0.029	0.028	0.028
C21	0.004	0.000	0.014	0.014	0.017	0.004	0.026	0.005	0.028
C22	0.078	0.039	0.039	0.039	0.000	0.000	0.000	0.000	0.000
C23	0.017	0.016	0.015	0.012	0.011	0.009	0.009	0.007	0.000
C24	0.013	0.011	0.001	0.017	0.010	0.000	0.007	0.013	0.028
C25	0.021	0.019	0.020	0.019	0.020	0.020	0.017	0.000	0.000
C26	0.026	0.025	0.027	0.028	0.024	0.021	0.018	0.006	0.000
C27	0.000	0.000	0.003	0.007	0.009	0.003	0.003	0.075	0.002

续表

指标代码	发展指数								
	2018 年	2017 年	2016 年	2015 年	2014 年	2013 年	2012 年	2011 年	2010 年
C28	0.021	0.020	0.018	0.018	0.017	0.015	0.011	0.007	0.000
C29	0.023	0.023	0.026	0.026	0.005	0.028	0.000	0.025	0.025
C30	0.000	0.028	0.028	0.028	0.037	0.037	0.037	0.037	0.037
合计	0.660	0.520	0.500	0.597	0.406	0.380	0.373	0.364	0.285

龙湾区位于温州市东部沿海地带，是温州市市辖区之一，于1984年建区，占地面积约227km^2，拥有多处古建筑遗址，区内人文景观、名胜古迹丰富，拥有中国健康产业百佳县市、中国县域百强智慧城市等荣誉称号。2010—2018 年综合发展指数如表 12.6 所示。根据研究结果，龙湾区综合发展水平总体上呈现前期略微下降后期波动上升的态势，其在 2010—2012 年综合发展水平呈现下降趋势，综合发展指数在 2010 年为 0.349，到 2012 年下降至0.311，2012 年后开始有所上升，2015 年后有略微下降，之后平稳发展，于2018 年达到峰值，当年综合发展指数为 0.665。与研究时段初期相比，发展指数上升率为 90.54%。在各评价指标绝对数值方面，龙湾区占据优势的有人均实际利用外资金额、人均工业总产值、农村居民人均纯收入、人均社会消费品零售额等指标，相对其他区县优势突出。在评价指标发展指数方面，土地开发利用强度、城镇化水平、人均实际利用外资金额三项指标发展指数较高，其在 2018 年度的发展指数分别为 0.078、0.072、0.040。与鹿城区相似，龙湾区同为温州主城区，经济发展速度快，城镇建设用地所占比重大，人口密度较高，但可利用土地资源有限， 因此，对外贸易、工业化水平、金融投资等经济因素是促进其综合发展水平提升的主要牵引力，而资源人均占有量是影响其持续健康发展的一大阻力。

表 12.6 龙湾区陆域子系统综合发展指数

指标代码	发展指数								
	2018 年	2017 年	2016 年	2015 年	2014 年	2013 年	2012 年	2011 年	2010 年
A1	0.007	0.005	0.004	0.029	0.028	0.023	0.016	0.015	0.000
A2	0.007	0.015	0.014	0.019	0.009	0.021	0.000	0.015	0.022
A3	0.022	0.000	0.013	0.023	0.013	0.013	0.001	0.018	0.026
A4	0.033	0.031	0.022	0.017	0.011	0.000	0.000	0.000	0.041

续表

指标代码	发展指数								
	2018 年	2017 年	2016 年	2015 年	2014 年	2013 年	2012 年	2011 年	2010 年
A5	0.019	0.017	0.014	0.009	0.009	0.012	0.010	0.005	0.000
A6	0.040	0.031	0.000	0.016	0.012	0.008	0.012	0.012	0.008
A7	0.026	0.018	0.013	0.010	0.008	0.006	0.004	0.005	0.000
A8	0.023	0.025	0.026	0.022	0.015	0.012	0.009	0.005	0.000
B9	0.018	0.010	0.014	0.020	0.016	0.018	0.005	0.004	0.000
B10	0.025	0.022	0.018	0.015	0.012	0.008	0.005	0.003	0.000
B11	0.028	0.024	0.020	0.017	0.014	0.008	0.005	0.003	0.000
B12	0.024	0.019	0.016	0.015	0.011	0.009	0.006	0.002	0.000
B13	0.027	0.021	0.022	0.021	0.016	0.013	0.010	0.007	0.000
B14	0.005	0.010	0.008	0.003	0.000	0.033	0.030	0.022	0.034
B15	0.026	0.023	0.020	0.025	0.004	0.000	0.011	0.016	0.010
B16	0.012	0.016	0.021	0.016	0.014	0.017	0.009	0.000	0.002
B17	0.029	0.022	0.021	0.015	0.012	0.006	0.003	0.000	0.001
B18	0.072	0.071	0.071	0.073	0.000	0.000	0.000	0.001	0.001
B19	0.028	0.034	0.044	0.064	0.008	0.000	0.003	0.018	0.041
C20	0.003	0.005	0.000	0.004	0.016	0.020	0.026	0.032	0.036
C21	0.004	0.000	0.012	0.010	0.016	0.013	0.025	0.001	0.028
C22	0.078	0.063	0.063	0.063	0.000	0.000	0.000	0.000	0.000
C23	0.017	0.016	0.016	0.015	0.013	0.012	0.006	0.004	0.000
C24	0.000	0.000	0.002	0.011	0.017	0.018	0.022	0.024	0.028
C25	0.021	0.019	0.018	0.019	0.020	0.020	0.017	0.000	0.000
C26	0.028	0.026	0.025	0.025	0.025	0.022	0.019	0.006	0.000
C27	0.011	0.009	0.016	0.003	0.007	0.008	0.000	0.075	0.033
C28	0.021	0.020	0.018	0.018	0.017	0.015	0.011	0.007	0.000
C29	0.013	0.013	0.000	0.005	0.028	0.008	0.006	0.003	0.003
C30	0.000	0.017	0.017	0.017	0.037	0.037	0.037	0.037	0.037
合计	0.665	0.602	0.569	0.617	0.412	0.380	0.311	0.340	0.349

瓯海区属温州市辖区，于1992年撤县设区，全区面积约466km^2，是全国综合实力百强区，2019年度全国科技创新百强区，享有省级文明城区、省级平安区、省级科技强区等荣誉称号。瓯海区历年综合发展指数如表12.7所示。研究表明，瓯海区发展速度十分显著，其发展指数在2010年时仅为0.24，到2018年增至0.73，净增量达0.49，总体变化率为204%；2017—2018年间发展速度最快，综合发展指数增加，净增量为0.165。在发展指数评价指标方面，土地开发利用强度、城镇化水平、每万人高速公路里程等指标的综合发展指数较高，2018年城镇人口占总人口比重约62.96%，万人高速公路里程约为0.84km，位居8个区县之首，但道路绿化率相对较低，仅为47.1%，低于温州其他市辖区。值得注意的是，瓯海区近年来人口自然增长速度相对较快，2018年人口自然增长率为9.3‰，大大超出浙江省平均水平和温州同期其他区县的增长水平。

表12.7　瓯海区陆域子系统综合发展指数

指标代码	发展指数								
	2018年	2017年	2016年	2015年	2014年	2013年	2012年	2011年	2010年
A1	0.005	0.002	0.000	0.029	0.025	0.020	0.016	0.014	0.008
A2	0.007	0.010	0.009	0.009	0.009	0.010	0.000	0.011	0.022
A3	0.014	0.006	0.026	0.021	0.016	0.008	0.000	0.007	0.012
A4	0.041	0.038	0.027	0.023	0.020	0.014	0.012	0.004	0.000
A5	0.019	0.017	0.016	0.013	0.011	0.006	0.004	0.002	0.000
A6	0.034	0.040	0.000	0.005	0.018	0.020	0.029	0.012	0.009
A7	0.026	0.022	0.019	0.015	0.013	0.009	0.004	0.003	0.000
A8	0.026	0.024	0.021	0.017	0.009	0.006	0.003	0.003	0.000
B9	0.014	0.009	0.008	0.021	0.021	0.017	0.012	0.000	0.015
B10	0.025	0.021	0.018	0.014	0.011	0.009	0.006	0.003	0.000
B11	0.028	0.024	0.020	0.017	0.014	0.008	0.006	0.003	0.000
B12	0.024	0.024	0.018	0.019	0.013	0.012	0.008	0.005	0.000
B13	0.026	0.016	0.009	0.012	0.010	0.012	0.006	0.008	0.000
B14	0.032	0.021	0.028	0.034	0.013	0.000	0.001	0.007	0.008
B15	0.024	0.025	0.026	0.025	0.002	0.004	0.000	0.012	0.008
B16	0.000	0.005	0.014	0.020	0.021	0.016	0.007	0.013	0.003
B17	0.029	0.017	0.020	0.020	0.015	0.009	0.005	0.001	0.000

续表

指标代码	发展指数								
	2018 年	2017 年	2016 年	2015 年	2014 年	2013 年	2012 年	2011 年	2010 年
B18	0.071	0.070	0.071	0.073	0.000	0.000	0.001	0.001	0.003
B19	0.064	0.000	0.002	0.003	0.004	0.004	0.005	0.007	0.009
C20	0.010	0.008	0.009	0.012	0.006	0.000	0.009	0.020	0.036
C21	0.028	0.015	0.009	0.007	0.012	0.018	0.019	0.000	0.022
C22	0.078	0.043	0.043	0.043	0.000	0.000	0.000	0.000	0.000
C23	0.017	0.017	0.017	0.017	0.016	0.016	0.015	0.015	0.000
C24	0.002	0.003	0.000	0.011	0.007	0.003	0.010	0.017	0.028
C25	0.021	0.019	0.018	0.019	0.020	0.020	0.017	0.000	0.000
C26	0.028	0.026	0.025	0.025	0.025	0.022	0.019	0.006	0.000
C27	0.005	0.002	0.002	0.004	0.012	0.019	0.000	0.075	0.009
C28	0.021	0.020	0.018	0.018	0.017	0.015	0.011	0.007	0.000
C29	0.012	0.012	0.000	0.011	0.025	0.021	0.028	0.004	0.011
C30	0.000	0.006	0.006	0.006	0.037	0.037	0.037	0.037	0.037
合计	0.730	0.565	0.498	0.564	0.422	0.355	0.292	0.297	0.240

洞头区属于温州新区，于 2015 年 7 月由原洞头县撤县设区而来，辖区内陆地面积约 172.5km^2，海域面积约 2652km^2，是名副其实的海岛城市。区内风景优美，旅游资源丰富，海岛文化别具一格，吸引着万千海内外游客前往观光，旅游业的发展对于洞头区城市综合竞争力的提升意义非凡。洞头区 2010 年以来的综合发展指数如表 12.8 所示。根据研究结果可知，洞头区土地开发利用强度、城镇化水平、第三产业增加值占 GDP 比重以及城镇居民人均住房建筑面积等指标发展指数较高，2018 年度的综合发展指数分别为 0.078、0.073、0.039 和 0.034。相比较其他区县，洞头区在人均生产总值、地区生产总值增长率、非私营单位就业人员平均工资、城镇居民人均住房建筑面积等方面有着显著的优势。自撤县设区以来，洞头区的发展又上了一个新台阶，发展速度明显加快，2018 年度地区生产总值增长率达 8.9%，位居温州四大市辖区首位。不过洞头区在教育支出占比、专利授权量、城镇化水平、万人医生数以及居民可支配收入等方面的发展水平还远远低于其他区县，未来还有广阔的发展提升空间。在综合发展指数时间变化方面，其变化量也十分可观，2010—2018 年洞头综合发展水平总体上呈稳步上升

态势，总体上升率为 242%，位居八区县首位。2014 年之后洞头发展速度明显加快，其发展指数在 2010—2014 年上升了 0.093，而在 2014—2018 年上升了 0.403，前后对比十分明显，也侧面反映出撤县设区政策对于洞头快速发展的重大意义。

表 12.8 洞头区（县）陆域子系统综合发展指数

指标代码	发展指数								
	2018 年	2017 年	2016 年	2015 年	2014 年	2013 年	2012 年	2011 年	2010 年
A1	0.029	0.025	0.023	0.008	0.004	0.005	0.003	0.001	0.000
A2	0.011	0.008	0.000	0.008	0.010	0.013	0.022	0.017	0.013
A3	0.026	0.000	0.018	0.018	0.015	0.009	0.021	0.013	0.008
A4	0.039	0.041	0.024	0.017	0.029	0.001	0.000	0.006	0.014
A5	0.013	0.013	0.014	0.019	0.008	0.015	0.009	0.003	0.000
A6	0.017	0.040	0.003	0.000	0.000	0.003	0.002	0.004	0.000
A7	0.026	0.012	0.009	0.004	0.005	0.008	0.008	0.006	0.000
A8	0.026	0.022	0.020	0.014	0.013	0.009	0.005	0.003	0.000
B9	0.023	0.008	0.012	0.021	0.000	0.000	0.004	0.003	0.019
B10	0.025	0.022	0.018	0.014	0.011	0.009	0.005	0.002	0.000
B11	0.028	0.024	0.021	0.015	0.012	0.007	0.004	0.002	0.000
B12	0.024	0.020	0.015	0.016	0.014	0.010	0.005	0.003	0.000
B13	0.027	0.024	0.005	0.006	0.015	0.010	0.011	0.011	0.000
B14	0.034	0.028	0.023	0.014	0.010	0.012	0.001	0.000	0.000
B15	0.026	0.026	0.026	0.025	0.016	0.012	0.003	0.000	0.008
B16	0.000	0.015	0.013	0.013	0.021	0.015	0.017	0.002	0.012
B17	0.029	0.012	0.010	0.006	0.004	0.018	0.010	0.002	0.000
B18	0.073	0.072	0.073	0.073	0.001	0.000	0.003	0.002	0.001
B19	0.000	0.000	0.000	0.000	0.000	0.000	0.000	0.000	0.000
C20	0.026	0.028	0.026	0.036	0.000	0.004	0.005	0.005	0.005
C21	0.007	0.003	0.028	0.025	0.014	0.003	0.026	0.000	0.022
C22	0.078	0.076	0.076	0.076	0.000	0.000	0.000	0.000	0.000
C23	0.017	0.016	0.016	0.013	0.012	0.012	0.007	0.006	0.000
C24	0.000	0.007	0.010	0.017	0.010	0.018	0.019	0.023	0.028
C25	0.021	0.017	0.016	0.017	0.016	0.014	0.005	0.005	0.000

续表

指标代码	发展指数								
	2018 年	2017 年	2016 年	2015 年	2014 年	2013 年	2012 年	2011 年	2010 年
C26	0.028	0.026	0.025	0.025	0.003	0.001	0.000	0.001	0.000
C27	0.000	0.017	0.000	0.000	0.004	0.003	0.004	0.075	0.009
C28	0.021	0.020	0.018	0.019	0.013	0.013	0.000	0.004	0.009
C29	0.028	0.028	0.017	0.003	0.000	0.000	0.013	0.014	0.020
C30	0.000	0.000	0.000	0.000	0.037	0.037	0.037	0.037	0.037
合计	0.701	0.652	0.558	0.523	0.298	0.261	0.249	0.250	0.205

瑞安市为温州市代管县级市，陆域面积约 1271km^2，地处上海经济区和厦漳泉金三角之间，距温州市区 34km，经济发展潜力巨大。辖区内环境优美，拥有国家 4A 级景区寨寮溪等七大风景名胜区，享有中国百强县、中国优秀旅游城市、浙江历史文化名城等荣誉称号。2010—2018 年瑞安市综合发展指数如表 12.9 所示。研究结果显示，瑞安市 2010—2018 年发展指数的总体上升率为 194%，由 2010 年的 0.239 增至 2018 年的 0.702，在 2017—2018 年上升速度显著。瑞安市有着较高的城乡居民收入水平和较高的非私营单位员工工资水平，其专利授权量、教育投资占比等方面优势突出。2018 年瑞安市共获得授权的专利项目数为 6350 项，教育投资占全市公共预算支出的比重为 23.27%，高于同时期其他区县。但相对于其他区县而言，其在环保投资比重、城市污水集中处理比率等方面相对处于劣势，对全面提高市域综合发展水平、提升城市核心竞争力具有一定的消极影响。

表 12.9 瑞安市陆域子系统综合发展指数

指标代码	发展指数								
	2018 年	2017 年	2016 年	2015 年	2014 年	2013 年	2012 年	2011 年	2010 年
A1	0.029	0.023	0.019	0.021	0.018	0.014	0.008	0.005	0.000
A2	0.004	0.006	0.006	0.005	0.002	0.008	0.000	0.007	0.022
A3	0.013	0.003	0.026	0.019	0.014	0.006	0.000	0.003	0.005
A4	0.041	0.039	0.028	0.023	0.016	0.007	0.008	0.004	0.000
A5	0.019	0.017	0.015	0.013	0.010	0.009	0.008	0.005	0.000
A6	0.040	0.024	0.024	0.007	0.013	0.018	0.025	0.000	0.013
A7	0.026	0.020	0.017	0.016	0.012	0.008	0.005	0.004	0.000

续表

指标代码	发展指数								
	2018年	2017年	2016年	2015年	2014年	2013年	2012年	2011年	2010年
A8	0.026	0.017	0.017	0.013	0.011	0.007	0.005	0.003	0.000
B9	0.021	0.016	0.024	0.023	0.021	0.000	0.000	0.018	0.024
B10	0.025	0.021	0.017	0.014	0.011	0.010	0.007	0.003	0.000
B11	0.028	0.024	0.020	0.017	0.014	0.008	0.005	0.003	0.000
B12	0.024	0.016	0.016	0.012	0.011	0.009	0.006	0.003	0.000
B13	0.026	0.015	0.013	0.011	0.005	0.006	0.001	0.000	0.000
B14	0.033	0.032	0.030	0.023	0.025	0.034	0.002	0.000	0.000
B15	0.009	0.013	0.015	0.026	0.005	0.014	0.011	0.004	0.000
B16	0.000	0.005	0.002	0.009	0.017	0.021	0.020	0.016	0.017
B17	0.029	0.020	0.022	0.019	0.019	0.021	0.008	0.003	0.000
B18	0.071	0.071	0.072	0.073	0.000	0.000	0.001	0.002	0.000
B19	0.064	0.000	0.001	0.000	0.000	0.001	0.001	0.001	0.001
C20	0.005	0.004	0.000	0.008	0.005	0.022	0.025	0.026	0.036
C21	0.009	0.003	0.016	0.016	0.013	0.013	0.021	0.000	0.028
C22	0.078	0.077	0.077	0.077	0.000	0.000	0.000	0.000	0.000
C23	0.017	0.016	0.016	0.013	0.012	0.011	0.007	0.005	0.000
C24	0.000	0.004	0.005	0.011	0.012	0.013	0.018	0.023	0.028
C25	0.016	0.016	0.021	0.019	0.017	0.017	0.016	0.004	0.000
C26	0.025	0.025	0.027	0.027	0.026	0.025	0.019	0.011	0.000
C27	0.000	0.003	0.045	0.030	0.007	0.014	0.004	0.075	0.011
C28	0.021	0.020	0.017	0.017	0.016	0.016	0.006	0.003	0.000
C29	0.005	0.005	0.000	0.002	0.000	0.005	0.014	0.028	0.017
C30	0.000	0.006	0.006	0.006	0.037	0.037	0.037	0.037	0.037
合计	0.702	0.563	0.615	0.570	0.371	0.372	0.288	0.297	0.239

乐清市是浙江省辖县级市，由温州市代管，位居温州最北部，全市陆域面积约 1287km^2，海域面积约 270km^2，是中国市场经济发育最早、经济发展最具活力的地区之一。乐清市享有国家卫生城市、国家知识产权强县工程示范县（区）等荣誉称号，于 2019 年入选全国综合实力百强县市。乐清市 2010 年以来综合发展指数如表 12.10 所示。乐清市的综合发展指数 9 年间上

升了 213%，总体上呈现稳步上升趋势，在 2011—2012 年及 2015—2017 年两个阶段发展指数有小幅下降，2017 年后发展速度明显加快，2018 年达到峰值 0.747。近年来乐清市在地区生产总值增长速度、城镇居民人均住房建筑面积、专利授权量、单位 GDP 能源消耗等方面优于其他县市，在 2018 年有着 9.2% 的生产总值增长率，而单位 GDP 能源消耗仅为每万元 0.29 吨标准煤，表明其在发展过程中对于绿色经济有着较高的关注度。在 2018 年综合发展指数绝对值方面，位居前三位的指标为土地开发利用强度、每万人高速公路里程和城镇化水平等指标，发展指数分别为 0.078、0.064 和 0.055。教育支出占公共财政预算支出比重、环保投资占财政公共预算支出比重、人均生活用电消耗等指标发展指数相对较低。

表 12.10　乐清市陆域子系统综合发展指数

指标代码	发展指数								
	2018 年	2017 年	2016 年	2015 年	2014 年	2013 年	2012 年	2011 年	2010 年
A1	0.029	0.022	0.017	0.016	0.013	0.009	0.006	0.004	0.000
A2	0.012	0.012	0.010	0.010	0.007	0.003	0.000	0.016	0.022
A3	0.020	0.008	0.026	0.019	0.013	0.005	0.000	0.004	0.005
A4	0.041	0.037	0.028	0.023	0.017	0.005	0.007	0.002	0.000
A5	0.019	0.017	0.015	0.013	0.011	0.011	0.010	0.006	0.000
A6	0.030	0.014	0.026	0.004	0.040	0.027	0.005	0.004	0.000
A7	0.026	0.020	0.017	0.016	0.012	0.010	0.007	0.004	0.000
A8	0.026	0.019	0.017	0.013	0.009	0.006	0.004	0.003	0.000
B9	0.022	0.022	0.017	0.022	0.020	0.000	0.018	0.017	0.017
B10	0.025	0.021	0.017	0.014	0.011	0.009	0.007	0.004	0.000
B11	0.028	0.024	0.020	0.017	0.014	0.008	0.006	0.003	0.000
B12	0.024	0.021	0.018	0.015	0.014	0.010	0.005	0.003	0.000
B13	0.028	0.023	0.021	0.018	0.016	0.014	0.009	0.005	0.001
B14	0.033	0.033	0.034	0.034	0.032	0.005	0.002	0.000	0.000
B15	0.023	0.023	0.023	0.026	0.006	0.005	0.000	0.003	0.001
B16	0.000	0.005	0.005	0.010	0.010	0.014	0.021	0.019	0.019
B17	0.029	0.020	0.027	0.025	0.027	0.022	0.010	0.000	0.001
B18	0.055	0.049	0.045	0.073	0.000	0.000	0.000	0.001	0.002
B19	0.064	0.000	0.002	0.007	0.005	0.007	0.009	0.013	0.020

续表

指标代码	发展指数								
	2018 年	2017 年	2016 年	2015 年	2014 年	2013 年	2012 年	2011 年	2010 年
C20	0.004	0.001	0.000	0.011	0.008	0.022	0.024	0.028	0.036
C21	0.015	0.000	0.009	0.010	0.021	0.011	0.027	0.006	0.028
C22	0.078	0.055	0.055	0.055	0.000	0.000	0.000	0.000	0.000
C23	0.017	0.016	0.015	0.012	0.012	0.010	0.006	0.004	0.000
C24	0.000	0.003	0.005	0.011	0.013	0.014	0.018	0.023	0.028
C25	0.021	0.020	0.020	0.019	0.017	0.010	0.006	0.002	0.000
C26	0.028	0.021	0.020	0.020	0.018	0.011	0.007	0.003	0.000
C27	0.000	0.002	0.006	0.003	0.004	0.000	0.001	0.075	0.017
C28	0.021	0.020	0.018	0.016	0.012	0.001	0.000	0.000	0.004
C29	0.028	0.028	0.028	0.028	0.028	0.028	0.026	0.000	0.000
C30	0.001	0.000	0.000	0.000	0.037	0.037	0.037	0.037	0.037
合计	0.747	0.556	0.561	0.562	0.448	0.316	0.279	0.290	0.239

平阳县地处浙江南部沿海，是温州市辖县，陆地面积约 1051km^2，西晋太康四年设县，拥有“全国武术之乡”“中国象棋之乡”“浙江省传统戏剧之乡”等众多称号。平阳县历史文化底蕴深厚，拥有南雁荡山、南麂列岛等风景名胜区，是国家级卫生县城，其在 2010—2018 年的综合发展指数如表 12.11 所示。平阳县综合发展水平总体上呈现上升趋势，但增速相对缓慢，2015—2017 年发展水平出现一定程度的下降，9 年间的发展指数总体上升率为 114%，土地开发利用强度、每万人高速公路里程、第三产业增加值占 GDP 比重、人均实际利用外资金额等指标的发展指数相对较高。平阳县的发展水平在温州市海岸带县区中相对较低，其市政建设、金融投资、收入水平均低于温州海岸带县区的平均水平，但在人均农作物播种面积、城镇登记失业率等方面处于优势。根据研究结果显示，2018 年，平阳县的城镇登记失业率仅为 0.14%，2017 年为 0.22%，失业率为八区县最低；人均农作物播种面积约 0.035ha，位居各县区之首；平阳县土地面积超过 1000km^2；常住人口总量仅 886195 人，低于乐清、瑞安、苍南等县市，且农村人口比重大，城镇化水平偏低，未来城市建设用地的扩张还存有广阔空间。

表 12.11 平阳县陆域子系统综合发展指数

指标代码	发展指数								
	2018 年	2017 年	2016 年	2015 年	2014 年	2013 年	2012 年	2011 年	2010 年
A1	0.029	0.024	0.021	0.013	0.011	0.009	0.005	0.003	0.000
A2	0.011	0.011	0.010	0.008	0.000	0.016	0.009	0.014	0.022
A3	0.026	0.015	0.023	0.015	0.009	0.006	0.002	0.000	0.004
A4	0.041	0.039	0.033	0.027	0.021	0.006	0.003	0.001	0.000
A5	0.019	0.017	0.015	0.013	0.011	0.009	0.007	0.004	0.000
A6	0.040	0.007	0.007	0.007	0.022	0.015	0.005	0.000	0.000
A7	0.026	0.018	0.016	0.013	0.010	0.008	0.005	0.005	0.000
A8	0.026	0.023	0.019	0.014	0.011	0.007	0.003	0.004	0.000
B9	0.024	0.023	0.018	0.024	0.023	0.000	0.000	0.024	0.024
B10	0.025	0.021	0.017	0.014	0.011	0.009	0.006	0.003	0.000
B11	0.028	0.024	0.020	0.017	0.014	0.008	0.005	0.003	0.000
B12	0.024	0.022	0.018	0.015	0.012	0.008	0.006	0.002	0.000
B13	0.028	0.024	0.021	0.026	0.008	0.009	0.002	0.006	0.000
B14	0.002	0.028	0.017	0.024	0.015	0.034	0.033	0.018	0.000
B15	0.025	0.024	0.024	0.026	0.023	0.020	0.022	0.012	0.000
B16	0.000	0.004	0.004	0.009	0.005	0.012	0.021	0.013	0.014
B17	0.029	0.022	0.018	0.012	0.007	0.009	0.007	0.001	0.000
B18	0.029	0.013	0.000	0.073	0.021	0.002	0.003	0.006	0.005
B19	0.064	0.003	0.004	0.000	0.000	0.005	0.007	0.006	0.005
C20	0.005	0.003	0.001	0.002	0.000	0.026	0.027	0.028	0.036
C21	0.004	0.003	0.016	0.016	0.013	0.009	0.023	0.000	0.028
C22	0.078	0.070	0.070	0.070	0.000	0.000	0.000	0.000	0.000
C23	0.017	0.017	0.017	0.013	0.013	0.012	0.000	0.005	0.001
C24	0.000	0.005	0.008	0.014	0.015	0.016	0.021	0.024	0.028
C25	0.021	0.000	0.013	0.013	0.012	0.012	0.003	0.014	0.014
C26	0.011	0.005	0.002	0.002	0.002	0.001	0.000	0.027	0.027
C27	0.002	0.002	0.000	0.016	0.049	0.012	0.034	0.033	0.075
C28	0.021	0.020	0.018	0.014	0.013	0.012	0.013	0.011	0.000
C29	0.028	0.028	0.027	0.027	0.028	0.028	0.026	0.000	0.001

续表

指标代码	发展指数								
	2018 年	2017 年	2016 年	2015 年	2014 年	2013 年	2012 年	2011 年	2010 年
C30	0.000	0.001	0.001	0.001	0.037	0.037	0.037	0.037	0.037
合计	0.682	0.516	0.474	0.538	0.415	0.355	0.334	0.302	0.319

苍南县是浙江沿海地区最南边的县级行政区，素有浙江“南大门”之称，属温州市管辖，1981 年 6 月建县，2018 年 12 月入选全国县域经济综合竞争力 100 强，是国家卫生县城。其境内龙港镇于 2019 年 8 月撤销，并设立县级龙港市，由温州市代管。截至 2019 年 8 月，苍南县共辖 16 个镇、2 个民族乡。苍南县 2010—2018 年的综合发展指数如表 12.12 所示。研究结果显示，苍南县综合发展水平上升速度总体上比较缓慢，2010 年的综合发展指数为 0.358，2018 年为 0.562，9 年间的总体上升率为 57%，上升速度低于其他县市；2014—2015 年发展指数上升量最大，变化率达 30.43%。各项指标的发展指数总体较低，但土地开发利用强度、第三产业增加值占 GDP 比重、人均生产总值（按常住人口）有明显优势。2018 年以上指标的综合发展指数分别为 0.078、0.041、0.029。苍南境内多丘陵山地，相较温州主城区，其在资源环境方面的发展指数相对占据优势；2018 年林草地面积占比约 60.83%，高于鹿城区和龙湾区，但在经济社会发展方面处于劣势，多项指标如人均工业总产值、人均财政收入、固定资产投资强度、农村居民人均纯收入、非私营单位就业人员平均工资等居八县区末位。相对较低的社会经济发展水平对其综合发展水平的提升产生了不容小觑的负面影响。

表 12.12 苍南县陆域子系统综合发展指数

指标代码	发展指数								
	2018 年	2017 年	2016 年	2015 年	2014 年	2013 年	2012 年	2011 年	2010 年
A1	0.029	0.025	0.021	0.014	0.011	0.009	0.006	0.003	0.000
A2	0.000	0.008	0.005	0.004	0.002	0.004	0.009	0.014	0.022
A3	0.023	0.013	0.026	0.014	0.013	0.005	0.000	0.002	0.010
A4	0.041	0.036	0.028	0.023	0.018	0.007	0.003	0.000	0.001
A5	0.019	0.017	0.016	0.014	0.011	0.009	0.007	0.004	0.000
A6	0.005	0.011	0.010	0.015	0.040	0.029	0.029	0.000	0.025
A7	0.026	0.014	0.012	0.010	0.008	0.006	0.004	0.002	0.000

续表

指标代码	发展指数								
	2018 年	2017 年	2016 年	2015 年	2014 年	2013 年	2012 年	2011 年	2010 年
A8	0.026	0.020	0.018	0.015	0.012	0.008	0.005	0.003	0.000
B9	0.021	0.019	0.017	0.018	0.019	0.000	0.000	0.015	0.007
B10	0.025	0.021	0.018	0.014	0.011	0.009	0.006	0.003	0.000
B11	0.028	0.024	0.020	0.017	0.014	0.008	0.006	0.003	0.000
B12	0.024	0.024	0.021	0.017	0.014	0.013	0.006	0.001	0.000
B13	0.027	0.022	0.023	0.023	0.011	0.008	0.004	0.007	0.000
B14	0.006	0.005	0.004	0.000	0.001	0.034	0.030	0.032	0.028
B15	0.005	0.005	0.000	0.026	0.006	0.014	0.019	0.020	0.024
B16	0.000	0.012	0.016	0.019	0.017	0.016	0.015	0.012	0.021
B17	0.029	0.023	0.020	0.016	0.011	0.018	0.018	0.004	0.000
B18	0.029	0.016	0.004	0.073	0.000	0.000	0.001	0.000	0.000
B19	0.000	0.001	0.006	0.035	0.035	0.022	0.041	0.027	0.064
C20	0.006	0.002	0.000	0.009	0.010	0.031	0.033	0.032	0.036
C21	0.001	0.003	0.014	0.015	0.017	0.011	0.028	0.000	0.025
C22	0.078	0.069	0.069	0.069	0.000	0.000	0.000	0.000	0.000
C23	0.017	0.017	0.016	0.015	0.013	0.012	0.017	0.004	0.000
C24	0.000	0.005	0.006	0.014	0.015	0.015	0.019	0.024	0.028
C25	0.021	0.020	0.020	0.019	0.017	0.016	0.014	0.003	0.000
C26	0.027	0.026	0.026	0.026	0.023	0.021	0.021	0.003	0.000
C27	0.000	0.005	0.009	0.005	0.018	0.014	0.032	0.075	0.031
C28	0.021	0.020	0.019	0.016	0.013	0.012	0.006	0.000	0.001
C29	0.028	0.028	0.028	0.028	0.027	0.028	0.028	0.008	0.000
C30	0.001	0.000	0.000	0.000	0.037	0.037	0.037	0.037	0.037
合计	0.562	0.513	0.493	0.583	0.447	0.416	0.443	0.339	0.358

为使陆域发展指数与海域发展指数相对应，本研究对 2010—2018 年温州市各行政区综合发展指数进行均值化处理，将历年八县区发展指数的平均值作为温州市海岸带复合系统陆域子系统的整体发展指数，以便将陆域发展水平与海域发展水平相结合，从而探究 2010 年以来二者发展水平的协调性。均值化结果如表 12.13 和图 12.1 所示。数据显示，温州市海岸带陆域

子系统在 2010 年的综合发展指数为 0.279，2018 年上升至 0.681，9 年间发展指数变化量为 0.402，总变化率为 144%。2010—2018 年陆域子系统综合发展水平的变化呈现阶段性特征，其中 2010—2015 年呈逐年提升态势，提升速度由慢变快，2014—2015 年上升速度最快，2015—2016 年综合发展水平出现短暂的小幅下降，2016 年后再次稳步提升，于 2018 年达到综合发展水平的峰值。

表 12.13　2010—2018 年温州市海岸带复合系统陆域子系统综合发展指数

行政区	2018 年	2017 年	2016 年	2015 年	2014 年	2013 年	2012 年	2011 年	2010 年
鹿城区	0.660	0.520	0.500	0.597	0.406	0.380	0.373	0.364	0.285
龙湾区	0.665	0.602	0.569	0.617	0.412	0.380	0.311	0.340	0.349
瓯海区	0.730	0.565	0.498	0.564	0.422	0.355	0.292	0.297	0.240
洞头区（县）	0.701	0.652	0.558	0.523	0.298	0.261	0.249	0.250	0.205
瑞安市	0.702	0.563	0.615	0.570	0.371	0.372	0.288	0.297	0.239
乐清市	0.747	0.556	0.561	0.562	0.448	0.316	0.279	0.290	0.239
平阳县	0.682	0.516	0.474	0.538	0.415	0.355	0.334	0.302	0.319
苍南县	0.562	0.513	0.493	0.583	0.447	0.416	0.443	0.339	0.358
均值	0.681	0.561	0.533	0.569	0.402	0.354	0.321	0.310	0.279

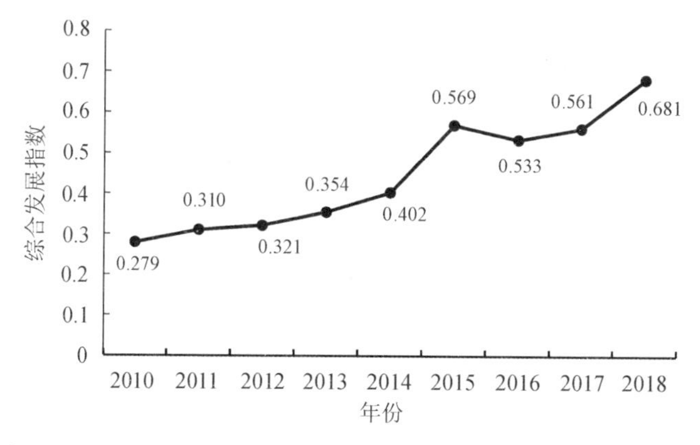

图 12.1　温州市海岸带复合系统陆域子系统综合发展指数时间变化

（2）空间分异特征

为方便温州市海岸带复合带陆域子系统内部空间差异特征的分析，本研究对极差标准化方式进行一定的调整，调整后的标准化思路为：以某一年份为单位，对任一指标 *X*，进行八个县级行政区间原始数据的横向对比。对于正向指标，原始数值最大的行政区，指标 *X* 标准化后的值为 1；原始数值最小的行政区，指标 *X* 标准化后的值为 0，原始数值越接近最大值，标准化后的值越接近 1。负向指标则相反，即原始数值越小，标准化后的值越接近 1。对于适中型指标，则将这一年份内该指标八个县区原始数值与设定的适中值进行对比，越接近适中值，标准化后的值越接近 1。本书选取研究时间序列起点年份 2010 年和终点年份 2018 年这两个时间点，进行了陆域子系统内部空间差异特征的分析并制作空间分异专题图（图 12.2），2010 年及 2018 年陆域子系统各行政区指标标准化结果和综合发展指数如表 12.14 和 12.15 所示。

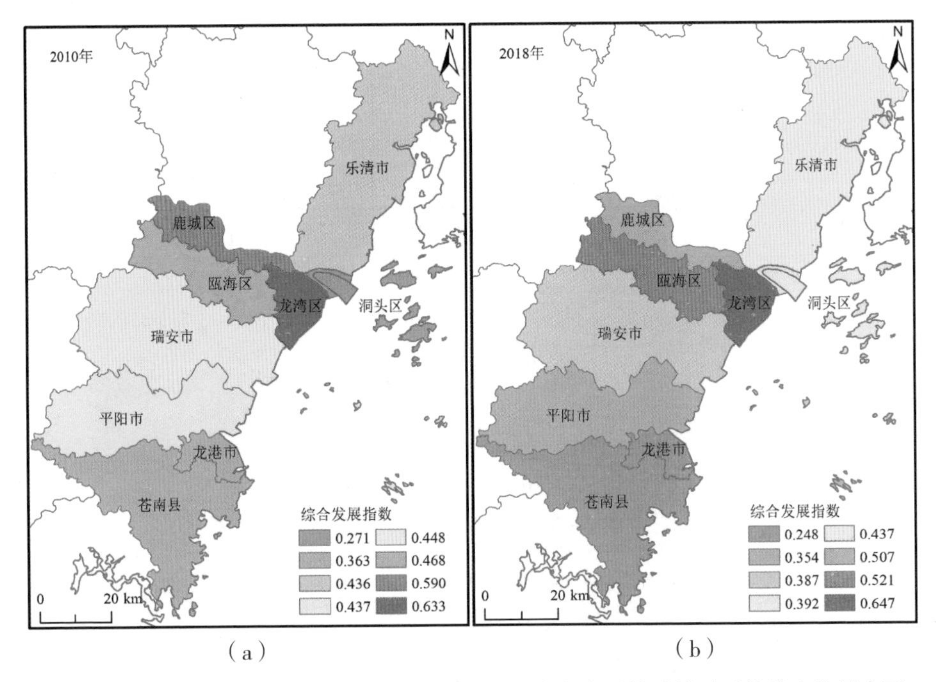

图 12.2　（a）2010 年与（b）2018 年温州市海岸带复合系统陆域子系统综合发展水平空间分异

表 12.14 2010 年温州市海岸带地区陆域子系统各行政区综合发展指数

指标代码	鹿城区		龙湾区		瓯海区		洞头区 / 县		瑞安市		乐清市		平阳县		苍南县	
	标准化值	发展指数	标准化值	发展指数	标准化值	发展指数	标准化值	发展指数	标准化值	发展指数	标准化值	发展指数	标准化值	发展指数	标准化值	发展指数
A1	1.000	0.029	0.857	0.025	0.811	0.024	0.120	0.003	0.316	0.009	0.346	0.010	0.061	0.002	0.000	0.000
A2	0.000	0.000	0.207	0.005	0.724	0.016	0.121	0.003	1.000	0.022	0.638	0.014	0.448	0.010	0.724	0.016
A3	0.138	0.004	1.000	0.026	0.383	0.010	0.063	0.002	0.192	0.005	0.317	0.008	0.029	0.001	0.000	0.000
A4	1.000	0.041	0.272	0.011	0.000	0.000	0.492	0.020	0.282	0.012	0.005	0.000	0.269	0.011	0.252	0.010
A5	0.986	0.019	1.000	0.019	0.226	0.004	0.382	0.007	0.104	0.002	0.130	0.002	0.000	0.000	0.006	0.000
A6	0.680	0.027	1.000	0.040	0.273	0.011	0.000	0.000	0.202	0.008	0.097	0.004	0.051	0.002	0.431	0.017
A7	0.244	0.006	1.000	0.026	0.486	0.013	0.182	0.005	0.262	0.007	0.302	0.008	0.055	0.001	0.000	0.000
A8	1.000	0.026	0.601	0.016	0.261	0.007	0.000	0.000	0.105	0.003	0.073	0.002	0.038	0.001	0.030	0.001
B9	0.967	0.023	0.366	0.009	0.699	0.017	0.959	0.023	1.000	0.024	0.407	0.010	0.919	0.022	0.000	0.000
B10	1.000	0.025	0.612	0.015	0.773	0.019	0.000	0.000	0.965	0.024	0.891	0.022	0.244	0.006	0.202	0.005
B11	0.747	0.021	1.000	0.028	0.838	0.023	0.000	0.000	0.566	0.016	0.765	0.021	0.053	0.001	0.000	0.000
B12	0.000	0.000	0.241	0.006	0.375	0.009	1.000	0.024	0.350	0.008	0.140	0.003	0.160	0.004	0.368	0.009
B13	1.000	0.028	0.162	0.004	0.221	0.006	0.000	0.000	0.214	0.006	0.157	0.004	0.092	0.003	0.023	0.001
B14	0.000	0.000	0.937	0.032	0.195	0.007	0.749	0.025	0.192	0.007	0.788	0.027	0.909	0.031	1.000	0.034
B15	0.871	0.022	0.676	0.017	0.552	0.014	0.172	0.004	0.818	0.021	0.000	0.000	0.684	0.018	1.000	0.026
B16	0.480	0.010	0.049	0.001	0.424	0.009	0.000	0.000	0.710	0.015	1.000	0.021	0.651	0.013	0.787	0.016
B17	0.679	0.019	0.552	0.016	0.270	0.008	0.000	0.000	0.459	0.013	1.000	0.029	0.227	0.007	0.183	0.005

续表

指标代码	鹿城区		龙湾区		瓯海区		洞头区 / 县		瑞安市		乐清市		平阳县		苍南县	
	标准化值	发展指数	标准化值	发展指数	标准化值	发展指数	标准化值	发展指数	标准化值	发展指数	标准化值	发展指数	标准化值	发展指数	标准化值	发展指数
B18	1.000	0.073	0.127	0.009	0.093	0.007	0.046	0.003	0.122	0.009	0.000	0.000	0.138	0.010	0.200	0.015
B19	0.383	0.024	0.865	0.055	0.988	0.063	0.000	0.000	0.230	0.015	1.000	0.064	0.568	0.036	0.337	0.021
C20	0.000	0.000	0.460	0.016	0.578	0.021	0.074	0.003	0.770	0.028	0.713	0.026	1.000	0.036	0.793	0.028
C21	0.512	0.014	0.512	0.014	0.512	0.014	0.000	0.000	0.831	0.023	0.630	0.018	1.000	0.028	0.554	0.016
C22	0.760	0.059	1.000	0.078	0.746	0.058	0.000	0.000	0.631	0.049	0.651	0.051	0.591	0.046	0.650	0.051
C23	1.000	0.017	0.674	0.012	0.000	0.000	0.791	0.014	0.919	0.016	0.994	0.017	0.959	0.017	0.866	0.015
C24	0.000	0.000	0.090	0.002	0.175	0.005	0.987	0.028	0.683	0.019	0.727	0.020	1.000	0.028	0.870	0.024
C25	0.445	0.009	0.445	0.009	0.445	0.009	0.841	0.017	0.700	0.015	0.134	0.003	1.000	0.021	0.000	0.000
C26	1.000	0.028	1.000	0.028	1.000	0.028	0.827	0.023	0.197	0.005	0.023	0.001	0.416	0.011	0.000	0.000
C27	0.000	0.000	1.000	0.075	0.115	0.009	0.235	0.018	0.021	0.002	0.136	0.010	0.322	0.024	0.062	0.005
C28	0.789	0.016	0.789	0.016	0.789	0.016	1.000	0.021	0.646	0.013	0.000	0.000	0.506	0.010	0.474	0.010
C29	0.841	0.024	0.420	0.012	0.304	0.009	1.000	0.028	0.710	0.020	0.290	0.008	0.000	0.000	0.116	0.003
C30	0.658	0.024	0.277	0.010	0.892	0.033	0.000	0.000	0.903	0.033	0.904	0.034	1.000	0.037	0.935	0.035
Sum		0.590		0.633		0.468		0.271		0.448		0.436		0.437		0.363

表 12.15 2018 年温州市海岸带地区陆域子系统各行政区综合发展指数

指标代码	鹿城区		龙湾区		瓯海区		洞头区 / 县		瑞安市		乐清市		平阳县		苍南县	
	标准化值	发展指数	标准化值	发展指数	标准化值	发展指数	标准化值	发展指数	标准化值	发展指数	标准化值	发展指数	标准化值	发展指数	标准化值	发展指数
A1	0.697	0.020	0.931	0.027	0.316	0.009	1.000	0.029	0.397	0.012	0.578	0.017	0.235	0.007	0.000	0.000
A2	0.000	0.000	0.375	0.008	0.417	0.009	0.875	0.019	0.500	0.011	1.000	0.022	1.000	0.022	0.167	0.004
A3	0.140	0.004	1.000	0.026	0.396	0.010	0.075	0.002	0.215	0.006	0.377	0.010	0.071	0.002	0.000	0.000
A4	1.000	0.041	0.000	0.000	0.265	0.011	0.495	0.020	0.455	0.019	0.424	0.017	0.470	0.019	0.496	0.020
A5	0.594	0.011	1.000	0.019	0.425	0.008	0.148	0.003	0.054	0.001	0.083	0.002	0.018	0.000	0.000	0.000
A6	0.129	0.005	1.000	0.040	0.139	0.006	0.285	0.011	0.099	0.004	0.107	0.004	0.253	0.010	0.000	0.000
A7	0.049	0.001	1.000	0.026	0.496	0.013	0.256	0.007	0.203	0.005	0.375	0.010	0.038	0.001	0.000	0.000
A8	0.886	0.023	1.000	0.026	0.503	0.013	0.000	0.000	0.153	0.004	0.144	0.004	0.014	0.000	0.072	0.002
B9	0.698	0.017	0.512	0.012	0.000	0.000	0.000	0.000	0.558	0.013	0.581	0.014	0.977	0.023	0.535	0.013
B10	1.000	0.025	0.641	0.016	0.733	0.018	0.000	0.000	0.825	0.021	0.799	0.020	0.094	0.002	0.096	0.002
B11	0.891	0.025	1.000	0.028	0.930	0.026	0.410	0.011	0.684	0.019	0.825	0.023	0.047	0.001	0.000	0.000
B12	0.293	0.007	0.259	0.006	0.296	0.007	1.000	0.024	0.402	0.010	0.162	0.004	0.009	0.000	0.000	0.000
B13	1.000	0.028	0.241	0.007	0.182	0.005	0.000	0.000	0.159	0.004	0.132	0.004	0.094	0.003	0.017	0.000
B14	0.000	0.000	0.258	0.009	0.198	0.007	1.000	0.034	0.297	0.010	0.745	0.025	0.519	0.018	0.352	0.012
B15	0.032	0.001	0.211	0.005	0.347	0.009	0.453	0.012	0.084	0.002	0.116	0.003	1.000	0.026	0.000	0.000
B16	0.714	0.015	0.690	0.014	0.980	0.020	0.000	0.000	1.000	0.021	0.984	0.020	0.722	0.015	0.937	0.019
B17	0.829	0.024	0.923	0.026	0.937	0.027	0.000	0.000	1.000	0.029	0.995	0.029	0.372	0.011	0.277	0.008

续表

指标代码	鹿城区		龙湾区		瓯海区		洞头区 / 县		瑞安市		乐清市		平阳县		苍南县	
	标准化值	发展指数	标准化值	发展指数	标准化值	发展指数	标准化值	发展指数	标准化值	发展指数	标准化值	发展指数	标准化值	发展指数	标准化值	发展指数
B18	1.000	0.073	0.864	0.063	0.623	0.046	0.209	0.015	0.298	0.022	0.196	0.014	0.000	0.000	0.166	0.012
B19	0.291	0.018	0.555	0.035	1.000	0.064	0.000	0.000	0.422	0.027	0.724	0.046	0.459	0.029	0.208	0.013
C20	0.000	0.000	0.343	0.012	0.623	0.022	0.284	0.010	0.663	0.024	0.617	0.022	1.000	0.036	0.757	0.027
C21	0.095	0.003	0.190	0.005	1.000	0.028	0.000	0.000	0.575	0.016	0.544	0.015	0.613	0.017	0.296	0.008
C22	0.264	0.021	1.000	0.078	0.240	0.019	0.824	0.064	0.032	0.002	0.036	0.003	0.000	0.000	0.030	0.002
C23	1.000	0.017	0.000	0.000	0.857	0.015	0.143	0.002	0.667	0.012	0.952	0.016	0.762	0.013	0.476	0.008
C24	0.393	0.011	0.000	0.000	0.397	0.011	1.000	0.028	0.595	0.017	0.614	0.017	0.810	0.023	0.745	0.021
C25	0.477	0.010	0.477	0.010	0.477	0.010	0.477	0.010	0.425	0.009	0.812	0.017	0.000	0.000	1.000	0.021
C26	1.000	0.028	1.000	0.028	1.000	0.028	1.000	0.028	0.079	0.002	0.259	0.007	0.021	0.001	0.000	0.000
C27	0.187	0.014	1.000	0.075	0.348	0.026	0.169	0.013	0.015	0.001	0.007	0.001	0.146	0.011	0.000	0.000
C28	1.000	0.021	1.000	0.021	1.000	0.021	1.000	0.021	0.811	0.017	0.000	0.000	0.865	0.018	0.973	0.020
C29	0.688	0.019	0.365	0.010	0.012	0.000	1.000	0.028	0.540	0.015	0.610	0.017	0.318	0.009	0.000	0.000
C30	0.704	0.026	0.350	0.013	0.911	0.034	0.000	0.000	0.923	0.034	0.919	0.034	1.000	0.037	0.916	0.034
合计		0.507		0.647		0.521		0.392		0.387		0.437		0.354		0.248

根据研究结果可知，2010 年温州市海岸带陆域子系统中，综合发展指数排在前三位的县区为龙湾区、鹿城区和瓯海区，其发展指数分别为 0.633、0.590、0.468；排在最末位的县区为洞头县，综合发展指数为 0.271，首位行政区与末位行政区综合发展指数的差值为 0.362。在综合发展水平空间差异方面，发展指数高值区集中在温州市辖主城区，低值区分布于温州北部和南部县区，极低值分布于温州市海岛地区。2018 年温州海岸带陆域子系统内部综合发展指数排在前三位的县区为龙湾区、瓯海区和鹿城区，发展指数分别为 0.647、0.521、0.507，瓯海区综合发展水平超越鹿城区居于第二位，排在最末位的县区为温州南部的苍南县，其发展指数为 0.248。首位行政区与末位行政区发展指数差值为 0.399。在空间差异性方面，发展指数高值区仍然集中分布于温州市辖主城区，低值区分布于温州中南部县区，主要包括瑞安市、平阳县和苍南县。对比 2010 年与 2018 年空间分异特征，可发现温州海岸带陆域子系统内部各县区间发展差距有略微的增加，首末位县区的发展指数差值由 2010 年的 0.362 增加到 2018 年的 0.399，反映出区县间发展水平的不均衡化程度有所加深。

在县区自身发展方面，值得注意的是洞头区（县）的发展，其综合发展指数在 2010 年居于八县区最末位，而 2018 年居于第五位，自 2010 年以来的发展速度非常快，2018 年洞头区人均生产总值、非私营单位就业人员平均工资、城镇居民人均住房建筑面积、公路绿化率、人均生活用电消耗等多项指标的发展指数均为八县区最高。这主要是因为 2015 年撤县设区政策为洞头区社会经济发展水平的稳步提升带来新的机遇。

12.2.2 海域子系统发展水平综合评价

基于温州市海岸带海域子系统在 2010—2018 年各评价指标统计数据，结合海域子系统评价指标权重，可运用综合指数法得到海域子系统历年综合发展指数，计算结果如表 12.16 所示。海域子系统 2010 年综合发展指数为 0.329，2018 年上升至 0.638，上升率约为 93.92%，海域子系统综合发展水平的变化也呈现阶段性特征（图 12.3）。2012 年之前，综合发展水平较低，发展指数的变化呈现出下降或小幅提升态势；2012—2017 年，发展水平逐年提升，提升速度由缓变快再变缓；2014—2015 年，海域子系统发展水平提升速度最快，该阶段内综合发展指数上升率为 56.81%；海域综合发展水平于 2017 年达到峰值，2017 年后出现小幅下降。近年来海域子系统综合发展水平虽处于波动状态，但总体上趋于稳定，2016年后海域综合发展指数在0.642上下浮动。在各指标发展指数方面，海域子系统中港口码头岸线长度占总岸线比重、单位面积海域养殖业产量、单位面积海域采矿业产量、海洋保护区面积占海域总面积比重、滨海旅游业务收入等几项指标的发展指数较高，其在2018年的发展指数分别为0.087、0.054、0.052、0.046和0.041。

表12.16 温州市海岸带复合系统海域子系统综合发展指数

指标代码	发展指数								
	2018年	2017年	2016年	2015年	2014年	2013年	2012年	2011年	2010年
a1	0.022	0.009	0.000	0.007	0.021	0.027	0.007	0.010	0.023
a2	0.000	0.004	0.007	0.009	0.013	0.029	0.035	0.039	0.038
a3	0.000	0.004	0.004	0.027	0.030	0.027	0.025	0.026	0.025
a4	0.033	0.018	0.014	0.010	0.010	0.006	0.000	0.009	0.006
a5	0.022	0.018	0.016	0.014	0.011	0.004	0.000	0.010	0.015
a6	0.019	0.026	0.021	0.022	0.015	0.010	0.006	0.006	0.000
a7	0.000	0.011	0.009	0.010	0.010	0.009	0.013	0.015	0.011
a8	0.022	0.017	0.012	0.012	0.016	0.014	0.009	0.004	0.000
a9	0.006	0.039	0.032	0.026	0.021	0.014	0.007	0.003	0.000
a10	0.041	0.032	0.024	0.018	0.013	0.010	0.006	0.002	0.000
b11	0.007	0.000	0.011	0.007	0.010	0.013	0.012	0.017	0.021
b12	0.000	0.003	0.007	0.013	0.011	0.015	0.021	0.022	0.031
b13	0.023	0.023	0.009	0.023	0.000	0.002	0.001	0.010	0.058
b14	0.052	0.052	0.007	0.004	0.018	0.011	0.011	0.000	0.014
b15	0.000	0.012	0.027	0.020	0.009	0.007	0.005	0.043	0.006
b16	0.054	0.034	0.011	0.007	0.003	0.000	0.009	0.009	0.014
b17	0.087	0.091	0.091	0.091	0.000	0.000	0.000	0.000	0.000
b18	0.018	0.106	0.106	0.106	0.000	0.000	0.000	0.000	0.000
b19	0.019	0.009	0.008	0.021	0.014	0.000	0.009	0.010	0.018
b20	0.022	0.022	0.022	0.022	0.023	0.018	0.000	0.022	0.003
c21	0.024	0.000	0.021	0.020	0.016	0.008	0.009	0.018	0.005
c22	0.015	0.011	0.016	0.013	0.013	0.011	0.000	0.008	0.013
c23	0.023	0.013	0.020	0.000	0.010	0.013	0.010	0.013	0.004
c24	0.046	0.046	0.046	0.046	0.046	0.040	0.000	0.000	0.000

续表

指标代码	发展指数								
	2018 年	2017 年	2016 年	2015 年	2014 年	2013 年	2012 年	2011 年	2010 年
c25	0.022	0.019	0.014	0.008	0.008	0.006	0.015	0.013	0.000
c26	0.041	0.019	0.037	0.016	0.010	0.007	0.000	0.006	0.006
c27	0.019	0.019	0.019	0.019	0.019	0.019	0.000	0.019	0.005
c28	0.000	0.011	0.011	0.011	0.014	0.014	0.014	0.014	0.014
合计	0.638	0.666	0.623	0.599	0.382	0.333	0.223	0.347	0.329

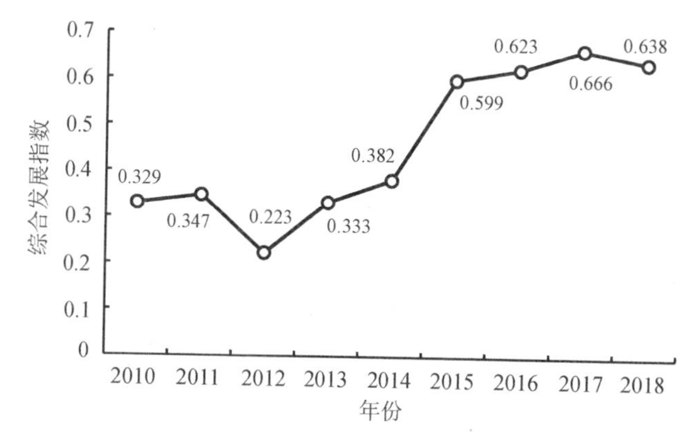

图 12.3 温州市海岸带复合系统海域子系统综合发展指数时间变化

12.3 海岸带复合系统协调发展水平分析

海岸带复合系统协调发展水平可通过陆域子系统与海域子系统综合发展指数间的耦合协调度值来体现。参考前文 6.1.3“耦合协调度模型”一节中的相关公式，计算得到温州市海岸带陆域系统内部、海域系统内部和海陆复合系统间的耦合协调发展水平。借用数据分析软件 SPSSAU 进行相关指标值计算，并对耦合协调度 D 值划分数值区间，使其与不同程度的协调水平相对应。协调度等级划分标准如表 12.17 所示。根据协调度 D 值，将协调发展水平划分为由严重失调到良好协调的五个级别。

表 12.17 耦合协调度等级划分标准

耦合协调度 D 值区间	协调等级	耦合协调程度
(0~0.2)	1	严重失调
[0.2~0.4)	2	中度失调
[0.4~0.6)	3	勉强协调
[0.6~0.8)	4	中级协调
[0.8~1.0)	5	良好协调

12.3.1 陆域子系统发展协调性评价

根据耦合协调度模型，本研究就陆域子系统自身状况，探讨了其在经济建设、社会文化和资源环境三个方面发展水平的协调情况。首先分别以经济发展、社会文化和资源环境三个一级指标为单位，根据熵权法确定了经济发展维度、社会文化维度和资源环境维度下各项二级指标的相对权重值，结果如表 12.18 所示。基于历年温州市海岸带陆域子系统内八个县区在经济发展、社会文化、资源环境三个维度上的指标原始数据，运用综合指数法计算得到 2010—2018 年各区县的经济发展指数、社会文化指数和资源环境指数，并以年为单位取其均值，作为陆域子系统在三个维度上的整体发展水平，结果如表 12.19、12.20 和 12.21 所示。

表 12.18 陆域子系统内部发展协调性评价指标权重

经济发展		社会文化		资源环境	
指标代码	指标权重值	指标代码	指标权重值	指标代码	指标权重值
A1	0.12716	B9	0.06455	C20	0.09067
A2	0.09637	B10	0.06687	C21	0.07043
A3	0.11265	B11	0.07467	C22	0.19580
A4	0.17532	B12	0.06441	C23	0.04368
A5	0.08218	B13	0.07374	C24	0.06940
A6	0.17763	B14	0.09101	C25	0.05203
A7	0.11344	B15	0.06831	C26	0.07109
A8	0.11525	B16	0.05502	C27	0.18813
合计	1	B17	0.07607	C28	0.05237

续表

经济发展		社会文化		资源环境	
指标代码	指标权重值	指标代码	指标权重值	指标代码	指标权重值
		B18	0.19412	C29	0.07137
		B19	0.17123	C30	0.09503
		合计	1	合计	1

表 12.19 温州市海岸带复合系统陆域子系统经济发展指数

行政区	经济发展指数								
	2018 年	2017 年	2016 年	2015 年	2014 年	2013 年	2012 年	2011 年	2010 年
鹿城区	0.636	0.579	0.409	0.646	0.515	0.392	0.478	0.286	0.222
龙湾区	0.774	0.612	0.461	0.630	0.463	0.410	0.232	0.327	0.419
瓯海区	0.753	0.697	0.515	0.576	0.528	0.406	0.302	0.245	0.224
洞头区 / 县	0.814	0.705	0.484	0.381	0.369	0.277	0.304	0.226	0.154
瑞安市	0.861	0.651	0.660	0.504	0.419	0.339	0.260	0.138	0.175
乐清市	0.884	0.651	0.678	0.505	0.541	0.332	0.169	0.192	0.118
平阳县	0.954	0.670	0.621	0.479	0.412	0.327	0.169	0.131	0.114
苍南县	0.732	0.632	0.590	0.477	0.504	0.336	0.276	0.121	0.254
均值	0.801	0.649	0.552	0.525	0.469	0.352	0.274	0.208	0.210

表 12.20 温州市海岸带复合系统陆域子系统社会文化指数

行政区	社会文化指数								
	2018 年	2017 年	2016 年	2015 年	2014 年	2013 年	2012 年	2011 年	2010 年
鹿城区	0.814	0.531	0.576	0.588	0.308	0.312	0.289	0.250	0.228
龙湾区	0.779	0.724	0.734	0.755	0.289	0.300	0.237	0.203	0.237
瓯海区	0.896	0.620	0.617	0.692	0.329	0.243	0.151	0.161	0.125
洞头区 / 县	0.768	0.670	0.571	0.542	0.275	0.246	0.168	0.076	0.104
瑞安市	0.879	0.625	0.620	0.607	0.344	0.326	0.169	0.145	0.113
乐清市	0.886	0.640	0.609	0.695	0.411	0.253	0.232	0.180	0.165
平阳县	0.739	0.555	0.428	0.640	0.370	0.305	0.298	0.248	0.125
苍南县	0.516	0.462	0.399	0.687	0.375	0.381	0.388	0.336	0.382
均值	0.785	0.603	0.569	0.651	0.338	0.296	0.242	0.200	0.185

表 12.21 温州市海岸带复合系统陆域子系统资源环境指数

行政区	资源环境指数								
	2018 年	2017 年	2016 年	2015 年	2014 年	2013 年	2012 年	2011 年	2010 年
鹿城区	0.528	0.475	0.482	0.579	0.436	0.439	0.395	0.518	0.376
龙湾区	0.494	0.481	0.474	0.480	0.499	0.440	0.427	0.479	0.415
瓯海区	0.559	0.436	0.374	0.434	0.451	0.433	0.422	0.457	0.358
洞头区 / 县	0.571	0.603	0.586	0.583	0.278	0.266	0.293	0.428	0.330
瑞安市	0.443	0.452	0.582	0.572	0.371	0.437	0.419	0.535	0.397
乐清市	0.537	0.421	0.447	0.466	0.433	0.367	0.389	0.452	0.380
平阳县	0.470	0.388	0.431	0.471	0.458	0.418	0.463	0.453	0.623
苍南县	0.504	0.490	0.525	0.546	0.485	0.498	0.594	0.469	0.398
均值	0.513	0.468	0.488	0.516	0.426	0.412	0.425	0.474	0.410

研究结果表明，温州市海岸带陆域子系统整体发展水平在 2010—2018 年总体呈上升趋势。在经济发展指数方面，陆域子系统多年平均值为 0.449，相较于 2010 年发展水平，9 年间经济发展指数总体上升率为 281.45%。在区县方面，平阳县和乐清市的经济发展指数在 9 年间上升幅度最大，总变化率分别为 737.42%、648.42%，表明乐清市和平阳县在 2010—2018 年经济发展十分迅速，经济发展程度已远远超出 2010 年的水平。9 年间经济发展指数变化较小的区县是龙湾区，其总体变化率为 84.86%。在社会文化指数方面，陆域子系统在 2010—2018 年的平均值为 0.430，总体上升率为 324.34%，但各区县社会文化指数在 9 年间的上升幅度仍存在差异。社会文化指数在 9 年中变化幅度最小的是苍南县，总体变化率为 35.31%，而社会文化指数上升幅度较为明显的区县是瓯海区、洞头区和瑞安市，其 9 年间社会文化指数的总体变化率均超过 600%。在资源环境指数方面，2010—2018 年陆域子系统整体发展指数变化率为 25.28%，总体上升幅度较小，多年平均值为 0.459。洞头区资源环境指数的上升幅度最大，与 2010 年相比，其资源环境指数升高总量为 0.24，总体变化率为 72.64%，而平阳县资源环境指数出现负增长，9 年间降低了 24.63%，表明其目前在资源分配、生态环境等方面的发展程度低于 2010 年的水平。

根据温州海岸带陆域子系统 2010—2018 年的经济发展指数、社会文化指数、资源环境指数，可利用 SPSSAU 软件计算陆域系统在经济建设、社会文化、资源环境三个方面发展情况的协调程度，计算结果如表 12.22 所示。

数据显示，温州市海岸带复合系统中陆域子系统内部的发展总体上处于相互协调的状态，在经济建设、社会文化、资源环境等方面的发展趋于均衡，总体变化趋势趋于良好。其在2010—2013年的发展处于勉强协调状态，2014年之后演变为中级协调状态，到2018年协调发展水平更进一步，上升至良好协调水平，耦合协调度指数由研究时间序列初期的0.502上升为末期的0.828，协调等级由三级演变为五级，陆域子系统内部协调发展水平总体上不断提升。

表12.22 温州市海岸带复合系统陆域子系统内部协调发展程度

年份	综合发展指数			耦合度C值	协调指数T值	耦合协调度D值	协调等级	耦合协调程度
	经济发展	社会文化	资源环境					
2018	0.801	0.785	0.513	0.980	0.700	0.828	5	良好协调
2017	0.649	0.603	0.468	0.991	0.574	0.754	4	中级协调
2016	0.552	0.569	0.488	0.998	0.536	0.731	4	中级协调
2015	0.525	0.651	0.516	0.994	0.564	0.749	4	中级协调
2014	0.469	0.338	0.426	0.991	0.411	0.638	4	中级协调
2013	0.352	0.296	0.412	0.991	0.354	0.592	3	勉强协调
2012	0.274	0.242	0.425	0.97	0.314	0.551	3	勉强协调
2011	0.208	0.200	0.474	0.919	0.294	0.52	3	勉强协调
2010	0.210	0.185	0.410	0.938	0.268	0.502	3	勉强协调

12.3.2 海域子系统发展协调性评价

在海域子系统内部，分别以海洋经济发展、海洋资源开发与利用和海洋生态文明三个一级指标为单位，根据熵权法确定了经济维度、资源开发利用维度和生态文明维度下各项二级指标的相对权重值，结果如表12.23所示。运用综合指数法可得到2010—2018年温州市海岸带地区海域子系统在海洋经济发展、海洋资源开发与利用、海洋生态文明三方面的综合发展指数，并利用SPSSAU数据分析软件计算出海域子系统内部发展的协调度值，计算结果如表12.24所示。与陆域子系统相似，海域子系统在海洋经济发展、资源开发利用、海洋生态环境优化等方面的发展总体上较为均衡，处于相互协调状态。在研究时间序列初期，海域子系统内部发展处于由初级协调向中级协调的过渡阶段。协调发展水平在2011—2012年呈现下降趋势，由中级协调水平下降为勉强协调水平，耦合协调度 D 值下降幅度约21.62%。该阶段海洋经济增速较缓，海洋资源开发强度较大，资源开发利用指数下降了0.132。大规模的海域开发利用也对海洋生态环境产生一定影响，该阶段海洋生态文明指数由0.447下降为0.237，下降幅度尤为明显。2013年后，协调发展水平开始逐年提升，于2017年提升至良好协调状态，其后一直保持该协调发展水平。2010年海域子系统内部耦合协调度值为0.559，到2018年提升至0.816，协调等级也由早期的三级、四级协调转变为后期的五级协调。总体来看，海域子系统内部发展协调水平在2010—2018年呈现波动上升的特征，耦合协调度 D 值的总体变化率约45.9%。与陆域子系统相比，海域子系统内部协调发展水平的变化幅度相对较小。

表12.23　海域子系统内部发展协调性评价指标权重

海洋经济发展		海洋资源开发与利用		海洋生态文明	
指标代码	指标权重值	指标代码	指标权重值	指标代码	指标权重值
a1	0.09075	b11	0.04180	c21	0.11781
a2	0.13328	b12	0.06177	c22	0.07580
a3	0.10215	b13	0.11645	c23	0.11466
a4	0.11323	b14	0.10447	c24	0.22311
a5	0.07549	b15	0.08568	c25	0.10869
a6	0.08818	b16	0.10839	c26	0.19804
a7	0.05036	b17	0.18215	c27	0.09318
a8	0.07521	b18	0.21260	c28	0.06870
a9	0.13377	b19	0.04143	合计	1
a10	0.13758	b20	0.04527		
合计	1	合计	1		

表 12.24 温州市海岸带复合系统海域子系统内部协调发展程度

年份	综合发展指数			耦合度 C 值	协调指数 T 值	耦合协调度 D 值	协调等级	耦合协调程度
	海洋经济发展	海洋资源开发与利用	海洋生态文明					
2018	0.563	0.563	0.930	0.971	0.686	0.816	5	良好协调
2017	0.603	0.702	0.671	0.998	0.659	0.811	5	良好协调
2016	0.475	0.598	0.894	0.966	0.656	0.796	4	中级协调
2015	0.525	0.623	0.648	0.996	0.599	0.772	4	中级协调
2014	0.541	0.173	0.664	0.863	0.459	0.63	4	中级协调
2013	0.503	0.131	0.581	0.832	0.405	0.580	3	勉强协调
2012	0.365	0.133	0.237	0.922	0.245	0.475	3	勉强协调
2011	0.418	0.265	0.447	0.975	0.376	0.606	4	中级协调
2010	0.398	0.328	0.233	0.977	0.32	0.559	3	勉强协调

12.3.3 海岸带复合系统陆海发展协调性评价

基于温州海岸带陆域子系统和海域子系统 2010—2018 年的综合发展指数，可借助 SPSSAU 数据分析软件计算得出陆域子系统和海域子系统间的耦合协调度值，从而反映温州市海岸带复合系统陆海间的协调发展程度，计算结果如表 12.25 所示。研究数据显示，海岸带复合系统中陆海子系统间耦合协调度值总体上呈逐年上升态势，由 2010 年的 0.551 上升至 2018 年的 0.812，协调等级由三级上升至五级；海陆间的发展总体上处于协调状态且协调化程度在逐年提升，由研究时间序列初期的勉强协调状态发展演变为后期的良好协调状态，协调等级上升明显，海岸带复合系统协调发展水平的演变趋势良好。

表 12.25 2010—2018 年温州市海岸带复合系统协调发展程度

年份	综合发展指数		耦合度 C 值	协调指数 T 值	耦合协调度 D 值	协调等级	耦合协调程度
	海域子系统	陆域子系统					
2018	0.63836	0.68128	0.999	0.660	0.812	5	良好协调
2017	0.66640	0.56090	0.996	0.614	0.782	4	中级协调
2016	0.62255	0.53349	0.997	0.578	0.759	4	中级协调

续表

年份	综合发展指数		耦合度 C值	协调指数 T值	耦合协调度 D值	协调等级	耦合协调程度
	海域子系统	陆域子系统					
2015	0.59915	0.56916	1.000	0.584	0.764	4	中级协调
2014	0.38217	0.40234	1.000	0.392	0.626	4	中级协调
2013	0.33276	0.35423	1.000	0.343	0.586	3	勉强协调
2012	0.22273	0.32105	0.984	0.272	0.517	3	勉强协调
2011	0.34707	0.30996	0.998	0.329	0.573	3	勉强协调
2010	0.32918	0.27937	0.997	0.304	0.551	3	勉强协调

12.4 海岸带复合系统演化方向分析

12.4.1 基于信息熵与有序度模型的复合系统演化过程分析

在系统演化方面，主要利用系统信息熵值的动态变化来反映复合系统演化方向，并结合有序度模型综合分析系统演化情况（张坤领，2016）。具体公式为

$$S=-\sum_{i=1}^{n}\frac{1-Z_i}{n}\ln\frac{1-Z_i}{n} \tag{12.10}$$

$$R=1-\frac{S}{S_{\max}} \tag{12.11}$$

式中，S 和 R 分别为陆海复合系统的信息熵和有序度；n 为分系统个数；Z_i 为子系统综合评价指数；$S_{\max}$ 为最大信息熵。S 变大时，则表示熵增，R 减小，系统趋于无序化；S 变小时，则表示熵减，R 增大，系统趋于有序化，表明陆海复合系统趋于健康稳定的可持续发展状态。

基于海岸带复合系统海陆子系统历年综合发展指数，根据协调演化方向判别模型，可计算得出海岸带复合系统各个年份的系统信息熵值和有序度值，结果如表 12.26 所示。研究数据显示，陆海复合系统的信息熵值呈现逐年熵减特征，由 2010 年的 0.734 降低至 2018 年的 0.602，而有序度值总体上处于逐年递增状态，由 2010 年的 0.666 增至 2018 年的 0.726。其中，2014—2015 年间陆域和海域综合发展指数均有明显的大幅度提升，该阶段

陆海综合发展水平增速相对较快，信息熵值与有序度值在该阶段的变化幅度也相对较大。信息熵值的降低与有序度值的升高，综合反映出 2010—2018 年温州市海岸带陆海复合系统的演化方向处于良好状态，复合系统未来的发展趋向于健康合理可持续状态。

表 12.26 温州市海岸带复合系统信息熵与有序度

年份	综合发展指数		信息熵 S 值	有序度 R 值
	海域子系统 Z_1	陆域子系统 Z_2		
2018	0.63836	0.68128	0.60193	0.72605
2017	0.66640	0.56090	0.63161	0.71254
2016	0.62255	0.53349	0.65422	0.70225
2015	0.59915	0.56916	0.65285	0.70287
2014	0.38217	0.40234	0.72383	0.67057
2013	0.33276	0.35423	0.73124	0.66720
2012	0.22273	0.32105	0.73406	0.66592
2011	0.34707	0.30996	0.73261	0.66658
2010	0.32918	0.27937	0.73420	0.66585

12.4.2 基于灰色模型的复合系统未来发展趋势预测

为定量反映海岸带复合系统在未来一段时间内的发展演变趋势，本研究基于已有数据，通过构建预测模型来模拟系统信息熵 S 值和有序度 R 值在未来一定时间内的变化。目前统计学中用于数据模拟预测的模型较多，常见的有指数平滑预测模型（王洪德和董英浩，2014）、灰色模型（Grey Model）（尹晓燕等，2021）、BP 神经网络预测模型（童明荣等，2006）、时间序列 ARIMA 模型（尹晓燕等，2021）以及综合不同单项预测模型的组合预测方法等。灰色模型由邓聚龙（2002）提出，是指基于不确定性系统中已有数据值进行的时间序列建模，常用来预测时间序列数据在未来一段时间内的走向，具有所需数据样本量少、计算简便、精确度较高等优势，在地理研究领域中有着广泛的应用，如在人口数量变化预测（李金伟和王瑞瑞，2021；郑丽等，2016）、气温演变趋势预测（付正辉等，2021）等方面的应用。本研究采用灰色模型中的单变量一阶微分方程模型 GM（1, 1），基于 2010—2018 年海岸带复合系统信息熵和有序度实际值，进行了此后十年内复合系统发展演化趋势的预测。

运用 GM（1，1）模型进行系统信息熵与有序度预测的基本原理（查振中和王辉，2004）如下。

将 2010—2018 年系统信息熵 S 值和有序度 R 值按时间序列排序，记为 X_t（t=0，1，2，...，8），X_t 为第 t 时刻的原始数据。将原始数据进行累加，生成较有规律的新数列 Y_t：

$$Y_t = \sum_{t=0}^{t} X_t \tag{12.12}$$

按下式对 Y_t 进行移动平均数生成，生成值记为 Z_t：

$$Z_t = \frac{1}{2}(Y_t + Y_t + Y_{t-1}) \tag{12.13}$$

构建 GM（1, 1）模型，即关于 Y_t 的一阶线性微分方程：

$$\frac{\mathrm{d}Y_t}{\mathrm{d}t} + \alpha Y_t = \mu \text{（}\alpha \text{ 与 } \mu \text{ 为待定系数）} \tag{12.14}$$

求解上述微分方程可得：

$$Y_t = \left(X_0 - \frac{\mu}{\alpha}\right)\mathrm{e}^{-\alpha t} + \frac{\mu}{\alpha} \tag{12.15}$$

利用最小二乘法可得到 α、μ 和 D 值：

$$D = n\left(\sum_{t=1}^{n} Z_t^2\right) - \left(\sum_{t=1}^{n} Z_t\right)^2 \tag{12.16}$$

$$\alpha = \frac{1}{D}\left[\left(\sum_{t=1}^{n} X_t\right)\left(\sum_{t=1}^{n} Z_t\right) - n\left(\sum_{t=1}^{n} Z_t X_t\right)\right] \tag{12.17}$$

$$\mu = \frac{1}{D}\left[\left(\sum_{t=1}^{n} Z_t^2\right)\left(\sum_{t=1}^{n} X_t\right) - \left(\sum_{t=1}^{n} Z_t\right)\left(\sum_{t=1}^{n} Z_t X_t\right)\right] \tag{12.18}$$

累减还原，求取实际预测值：

$$\hat{X}_t = Y_t - Y_{t-1} \tag{12.19}$$

根据上述方法依次进行外推预测，最后计算残差 δ 与 δ 的样本总体标准偏差 S_1，实际数据值 X_t 的样本总体标准偏差 S_2，并计算后验差比值 C 值：

$$\delta(t) = X_t - \hat{X}_t \tag{12.20}$$

$$S_1=\sqrt{\frac{1}{n}\sum_{t=1}^{n}(\delta_t-\bar{\delta})^2} \tag{12.21}$$

$$S_2=\sqrt{\frac{1}{n}\sum_{t=1}^{n}(X_t-\bar{X})^2} \tag{12.22}$$

$$C=S_1/S_2 \tag{12.23}$$

依据上述原理，借助 Excel 软件进行数值计算，求得灰色模型如下。

信息熵 S 值灰色模型为：

$$Y_t=-25.777e^{-0.03t}+26.511 \tag{12.24}$$

有序度 R 值灰色模型为：

$$Y_t=47.755e^{0.01t}-47.089 \tag{12.25}$$

外推预测值及误差检验结果如表 12.27 所示，海岸带复合系统信息熵及有序度值未来变化趋势如图 12.4 所示。据计算结果，信息熵和有序度的后验差比值 C 值分别为 0.349 和 0.326，据前人研究经验，C 值低于 0.35 时，则认为满足一级精度（尹晓燕等，2021），因此可认为本研究中对信息熵和有序度值的模拟预测较为精确。自 2019 年起，信息熵预测值处于逐年递减的趋势，而有序度预测值呈现逐年递增的特征，总体变化趋势与 2010—2018 年二者的变化相一致。至 2028 年，信息熵值预计下降至 0.456，有序度值预计上升至 0.828，由此可推断海岸带复合系统在朝着一个更加有序协调的优良状态演变。

表 12.27 温州市海岸带复合系统信息熵与有序度预测

年份	信息熵 S 值		有序度 R 值	
	Y_t	X_t	Y_t	X_t
2019	6.792	0.596	6.912	0.733
2020	7.371	0.578	7.655	0.743
2021	7.932	0.561	8.408	0.753
2022	8.477	0.545	9.171	0.763
2023	9.006	0.529	9.945	0.774
2024	9.519	0.513	10.729	0.784
2025	10.018	0.498	11.524	0.795
2026	10.501	0.484	12.330	0.806
2027	10.971	0.470	13.147	0.817

续表

年份	信息熵 S 值		有序度 R 值	
	Y_t	X_t	Y_t	X_t
2028	11.427	0.456	13.976	0.828
S_1	0.017		0.007	
S_2	0.050		0.023	
C	0.349		0.326	

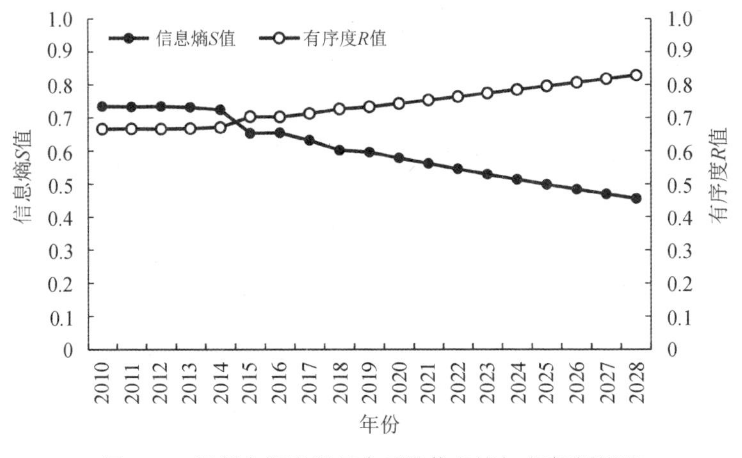

图 12.4　温州市海岸带复合系统信息熵与有序度预测

12.5　小　结

海岸带地区作为海陆过渡地带，兼具海洋系统和陆地系统两大主体的特征，其发展变化具有自身特殊性和复杂性。海陆两大系统在各自发展的同时也会相互影响相互作用，二者相辅相成，密切联系，共同构成了海岸带复合系统，在经济、社会、生态等各方面有着千丝万缕的联系。一个状态良好的海陆复合系统应当是海洋系统与陆地系统不偏不倚、协调并进、共荣共生的。因此，分析海岸带复合系统发展演变特征时需要将海陆两部分联系在一起，从整体的角度探讨二者的发展是否趋于协调化、均衡化。本书在分析海岸带复合系统发展演变特征时，从研究区实际出发，分别构建陆域子系统和海域子系统综合发展水平评价的指标体系，运用综合指数法从时间和空间维度对陆域子系统和海域子系统综合发展水平的演变情况进行分析；基于耦合协调度模型，对温州市海岸带陆域子系统内部、海域子系统内部和海岸带复合系统发展协调水平变化特征和协调程度进行分析；运用系统信息熵和有序度模型对2010—2018年复合系统的演化过程进行分析，并结合灰色模型GM（1,1）对复合系统未来10年的演化方向进行预测。主要结论如下。

（1）陆域子系统综合发展水平自2010年以来总体呈现上升态势，其中2014—2015年上升幅度最大，2015年后发展水平上升速度有所减缓，综合发展指数较高区域主要集中于温州主城区，低值区主要分布于温州北部和东南部，2010—2018年间综合发展指数值首末位县区间的差值出现小幅度上升，温州市内部各县区间发展差距有略微的增加，发展水平的不均衡化程度有所加深。海域子系统综合发展水平的变化也呈现阶段性的特征，但总体上表现为上升趋势，其综合发展指数值在2017年时到达峰值。

（2）温州市海岸带陆域子系统内部在经济发展、社会文化和资源环境等方面的发展协调性总体较好，协调发展水平呈现不断提升趋势，2018年其内部发展协调程度已达到良好协调状态。海域子系统内部在海洋经济发展、海洋资源开发与利用、海洋生态文明等方面发展的协调程度总体上达到协调状态并呈现良好演变态势，其内部发展协调性于2017年达到良好协调状态。海域子系统与陆域子系统间的协调发展程度逐年上升，由2010年的勉强协调状态演变为2018年的良好协调状态，耦合协调度值于2018年达到峰值。

（3）2010—2018年，温州市海岸带复合系统信息熵呈现逐年减小趋势，有序度呈现逐年上升趋势，研究时间段内复合系统演化趋势良好。GM（1,1）预测结果中，熵减特征和有序度增加特征得以延续，海岸带复合系统未来的发展总体上趋向于协调有序可持续化。

参考文献

艾训安 . 厦门岛生态系统服务价值评价及其未来发展趋势分析 [D]. 福州：福建农林大学，2013.

柏叶辉 . 近 30 年南海华南大陆海岸线时空变化研究 [D]. 昆明: 昆明理工大学，2019.

鲍捷，吴殿廷 . 空间、尺度与系统 中国海陆统筹发展战略的地理学研究 [M]. 南京：东南大学出版社，2016:83–84.

边华菁 . 浙江省海湾岸线时空动态变化分析 [D]. 金华：浙江师范大学，2016.

扁舟 . 上海浦东国际机场建设简介 [J]. 交通与运输，1999(1):4–6.

曹伟超，陶和平，孔博，等 . 基于 DEM 数据分割的西南地区地貌形态自动识别研究 [J]. 中国水土保持，2011(3):38–41.

陈阳，岳文泽，马仁锋 . 中国海岸带土地研究回顾与展望 [J]. 浙江大学学报：理学版，2017，44(4):13.

曹忠祥，高国力 . 我国陆海统筹发展研究 [M]. 北京：经济科学出版社，2015:4–6.

查振中，王晖 . 灰色模型 GM（1，1）结合 Excel 实现药品销售预测 [J]. 中国医院管理，2004，24(5):41–42.

柴春梅，王宏卫，樊永红，等 . 干旱地区经济社会生态复合系统协调发展研究 [J]. 人民黄河，2017，39(2):56–60+64.

陈慧霖，史小丽，李加林 . 陆海社会经济关系及其演进研究综述 [J]. 海洋开发与管理，2020，37(11):84–92.

陈婉婷 . 福建海洋生态经济社会复合系统协调发展研究 [D]. 福州：福建师范大学，2015.

陈心怡，谢跟踪，张金萍 . 海口市海岸带近 30 年土地利用变化的景观生态风险评价 [J]. 生态学报，2021，41(3):975–986.

陈彦光，刘继生．城市土地利用结构和形态的定量描述：从信息熵到分数维 [J]. 地理研究，2001，20(2):146–152.

程舒鹏，孙煜航，姜晗琳，等．黄河下游宽河段沿岸地区土地利用景观格局特征 [J]. 北京大学学报（自然科学版），2020，56(3):479–490.

崔红星．基于遥感的苏北海岸线提取和变迁分析 [D]. 上海：上海海洋大学，2019.

崔红星，汪驰升，杨红，等．近 40 年苏北海岸线时空动态变迁分析 [J]. 海洋环境科学，2020，39(5):694–702, 708.

崔利芳，王宁，葛振鸣，等．海平面上升影响下长江口滨海湿地脆弱性评价 [J]. 应用生态学报，2014，25(2):553–561.

崔文君．广东省近岸海水养殖水质参数定量反演与评估研究 [D]. 广州：广州大学，2018.

邓聚龙．灰色预测与灰决策 [M]. 武汉：华中科技大学出版社，2002.

丁冬冬．陆海统筹区域资源环境承载力研究 [D]. 南京：南京大学，2019.

丁小松，单秀娟，陈云龙，等．基于数字化海岸分析系统（DSAS）的海岸线变迁速率研究：以黄河三角洲和莱州湾海岸线为例 [J]. 海洋通报，2018，37(5):565–575.

董健．我国海岸带综合管理模式及其运行机制研究 [D]. 青岛：中国海洋大学，2006.

董晓冬．基于深度学习模型的海岸线提取及地物分类研究 [D]. 广州：广东工业大学，2020.

樊彦丽，田淑芳．天津市滨海新区湿地景观格局变化及驱动力分析 [J]. 地球环境学报，2018，9(5):497–507.

范辉，刘卫东，吴泽斌，等．浙江省人口城市化与土地城市化的耦合协调关系评价 [J]. 经济地理，2014，34(12):21–28.

范学忠．崇明东滩基于生态系统的海岸带管理 [D]. 上海：华东师范大学，2011.

范志杰，薛丽沙．略论海岸带综合管理 [J]. 海洋信息，1995(6):2.

冯佰香，李加林，龚虹波，等．30 年来象山港海岸带土地开发利用强度时空变化研究 [J]. 海洋通报，2017，36(3):250–259.

付正辉，张扬，郭怀成，等．基于灰色马尔科夫模型的流域尺度气温变化趋势预测研究 [J]. 环境科学与管理，2021，46(1):32–36.

傅伯杰，陈利顶，马克民，等．景观生态学原理及应用：第二版 [M]. 北京：科学出版社，2011.

高莉．富平县“多规合一”编制思路探索与协调策略研究 [D]. 西安：西安建筑科技大学，2019.

高祥伟，费鲜芸，韩兵．面向对象的连云港海岸带土地利用变化及驱动力分析 [J]. 海洋科学，2014，38(4):81–87.

高义，苏奋振，孙晓宇，等．近 20a 广东省海岛海岸带土地利用变化及驱动力分析 [J]. 海洋学报（中文版），2011a，33(4):95–103.

高义，苏奋振，周成虎，等．基于分形的中国大陆海岸线尺度效应研究 [J]. 地理学报，2011b，66(3):331–339.

宫立新，金秉福，李健英．近 20 年来烟台典型地区海湾海岸线的变化 [J]. 海洋科学，2008，32(11):64–68.

宫萌，吴晓青，于璐．1974—2017 年山东省大陆海岸围填海动态变化分析 [J]. 地球信息科学学报，2019，21(12):1911–1922.

高扬．基于能力结构关系模型的环渤海地区海陆一体化研究 [D]. 大连：辽宁师范大学，2013.

国艳．湛江湾海岸带综合管理优化研究 [D]. 湛江：广东海洋大学，2019.

韩海辉，高婷，易欢，等．基于变点分析法提取地势起伏度——以青藏高原为例 [J]. 地理科学，2012，32(1):101–104.

韩磊，侯西勇，朱明明，等．20 世纪后半叶美国海岸带区域土地利用变化时空特征分析 [J]. 世界地理研究，2010，19(2):42–52.

韩茹．我国海岸带综合管理立法研究 [D]. 上海：上海海洋大学，2020.

韩玉莲，赵玉岩．长江三角洲城镇建设用地扩展特征及驱动力研究 [J]. 上海国土资源，2018，39(2):16–20, 32.

韩增林，夏康，郭建科，等．基于 Global–Malmquist–Luenberger 指数的沿海地带陆海统筹发展水平测度及区域差异分析 [J]. 自然资源学报，2017，32(8):1271–1285.

何刚强．上海南汇东滩滩涂资源开发利用回顾与展望 [J]. 上海建设科技，2014，203(3):55–58.

何金宝．近 30 年海南岛岸线时空变迁与分析预测 [D]. 北京：中国地质大学（北京），2020.

何韵．环珠江口海岸带国土空间发展潜力与开发利用适宜性评价 [D]. 广州：广州大学，2019.

侯西勇，徐新良. 21 世纪初中国海岸带土地利用空间格局特征 [J]. 地理研究，2011，30(8):1370–1379.

胡亚斌. 台湾岛海岸线遥感提取与 35 年来演变特征分析 [D]. 呼和浩特：内蒙古师范大学，2016.

黄惠冰，胡业翠，张宇龙，等. 澳大利亚海岸带综合管理及其对中国的借鉴 [J]. 海洋开发与管理，2021，38(1):28–35.

黄瑞芬. 环渤海经济圈海洋产业集聚与区域环境资源耦合研究 [D]. 青岛：中国海洋大学，2009.

黄伟彬. 广东省海岸带国土资源开发利用强度评价及开发模式 [D]. 广州：广州大学，2016.

贾艳艳，唐晓岚，刘振威，等. 1995—2016 年长江沿岸芜湖区段景观格局梯度分析 [J]. 地域研究与开发，2020，39(4):115–121.

姜楠. 土地利用动态变化研究方法探讨 [J]. 黑龙江科技信息，2016(7): 292.

康玲芬，李明涛，李开明. 城市生态—经济—社会复合系统协调发展研究——以兰州市为例 [J]. 兰州大学学报（社会科学版），2017，45(2): 168–172.

柯楠. 长江中下游六省一市城市土地开发强度差异的时空特征及影响因素研究 [D]. 武汉：华中师范大学，2019.

孔凡文，才旭，于森. 格兰杰因果关系检验模型分析与应用 [J]. 沈阳建筑大学学报（自然科学版），2010，26(2):405–408.

寇晓东，薛惠锋. 1992—2004 年西安市环境经济发展协调度分析 [J]. 环境科学与技术，2007，30(4):52–55, 118.

李炳亚，郑宝钗，李黎，等. 滩涂面积及海岸线长度量算方法 [J]. 遥感信息，1987(2):20–21.

李炳元，潘保田，韩嘉福. 中国陆地基本地貌类型及其划分指标探讨 [J]. 第四纪研究，2008，28(4):535–543.

李高洁. 秦岭北麓西安段环山带社会—经济—自然复合生态系统协调发展研究 [D]. 西安：西北大学，2013.

李加林. 杭州湾南岸滨海平原土地利用 / 覆被变化研究 [D]. 南京：南京师范大学，2004.

李加林. 海岸带资源开发与评价 [M]. 北京：科学出版社，2020.

李加林，王丽佳. 围填海影响下东海区主要海湾形态时空演变 [J]. 地理学报，2020，75(1):126–142.

李加林，徐谅慧，杨磊，等. 浙江省海岸带景观生态风险格局演变研究 [J]. 水土保持学报，2016，30(1):293-299, 314.

李加林，徐谅慧，袁麒翔，等. 人类活动影响下的浙江省海岸线与海岸带景观资源演化——兼论象山港与坦帕湾岸线及景观资源的演化对比 [M]. 杭州：浙江大学出版社，2017.

李加林，田鹏，邵姝遥，等. 中国东海区大陆海岸线数据集（1990—2015）[J]. 全球变化数据学报（中英文），2019a，3(3):252-258，362-368.

李加林，田鹏，邵姝遥，等. 中国东海区大陆岸线变迁及其开发利用强度分析 [J]. 自然资源学报，2019b，34(9):1886-1901.

李加林，童晨，黄日鹏，等. 人类活动影响下的滨海湿地时空演化特征分析——以盐城、杭州湾南岸及象山港湿地为例 [J]. 宁波大学学报（理工版），2020，33(1):1-9.

李家彪. 东海区域地质 [M]. 北京：海洋出版社，2008.

李杰. 长株潭城市群资源—环境—社会—经济复合系统和谐度研究 [D]. 湖南：湖南师范大学，2010.

李金伟，王瑞瑞. 基于灰色模型的信阳市老龄化人口趋势预测 [J]. 现代商贸工业，2021，42(8):46-47.

李靖宇，朱坚真. 中国陆海统筹战略取向 [M]. 北京：经济科学出版社，2017:54-56.

李丽，武兴，郭雅. 海南岛西北部海岸线时空变化分析 [J]. 中国地质调查，2019，6(2):87-93.

李亮，田福金，郭建明. 近 30 年福建省海岸线变迁遥感解译分析 [J]. 地质论评，2017，63(S1):360-362.

李梦，曹庆先，胡宝清. 1960—2018 年广西大陆海岸线时空变迁分析 [J]. 广西师范大学学报（自然科学版），2021，40(2):1-10.

李清泉，卢艺，胡水波，等. 海岸带地理环境遥感监测综述 [J]. 遥感学报，2016，20(5):1216-1229.

李帅，魏虹，倪细炉，等. 基于层次分析法和熵权法的宁夏城市人居环境质量评价 [J]. 应用生态学报，2014，25(9):2700-2708.

李威，张静，马燕玲. 甘肃省经济、社会、资源和环境复合系统协调发展评价研究 [J]. 科学经济社会，2013，31(1):88-92.

李伟芳，陈阳，马仁锋，等. 发展潜力视角的海岸带土地利用模式——以杭州湾南岸为例 [J]. 地理研究，2016，35(6):1061-1073.

李行，张连蓬，姬长晨，等 . 基于遥感和 GIS 的江苏省海岸线时空变化 [J]. 地理研究，2014，33(3):414–426.

李严鹏 . 上海市人口—经济—环境系统耦合协调度研究 [D]. 上海：上海师范大学，2017.

李志，刘文兆，郑粉莉 . 基于 CA–Markov 模型的黄土塬区黑河流域土地利用变化 [J]. 农业工程学报，2010，26(1):346–352, 391.

李宗梅，罗玉忠，满旺，等 . 基于遥感和 GIS 的福建省海岸线的提取和变化研究 [J]. 应用海洋学学报，2017，36(1):125–134.

廖甜，蔡廷禄，刘毅飞，等 . 近 100a 来浙江大陆海岸线时空变化特征 [J]. 海洋学研究，2016，34(3):25–33.

廖重斌 . 环境与经济协调发展的定量评判及其分类体系——以珠江三角洲城市群为例 [J]. 热带地理，1999，75(2):76–82.

林融，潘新潮，覃晶 . 中国—东盟海岸带景观格局时空演变特征研究 [J]. 广西师范学院学报（自然科学版），2017，34(3):74–80.

林燕鸿 . 基于生态系统的海湾主体功能区规划研究 [D]. 厦门：国家海洋局第三海洋研究所，2018.

刘百桥，孟伟庆，赵建华，等 . 中国大陆 1990—2013 年海岸线资源开发利用特征变化 [J]. 自然资源学报，2015，30(12):2033–2044.

刘洪洋，庞姗姗，张帅，等 . 基于 Landsat 8 OLI 数据的大连市海岸带解译标志研究 [J]. 科技资讯，2016，14(2):20–22.

刘纪远，刘明亮，庄大方，等 . 中国近期土地利用变化的空间格局分析 [J]. 中国科学（D 辑：地球科学），2002(12):1031–1040, 1058–1060.

刘纪远，匡文慧，张增祥，等 . 20 世纪 80 年代末以来中国土地利用变化的基本特征与空间格局 [J]. 地理学报，2014，69(1):3–14.

刘建伟 . 区域人口—经济—社会发展耦合协调度研究 [D]. 大连：辽宁师范大学，2020.

刘鹏，王庆，战超，等 . 基于 DSAS 和 FA 的 1959—2002 年黄河三角洲海岸线演变规律及影响因素研究 [J]. 海洋与湖沼，2015，46(3):585–594.

刘述锡，孙钦邦，孙淑艳，等 . 海岸带开发强度评价研究——以温州为例 [J]. 海洋开发与管理，2015，32(2):9–15.

刘晓彤 . 浅谈“观音传说”在舟山旅游发展中的路径选择 [J]. 北方经济，2013，309(18):10–11.

刘燕华，吴绍洪，尹云鹤，等．全球变化与地理学综合研究——黄秉维先生学术思想之理解 [J]. 地理学报，2013，68(1):18–24.
刘长安．北京市人口、经济和环境协调性评价研究 [D]. 北京：首都经济贸易大学，2013.
龙海燕，李爱年．我国流域生态补偿地方立法之探析 [J]. 中南林业科技大学学报（社会科学版），2015，9(1):63–67.
卢宁．山东省海陆一体化发展战略研究 [D]. 青岛：中国海洋大学，2009.
卢宁，韩立民．海陆一体化的基本内涵及其实践意义 [J]. 太平洋学报，2008(3): 82–87.
龙鑫玲．深圳大鹏半岛海岸带资源环境承载力研究 [D]. 上海海洋大学，2019.
逯萍．延吉市城市景观格局动态变化研究 [D]. 延边：延边大学，2011.
栾维新，王海英．论我国沿海地区的海陆经济一体化 [J]. 地理科学，1998，18(4):51–57.
骆永明．中国海岸带可持续发展中的生态环境问题与海岸科学发展 [J]. 中国科学院院刊，2016，31(10):1133–1142.
马小峰，邹亚荣，刘善伟．基于分形维数理论的海岸线遥感分类与变迁研究 [J]. 海洋开发与管理，2015，32(1):30–33.
马玉芳，闫晶晶，沙景华，等．陆海统筹背景下唐山市资源环境承载力综合评价 [J]. 中国矿业，2020，29(1):23–29.
马宇伟，陈博伟，张丽，等．湄公河三角洲地区海岸线遥感时空变化分析 [J]. 桂林理工大学学报，2020，40(4):778–787.
满文君．快速城市化过程中长春市城市景观格局特征研究 [D]. 长春：东北师范大学，2015.
孟尔君．历史时期黄河泛淮对江苏海岸线变迁的影响 [J]. 中国历史地理论丛，2000，56(4):148–160.
明利，施平，伍业锋．基于管治理念的区域海岸带综合管理模式探究 [J]. 海洋通报，2006，25(3):52–57.
盘玉玲，梁勤欧．浙江象山湾海岸线分形与人类干扰强度分析 [J]. 浙江师范大学学报（自然科学版），2017，40(1):106–113.
彭婷容．三门湾水动力环境对围填海的响应 [D]. 杭州：浙江大学，2013.
彭小家，林熙戎，方今，等．杭州湾近 30 年海岸线与海岸湿地变迁分析 [J]. 海洋技术学报，2020，39(4):9–16.

钱瑛瑛，李加林．美国坦帕湾海岸带景观格局时空演化分析 [J]. 宁波大学学报（理工版），2018，31(3):98–103.
乔志和．长白山自然保护区景观格局演化与模拟 [D]. 长春：东北师范大学，2012.
秦耀辰，刘凯．分形理论在地理学中的应用研究进展 [J]. 地理科学进展，2003，22(4):426–436.
丘乐毅，江璐明，刘军．海岸带开发在经济建设中的作用 [J]. 海洋开发，1986，9(4):20–25.
任安乐．近 30 年烟台市海岸带时空变异及驱动分析 [D]. 济南：山东建筑大学，2020.
任启平．人地关系地域系统结构研究 [D]. 长春：东北师范大学，2005.
沈昆明，李安龙，蒋玉波，等．基于数字岸线分析系统的海岸线时空变化速率分析——以海州湾为例 [J]. 海洋学报，2020，42(5):117–127.
史丹，刘佳骏．我国海洋能源开发现状与政策建议 [J]. 中国能源，2013，35(9):6–11.
史作琦，李加林，姜忆湄，等．甬台温地区海岸带土地开发利用强度变化研究 [J]. 宁波大学学报（理工版），2017，30(2):83–89.
宋文杰，禹丝思，陈梅花，等．近 30 年三门湾海岸线时空变化及人为干扰度分析 [J]. 浙江师范大学学报（自然科学版），2017，40(3):343–349.
苏奋振，等．海岸带遥感评估 [M]. 北京：科学出版社，2015.
孙才志，李明昱．辽宁省海岸线时空变化及驱动因素分析 [J]. 地理与地理信息科学，2010，26(3):63–67.
孙吉亭，赵玉杰．我国海洋经济发展中的海陆统筹机制 [J]. 广东社会科学，2011(5):41–47.
孙品．近 30 年上海海岸带土地利用变化分析与建模预测 [D]. 上海：中国科学院大学（中国科学院上海技术物理研究所），2017.
孙伟富．1978—2009 年莱州湾海岸线变迁研究 [D]. 青岛：国家海洋局第一海洋研究所，2010.
孙伟富，马毅，张杰，等．不同类型海岸线遥感解译标志建立和提取方法研究 [J]. 测绘通报，2011，408(3):41–44.
孙湘平．中国近海区域海洋 [M]. 北京：海洋出版社，2006.
孙晓宇，苏奋振，周成虎，等．基于底质条件的广东东部海岸带土地利用适宜度评价 [J]. 海洋学报（中文版），2011，33(5):169–176.

索安宁，曹可，马红伟，等．海岸线分类体系探讨 [J]. 地理科学，2015，35(7):933–937.

唐红祥，张祥祯，王立新．中国海陆经济一体化时空演化及影响机理研究 [J]. 中国软科学，2020，360(12):130–144.

唐江浪，薛峭，李刚，等．泉州湾海岸线时空演变研究 [J]. 华南地震，2020，40(3):137–147.

唐硕．近 40 年辽宁省海岸线演变及驱动因素研究 [D]. 大连：辽宁师范大学，2020.

田鹏，龚虹波，叶梦姚，等．东海区大陆海岸带景观格局变化及生态风险评价 [J]. 海洋通报，2018，37(6):695–706.

田鹏，李加林，叶梦姚，等．基于地貌类型的中国东海大陆海岸带景观动态分析 [J]. 生态学报，2020，40(10):3351–3363.

童晨，童亿勤，李加林，等．舟山群岛景观格局变化对生态系统服务价值的影响 [J]. 海洋学研究，2019，37(1):40–51.

童晨，李加林，叶梦姚，等．东海区海岸带景观格局变化对生态系统服务价值的影响 [J]. 浙江大学学报（理学版），2020，47(4):492–506+520.

童明荣，薛恒新，林琳．基于最优组合预测模型的港口集装箱吞吐量预测 [J]. 技术经济，2006，25(12):82–84, 92.

王东宇．海岸带规划 [M]. 北京：中国建筑工业出版社，2014.

王光振．基于 GIS 的上海海岸带主体功能区划研究 [D]. 上海：华东师范大学，2012.

王好芳，董增川，左仲国．区域复合系统可持续发展指标体系及其评价方法 [J]. 河海大学学报（自然科学版），2003，31(2):212–215.

王宏亮．城镇化背景下建设用地利用强度研究 [D]. 北京：中国农业大学，2017.

王洪德，曹英浩．道路交通事故的三次指数平滑预测法 [J]. 辽宁工程技术大学学报（自然科学版），2014，33(1):42–46.

王杰锋．尖山治江围垦与开发利用 [EB/OL]. (2017-04-01) [2022-01-13]. http://www.hnszx.gov.cn/main/news/show-1413.html.

王劲峰，徐成东．地理探测器：原理与展望 [J]. 地理学报，2017，72(1):116–134.

王丽萍，周寅康，金晓斌．港口城市土地利用变化特征分析——以江苏省连云港市中心城区为例 [J]. 生态经济，2014，30(12):133–136, 141.

王玲，吕新．基于 DEM 的新疆地势起伏度分析 [J]. 测绘科学，2009，34(1):113–116.

王敏．海陆一体化格局下我国海洋经济与环境协调发展研究 [J]. 生态经济，2017，33(10):48–52.

王曼曼，张宏艳，张有广，等．近 39 年长三角海岸带土地开发利用格局演变分析 [J]. 海洋学报，2020，42(11):142–154.

王倩，杨勇．基于共生理论的沿海地区海陆经济统筹发展研究 [J]. 中国渔业经济，2016，34(5):26–34.

王让虎，张树文，蒲罗曼，等．基于 ASTER GDEM 和均值变点分析的中国东北地形起伏度研究 [J]. 干旱区资源与环境，2016，30(6):49–54.

王诗洋，杨武年，佘金星．我国南海沿岸 Landsat 影像海岸线提取与变化分析 [J]. 物探化探计算技术，2016，38(1):139–144.

王宪礼，肖笃宁，布仁仓，等．辽河三角洲湿地的景观格局分析 [J]. 生态学报，1997，17(3):317–323.

王秀兰，包玉海．土地利用动态变化研究方法探讨 [J]. 地理科学进展，1999，18(1):83–89.

王义刚，袁春光，黄惠明，等．海陆分界与江苏沿海理论最高潮位研究 [J]. 水道港口，2013，34(5):387–392.

王赟潇．城市社会—经济—环境复合系统协调发展研究 [D]. 重庆：重庆大学，2018.

王长海，邱桔斐，丁红．海域使用中有关海岸线的问题探讨 [J]. 海洋开发与管理，2009，26(4):51–56.

王中义，李加林，史小丽，等．浙江省城镇建设用地空间扩展时空特征分析 [J]. 宁波大学学报（理工版），2020，33(6):79–87.

魏帆，韩广轩，韩美，等．1980—2017 年环渤海海岸线和围填海时空演变及其影响机制 [J]. 地理科学，2019，39(6):997–1007.

邬建国．景观生态学：格局、过程尺度与等级：第 2 版 [M]. 北京：高等教育出版社，2007.

巫丽芸，何东进，游巍斌，等．东山岛海岸带景观破碎化时空梯度分析 [J]. 生态学报，2020，40(3):1055–1064.

吴晓超．基于 AHP 和熵权法的小城市土地开发强度及开发潜力探索——以芗城区为例 [J]. 国土与自然资源研究，2020(1):18–22.

吴耀建．福建省海洋资源与环境基本现状 [M]. 北京：海洋出版社，2012.

吴玉鸣，柏玲 . 广西城市化与环境系统的耦合协调测度与互动分析 [J]. 地理科学，2011，31(12):1474–1479.

伍业钢，李哈滨 . 景观生态学的理论发展 [M]. 北京：中国科学技术出版社，1992:30–39.

武桂贞 . 河北省海岸带土地利用变化驱动力的定量研究 [D]. 石家庄：河北师范大学，2008.

武文昊 . 基于遥感数据的常州市土地利用变化及景观格局分析 [J]. 辽宁林业科技，2020(6):28–31+34.

夏成琪，毋语菲 . 盐城海岸带土地利用与景观空间格局动态变化分析 [J]. 西南林业大学学报（自然科学），2021，41(1):140–149.

夏纯青 . 我国耕地占补平衡制度研究 [D]. 苏州：苏州大学，2019.

夏涵韬，隆院男，刘诚，等 . 1973—2018 年珠江三角洲海岸线时空演变分析 [J]. 海洋学研究，2020，38(2):26–37.

夏康 . 中国沿海地区陆海统筹发展水平测度及区域差异分析 [D]. 辽宁：辽宁师范大学，2018.

向宏桥，郭婷 . 旅游地复合系统协调发展评价——以焦作市为例 [J]. 焦作大学学报，2018，32(2):54–58.

肖笃宁 . 环渤海三角洲湿地的景观生态学研究 [M]. 北京：科学出版社，2001.

肖劲奔 . 海岸带开发利用强度系统及评价体系研究 [D]. 北京：中国地质大学（北京），2012.

肖强，肖洋，欧阳志云，等 . 重庆市森林生态系统服务功能价值评估 [J]. 生态学报，2014，34(1):216–223.

肖锐 . 近三十五年中国海岸线变化及其驱动力因素分析 [D]. 上海：华东师范大学，2017.

谢依娜，赵乐静，刘云根，等 . 基于耦合协调模型的旅游型美丽乡村复合生态系统协调发展 [J]. 浙江农林大学学报，2018，35(4):743–749.

邢婧，孟丹，白沁灵，等 . 近 30a 来我国河口海岸线变迁及驱动因素分析 [J]. 首都师范大学学报（自然科学版），2021，42(2):1–11.

徐静，王泽宇 . 中国陆海统筹绩效时空分异及影响因素——基于脆弱性视角的分析 [J]. 地域研究与开发，2019，38(2):25–30.

徐岚，赵羿 . 利用马尔柯夫过程预测东陵区土地利用格局的变化 [J]. 应用生态学报，1993(3):272–277.

徐谅慧 . 岸线开发影响下的浙江省海岸类型及景观演化研究 [D]. 宁波：宁波大学，2015.

徐谅慧，李加林，袁麒翔，等 . 象山港海岸带景观格局演化 [J]. 海洋学研究，2015，33(2):47–56.

徐韧 . 上海市海洋环境资源基本现状 [M]. 北京：科学出版社，2013.

徐文阳，谢小平，陈芝聪，等 . 基于遥感影像的日照海岸带景观格局动态演化分析 [J]. 曲阜师范大学学报（自然科学版），2017，43(3):93–99.

徐勇，孙晓一，汤青 . 陆地表层人类活动强度：概念、方法及应用 [J]. 地理学报，2015，70(7):1068–1079.

许宁 . 中国大陆海岸线及海岸工程时空变化研究 [D]. 烟台：中国科学院烟台海岸带研究所，2016.

许鑫 . 荣成市海岸带景观格局动态变化与预测研究 [D]. 济南：山东大学，2018.

许艳，濮励杰，张润森，等 . 近年来江苏省海岸带土地利用 / 覆被变化时空动态研究 [J]. 长江流域资源与环境，2012，21(5):565–571.

徐质斌 . 构架海陆一体化社会生产的经济动因研究 [J]. 太平洋学报，2010，18(01):73–80.

闫秋双 . 1973 年以来苏沪大陆海岸线变迁时空分析 [D]. 青岛：国家海洋局第一海洋研究所，2014.

杨超 . 闽台海岸变化的时空分异研究 [D]. 福州：福建农林大学，2020.

杨山 . 发达地区城乡聚落形态的信息提取与分形研究——以无锡市为例 [J]. 地理学报，2000(6):671–678.

杨伟 . 现代黄河三角洲海岸线变迁及滩涂演化 [J]. 海洋地质前沿，2012，28(7):17–23.

杨雯 . 典型海岸带区域的土地利用变化研究 [D]. 南京：南京大学，2014.

杨义勇 . 我国海岸带综合管理问题研究 [D]. 湛江：广东海洋大学，2013.

杨羽頔 . 环渤海地区陆海统筹测度与海洋产业布局研究 [D]. 大连：辽宁师范大学，2015.

杨羽頔，孙才志 . 环渤海地区陆海统筹度评价与时空差异分析 [J]. 资源科学，2014，36(4):691–701.

杨玉婷，石培基，潘竟虎 . 干旱内陆河流域土地利用程度差异分析——以张掖市甘州区为例 [J]. 干旱区资源与环境，2012，26(2):102–107.

尧德明，陈玉福，张富刚，等．海南省土地开发强度评价研究 [J]. 河北农业科学，2008，12(1):86–87, 90.

姚晓静，高义，杜云艳，等．基于遥感技术的近 30a 海南岛海岸线时空变化 [J]. 自然资源学报，2013，28(1):114–125.

叶梦姚．东海区大陆海岸带景观格局演化及生态环境效应研究 [D]. 宁波：宁波大学，2018.

叶梦姚，李加林，史小丽，等．1990—2015 年浙江省大陆岸线变迁与开发利用空间格局变化 [J]. 地理研究，2017a，36(6):1159–1170.

叶梦姚，史小丽，李加林，等．快速城镇化背景下的浙江省海岸带生态系统服务价值变化 [J]. 应用海洋学学报，2017b，36(3):427–437.

殷飞，田林亚，王涛，等．海岸线遥感解译和提取方法研究 [J]. 地理空间信息，2018，16(8):8, 64–66, 83.

尹晓燕，王旭阳，史澳，等．基于灰色理论和时间序列模型预测棉花产量可行性研究 [J]. 棉花科学，2021，43(1):15–21.

于杰，陈国宝，黄梓荣，等．近 10 年间广东省 3 个典型海湾海岸线变迁的遥感分析 [J]. 海洋湖沼通报，2014，142(3):91–96.

于小芹，余静．我国海岸带生态修复的政策发展、现状问题及建议措施 [J]. 中国渔业经济，2020，38(5):8–16.

余瑞林，刘承良，熊剑平，等．武汉城市圈社会经济—资源—环境耦合的演化分析 [J]. 经济地理，2012，32(5):120–126.

张海峰．海陆统筹，兴海强国——实施海陆统筹战略，树立科学的能源观 [J]. 太平洋学报，2005(3):27–33.

张海峰，张晨瑶，刘汉斌．从全面经略国土出发推进中国陆海统筹战略取向——评《中国陆海统筹战略取向》[J]. 区域经济评论，2018，32(2):151–156.

张海生．浙江省海洋环境资源基本现状（上册）[M]. 北京：海洋出版社，2013.

张坤领．中国沿海地区陆海复合系统协同演化研究 [D]. 大连：辽宁师范大学，2016.

张丽，廖静娟，袁鑫，等．1987—2017 年海南岛海岸线变化特征遥感分析 [J]. 热带地理，2020，40(4):659–674.

张珞平．福建省海湾围填海规划环境影响回顾性评价 [M]. 北京：科学出版社，2008.

张小珲，蔡利平，王亚男. 1980—2015年山东省海岸带土地利用变化分析[J]. 上海国土资源，2019，40(2):38–42.

张晓东，朱德海. 中国区域经济与环境协调度预测分析[J]. 资源科学，2003，25(2):1–6.

张效莉. 海岸带区域资源开发与产业发展的研究设想[J]. 学术界，2008，130(3):101–105.

张馨璟，梁勤欧，郭浩，等. 浙江省地形起伏度及其景观格局的影响机制[J]. 浙江师范大学学报（自然科学版），2020，43(4):452–459.

张旭凯，张霞，杨邦会，等. 结合海岸类型和潮位校正的海岸线遥感提取[J]. 国土资源遥感，2013，25(4):91–97.

张学儒，陈春，董坤. 基于RS与GIS唐山海岸带地区近50年土地利用格局时空特征分析[J]. 西北农业学报，2013，22(2):204–208.

张云，张建丽，景昕蒂，等. 1990年以来我国大陆海岸线变迁及分形维数研究[J]. 海洋环境科学，2015，34(3):406–410.

张云，宋德瑞，张建丽，等. 近25年来我国海岸线开发强度变化研究[J]. 海洋环境科学，2019，38(2):251–255, 277.

赵蒙蒙，寇杰锋，杨静，等. 粤港澳大湾区海岸带生态安全问题与保护建议[J]. 环境保护，2019，47(23):29–34.

赵明才，章大初. 海岸线定义问题的讨论[J]. 海岸工程，1990(Z1):91–99.

赵锐，赵鹏. 海岸带概念与范围的国际比较及界定研究[J]. 海洋经济，2014，4(1):58–64.

赵欣怡. 基于时序光学和雷达影像的中国海岸带盐沼植被分类研究[D]. 上海：华东师范大学，2020.

赵秀兰. 近50年登陆我国热带气旋时空特征及对农业影响研究综述[J]. 海洋气象学报，2019，39(4):1–11.

赵羿，吴彦明，孙中伟. 海岸带的景观生态特征及其管理[J]. 应用生态学报，1990，1(4):373–377.

郑丽，孜比布拉·司马义，颉渊，等. 基于两种灰色模型的乌鲁木齐市人口预测及其人口问题的探讨[J]. 干旱区资源与环境，2016，30(11):77–84.

钟利达. 中国海洋资源环境经济复合系统承载力及协调发展研究[D]. 辽宁：辽宁师范大学，2019.

周炳中，包浩生，彭补拙. 长江三角洲地区土地资源开发强度评价研究[J]. 地理科学，2000，20(3):218–223.

周洋，朱恒华，刘治政，等．山东省海岸带地区地下水有机污染特征分析 [J]. 山东国土资源，2020，36(8):40–47.

朱国强．近30年南海周边国家海岸线时空变化研究 [D]. 兰州：兰州交通大学，2015.

朱继前．莱州湾南岸海岸带湿地时空变化特征及其驱动力研究 [D]. 济南：山东师范大学，2020.

朱江丽，李子联．长三角城市群产业—人口—空间耦合协调发展研究 [J]. 中国人口·资源与环境，2015，25(2):75–82.

朱宇，李加林，汪海峰，等．海岸带综合管理和陆海统筹的概念内涵研究进展 [J]. 海洋开发与管理，2020，37(9):13–21.

庄大方，刘纪远．中国土地利用程度的区域分异模型研究 [J]. 自然资源学报，1997，12(2):10–16.

庄海东．城市化背景下九龙江口湿地景观格局演变研究 [D]. 福建：福州大学，2013.

宗玮．上海海岸带土地利用 / 覆盖格局变化及驱动机制研究 [D]. 上海：华东师范大学，2012.

Aldwaik S Z, Pontius R G. Intensity analysis to unify measurements of size and stationarity of land changes by interval, category, and transition[J]. Landscape and Urban Planning, 2012, 106(1):103–114.

Aliani H, Malmir M, Sourodi M, et al. Change detection and prediction of urban land use changes by CA–Markov model (Case study: Talesh county)[J]. Environmental Earth Sciences, 2019, 78(17):1–12.

Boak E H, Turner I L. Shoreline definition and detection: A review[J]. Journal of Coastal Research, 2005, 21(21):688–703.

Cooper N J, Cooper T, Burd F. 25 years of salt marsh erosion in Essex: Implications for coastal defence and nature conservation[J]. Journal of Coastal Conservation, 2001, 7(1):31–40.

Correll D L, Weller J D E. Nutrient flux in a landscape: Effects of coastal land use and terrestrial community mosaic on nutrient transport to coastal waters[J]. Estuaries, 1992, 15(4):431–442.

Di X, Hou X, Wang Y, et al. Spatial–temporal characteristics of land use intensity of coastal zone in China during 2000–2010[J]. Chinese Geographical Science, 2015, 25(1):51–61.

Ellis E C, Ramankutty N. Putting people in the map: Anthropogenic biomes of the world[J]. Frontiers in Ecology and the Environment, 2008, 6(8):439–447.

Esmail M, Mahmod W E, Fath H. Assessment and prediction of shoreline change using multi–temporal satellite images and statistics: Case study of Damietta coast, Egypt[J]. Applied Ocean Research, 2019, 82(1):274–282.

Feng Y, Sun T, Zhu M, et al. Salt marsh vegetation distribution patterns along groundwater table and salinity gradients in Yellow River estuary under the influence of land reclamation[J]. Ecological Indicators, 2018, 92:82–90.

Forman R T T. Land mosaics: The ecology of landscape and regions[M]. London:Cambridge University Press, 1995.

Gogoberidze G. Tools for comprehensive estimate of coastal region marine economy potential and its use for coastal planning[J]. Journal of Coastal Conservation, 2012, 16(3):251–260.

Hanley N. Macroeconomic measures of sustainability[J]. Journal of Economic Surveys, 2000, 14(1):1–30.

Hepcan S, Hepcan C C, Kilicaslan C, et al. Analyzing landscape change and urban sprawl in a Mediterranean coastal landscape: A case study from Izmir, Turkey[J]. Journal of Coastal Research, 2013, 29(2):301–310.

Hou X I, Yong X X. Spatial patterns of land use in coastal zones of China in the early 21st century[J]. Geographical Research, 2011, 30(8).

Isha I B, Adib M R M. Application of geospatial information system (GIS) using digital shoreline analysis system (DSAS) in determining shoreline changes[C]. 2nd International Conference on Green Environmental Engineering and Technology, 23–24 July 2020, Seoul, South Korea. IOP Conference Series: Earth and Environmental Science, 2020, 616(1):1–7.

Kaliraj S, Chandrasekar N, Ramachandran K, et al. Coastal land use and land cover change and transformations of Kanyakumari coast, India using remote sensing and GIS[J]. The Egyptian Journal of Remote Sensing and Space Sciences, 2017, 20(2):169–185.

Kuemmerle T, Erb K, Meyfroidt P, et al. Challenges and opportunities in mapping land use intensity globally[J]. Current Opinion in Environmental Sustainability, 2013, 5(5):484–493.

Li Y, Zhang H, Li Q, et al. Characteristics of residual organochlorine pesticides in soils under different land-use types on a coastal plain of the Yellow River delta[J]. Environmental Geochemistry and Health, 2016, 38(2):535-547.

Messerli B, Grosjean M, Hofer T, et al. From nature-dominated to human-dominated environmental changes[J]. Quaternary Science Reviews, 2000, 19(1):459-479.

Newton A, Weichselgartner J. Hotspots of coastal vulnerability: A DPSIR analysis to find societal pathways and responses[J]. Estuarine, Coastal and Shelf Science, 2014, 140(5):123-133.

Olsen L M, Dale V H, Foster T. Landscape patterns as indicators of ecological change at Fort Benning, Georgia, Usa[J]. Landscape and Urban Planning, 2007, 79(2):137-149.

Paine R T, Levin S A. Intertidal landscapes: Disturbance and the dynamics of pattern[J]. Ecological Monographs, 1981, 51(2):145-178.

Parcerisas L, Marull J, Pino J, et al. Land use changes, landscape ecology and their socioeconomic driving forces in the Spanish Mediterranean coast (El Maresme county, 1850 - 2005)[J]. Environmental Science and Policy, 2012, 23(11):120-132.

Purkis S J, Gardiner R, Johnston M W, et al. A half-century of coastline change in Diego Garcia - the largest atoll island in the Chagos[J]. Geomorphology, 2016, 261(10):282-298.

Rath J S, Hutton P H, Chen L, et al. A hybrid empirical-Bayesian artificial neural network model of salinity in the San Francisco Bay-delta estuary[J]. Environmental Modelling & Software, 2017, 93:193-208.

Rick T C. The Chumash world at European contact: Power, trade, and feasting among complex hunter-gatherers[J]. Journal of Anthropological Research, 2009, 65(4):663-664.

Romer P M. Increasing returns and long-run growth[J]. Journal of Political Economy, 1986, 94(5):1002-1037.

Sagar S, Roberts D, Bala B, et al. Extracting the intertidal extent and topography of the Australian coastline from a 28 year time series of landsat observations[J]. Remote Sensing of Environment, 2017, 195(5):153-169.

Simons N K, Gossner M, Lewinsohn T M, et al. Effects of land-use intensity on arthropod species abundance distributions in grasslands[J]. The Journal of Animal Ecology, 2015, 84(1):143–154.

Solow R M. Intergenenrational equity and exhaustible resources[J]. Review of Economic Studies, 1974(41):29–45.

Steele J H. The ocean landscape[J]. Landscape Ecology, 1989, 3(3):185–192.

Stiglitz J. Growth with exhaustible natural resources: Efficient and optimal growth paths[J]. Review of Economic Studies,1974(41):123–137.

Thieler E R, Danforth W W. Historical shoreline mapping (ii): Application of the digital shoreline mapping and analysis[J]. Journal of Coastal Research, 1994, 10(3):600–620.

Thieler E R, Himmelstoss E, Zichichi J, et al. Digital shoreline analysis system (DSAS)[J]. Center for Integrated Data Analytics Wisconsin Science Center, 2009.

Turner M G, Gardner R H, O'Neill R V. Landscape ecology in theory and practice: Pattern and process[M]. Berlin:Springer, 2001.

Tzanopoulos J, Vogiatzakis I N. Processes and patterns of landscape change on a small Aegean island: The case of Sifnos, Greece[J]. Landscape and Urban Planning, 2011, 99(1):58–64.

Xin P, Gibbes B, Li L, et al. Soil saturation index of salt marshes subjected to spring-neap tides: A new variable for describing marsh soil aeration condition[J]. Hydrological Processes, 2010, 24(18):2564–2577.